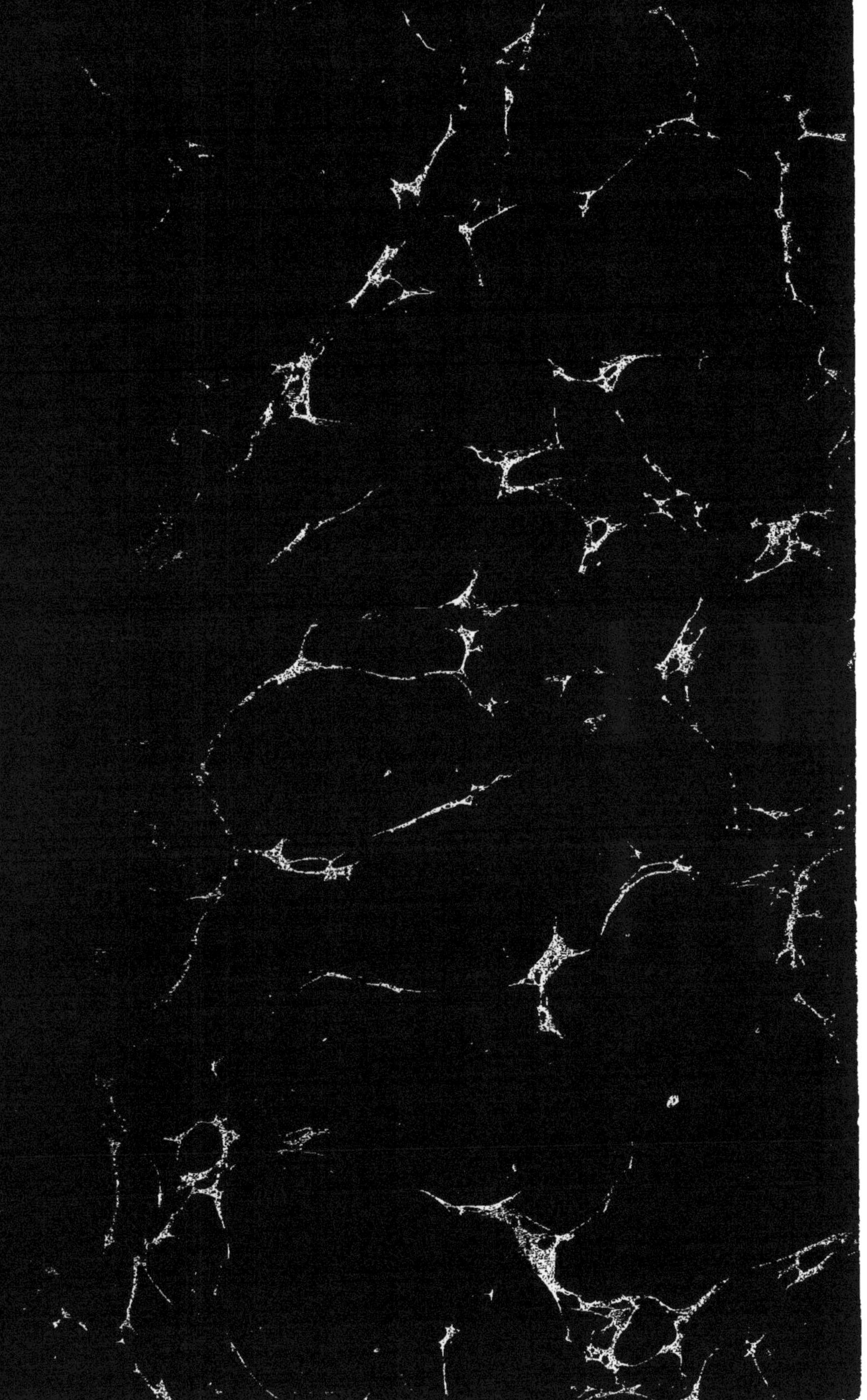

HISTOIRE

DE

LA CHASSE

EN FRANCE.

HISTOIRE

DE

LA CHASSE

EN FRANCE

DEPUIS LES TEMPS LES PLUS RECULÉS JUSQU'A LA RÉVOLUTION,

PAR

Le baron DUNOYER DE NOIRMONT.

> Et nules gens en tout le mont
> Si volontiers Kacier ne vont
> Ne en rivière com François
> Et orent fet tousjours ançois.
> (*Chronique de* PHILIPPE MOUSKE.)

TOME PREMIER

CHRONIQUES DE LA CHASSE

PARIS

IMPRIMERIE ET LIBRAIRIE DE Mme Ve BOUCHARD-HUZARD,

RUE DE L'ÉPERON, 5.

1867

PRÉFACE.

Ce livre n'est point un traité de chasse. L'auteur ne se sent ni l'expérience ni l'autorité nécessaires pour enseigner ce noble exercice. La tâche, au surplus, a été remplie trop souvent et d'une façon trop supérieure, pour qu'il soit besoin de répéter ce qu'ont si bien dit au temps passé tant d'auteurs éminents, depuis Gaston Phœbus jusqu'à d'Yauville et Magné de Marolles. De nos jours, les Blaze, les Le Couteulx, les d'Houdetot ont entrepris et mené à bien avec trop de succès l'œuvre ardue de compléter les leçons données à nos pères par les vieux maîtres, pour que l'on ait ici la présomption de vouloir ajouter quelque chose à leurs enseignements.

L'ouvrage que nous publions aujourd'hui n'est

qu'un tableau, le plus exact possible, des chasses de nos ancêtres; ceux-ci aimaient à qualifier de *miroirs* leurs traités de vénerie et de fauconnerie (*le Miroir de Phœbus des déduictz de la chasse aux bestes saulvaiges; le Miroir de fauconnerie de Pierre Harmont, dit Mercure*), ouvrages qui, selon nous, dépassaient les promesses d'un pareil titre. Toute notre ambition serait de faire de notre livre un véritable miroir des chasses du temps passé, que, sous ce point de vue au moins, on nous permettra d'appeler *le bon vieux temps*. Nous avons fait tous nos efforts pour que ce miroir reproduisît fidèlement l'image des chasseurs qui nous ont précédé dans la carrière, avec leurs mœurs, leur langage, leurs armes, leurs costumes, leurs chevaux, leurs meutes et leurs faucons. Avons-nous réussi? C'est au public à le dire. Est-il à propos de lui faire entendre que nous n'avons pas épargné nos peines pendant plus de dix années d'études et de recherches? Il saura, au besoin, nous répondre que le temps et les peines ne font rien à l'affaire. Notre plus grande appréhension, à propos de cet ouvrage, c'est qu'il ne paraisse aux doctes traiter un sujet bien frivole, et que les chasseurs ne le trouvent hérissé de citations et de notes tant soit peu pédantesques. Nous faisons humblement appel à l'indulgence de ces deux classes de lecteurs en les priant de nous tenir compte de la difficulté qu'il y avait pour nous à les satisfaire pleinement toutes deux.

Qu'il nous soit accordé, avant de clore cette préface, d'offrir l'hommage de notre respectueuse reconnaissance à Monseigneur le duc d'Aumale pour la munificence pleine de grâce avec laquelle S. A. R. a mis à notre disposition les trésors de son admirable collection d'Orleans-house à Twickenham. Nous avons aussi à remercier de leur concours affectueux et zélé nos amis le baron Jérôme Pichon et le comte Le Couteulx de Canteleu, qui nous ont prodigué les conseils de leur expérience, l'un comme bibliophile, l'autre comme veneur. Puisse ce livre rencontrer à son tour quelque chose du favorable accueil qu'ont si justement obtenu les publications faites par l'habile lieutenant de louveterie du département de l'Eure et le docte président de la Société des Bibliophiles (1).

La première partie de notre ouvrage contient, sous le titre de *Chroniques*, le récit de tous les incidents de notre histoire nationale qui ont rapport à ce déduit tant aimé de nos pères; viennent ensuite l'*Histoire du droit de chasse*, celle des *animaux chassés en France* depuis les temps les plus reculés, puis l'*Histoire des chiens* avec lesquels nos ancêtres poursuivaient ces mêmes animaux.

Suivent l'exposé et le détail des diverses méthodes

(1) Il y aurait ingratitude de notre part à oublier M. Demay, des Archives de France, dont le savoir et l'obligeance nous ont été si utiles.

de chasse employées aux siècles passés : *vénerie, louveterie, fauconnerie, chasse à tir* et autres, enfin *chasses avec piéges et engins de toutes sortes.*

Des pièces justificatives inédites accompagnent chaque partie de l'ouvrage et donnent les preuves à l'appui des faits qui y sont relatés.

Ovide disait à son livre d'aller *à la ville :*

. . . *Liber, ibis in urbem,*

et souhaitait de l'y suivre. Le vœu que nous osons former pour le nôtre, c'est qu'il aille beaucoup à la campagne.

INTRODUCTION.

La chasse est un art essentiellement français : nos pères y ont de tout temps excellé. Ce sont nos ancêtres, Gaulois et Francs, qui ont inventé la vénerie, la plus belle et la plus savante de toutes les chasses; ce sont les Germains, aïeux des Francs, qui ont importé en Europe l'élégant et noble déduit de la fauconnerie; nulle part ces deux chasses n'ont été exercées avec autant de perfection qu'en France. Toutes les autres sont dans le même cas.

Romans de la Table ronde.

Dans le monde fabuleux des Romans de la Table ronde, c'est un chevalier de la Bretagne armoricaine, Tristan de Léonois, qui est représenté comme le régulateur de la noble science de vénerie et l'inventeur de son langage, ainsi que de l'art de sonner de la trompe; c'est lui qui a fixé les lois de toutes les chasses.

Le patron vénéré de tous les chasseurs de la chrétienté, le grand saint Hubert, était un prince d'Aquitaine, de race franque.

La chasse française s'enorgueillit d'inscrire dans ses fastes les noms des plus grands et des meilleurs de nos Rois : Charlemagne, Philippe-Auguste, saint Louis, Louis XII, François Ier, Henri IV, Louis XIV ont été chasseurs.

A côté de ces grandes figures historiques, viennent se placer tous les souverains qui ont régné sur la France, puis les princes de leur maison et les grands vassaux, leurs rivaux audacieux ou leurs dévoués compagnons d'armes : les ducs de Normandie, les Plantagenets, comtes d'Anjou, les ducs de Bourgogne, les comtes de Foix, les ducs de Bourbon, les Guise, les Condé, les Conti.

La chasse compte des adeptes parmi nos plus vaillants capitaines, nos magistrats les plus respectés, nos écrivains les plus illustres : Gaucher de Châtillon, Louis de la Trémoille, *ce chevalier sans reproche*, le maréchal de Biron, le connétable Henry de Montmorency, le grand Turenne, le docte et intègre de Thou, le chancelier d'Aguesseau, Montaigne, Ronsard, la Fontaine !

Aucune nation ne possède une littérature cynégétique comparable à la nôtre. Pour la science pratique, pour la clarté, pour l'élégance et l'originalité du style comme pour le nombre, nos écrivains sont sans rivaux dans le monde moderne.

Écrivains cynégétiques.

Il nous suffit de nommer l'auteur du *Roy Modus* (1), Gace de la Buigne, Gaston Phœbus, Hardouin de

(1) Cet auteur est resté inconnu jusqu'à présent. M. J. Lavallée, dans l'introduction de son livre sur *la Chasse à courre en France*, a cru

Fontaines-Guérin, Jean de Francières, Charles IX, du Fouilloux, d'Arcussia, Salnove, Sélincourt, le Verrier de la Conterie, d'Yauville, Magné de Marolles.

C'est en m'appuyant sur eux que je veux essayer de rassembler ici les souvenirs des glorieuses chasses de nos pères ; mais, avant d'en commencer le tableau, il convient d'esquisser à grands traits les origines de la chasse et ses premiers progrès parmi ces peuples de l'antiquité qui nous ont ouvert les voies dans la carrière de la civilisation, et que nous pouvons légitimement ranger parmi nos aïeux, sinon par le sang, au moins au point de vue de l'intelligence.

ORIGINES DE LA CHASSE.

§ 1. — HÉBREUX. — ÉGYPTIENS.

La passion de la chasse est naturelle à l'homme, comme celle de la guerre. Toutes deux prennent leur source dans les instincts innés de l'humanité, toutes deux, en effet, satisfont ces penchants irrésistibles qui

---

découvrir dans une espèce de chiffre ou de rébus, tracé à la fin de plusieurs manuscrits du *Roy Modus*, que ce mystérieux écrivain était Henri de Vergy, qualifié de sire de Fère, comme *garde noble* ou tuteur de son neveu, Guy de Chastillon. Cette conjecture ingénieuse n'a rien que de vraisemblable.

entraînent l'homme physique et moral, d'une part vers l'action corporelle, le mouvement, la lutte, de l'autre vers les émotions de l'aventure, du hasard, de l'inconnu.

Presque tous les peuples ont été chasseurs à leur berceau, d'abord pour se nourrir de la chair des animaux sauvages et repousser les bêtes féroces qui menaçaient de les dévorer eux-mêmes. Devenus ensuite pasteurs et agriculteurs, ils ont continué de chasser par plaisir, et bien rarement la civilisation la plus raffinée a étouffé en eux ce penchant.

Toutefois, le peuple dont les annales remontent le plus haut dans la nuit des temps, le peuple hébreu n'a jamais été réellement chasseur. Pasteur dès son origine, puis agriculteur, toujours essentiellement positif, la chasse ne fut pour lui ni une nécessité ni l'objet d'un goût très-vif. Quel cas pouvait faire de ce noble exercice une nation qui avait le chien en horreur et haïssait mortellement le cheval (1)? Aussi, dans les livres saints, le chasseur Esaü est-il supplanté par le pasteur Jacob, qui devient le père du peuple israélite, tandis que son frère est forcé de s'enfuir au désert.

Les chasses des Hébreux se bornaient à défendre leurs troupeaux et leurs récoltes contre les animaux

(1) Les Hébreux n'ont possédé de chevaux que fort tard. Les lois de Moïse défendaient à leurs chefs d'en avoir un grand nombre, et, dans leurs premières guerres avec les habitants primitifs de la Palestine, on les voit constamment couper les jarrets des chevaux dont ils s'emparaient.

nuisibles, à prendre ceux-ci à l'aide de fosses et de lacs, puis à tendre des filets et des piéges aux oiseaux et aux quadrupèdes dont la loi mosaïque leur permettait de se nourrir (1).

Les Égyptiens, au contraire, sont les *sportsmen* par excellence du monde primitif; les premiers, ils se sont livrés avec amour à l'éducation du chien de chasse et du cheval de noble sang (2). Les monuments récemment mis au jour, qui nous révèlent d'une façon si merveilleuse les mœurs de l'ancienne Égypte, nous montrent la place importante qu'occupait la chasse dans la vie de ses habitants, soit comme divertissement, soit comme ressource alimentaire. Le goût des Égyptiens pour cet exercice était commun à toutes les castes de la nation, prêtres, guerriers et cultivateurs. Égyptiens.

Les quadrupèdes chassés en Égypte étaient le bouquetin, le bubale, diverses espèces d'antilopes et de gazelles, le mouflon à manchettes (*ovis ornata*), le porc-épic, le loup, le chacal, l'hyène, le léopard et l'hippopotame. Ce dernier était frappé dans les eaux du Nil avec un dard semblable au harpon de nos baleiniers, auquel s'adaptaient de même une longue

---

(1) C'étaient : le cerf, le daim, le buffle (ou plutôt le bubale, *antilope bubalis*), le bouquetin d'Asie (*capra beden*), la gazelle, le bœuf sauvage et la girafe (?); le sanglier, le lièvre et le lapin (ou *daman*), étaient considérés comme impurs. Parmi les oiseaux, les prohibitions religieuses n'atteignaient que les oiseaux de proie et quelques oiseaux de marais (cygne, pélican, héron).

(2) Il est reconnu aujourd'hui que les Arabes ne se sont servis du cheval qu'à une époque relativement très-récente. Sous l'empire romain ils ne montaient encore à la guerre que des chameaux.

corde et un dévidoir. Les autres animaux, poussés par des traqueurs dans des enceintes de panneaux, y étaient percés de flèches, coiffés par les chiens ou saisis avec un *laço*. Les chasseurs égyptiens, soit à pied, soit sur des chars légers, poursuivaient aussi avec des lévriers les animaux du désert. Ils faisaient également grand usage de piéges de diverses sortes. Des lions étaient parfois dressés à chasser la gazelle et le bouquetin, comme le guépard ou *tchittah* des Indous dans les temps modernes.

Parmi les oiseaux, les Égyptiens prenaient aux filets et aux piéges l'outarde, le ganga, la perdrix et la caille. Ils chassaient l'autruche pour s'emparer de ses belles plumes, dont ils fabriquaient des éventails et des parasols de cérémonie et dont leurs chefs aimaient à se coiffer. La chasse des oiseaux aquatiques, qui pullulaient en nombre immense sur les terres inondées et les rives marécageuses du Nil, était l'amusement favori des Égyptiens de toutes les classes. Outre les engins de diverses sortes, ils employaient contre ces volatiles des bâtons courts, plats et légèrement courbés qu'ils lançaient avec une adresse extraordinaire. Le chat, cet animal pour lequel ils avaient une si profonde vénération, était dressé à rapporter les oiseaux atteints par ce singulier projectile (1). Les Égyptiens avaient su dominer assez ses instincts natu-

(1) Wilkinson, *a popular account of the ancient Egyptians*.

Les sauvages de l'Australie se servent à peu près de la même manière d'un bâton appelé *bommerang*, avec lequel ils obtiennent des résultats incroyables. (Voir le *Magasin pittoresque*, juin 1850.)

rels pour l'employer à leurs chasses au marais, malgré sa répugnance bien connue pour l'humide élément.

§ 2. — ASSYRIENS, PERSES.

Le premier Roi de Babylone fut Nemrod, *le fort chasseur devant le Seigneur*. Ninus, le fondateur de Ninive et le plus grand des Rois d'Assyrie, fut aussi renommé pour ses exploits contre les lions que pour ses triomphes guerriers. Leurs successeurs se firent une gloire de les imiter : les sculptures de ces prodigieux palais de Nimroud et de Khorsabad, récemment exhumés par les Botta et les Layard, nous retracent de toutes parts les chasses des monarques qui les ont édifiés il y a près de trente siècles. Les vêtements mêmes des personnages qui y sont représentés portent çà et là des scènes de chasse en broderie (1).

Ctésias nous apprend que sur les murs d'un de ces palais, orné de briques coloriées, la reine Nitocris était peinte perçant une panthère de sa lance.

Les animaux chassés par les Assyriens étaient le lion, le guépard, le taureau sauvage, l'onagre, le bouquetin ou *paseng*, l'antilope, le cerf, le daim, le sanglier et le lièvre. Les Rois aimaient surtout la chasse dangereuse des lions et des taureaux. Ils les combattaient le plus souvent sur leurs chars de guerre, aux-

(1) *A popular account of discoveries at Nineveh* by A. H. Layard London, 1854.

quels étaient suspendus des carquois pleins de flèches, des haches d'armes et des lances ; ces chasses royales avaient lieu, d'habitude, dans des parcs fermés de hautes murailles où les lions étaient réunis en nombre prodigieux (1).

La chasse terminée, le monarque rendait grâces aux dieux et leur faisait des libations sur le corps des animaux vaincus.

Les autres bêtes étaient tuées à coups de traits, prises au *laço* et dans des filets ou portées bas par des chiens d'une taille et d'un aspect formidables (2).

Perses. Les Perses, qui renversèrent l'empire assyrien, tenaient la chasse en telle estime que leur Roi Darius voulut qu'on mît sur son tombeau cette épitaphe : « J'aimai mes amis, je fus excellent cavalier, excellent chasseur, rien ne m'était impossible. »

La chasse était chez ces peuples un exercice public où le Roi marchait à la tête de ses troupes comme pour une expédition militaire. Ces grandes chasses duraient plusieurs jours. Les Rois avaient de plus des *paradis* ou vastes parcs remplis de bêtes sauvages où ils chassaient tous les jours avec leurs eunuques et leurs favoris.

Les Perses avaient emprunté aux Mèdes l'usage de chasser à cheval. Des meutes innombrables de chiens

---

(1) Les lions étaient alors beaucoup plus communs dans l'Asie occidentale qu'ils ne le sont aujourd'hui. Il en existe encore quelques-uns dans les déserts qui bordent l'Euphrate.

(2) Voir un très-curieux article de l'*Illustrated London news* (janvier 1857) intitulé : *A glance at the zoological representations of the Nineveh bas reliefs.*

indiens étaient employées aux chasses royales. Depuis la conquête de la Babylonie, quatre gros bourgs voisins de Babylone étaient chargés de la nourriture d'une partie de ces chiens.

La chasse tenait de plus une place importante dans l'éducation de la jeunesse persane. Les mœurs du pays l'élevaient dans cette circonstance à la hauteur d'une institution nationale. « Depuis l'âge de cinq ans, disent Xénophon et Strabon, on enseigne aux enfants à tirer de l'arc, à lancer le javelot et à dire la vérité. »

Devenus un peu plus grands, les enfants étaient conduits régulièrement à la chasse par leurs maîtres, qui les rassemblaient avant le jour au son d'un instrument d'airain. Ils chassaient à cheval avec l'arc, le javelot et la fronde (1).

Ces institutions tombèrent peu à peu en désuétude. « Depuis que le Roi Artaxerxès et ses courtisans s'adonnèrent au vin, les Perses ont renoncé à la chasse, et si quelqu'un, pour s'entretenir dans l'habitude de la fatigue, a continué de chasser avec ses cavaliers, il s'est attiré la haine de ses égaux, jaloux de l'avantage qu'il acquiert ainsi sur eux (2). »

§ 3. — GRECS.

Les légendes mythologiques de la Grèce, où nous

(1) Hérodote, *Hist.* — Xénophon, *Cyropédie.* — Strabon, *Géographie*, liv. XV.

(2) Strabon. *Ibid.*

voyons les dieux et les héros chasseurs jouer un rôle si brillant, nous prouvent suffisamment l'estime que professaient les Hellènes pour le noble exercice de la chasse (1). Platon, dans son livre *des Lois*, traite les chasseurs de *sacrés* et défend de les troubler dans leurs plaisirs, pourvu qu'ils s'adonnent aux chasses viriles et énergiques où l'homme triomphe des animaux par son agilité et son courage, non à des chasses nocturnes et paresseuses ou à celles qui se font par ruse, au moyen seulement de piéges et de filets.

L'Athénien Xénophon, comme Platon, disciple de Socrate et philosophe éminent, de plus général habile et écuyer consommé, écrivit, quatre siècles environ avant l'ère chrétienne, le premier traité de chasse connu.

Il composa ce livre dans sa retraite de Scillonte, où il menait la vie d'un vrai gentilhomme campagnard, uniquement occupé de chasse, d'agriculture et de l'élève des chevaux et des bestiaux. Dans ce domaine, que Xénophon avait acquis avec sa part du butin recueilli pendant la fameuse retraite des *dix mille*, on chassait en toute saison le sanglier, le cerf et le chevreuil. Une somme importante avait été consacrée à élever un temple à Diane, où tous les ans le guerrier philosophe offrait à la déesse, en grande cérémonie,

---

(1) Homère fait, dans l'*Iliade*, de fréquentes allusions à la chasse. Dans l'*Odyssée*, il décrit une chasse au sanglier où Ulysse, adolescent, est blessé au genou en perçant de sa longue lance l'animal qui fait tête aux chiens (*Odyss.*, liv. XIX).

la dîme des productions de ses terres et du gibier qui y avait été abattu (1).

La *Cynégétique* (2) de Xénophon est le livre le plus pratique que l'antiquité nous ait laissé sur la chasse. C'est un chef-d'œuvre de style, de précision et de clarté.

Après avoir débuté par un éloge pompeux de la chasse, Xénophon passe à l'examen des qualités que doit réunir le chasseur : « Il doit aimer son art, parler grec, être âgé d'environ vingt ans, avoir un corps souple et robuste et un courage à l'épreuve. Son éducation a dû commencer au sortir de l'enfance et avant toute autre étude. » Vient ensuite la description des filets (Αρκυς, Δικτυα, Ενοδια), qui jouaient alors un rôle si considérable dans toute espèce de chasse ; puis un chapitre très-intéressant sur les diverses races de chiens, leur hygiène et la manière de les dresser. Suivent les détails pratiques : toutes les chasses se font à pied, à l'aide de filets, de toiles ou de piéges, où l'on pousse les animaux avec des chiens (3).

La chasse la plus habituelle était celle du lièvre, que Xénophon décrit avec le plus grand soin. On lançait avec des chiens courants l'animal timide dont on s'efforçait de diriger la fuite vers des filets tendus à l'avance. Pour tuer des biches, on s'emparait d'abord de leurs faons. La mère, attirée par le bramement

(1) *Anabase*, liv. V, chap. III.

(2) Art de conduire les chiens, c'est le nom grec de la chasse en général.

(3) L'arc et les flèches étaient déjà tombés en désuétude ; du moins Xénophon n'en fait aucune mention.

plaintif de son petit, s'approchait assez du chasseur pour qu'il pût la percer de ses javelots ou la faire saisir par des chiens de l'Inde. Parfois on séparait d'une harde de cerfs un jeune animal que les chiens forçaient à la course. Ce moyen n'était considéré comme applicable à des cerfs adultes que pendant les grandes chaleurs. D'ordinaire on prenait les cerfs avec des piéges appelés *podostrabes*.

Le sanglier, détourné avec un chien de Laconie qui l'aboyait à la bauge, était entouré de panneaux, attaqué à force de chiens et percé de l'épieu. On lui tendait aussi des piéges.

Les lions, les panthères, les lynx, les ours étaient empoisonnés avec de l'aconit ou pris dans des fosses. « Ces animaux, dit Xénophon, se prennent dans les contrées étrangères, sur le mont Pangée (en Thrace), dans le Cittus, situé au delà de la Macédoine ou sur l'Olympe de Mysie, ou sur le Pinde (entre la Thessalie et l'Épire), ou sur le Nysa, situé au delà de la Syrie.

Ceux qui descendent de nuit dans les plaines s'y trouvent enfermés par une troupe de gens à cheval et armés, qui s'en rendent maîtres, non sans danger (1). »

Le chasseur grec du temps de Xénophon se mettait à la poursuite du lièvre, à pied, vêtu à la légère, ayant

(1) Il est prouvé qu'il existait alors des lions en Europe, principalement sur les bords de l'Achéloüs et du Nestus, qui prend sa source précisément dans le mont Pangée. Ce fait est constaté par Aristote et par Hérodote : cet historien raconte, en effet, que les chameaux chargés du bagage de Xerxès furent attaqués par des lions entre Acanthus et Thermé.

un habit et une chaussure simples, le bras gauche enveloppé de sa chlamyde et le bâton à la main. Il emportait ou faisait emporter par son garde-filets un sac en peau de veau où l'on plaçait les *arkys* et les *dictya*, et une serpe ou couteau recourbé pour abattre les branches. Les javelots employés contre les grands animaux étaient de bois dur et munis d'un large fer. L'épieu à sangliers avait un fer de 5 palmes de long avec une traverse en cuivre au milieu de la douille et une forte hampe en bois de cormier (1).

« Nos ancêtres, dit Xénophon dans l'avant-dernier chapitre de son livre, faisaient entrer la chasse dans l'éducation de la jeunesse, convaincus que c'était de cet exercice qu'ils tiraient tous leurs avantages contre leurs ennemis (2). »

Dans ce passage, c'est surtout aux mœurs et aux institutions des Spartiates que fait allusion le philosophe athénien, grand admirateur de ces communistes aristocrates. A Sparte, en effet, la chasse (y compris la chasse aux hommes) était considérée comme une partie essentielle de l'éducation. Les jeunes gens y étaient conduits en troupes, comme chez les Perses, et les chiens, propriété commune, étaient entretenus aux frais de l'État.

---

(1) Sur un vase du musée Campana on voit des chasseurs grecs, à cheval, tenant dans la main droite deux ou trois javelines longues et minces. Ils sont vêtus de caleçons et de justaucorps collants, et coiffés d'une espèce de bonnet phrygien très-pointu, avec de longs appendices sur la nuque et les oreilles.

(2) Xénophon rapporte, à ce propos, qu'une ancienne loi fixait, pour la nuit, le nombre de stades au delà duquel les citoyens ne pouvaient s'éloigner de la ville, de peur d'effaroucher le gibier.

Les Thessaliens (1) et les Macédoniens étaient aussi d'ardents et habiles chasseurs. Philippe de Macédoine et son fils, le grand Alexandre, excellèrent dans cet exercice. Ce dernier s'amusait à chasser aux renards et à prendre des oiseaux pendant ses marches militaires. Devenu maître de l'Asie, il chassa les lions et les combattit corps à corps. Craterus, un de ses capitaines, consacra, dans le temple de Delphes, un bas-relief de bronze représentant *un lion, des chiens, le Roi combattant le lion et lui-même venant à son secours* (2). Ces figures étaient de la main de Lysippe et de Leocharès.

Un autre chef macédonien, Philotas, fut blâmé par Alexandre de ce qu'il traînait avec lui des toiles de chasse de 12,500 pas de long.

Les indignes successeurs d'Alexandre conservèrent jusqu'à leur chute des équipages de chasse fort somptueux. Paul Émile, vainqueur de Persée, dernier roi de Macédoine, s'empara de ses meutes et de ses veneurs, et en fit présent au jeune Scipion.

Pour trouver quelques nouveaux renseignements sur les chasses de la Grèce, il nous faut descendre jusqu'au siècle des Antonins.

Du temps de l'empereur Hadrien (117 à 118 de J. C.) vivait un personnage consulaire du nom d'Arrien, né dans la ville gréco-asiatique de Nicomédie. Philosophe, homme de guerre et historien, il se plai-

(1) Les Thessaliens étaient les meilleurs écuyers de la Grèce, et l'adresse avec laquelle ils combattaient à cheval les taureaux sauvages de leurs montagnes semble avoir donné lieu à la fable des centaures (*piqueurs de taureaux*).

(2) Plutarque, *Vie d'Alexandre*.

sait à se faire appeler *Xénophon le jeune*, et portait ce surnom ambitieux sans en être trop accablé. Pendant sa carrière administrative et militaire, Arrien avait visité la Gaule et vu chasser nos ancêtres ; étonné de ne rien trouver sur leurs chasses et sur leurs excellents chiens dans les œuvres de son illustre modèle, qui probablement n'avait jamais entendu parler des Gaulois, il entreprit d'écrire un traité de chasse pour combler cette lacune, et sans doute aussi pour se donner un trait de ressemblance de plus avec Xénophon.

La *Cynégétique* d'Arrien, ouvrage d'un homme d'expérience, est un livre bien fait et bien rédigé ; il s'occupe surtout des races de chiens de la Grèce et des Gaules, de leur éducation et de leur hygiène. Malgré son respect pour Xénophon, il parle assez dédaigneusement de la vieille manière de chasser avec l'aide de filets : cette méthode était bonne lorsque les Grecs ne connaissaient que des chiens trop lents pour forcer le lièvre ou le prendre de vitesse. « Ceux qui ont de bons chiens et de bons chevaux, dit-il, n'ont besoin ni de panneaux, ni de filets, ni de lacs ; ces moyens déloyaux leur sont inutiles : ils attaquent les animaux ouvertement et de bonne guerre. » En conséquence, il enseigne à ses compatriotes une façon de chasser le lièvre avec chiens courants et lévriers, comme on le faisait dans les Gaules.

Oppien, qui écrivit, quelques années après, son poëme sur la chasse (1), est loin de nous donner des

(1) Il était natif d'Anazarbe en Silicie.

notions aussi précises. Les quatre chants qui nous sont restés du *Cynégéticon* contiennent quelques détails qui ne manquent pas d'intérêt sur les races de chiens et de chevaux, peu de chose sur la chasse elle-même. Des descriptions pompeuses d'animaux, entremêlées de fables ridicules, occupent la plus grande partie de ce poëme, dont les vers excitèrent à un si haut degré l'admiration des contemporains (1).

Malgré les exhortations de Xénophon le jeune, l'usage des filets n'était pas encore abandonné par les Grecs du temps d'Oppien. Il en cite diverses espèces parmi les armes et instruments de chasse qu'il énumère dans son premier chant. Il y joint « une lance à trois pointes, une pique toute de fer, armée d'un large tranchant, un harpon, des pieux, des flèches ailées, des épées, des haches, un trident propre à donner la mort aux lièvres, des crochets tortueux, des anneaux de plomb, des ficelles de sparte, des piéges, des nœuds, des perches et une gibecière, faite d'un tissu de mailles nombreuses (2). »

A cette époque, les Grecs chassaient à pied et à cheval. A pied, ils ne portaient ni manteau ni chaussure ; à cheval, ils s'armaient de javelots et de couteaux de chasse recourbés. La tunique était relevée

---

(1) Il faut ajouter que ces descriptions ont eu le mérite de conserver quelques documents précieux sur les connaissances zoologiques de l'antiquité. On y voit paraître quelques animaux qui n'ont été retrouvés par la science moderne qu'à une époque assez récente, comme le zèbre, l'axis et la girafe.

(2) Oppien, poëme sur la chasse, trad. de Belin de Ballu. Strasbourg, 1787.

au-dessus du genou avec une courroie et le manteau rejeté derrière les épaules.

§ 4. — ROMAINS.

Nous pouvons, à juste titre, nous glorifier de compter les Romains parmi nos ancêtres. Aussi nous croyons-nous d'autant mieux autorisés à parler de leurs chasses avec quelque détail que leurs usages cynégétiques, introduits dans les Gaules, y modifièrent sensiblement la manière de chasser des indigènes.

La chasse ne fut jamais un goût national chez les Romains comme elle l'était chez les Grecs. Ce peuple, voué à de si prodigieuses destinées, fut pendant longtemps trop occupé à cultiver son territoire exigu et à *annexer* celui de ses voisins pour se donner le loisir de faire la guerre aux animaux sauvages. Ce goût fut importé à Rome par les Scipions, admirateurs passionnés de toutes les élégances de la civilisation hellénique. Le jeune Scipion Emilien fit son apprentissage de chasseur sous la direction de ces veneurs du roi de Macédoine qui lui avaient été donnés comme sa part du butin par Paul-Émile, son père adoptif. De retour en Italie, il continua de se livrer à cet exercice en compagnie du célèbre historien grec Polybe, qui y était retenu comme otage. La jeunesse patricienne suivit avec empressement la route tracée par Scipion, et le poëte Térence, autre protégé de son illustre maison, nous parle, dans son *Andrienne*, de la passion que les adolescents de cette époque montraient presque tous pour les chevaux et les chiens de chasse (1).

Ces illustres exemples n'empêchèrent pas le morose Salluste, qui cachait sous une austérité d'emprunt l'épicurisme de sa vie, de traiter de besogne servile (*servile officium*) un art que n'avaient dédaigné ni Platon ni Xénophon, ni Cicéron lui-même, son illustre contemporain. Ce grand orateur, que ses habitudes graves et studieuses auraient pu disposer peu favorablement, qualifie, en effet, la chasse de délassement honorable et d'image utile de la guerre.

Les discordes civiles vinrent arrêter les progrès des Romains dans la carrière cynégétique. Ce ne fut qu'après la tempête, lorsque le monde respira sous l'empire d'Auguste, qu'ils purent se livrer de nouveau à ces pacifiques amusements. Le successeur de Jules César, désireux de ranimer parmi les peuples le goût mâle et salutaire de la vie champêtre, chargea les grands poëtes qu'il s'était attachés de chanter les plaisirs de la campagne, et la chasse ne fut pas oubliée. Virgile lui consacra, dans ses *Géorgiques*, quelques beaux vers qu'on trouve ainsi rendus dans la traduction de l'abbé Delille :

Il faut savoir aussi dresser les chiens fidèles,
D'un pain pétri de lait nourris ces sentinelles;
Tu braves avec eux et les loups affamés
Et le voleur nocturne, et les brigands armés ;

---

(1) *Quod plerique omnes faciunt adolescentuli*
Ut animum ad aliquod studium adjungant aut equos
Alere, aut canes ad venandum.

Catilina, pour attacher à son parti les jeunes patriciens, leur achetait des chiens et des chevaux. (Sallust., *Catilin.*)

Tantôt tu les verras, pleins d'adresse ou d'audace,
Du lièvre fugitif interroger la trace,
Lancer le faon timide, ou dans les bois fangeux
Livrer au sanglier un assaut courageux,
Ou par leur course agile et leur voix menaçante
Presser des daims légers la troupe bondissante (1).

Horace s'occupe aussi de la chasse, tantôt pour la mettre au premier rang des plaisirs champêtres (2), tantôt pour lui lancer quelques traits inoffensifs de satire, comme dans ce portrait du fanfaron de vénerie, qui traverse de bon matin le forum rempli de monde avec ses panneaux, ses épieux, ses valets de chiens, et revient le soir étalant aux yeux de la foule sur le dos d'un de ses mulets un seul sanglier qu'il a acheté (3). Le jeune patricien, qui, au sortir des mains de son pédagogue, ne rêve plus que chevaux et que chiens (4); le chasseur forcené qui délaisse sa jeune épouse au cœur de l'hiver pour voir ses chiens saisir la biche ou combattre le sanglier Marse, ont aussi leur place dans cette galerie satirique (5).

---

(1) *Georgic.*, lib. III. Cette traduction de Delille, plus élégante que fidèle, ne rend que très-imparfaitement l'original au point de vue de la chasse. Delille passe sous silence « les chiens rapides de Sparte et les ardents molosses » (*veloces Spartæ catulos acresque molossos*), et remplace par une périphrase banale ces vers si nets et si pittoresques :

Sæpe volutabris pulsos silvestribus apros
Latratu turbabis agens, montesque per altos
Ingentem clamore premes in retia cervum.

(2) *Epod.* II.

(3) *Venemur ut olim.....*
Gargilius, qui manc plagas, venabula, servos
Differtum transire forum populumque, jubebat.
Unus ut e multis, populo spectante referret
Emptum mulus aprum..... Epist., lib. I, 6.

(4) *De Arte poetica.*

(5) *Od.*, lib. I.

Mais le plus bel éloge qu'on ait fait de la chasse se trouve dans deux vers d'une épître d'Horace, où le charmant poëte la venge des injustes dédains de Salluste et de son *servile officium* en la qualifiant d'œuvre solennelle et virile, digne des Romains, utile à leur renommée, à leur vie, à leur corps (1).

Gratius, contemporain d'Ovide et, par conséquent, de Virgile et d'Horace, composa sur la chasse un poëme élégant qui est le plus ancien ouvrage latin sur cette matière. On y trouve des renseignements précieux sur les diverses races de chiens et de chevaux connus de son temps, et sur les armes et les engins employés par les Romains. Les œuvres poétiques de Lucain et de Sénèque le tragique contiennent aussi quelques passages remarquables sur la chasse (2).

Élèves des Grecs en matière de chasse, les Romains, à l'exemple de leurs maîtres, se servaient constamment de filets et de toiles (*retia*, *casses*, *plagæ*), de lacs (*laquei*), de piéges (*pedicæ*), de cordes emplumées (*pinnatum*, *formido*) (3).

Les chasses romaines étaient cependant organisées sur une plus vaste échelle que celles des Grecs. D'ordinaire on formait de vastes enceintes avec les pan-

(1) *Romanis solemne viris opus, utile famæ*
Vitæque et membris..... Epist. 18, lib. I.

(2) Les principaux passages des poëtes latins relatifs à la chasse, ainsi que les *Cynégétiques* de Gratius et de Némésianus, se trouvent réunis dans la collection de Vlit : *Jani Vlitii venatio novantiqua*. — *Elzevier*, 1643.

(3) Ces cordes emplumées, fort en usage encore parmi les peuples sauvages du nord de l'Asie, servaient à *effrayer* les animaux et à les empêcher de s'enfuir dans une certaine direction : on les a employées en Allemagne jusqu'au XVIIIe siècle.

neaux et les cordes emplumées. Des bandes nombreuses de traqueurs et des meutes de chiens y poussaient les animaux, pendant que les hommes à cheval les empêchaient de forcer la ligne des panneaux. C'était ce qu'on appelait *indago* (1).

Pour ces chasses qui exigeaient un personnel considérable, les grands propriétaires romains entretenaient dans leur *famille* rurale des esclaves chasseurs divisés en quatre classes : *vestigatores* (valets de limier), *indagatores* (gens chargés de dresser les filets), *alatores* (traqueurs), *pressores* (ceux qui saisissaient et tuaient les animaux tombés dans les panneaux).

Les Romains chassaient d'ordinaire à cheval; leurs armes étaient : l'arc et la flèche, l'épieu à large fer (*lato venabula ferro*) et la javeline aiguë (*verutum*). Ces armes étaient garnies d'appendices en forme de fourchons (*furculæ*) ou de rondelles (*totos clauserunt orbibus enses* (2). Les Romains se servaient, en outre, de dards de diverses sortes. Le couteau de chasse à lame courbe fabriqué à Tolède (*culter venatorius*, *culter toletanus*) servait, comme aujourd'hui, à tuer un animal aux abois et à faire curée. On y ajoutait une faux ou serpe pour couper les branches (3).

Gratius décrit d'une manière assez curieuse le costume d'un veneur romain subalterne (*famulus*). Les

---

(1) *Venatio novantiqua.* — Gratius.

Dum trepidant alæ, saltusque indagine cingunt.

(Virgil., *Æneid.*, lib. IV).

(2) Pour empêcher le fer d'entrer trop avant.

(3) *Gratii cynegeticon.*

jambes sont protégées par des bandelettes (1). Il porte un sac (*mantica*) en peau de veau ou en cuir fauve, une chlamyde courte et une casquette en peau de blaireau (*canâque ex mele galerus*), un couteau de Tolède ceint ses flancs, et sa main brandit une falarique (2).

Le rhéteur Philostrate, qui écrivait plus d'un siècle après Gratius, décrivant un tableau de chasse qui ornait un portique à Naples, nous apprend que, pour attaquer à cheval un sanglier, le veneur avait soin d'endosser une cuirasse et de se garantir les jambes avec des grèves ou *cnémides* (3). Un autre chasseur, figuré dans cette peinture, montait un cheval blanc; sa tunique était retroussée et fixée sur le milieu de la cuisse et les manches en étaient également relevées jusqu'au coude (4).

La chasse passa de mode sous les empereurs vicieux et cruels qui succédèrent à Auguste. L'aristocratie romaine, à leur exemple, se passionna de plus en plus pour les jeux de l'amphithéâtre et pour ces boucheries effroyables auxquelles on prostituait le nom de chasses (*venationes*). Il semblait bien plus doux aux fils dégénérés des Scipions de s'installer mollement sur les gradins du cirque, à l'ombre du *velarium* de pourpre, pour assister au massacre de milliers d'animaux rassemblés de toutes parts, que d'aller coucher tout

---

(1) Ces bandelettes (*fasciæ crurales*) sont représentées dans plusieurs monuments anciens.

(2) Javeline à très-large fer.

(3) Nous verrons plus loin qu'on faisait de même au XVIe siècle.

(4) Philostrat., lib. I.

bottés (1) dans la neige, comme le chasseur d'Horace, pour surprendre au point du jour le cerf ou le sanglier. Les espèces les plus rares étaient amenées à grands frais du fond de l'Asie et de l'Afrique pour ces tueries insensées (2), et des milliers de chasseurs étaient employés à prendre vivantes les bêtes destinées à périr sous les yeux du peuple romain.

Oppien nous a conservé la description de quelques-uns des moyens employés par ces pourvoyeurs de l'amphithéâtre : fosses, panneaux, enceintes de toiles, où les lions et les ours étaient attirés par des appâts vivants ou poussés par des bandes innombrables de traqueurs armés de torches ardentes, sonnant de la trompe ou heurtant des boucliers de métal. Ces détails nous entraîneraient trop loin de notre sujet.

Sous les bons empereurs des dynasties flavienne et antoninienne, la véritable chasse reprit quelque faveur, sans toutefois l'emporter jamais sur les jeux du Cirque, devenus exclusivement la passion nationale des Romains.

---

(1) *Dormit ocreatus in nive*
Venator, teneræ conjugis immemor. Od., lib. I.

L'ocrea était une jambière assez semblable à celles de nos zouaves.

(2) Pompée fit combattre 400 panthères, 600 lions et 20 éléphants. Titus fit périr en une fois 9,000 animaux, Trajan 11,000. Sous Philippe l'Arabe on vit paraître, le même jour, 32 éléphants, 10 élans, 10 tigres, 60 lions, 30 léopards et 40 chevaux sauvages. Probus fit planter dans le grand Cirque un bois où l'on tua 1,000 cerfs, 1,000 sangliers et 100 lions.

Plusieurs espèces que nos savants n'ont réussi à acquérir pour nos ménageries que depuis peu d'années, entre autres la girafe, le rhinocéros, l'hippopotame, avaient paru dans les jeux du Cirque. Une loi qui ne fut entièrement abrogée que sous Justinien défendait, sous peine de mort, aux habitants de l'Afrique, de tuer des lions, afin de conserver ces bêtes féroces pour le Cirque.

Trajan fut grand chasseur (1). Pline le Jeune, dans son panégyrique de ce sage et vaillant prince, le loue d'employer, au viril exercice de la chasse, les rares loisirs que lui laissaient les soins de son vaste empire (2). « C'était, autrefois, dit-il, l'école de notre jeunesse, c'était son plaisir ; c'était à cet art que s'adonnaient les chefs futurs de nos armées. »

Le successeur de Trajan, Hadrien, aima la chasse comme lui. Il y courut de grandes aventures, et faillit plusieurs fois y perdre la vie. En Égypte, il tua un lion de sa main ; en Mysie, il bâtit la ville d'Hadrianothère (*therion, bête féroce*) sur l'emplacement où il venait de terrasser un ours. Ses chevaux et ses chiens favoris eurent, comme son cher Antinoüs, l'honneur d'avoir des monuments somptueux consacrés à leur mémoire (3).

---

(1) « Nous avons encore les bas-reliefs où il aimait à se faire représenter perçant de l'épieu un sanglier. » (*Les Antonins*, par M. le comte de Champagny, t. Ier).

(2) Pline lui-même prenait plaisir à suivre les chasses *en amateur* : « Vous allez rire, écrit-il à l'historien Tacite, son ami, et je vous le permets, ce Pline que vous connaissez a pris trois sangliers, mais très-grands ! Quoi ! lui-même, dites-vous ? — Lui-même. N'allez pourtant pas croire qu'il en a coûté beaucoup à ma paresse. J'étais assis près des toiles, je n'avais à côté de moi ni épieu ni dard, mais des tablettes. Je rêvais, j'écrivais et je me préparais la consolation de rapporter mes feuilles pleines, si je m'en retournais les mains vides ; ne méprisez pas cette manière d'étudier. Vous ne sauriez croire combien le mouvement du corps donne de vivacité à l'esprit. Sans compter que l'ombre des forêts, la solitude, le profond silence qu'exige la chasse sont très-propres à faire naître d'heureuses pensées. Ainsi, croyez-moi, quand vous irez chasser, portez votre panetière et votre bouteille, mais n'oubliez pas vos tablettes. » (*Plinii Epist.*)

(3) Antonin et Marc-Aurèle furent aussi chasseurs. (*Les Antonins*, par M. le comte de Champagny.)

Le grammairien grec Pollux, chargé par Marc-Aurèle de l'éducation de son indigne fils, chercha à lui inspirer le goût de la chasse.

L'*Onomasticon*, composé par lui, pour l'instruction du jeune Commode, contient des renseignements assez précieux sur notre sujet. Commode répondit fort mal aux soins de son précepteur. Il excella dans les exercices du corps, et devint surtout un habile archer, mais il ne déploya guère son adresse que dans les jeux sanglants du Cirque, pour lesquels il montra un amour effréné.

La lecture des *Cynégétiques* d'Oppien donna tant de plaisir à l'empereur Septime Sévère et à son fils Caracalla, qu'ils accordèrent au poëte la grâce de son père exilé, et lui firent don d'une statère d'or pour chacun de ses vers, lesquels se montaient à près de vingt mille.

Sous Numérien (284) le Carthaginois Aurélius Némésianus composa un nouveau poëme latin sous ce même titre de *Cynégétiques*. Son œuvre fut fort goûtée par l'empereur, grand amateur de poésie et poëte lui-même. Comme Gratius, Némésianus traite principalement des chiens, des chevaux et des diverses sortes de filets et de piéges. Il écrivit également un poëme sur l'oisellerie (*Ichneutica*) qui est perdu, sauf deux fragments sur le tétras et la bécasse.

Sous Dioclétien et ses successeurs, lorsque la cour impériale fut organisée avec une pompe et une étiquette tout asiatiques, les équipages de chasse des souverains étaient dans les attributions du *comte des largesses sacrées* (*comes sacrarum largitionum*). Sous les ordres de ce grand dignitaire, des officiers nommés *procurateurs* commandaient les différents districts de chasse (*cynegia*) établis en Italie et dans les provinces. Les procurateurs avaient à leur disposition des cohortes de chasseurs (*venatores*, *sagittarii*) organisés militairement, et destinés à servir de pourvoyeurs aux combats de l'Amphithéâtre et aux cuisines impériales.

Nous aurons occasion de reparler des grandes chasses auxquelles se livraient, au milieu des guerres civiles et des invasions barbares, ceux des empereurs romains qui résidaient dans les Gaules. La chasse n'était pas restée moins en honneur dans l'empire d'Orient.

En 384, le patrice Stilicon, envoyé comme ambassadeur près de Sapor, roi de Perse, dut principalement le succès de sa mission à l'adresse consommée qu'il déploya dans les parties de chasse auxquelles il assista près du monarque asiatique (1).

Il n'en était pas de même en Italie. Les nobles romains, dont la dégénération était arrivée aux dernières limites, bornaient alors leurs exploits à contempler des chasses dont leurs esclaves prenaient tout le soin et la fatigue (2).

Mais déjà l'empire romain chancelait sur sa base,

---

(1) L'empereur Théodose II mourut, en 450, d'une chute de cheval qu'il fit à la chasse dans les environs de Constantinople.

(2) Ammien Marcellin, cité par Gibbon, *Histoire de la décadence de l'Empire romain*, ch. XXIX. Ammien Marcellin, né vers 320, mourut en 390.

et ses frontières étaient envahies de tous côtés par des hordes de chasseurs barbares, qui allaient s'emparer de ses *cynegia*, comme de ses provinces, et installer leurs chevaux et leurs meutes dans les palais dévastés des Césars.

LIVRE PREMIER.

CHRONIQUES.

CHAPITRE PREMIER.

Gaulois et Gallo-Romains.

La Gaule des âges primitifs devait, dans son aspect général, offrir une ressemblance presque complète avec les contrées les plus sauvages de l'Amérique septentrionale. Le sol, couvert partout de forêts vierges, de vastes marais et de landes désertes, nourrissait des troupes innombrables d'animaux sauvages. Outre les espèces dont les représentants clair-semés vivent encore dans nos bois et dans nos montagnes, ces immenses solitudes étaient parcourues par des races dont les unes n'existent plus que dans l'extrême nord de notre continent, dans le nouveau monde ou sur les cimes les plus inaccessibles de nos montagnes, tandis que d'autres ont entièrement disparu de la surface de la terre. L'*urus* gigantesque et le bison barbu, l'élan, le cheval sauvage erraient en liberté du Rhin aux Pyrénées et des Alpes à l'Océan. Le bouquetin, l'ours et le lynx descendaient sans crainte de ces montagnes dont les sommets les plus escarpés ont à peine pu préserver leurs descendants d'une entière destruction. Les castors se jouaient dans les cours d'eau qui baignent aujourd'hui nos cités les plus opulentes, tandis que des sauvages tatoués de bleu, portant, relevés sur leur tête, leurs cheveux teints d'un rouge éclatant, donnaient la chasse à tous ces hôtes des bois avec des flèches à pointe de silex et des javelots armés d'un os pointu (1).

Les fouilles exécutées sur divers points de notre territoire, notamment sur les bords de la Somme et dans les environs de Dieppe, ont mis au jour, au milieu des débris d'ustensiles grossiers, une quantité d'ossements des animaux sauvages qui formaient la principale nourriture de ces peuplades primitives. Les ossements de cerfs étaient nombreux, quelques-uns d'une taille supérieure à celle de nos cerfs. d'autres appartenant à une variété plus petite. « Les chevreuils, ainsi que quelques quadrupèdes aquatiques, loutres et castors, n'étaient pas moins abondants. Il est à croire que la chasse de ces animaux, ainsi que celle des bœufs ou *urus*, et surtout des sangliers, dont les débris sont plus nombreux encore, faisait la principale occupation de ces peuples. Non-seulement ils se nourrissaient de leur chair, mais ils utilisaient leurs os, leurs dents et leurs ramures,

(1) Voir Strabon, Pline et Pausanias.

pour se faire des ustensiles de ménage, de guerre et de chasse (1). »

Pendant les âges suivants les Gaulois, plus civilisés, avaient défriché une partie assez notable de leur territoire. Cependant César trouva leur sol encore ombragé de très-vastes forêts. Ces nations, amies du mouvement et du bruit, passionnées pour les chevaux et les chiens, continuèrent, sans aucun doute, à s'adonner à la chasse, par plaisir plutôt que par nécessité, mais les auteurs grecs et romains ont dédaigné de nous transmettre aucun détail sur ce sujet. Nous savons seulement que dans leurs villages les dépouilles des animaux tués à la chasse étaient exposées en triomphe aux portes des maisons, comme les têtes des ennemis rapportées de la guerre ; lorsqu'un chef gaulois venait à mourir, ses armes, ses chevaux et ses chiens de chasse étaient livrés aux flammes sur son bûcher funéraire (2).

Strabon et Pline, qui écrivaient pendant les siècles postérieurs à la conquête, ne nous en disent pas beaucoup davantage. Ils se bornent à nous apprendre que les Gaulois abattaient des oiseaux avec une sorte de dard, et qu'ils se servaient, à la chasse, de flèches empoisonnées avec le suc de certaines herbes. Pline ajoute que les habitants de la rive gauche du Rhin se

---

(1) Boucher de Perthes, *Antiquités celtiques et antédiluviennes.* — Voir aussi *Mémoires de la Société des antiquaires de Normandie*, année 1826. — Fr. Troyon, *Habitations lacustres des temps anciens et modernes.*

(2) César. — Posidonius dans Athénée.

livraient avec passion à la chasse des oies sauvages (1).

Arrien, dans ses *Cynégétiques*, s'étend plus longuement sur la manière de chasser des Gaulois, qu'il propose pour modèles aux Grecs de son temps. « Les Gaulois, dit-il, se livrent à la chasse non pour le profit, mais pour le plaisir honnête que donne cet exercice. Ils ne se servent pas de filets, l'excellence de leurs chiens les en dispense. »

La chasse aux lièvres est la seule que décrive Arrien. Le veneur gaulois envoyait de grand matin un de ses hommes reconnaître le gîte du lièvre; lui-même venait ensuite le lancer avec ses chiens courants (2), après avoir disposé des laisses de lévriers (3) sur les refuites présumées de la bête. Ces lévriers saisissaient le lièvre fuyant devant la meute que les chasseurs suivaient à cheval.

Arrien nous donne aussi quelques renseignements curieux sur les pratiques religieuses des chasseurs gaulois. Ils avaient l'habitude de mettre à part une petite somme par chaque pièce de gibier abattu : 2 oboles pour un lièvre, 1 drachme pour un renard, 4 drachmes pour un chevreuil. Tous les ans, lors de la fête natale de Diane, cet argent, déposé dans un trésor commun, était employé à l'achat d'une victime. Les prémices offertes à la déesse, les chasseurs man-

---

(1) Les préfets des troupes auxiliaires employées à garder le fleuve étaient souvent mis en accusation pour avoir employé des cohortes entières à la poursuite lucrative de ces palmipèdes (Plin., lib. X).

(2) Ηγουσιαι, *Segusii*.

(3) Ουερτραγοι, *Vertragi*.

geaient gaiement le reste dans un banquet auquel assistaient leurs chiens couronnés de fleurs (1).

Pausanias, à peu près contemporain d'Arrien, nous apprend que de son temps on chassait encore dans les Gaules l'élan (*alce*), qui y était déjà fort rare. Pour joindre cette bête défiante et douée d'un odorat très-subtil, les Gaulois entouraient parfois de traqueurs une enceinte de 1,000 stades (200 kilomètres) ; les chasseurs, en se resserrant, finissaient par cerner la bête, qui cherchait en vain un refuge dans les rochers et les fourrés les plus impénétrables (2).

Jusqu'à l'invasion des barbares, les Gaulois continuent de poursuivre avec la même ardeur les animaux de leurs forêts, qui, malgré les progrès de la civilisation, avaient conservé une immense étendue. La forêt des Ardennes, entre autres (3), s'étendait des bords du Rhin jusqu'au territoire de Rèmes (Reims) et de la Batavie au Jura (4). Les empereurs romains l'avaient

---

(1) Arrien, *Cynegct.*, lib. XXXIV. — La déesse à laquelle nos aïeux adressaient ces hommages avait remplacé, selon toute apparence, la vieille *Arduinna*, la divine chasseresse des Ardennes. Dès le règne de Tibère, on voit le culte romain et le culte celtique se confondre sur les autels élevés à la pointe orientale de l'île de Lutèce. Sur l'un de ces autels on voit figurer l'effigie de *Deana Arduinna* avec les attributs consacrés par l'antiquité classique à la sœur d'Apollon. On croit que le dieu *Cernunnos*, représenté sur le même monument avec des bois de chevreuil sur la tête, était aussi un des protecteurs de la chasse chez les Gaulois. (*Biblioth. histor. et crit. des Thércuticographes*, p. clviij.) — Le culte de Diane subsista jusqu'au VIe siècle dans les Ardennes.

(2) Pausanias *in Bœoticis*. — Les récits des chasseurs américains nous apprennent, en effet, que le *moose* ou *orignal* du Canada, qui est le même animal que l'élan, est très-défiant et très-difficile à surprendre à cause de la finesse de son odorat.

(3) En langue celtique *Ar-den*, la profonde.

(4) César donne à la forêt des Ardennes 500 milles ou 4,000 stades

divisée en cinq *cynegia* ou préfectures de chasse. Quatre de ces *cynegia* dépendaient du *Comte des largesses sacrées* (1) et avaient pour chefs-lieux Metz, Trèves, Reims et Tournay. Le cinquième district avait pour chef un officier spécial qu'on nommait le prévôt (*præpositus*) des Ardennes, et relevait directement du *préfet des affaires privées* (*præfectus rerum privatarum*). Le chef-lieu de ce cynegium était, à ce qu'on croit, situé à Chiny, petite ville des Ardennes belges qui lui aurait emprunté son nom.

Les empereurs romains qui fixèrent leur résidence dans les Gaules ne manquèrent pas de profiter des chasses magnifiques que leur offrait ce pays. Constant, fils du grand Constantin, leur consacrait des semaines entières. Tandis qu'il était ainsi campé dans les bois voisins d'Autun, son maître des milices, Magnentius, eut le loisir d'ourdir une conspiration qui lui enleva le trône et la vie (350).

L'empereur Gratien périt également victime de sa passion pour la chasse. Ses sujets lui eussent aisément pardonné de passer sa vie à chasser dans les vastes parcs qu'il avait fait enclore de murs et peupler de toutes sortes d'animaux sauvages. Mais la faveur exclusive qu'il accordait à une bande d'archers alains, lestes et adroits chasseurs, dont il avait acheté chèrement les services, irrita contre l'empereur ses soldats, Ro-

---

d'étendue (800 kilom.). Strabon trouve ce chiffre exagéré et dit seulement que cette forêt, très-vaste, est composée d'arbres peu élevés et qu'elle couvre le pays des Morins, des Atrébates et des Éburons. (Boulonnais, Artois, Flandre maritime, pays de Liége.)

(1) *Comes sacrarum largitionum*.

mains ou barbares. Ils le livrèrent à l'usurpateur Maxime, qui le fit tuer à Lyon en 383.

Les nobles gallo-romains, durant cet âge de décadence, montrèrent qu'ils n'avaient pas dégénéré, du moins comme chasseurs. L'Aquitain Paulinus, petit-fils du poëte Ausone et poëte lui-même, se plaît, dans ses écrits, à rappeler les jours de son enfance où ses plus grandes joies étaient de posséder un beau cheval au brillant harnais, un chien rapide, un épervier bien dressé. (L'art de la fauconnerie venait d'être importé dans les Gaules par les premiers envahisseurs barbares.)

Saint Germain d'Auxerre, qui vivait au commencement du ve siècle, avait été un chasseur passionné avant de devenir un pieux évêque. Gouverneur ou duc de sa ville natale, il allait chasser tous les jours et faisait attacher à un arbre planté sur la place publique les bois des cerfs et les hures des sangliers qu'il avait abattus.

L'empire s'écroulait de toutes parts, et cependant Sidoine Apollinaire nous montre les Gallo-Romains non moins occupés de leurs chasses que de leurs discordes ou des misères de l'invasion. Dans ses panégyriques d'Anthemius et d'Avitus, il ne manque pas de nous apprendre que ces empereurs éphémères avaient fait à la chasse l'apprentissage de leurs vertus guerrières. « Qui fut jamais plus prompt qu'Avitus à soumettre à la chaîne le col du molosse, à détourner dans les forêts les bêtes sauvages en prenant pour guide l'odorat de son limier, à retrouver dans l'air les traces invisibles de leurs pas ? Si l'indocile chien d'Ombrie mettait sur pied le sanglier par ses abois, c'était un jeu pour le héros de briser les croissants d'ivoire de ses défenses sous son groin noirâtre, et d'enfoncer d'un bras roidi l'épieu au large fer dans le flanc du monstre qui faisait tête ; qui mieux que lui sut connaître les oiseaux de proie que la nature nous donne pour auxiliaires contre leurs parents ailés (1) ?... »

Dans ses épîtres, Sidoine loue le brave Maître des milices Ecdicius, d'avoir dès l'enfance battu les bois à la poursuite du gibier, et d'avoir préféré à tous les autres jeux de la jeunesse l'arc, le cheval, le chien, l'épervier. Il vante le savoir du noble gaulois Vectius en tout ce qui concerne la connaissance, l'éducation, l'usage des chevaux, des éperviers et des chiens. Plus loin il raille assez gaiement son ami Nummatius dont la meute est d'humeur trop pacifique à l'endroit des sangliers, trop lente et trop clabaudeuse pour le lièvre. Il lui conseille de renoncer à tourmenter inutilement les lièvres de l'île d'Oléron avec ses chiens, et d'en revenir aux filets et aux panneaux.

A l'époque où Sidoine Apollinaire écrivait, toute l'Aquitaine était déjà devenue le domaine des Visigoths. Les Burgondes étaient maîtres d'une grande partie des provinces de l'Est, et, deux ans avant sa mort, il put voir les Francs de Clovis renverser à Soissons les derniers débris de la domination romaine (486).

---

(1) *Panegyric. Aviti.* — Le poëte Arverne semble avoir pris plaisir à hérisser de termes de chasse son style déjà contourné et obscur.

CHAPITRE II.

Peuples germaniques.

---

§ 1. GERMAINS D'OUTRE-RHIN.

Tous les barbares qui s'établirent au ve siècle dans les Gaules étaient d'origine germanique et avaient reçu en héritage l'amour de la chasse de leurs ancêtres, les Germains décrits par César et par Tacite.

« Les Germains, dit dans ses *Commentaires* le vainqueur d'Arioviste, ne s'adonnent pas à l'agriculture, et ne vivent guère que de lait, de fromage et de chair... Toute leur vie se passe à la chasse et dans les exercices militaires (1). »

Tacite en parle dans les mêmes termes : « Toutes les fois qu'ils ne font pas la guerre, ils passent leur temps à chasser, et plus souvent encore à ne rien faire (2). »

La Germanie était couverte de bois et de marécages, comme la Gaule primitive. César donne quelques dé-

---

(1) Lib. VI, cap. XXVIII.

Scit benè Germanus cervis ubi retia tendat
Scit benè quâ frendens valle moretur aper.
(OVIDE.)

(2) *In Germaniâ.*

tails sur une de ces forêts, la grande Hercynie, qui s'étendait du haut Rhin jusqu'aux confins de la Transylvanie actuelle. Elle renfermait des bêtes extraordinaires que le conquérant romain décrit d'une manière fort confuse. Ces animaux étaient l'*urus*, l'élan (*alce*), et un quadrupède que César appelle un bœuf en forme de cerf, ayant au milieu du front une seule corne divisée en plusieurs rameaux ; on croit que c'est le renne.

Pline parle également des *urus* que produit la Germanie, il y ajoute des bisons à crinière et des chevaux sauvages (1).

Ces forêts sans limites abritaient, en outre, des ours, des lynx et des castors, sans parler des espèces qui existent encore en Allemagne.

Sur la foi de récits mensongers ou mal compris, César raconte que l'*alce* n'a pas d'articulations aux jambes, et ne peut, par conséquent, ni se coucher ni se relever quand il est tombé (2). Il est obligé, pour dormir, de s'appuyer contre les arbres. Lorsque les chasseurs ont découvert à leurs traces ceux contre lesquels ces animaux ont l'habitude de se reposer, ils les déracinent ou les scient de manière à les laisser debout. Quand l'*alce* vient s'y appuyer, il tombe avec l'arbre, et l'on s'en empare facilement.

La manière dont on chasse les *urus* est beaucoup

(1) *Histor. natur.*, lib. VIII.

(2) Il n'est pas besoin de dire que c'est une fable. Du reste, dans tout ce que César dit de l'*alce*, il n'y a que son nom d'applicable à l'élan (*Elch* en vieux allemand, *Elk* en anglais).

moins fantastique. Ces animaux terribles, presque aussi grands que des éléphants, sont pris dans des fosses (1). C'est par cette chasse que les jeunes gens s'exercent et s'endurcissent à la peine. Ceux qui en tuent le plus et qui en rapportent les cornes pour preuve reçoivent de grandes louanges. Les *urus* ne peuvent se dompter, quelque petits qu'on les prenne. « La grandeur, la figure et la nature de leurs cornes sont très-différentes de celles de nos bœufs. On les recherche beaucoup, on en garnit le bord et l'on s'en sert pour boire dans les festins. »

§ 2. GERMAINS ÉTABLIS DANS LES GAULES. — ÉPOQUE MÉROVINGIENNE.

Les premiers Germains qui s'établirent dans les Gaules à poste fixe furent les Burgondes (415). Le poëme teutonique des *Niebelungs* nous a conservé la tradition des grandes chasses de ce peuple lorsqu'il était encore cantonné sur la rive gauche du Rhin. Nous verrons plus loin de quel supplice bizarrement cruel leurs lois punissaient le vol d'un autour dressé, et quelle peine inconvenante et grotesque était infligée au larron qui s'emparait d'un lévrier ou d'un chien courant. Burgondes.

Les Visigoths, sous les ordres d'Ataulphe, s'empa- Visigoths.

(1) Les Péoniens, peuple de Thrace, prenaient les bisons à peu près de la même manière, au dire de Pausanias. Les fosses étaient creusées au bas d'une colline dont la pente était couverte de cuirs de bœuf frais ou mouillés. Des hommes à cheval poussaient dans cette direction les bisons, qui glissaient sur les peaux et tombaient dans la fosse. A la différence des *urus*, les bisons se laissaient dompter après quelques jours de jeûne.

rèrent, peu de temps après, de l'Aquitaine. Sidoine Apollinaire, s'étant trouvé, plusieurs années plus tard, en relations personnelles avec leur Roi Théodoric (mort en 466), nous a laissé un tableau curieux de sa manière de chasser : « Vers la deuxième heure du jour (huit heures du matin, suivant notre manière de compter), le Roi quitte le trône où il rendait la justice, et va inspecter son trésor ou ses écuries. Si, après cela, il part pour la chasse, il juge au-dessous de la dignité royale d'attacher son arc à son côté ; mais si, cheminant ou chassant, vous lui montrez une bête sauvage ou un oiseau, il tend la main en arrière, dans laquelle un serviteur place un arc dont la corde est flottante, car autant il lui paraîtrait peu digne de porter un arc dans son étui, autant il lui semblerait efféminé de le recevoir tendu. L'ayant pris, il le tend en fixant à la fois la corde aux deux extrémités, ou en appuyant un des bouts contre son talon et en suivant du doigt la corde jusqu'au nœud. Aussitôt il prend la flèche, encoche et tire. Souvent, au moment de tirer, il vous demande de lui désigner ce que vous désirez qu'il frappe. Vous choisissez ce qu'il doit atteindre, il atteint ce que vous avez choisi, et, s'il y a méprise, ce sera plutôt de la part de l'indicateur que du tireur (1). »

Francs Mérovingiens.

Les Francs, qui conquirent la plus grande partie de la Gaule pendant le ve siècle, ne le cédaient en rien aux Visigoths. Dès le règne de Clovis (465-511), le

---

(1) Epist. 2, lib. I.

chroniqueur Aimoin nous apprend que ce peuple est très-adonné à la chasse, et que le fondateur de la monarchie franque s'y livrait assidûment dans les forêts de son domaine, et notamment dans la forêt de Cuise (*Cotia sylva*, aujourd'hui la forêt de Compiègne). Cette forêt, et celles des Ardennes, d'Héristal (dans le pays de Liége), de Chelles et des Vosges étaient les rendez-vous de chasse favoris des Rois mérovingiens. Les fils de Clovis, Théodoric, Clotaire et Childebert, héritèrent de ce goût déjà qualifié de national (*gentilitium*, comme le dit un légendaire). Clotaire mourut au milieu de ses grandes chasses d'automne dans la forêt de Cuise.

Childebert aimait aussi ardemment la chasse qu'aucun de ses ancêtres ou de ses contemporains, car dans presque toutes les traditions on le voit occupé à cet exercice (1).

S'étant rendu dans le Maine avec la Reine Ultrogothe, pour y chasser, ses veneurs vinrent lui annoncer qu'on avait connaissance d'un buffle, animal déjà fort rare dans le pays. Le Roi, ravi de cette découverte, donne aussitôt l'ordre de faire tous les préparatifs nécessaires pour le lendemain, de disposer les chiens et de tenir prêts les arcs et les flèches. Au point du jour, la troupe des chasseurs se met en marche et entre dans la forêt, chacun s'empresse à démêler d'un œil attentif les voies de l'animal. On découvre enfin son fort; les chiens sont découplés, la

(1) *Les Moines d'Occident*, par M. le comte de Montalembert, t. II.

bête est lancée, les veneurs la suivent, guidés par le cri des chiens (1).

Or le buffle que chassait Childebert avait été apprivoisé par le saint moine Karileff, qui vivait dans ces bois avec deux compagnons, et qui se plaisait à caresser ce monstre en grattant doucement sa crinière épaisse et ses énormes fanons (2). Poursuivi de près par la meute, l'animal se réfugia auprès de son protecteur. Le Roi, accourant au rapport de ses veneurs, vit le vieux solitaire debout devant son buffle comme pour le défendre. « Qui vous a donné l'audace, ô gens inconnus, d'envahir ainsi mon domaine et de détruire la dignité de ma vénerie ? » s'écria-t-il furieux; et, sans écouter les humbles protestations du moine, il lui ordonna de vider les lieux sur-le-champ, sous peine de sa colère royale ; puis il voulut partir, mais son cheval refusa obstinément d'avancer, et Childebert, effrayé de cet incident, qui lui parut miraculeux, s'humilia devant le saint, lui demanda sa bénédiction et voulut boire, en signe de réconciliation, du mauvais vin que Karileff récoltait dans une petite vigne, plantée de ses mains près de l'ermitage (3).

On trouve dans les légendaires plusieurs récits du même genre, où Childebert apparaît en qualité de

---

(1) *Mémoire historique sur la chasse*, par la Curne de Sainte-Palaye. (L'auteur était, en 1776, sous-lieutenant de la Vénerie.) — Les détails de cette chasse au buffle sont tirés de la vie de saint Karileff ou saint Calais, par Siviard. Voir aussi l'*Histoire des moines d'Occident*, t. II.

(2) *Lento ungue setas inter cornua mulcentem nec non colli toros atque palearia tractantem..... Vita S. Karilef.*

(3) *Ibidem.*

chasseur, poursuivant, dans la forêt de Compiègne ou sur les bords du Rhône, des lièvres ou des biches qui vont chercher un refuge auprès de quelque saint personnage (1).

Théodebert, Roi d'Austrasie, fils de Théodoric, périt à la chasse en 547. Il rencontra, dit Agathias, un de ces taureaux sauvages de montagne qui attaquent de leurs cornes tout ce qui se trouve devant eux, et *qu'on appelle, je crois, buffles*. L'animal, furieux, s'élança avec tant d'impétuosité, qu'il brisa de sa tête un arbre dont la chute blessa mortellement Théodebert.

Gontran, Roi d'Orléans, le plus pacifique des fils de Clotaire, n'entendait cependant pas raillerie en matière de chasse. Il fit mettre à la question plusieurs hommes libres pour découvrir qui lui avait dérobé son cor. Une autre fois, chassant dans la forêt des Vosges, il trouva les restes d'un buffle fraîchement tué, ce qui le mit dans une violente colère. Le forestier accusa de cet attentat Chundo, chambellan du Roi. Celui-ci demanda à se purger par le combat judiciaire, et se fit représenter dans la lice par son neveu. Les deux champions s'entretuèrent, mais leur mort ne suffit pas pour assouvir la fureur de Gontran. Il fit saisir Chundo au moment où il cherchait un asile dans l'église de Saint-Marcel, à Châlons, et le fit lapider (2).

En 584, Chilpéric, fils de Clotaire, l'époux de la

---

(1) Voyez l'*Histoire des moines d'Occident* t. II.
(2) Voir Grégoire de Tours, liv. X.

trop célèbre Frédégonde, fut assassiné par Landeric, au retour d'une chasse dans la forêt de Chelles.

Son fils, Clotaire II, figure souvent comme chasseur dans les vies des saints de l'époque mérovingienne; l'Irlandais Déicolus obtient de lui la grâce d'un sanglier réfugié devant l'autel de son ermitage dans les forêts de la Séquanie (1). Un de ses leudes, qui devait plus tard occuper le siége épiscopal de Meaux, sous le nom de saint Faron, l'accompagnait un jour à la chasse. Une femme se mit à poursuivre le roi de ses plaintes en lui exposant sa misère; Clotaire s'éloigna au galop sans vouloir l'entendre, et, comme son compagnon intercédait pour cette pauvre créature, il lui imposa silence, et s'élança à la suite de ses chiens en sonnant du cor de toutes ses forces; au bout de quelques instants son cheval s'abattit, et Clotaire, s'étant blessé grièvement au pied, se repentit de sa rudesse (2).

Les annales bénédictines de saint Médard rapportent que ce même Clotaire, chassant sur les bords de l'Aisne, faillit périr dans les eaux de cette rivière. Sauvé par un de ses compagnons nommé Authaire, il lui fit don, en récompense, du domaine de Braine. Son petit-fils, Childéric II, fut assassiné à la chasse comme Chilpéric (673) (3).

Ce fut encore un veneur illustre que *ce bon Roi*

---

(1) Ce sanglier était chassé *noblement* (*venatu nobili*) en présence d'une foule de leudes, *Vit. Deicoli* ap. Ducang. *gloss.*, V° *Singularis.*

(2) Hildegarius, *Vita S. Faronis*, ap. Montalembert, *Moines d'Occident*, t. II.

(3) Ce crime fut commis dans la forêt de Lognes (*Leuconia sylva*), non loin de Lagny.

Dagobert, qu'une chanson ridicule a rendu plus célèbre que ses faits et gestes historiques. « Dès son adolescence, dit un chroniqueur contemporain, il s'exerçait à la chasse, suivant la coutume des Francs. »

Dagobert II, Roi d'Austrasie, avait résolu de passer l'hiver de l'année 679 à Stenay, vers l'extrémité de la grande forêt de Woivre, pour s'y livrer au plaisir de la chasse; comme il se disposait à chasser dans un canton de cette forêt nommé Scorzes, entre Stenay et Montmédy, il fut assassiné par un Frison nommé Grimoald, qu'il avait tenu sur les fonts de baptême (1).

Peu d'années après, le duc Pépin, maire du palais d'Austrasie et grand chasseur, venait de poursuivre les bêtes noires dans les environs de Laon, et, suivant l'usage des Francs, se reposait dans une petite maison forestière, en prenant sa part d'un repas dont la pièce de résistance était le sanglier qu'on venait de tuer, lorsque saint Rigobert, évêque de Reims, se présenta devant lui pour solliciter un don, qui se trouva justement être celui de la maisonnette (2).

Nobles francs.

Les grands leudes, aussi passionnément épris et aussi habituellement occupés de la chasse que les Rois, subissaient, comme eux, l'ascendant des moines, quand ceux-ci se présentaient à eux pour protéger les hôtes de leur solitude (3). C'est ainsi que Basolus, fondateur

(1) *Histoire du royaume mérovingien d'Austrasie*, par M. Huguenin.
(2) *Ibid.* d'après la *Vie de saint Rigobert*. — Ce Pépin fut le père de Charles Martel.
(3) Montalembert, *Moines d'Occident*, t. II.

du monastère de Viergy, dans la montagne de Reims, pays renommé jusqu'au XVIIIe siècle pour ses chasses, donna un jour asile à un sanglier poursuivi par un seigneur des environs nommé Attila. « C'était un bon homme, dit la légende, quoique grand chasseur, *suivant l'habitude de cette sorte de gens* (1). » Il respecta le sanglier et fit don à l'abbé de tout ce qu'il possédait autour de sa cellule. Quatre siècles après cette aventure, les chasseurs du pays arrêtaient scrupuleusement leurs chiens toutes les fois que le gibier poursuivi dans la forêt de Reims pouvait atteindre le petit bois dominé par la croix de *Saint-Basle* (2). En Auvergne, c'est au veneur du chef franc Sigiwald, qu'arrive semblable aventure avec saint Emilien. Le veneur, jeune Thuringien qui s'appelait *Brachio* ou l'*ourson*, se convertit et devint abbé de Ménat.

Le poëte Venantius Fortunatus, qui vivait sous le règne de Clotaire Ier, dans une épître adressée à son ami, le maire du palais d'Austrasie, Gog ou Gogon, nous donne sous une forme pittoresque une idée assez exacte des habitudes et des passe-temps d'un seigneur franc à cette époque. La pêche et la chasse y figurent naturellement au premier rang.

Dans une affectueuse rêverie, le poëte interroge les nuées que pousse vers lui le souffle de l'aquilon. Nous allons extraire de ses vers ce qui a un rapport direct avec notre sujet : « Apprenez-moi, dit-il, quel est, en

---

(1) *Venandi gratiâ, ut illud genus est hominum. Vit. S. Basoli, ibidem.*

(2) *Ibidem.*

ce moment, le sort de mon cher Gog. N'est-il pas sur les bords du Rhin aux flots vagabonds, pour tirer de ses eaux l'épais saumon que le filet y a saisi..... ou plutôt ne fait-il pas résonner les forêts des Ardennes ou des Vosges du bruit de ses flèches qui donnent la mort au cerf, au chevreuil, au bouquetin, à l'ours (1), ou ne frappe-t-il pas le buffle robuste entre les deux cornes (2) ? »

Cette passion des nobles francs pour la chasse et les désordres qu'elle les entraînait à commettre leur furent souvent reprochés par les pieux personnages qui s'efforçaient de réformer les mœurs barbares de cette époque.

« Leur démence va à ce point, dit Jonas d'Orléans dans son *Institution laïque*, qu'aux jours de fête et de dimanche ils abandonnent l'office divin pour la chasse, et que, pour un tel passe-temps, ils négligent le salut de leurs âmes et des âmes dont ils ont charge, trouvant moins de plaisir aux hymnes des anges qu'aux aboiements des chiens (3) »

Lois germaniques.

Mieux que tout autre document, les lois des Francs et des peuples de race germanique soumis à leur domination (Burgondes, Alamans et Bavarois) nous mettent au fait de ce qu'étaient leurs chasses, et de l'importance extrême qu'ils attachaient à tout ce qui y avait rapport (4).

---

(1) Voir les vers latins du texte ci-dessous, liv. III, 1re section, ch. Ier.
(2) *Ibidem*.
(3) Ozanam, *Études germaniques*, t. II.
(4) Voir la loi salique, celles des Ripuaires, des Burgondes, des Alamans et des Bavarois dans les *Capitulaires* de Baluze.

Les peines portées contre ceux qui ont tué ou volé des chiens ou des oiseaux de chasse, des cerfs et autres animaux sauvages réduits en domesticité, ou soustrait méchamment le gibier forcé par autrui ou pris dans ses piéges occupent une place considérable dans tous ces codes barbares.

On y voit figurer l'ours, le buffle ou *urus* et le bison, que les Germains faisaient coiffer par des chiens de force ; ces animaux étaient compris sous la dénomination générique de bêtes noires (*Swartzuwild*, en allemand moderne *Schwarzwild*, en latin barbare *niger feramus*).

Le sanglier, qui faisait aussi partie des bêtes noires, et les cerfs ou bêtes rouges (*Rothwild, rubeus feramus*), étaient forcés à la course ou percés de flèches à l'aide d'un stratagème ingénieux dont nous reparlerons, et dans lequel des cerfs privés servaient à masquer le tireur.

Le lièvre était poursuivi avec des lévriers ; le castor, qui, dans l'Europe centrale, avait déjà renoncé à l'architecture pour se creuser un refuge sous les berges des rivières, y était attaqué avec des chiens terriers. Ces chasseurs intrépides avaient importé sur le territoire romain l'art de dresser les oiseaux de proie, et les lançaient contre la grue, l'oie et le canard sauvages.

Enfin ils employaient des piéges de diverses sortes, des filets, des fosses et des enceintes de haies où l'on traquait le gibier. Outre les cerfs et biches dont ils se faisaient des auxiliaires, ils se plaisaient à apprivoiser des buffles, des bisons, des sangliers, des ours, des chevreuils, des grues, des cigognes, des cygnes et des corbeaux (1).

Dans leurs chasses, les Germains se faisaient aider par des esclaves, qui acquéraient une grande valeur lorsqu'ils étaient adroits. L'enlèvement d'un serf forgeron, porcher ou veneur était puni d'une amende beaucoup plus élevée que le détournement d'un de ses compagnons d'esclavage (2).

Ce goût pour la chasse était commun à toutes les classes du peuple franc, depuis les rois et leurs leudes jusqu'aux plus pauvres des hommes libres. Dès que les hommes de race germanique eurent pris place dans les rangs du clergé, ils y apportèrent avec eux leurs habitudes turbulentes et la passion des exercices violents. Déjà en 506 le concile d'Agde, et le concile d'Epon en 517, avaient défendu la chasse aux ecclésiastiques. En 589, le Roi Gontran interdit aux évêques de nourrir des chiens et des oiseaux. Un capitulaire de l'an 618 renouvelle cette défense aux évêques et au clergé en général. Le concile de Châlons et celui de Mayence sont encore obligés de revenir sur cette défense en 713. « C'était là, en effet, dit Fauriel, la vie de ces guerroyeurs affublés de titres ecclésiastiques. Le temps qu'ils ne passaient pas à la guerre, ils le passaient en vrais chefs germains dans les forêts, avec

Clergé franc.

(1) Les lois punissent d'amendes assez fortes le vol ou le meurtre de ces animaux privés.

(2) La loi salique estime un de ces serfs chasseurs au prix de 15 à 20 sols d'or.

chiens et faucons, à la poursuite des bêtes fauves (1). » Bien peu de prélats de race franque suivirent l'exemple du prince mérovingien Hubert, qui, devenu évêque de Maestricht en 708, renonça pour jamais à la chasse, sa passion favorite.

Un synode tenu, en 742, sous l'autorité de Carloman, fils de Charles Martel, se vit de nouveau contraint de rappeler le clergé aux anciennes maximes qui lui interdisaient l'habit laïque, le port des armes, l'usage des chiens et des faucons (2).

§ 3. — ÉPOQUE CARLOVINGIENNE.

Lorsque les derniers Mérovingiens tombèrent du trône, ces descendants dégénérés de Clovis avaient oublié depuis longtemps les mâles exercices de leurs ancêtres. La race énergique et belliqueuse qui les remplaça passait, au contraire, sa vie dans les camps et dans les forêts. L'histoire ne nous dit rien des chasses de ce Pépin le Bref qui savait si bien pourfendre les lions et les taureaux dans l'amphithéâtre ; mais Eginhard ne manque pas de nous apprendre que son fils, le grand Karl, que nous appelons Charlemagne « s'exerçait assidûment à l'équitation et à la chasse, goûts nationaux par excellence, dans lesquels il ne se trouve guère de nations qui puissent être comparées aux Francs. »

---

(1) Fauriel, *Histoire de la Gaule méridionale sous les conquérants germains*, t. III.
(2) Ozanam, *ubi sup.*

Charlemagne imita, pour ses chasses, le faste des Empereurs d'Orient (1). Les équipages furent organisés sur le modèle des leurs.

Quatre veneurs étaient chargés de la surveillance des meutes et un fauconnier de celle des oiseaux de proie. D'autres officiers nommés *bersarii* (2), *beverarii* (3) et *veltrarii* (4) avaient pour départements les chasses à tir, celle des castors et la garde des lévriers (5). Tous étaient subordonnés aux principaux dignitaires du palais, le sénéchal, le bouteiller et le comte de l'écurie (*comes stabuli*, plus tard le connétable) ; c'était d'eux qu'ils recevaient les instructions pour disposer, suivant la saison, tout ce qui était nécessaire aux équipages. Les grands officiers déterminaient aussi le nombre d'hommes, de chevaux et de chiens qu'on devait entretenir dans la résidence royale. Ils réglaient les déplacements des équipages et les faisaient passer d'un canton à un autre, lorsqu'ils commençaient à devenir à charge aux habitants, en prenant soin que le palais du Roi ne fût jamais

Charlemagne.

(1) Ces Empereurs avaient conservé l'organisation romaine. Un grand veneur (*Protokynegos*) dirigeait leurs chasses et commandait aux veneurs subalternes et aux valets de chiens.

(2) Du mot *birsen*, en allemand moderne *Pürschen*, en vieux français *berser*, chasser à tir.

(3) De *bever*, castor, en allemand *Biber*.

(4) *Veltris* en latin du temps, lévrier.

(5) Les quatre veneurs se partageaient la Neustrie, l'Austrasie, la Bourgogne et l'Aquitaine. Ils étaient chargés de l'administration des forêts et veillaient à ce que la maison du souverain fût toujours bien pourvue de gibier. V. Hincmar, *De ordine Palatii*, Ducange, V° *Beverarii*.

dégarni d'un nombre suffisant de veneurs et de fauconniers (1).

Dans chacune des métairies royales devaient résider des oiseleurs et des faiseurs de filets.

Dans les Capitulaires de Charlemagne, il est enjoint à plusieurs reprises aux officiers royaux de bien garder le gibier des forêts de la couronne, et de pourvoir les fauconniers du palais d'autours et d'éperviers propres à être dressés pour la chasse (2).

D'autres Capitulaires ont pour but d'empêcher des abus qui avaient la chasse pour prétexte. Par exemple, il est interdit aux comtes et aux évêques d'exempter des hommes libres du service militaire en les attachant à leur maison, comme veneurs ou comme fauconniers, aux veneurs et fauconniers des ducs, gouverneurs des provinces, d'exiger des habitants et surtout des églises, des prestations de chevaux (*paravereda*) et des logements (*mansionatica*). Il est en outre défendu de chasser le dimanche, et les comtes chargés de rendre la justice ne pourront se livrer à ce divertissement les jours d'audience (3).

Tous les ans, vers la fin de l'été, Charlemagne se transportait dans un de ses palais de chasse, et y passait l'automne à se livrer à son plaisir favori, entouré

---

(1) Les principales forêts réservées pour les plaisirs des Rois carlovingiens étaient celles de Kiersy-sur-Oise, de Cuise, de Selve près la Fère, de Vastlau près Aire, de Lens, de Stenay, de Crécy en Ponthieu, d'Attigny, d'Aix-la-Chapelle, d'Héristal, et les vastes solitudes boisées des Ardennes et des Vosges.

(2) *Capitulaires* de Baluze. Années 800, 802, 813.

(3) *Ibidem*.

des princes et des princesses de sa maison et de toute sa cour. On chassait le cerf pendant le mois d'août, et le sanglier pendant le reste de la saison (1). Ces grandes chasses d'automne (*venationes autumnales*), organisées comme des expéditions militaires, ressemblaient assez aux prodigieuses battues que faisaient faire encore, au siècle dernier, les souverains d'Allemagne. Des armées de traqueurs et des meutes nombreuses poussaient tous les animaux d'une contrée dans des enceintes de toiles et de panneaux, où les principaux veneurs les attaquaient, à cheval, avec la lance et le javelot.

Outre ces déplacements solennels, les Rois carlovingiens ne tenaient jamais cour plénière sans qu'il y eût quelque grande chasse. Ils chassaient encore aux fêtes de Pâques et de la Pentecôte.

Charlemagne se plaisait surtout à montrer les splendeurs de sa vénerie aux princes étrangers et aux ambassadeurs venus des pays éloignés solliciter son alliance.

Lorsque les envoyés du khalife de Bagdad, Haroun-al-Raschid, vinrent trouver à Aix-la-Chapelle le Roi des Francs, nouvellement promu à la

---

(1) D'après une ancienne tradition, Charlemagne fit un déplacement de chasse dans des forêts voisines de Nuremberg et y passa plusieurs nuits sous la tente. Il avait apporté avec lui les reliques de saint Denys et la chape de saint Martin; considérant comme sacré l'emplacement où elles avaient été déposées, l'Empereur y fit construire une chapelle sans fenêtres en forme de tente, qu'on y voyait encore au XVIe siècle. Cette chapelle fut consacrée plus tard à sainte Catherine par le pape Léon III. (Stisser, *Histoire des forêts et de la chasse en Allemagne*, Iéna, 1737.)

dignité d'Empereur d'Occident (801), il voulut leur faire voir une chasse aux aurochs ou bisons dans une forêt voisine de sa résidence. « A la vue de ces terribles animaux, les *Persans*, saisis de frayeur, prennent la fuite ; cependant le héros Karl, qui ne connaît pas la crainte et monte un cheval plein de vitesse, joint une de ces bêtes sauvages, tire son épée et s'efforce de lui abattre la tête ; le coup manqué, le féroce animal brise la chaussure du Roi avec les bandelettes qui l'attachent, froisse, mais seulement de l'extrémité de ses cornes, la partie antérieure de la jambe de ce prince, de manière à le faire boiter un peu, et rendu furieux par sa profonde blessure, s'enfuit dans un fourré très-épais de bois et de rochers. Tous les chasseurs, empressés de servir leur seigneur, veulent le dépouiller de sa chaussure, mais lui le leur défend, en disant : « Il faut que je me « montre en cet état à Hildegarde. » Cependant Isambart, fils de Warin, avait poursuivi la bête ; n'osant l'approcher de trop près, il lui lança son javelot, l'atteignit au cœur, entre la jointure de l'épaule et la gorge, et le présenta, encore palpitant, à l'Empereur. Le monarque, sans avoir l'air de s'en apercevoir et laissant à ses compagnons de chasse le corps de l'aurochs, retourna dans son palais, fit appeler la reine, et lui montra sa bottine déchirée (1). »

Le bon Empereur profita de l'occasion pour réconcilier Hildegarde avec Isambart qu'elle avait dis-

(1) *Gestes de Charlemagne*, par le moine de Saint-Gall, trad. de M. Guizot.

gracié, et fit ensuite apporter devant elle les terribles cornes de l'animal.

Un auteur du temps, qui nous a laissé un poëme sur l'entrevue du pape Léon III et de Charlemagne, en 799, emploie la moitié de son ouvrage à la description d'une chasse qui précéda cette entrevue. « Dès que l'aurore commence à se montrer, les jeunes princes sautant hors du lit revêtent précipitamment leurs armures; la Reine et ses belles-filles procèdent, mais plus lentement, à leur toilette, et les leudes se rassemblent dans les cours du palais, tandis que les cors résonnent, que les écuyers contiennent les chevaux impatients, et que les meutes répondent, par des aboiements, au claquement des fouets. Le Roi entend d'abord la messe, puis il s'élance sur son vigoureux coursier, tout harnaché d'or, et donne le signal du départ ; la troupe joyeuse, qu'il dépasse de toute la tête, se précipite après lui. Les jeunes chasseurs sont armés d'un épieu à pointe de fer, quelques-uns portent un filet carré. Une rangée de leudes richement vêtus sert de cortége au Roi.

« La belle épouse de Charles, la Reine Luitgarde, se montre ensuite en tête de la royale famille. Un ruban de pourpre, qui entoure ses tempes, se relie à ses cheveux que couronne un diadème de pierreries. Sa robe est de pourpre deux fois teinte, et une chlamyde, retenue au cou par une agrafe d'or, flotte gracieusement sur son épaule. Un collier des pierres les plus brillantes et les plus variées descend sur son sein ; elle monte un cheval superbe ; des leudes et des écuyers l'accompagnent...

« La royale lignée la suit à distance, chacun avec son cortége particulier. C'est d'abord Charles, le fils aîné du roi, qui porte le nom et les traits de son père, et fait bondir sous lui un cheval indompté ; puis Pépin, le vainqueur des Avars, en qui revit la gloire ainsi que le nom de son aïeul. Il porte au front le diadème des rois ; une foule de leudes, noble sénat des Francs, se presse autour des jeunes princes, mais Louis d'Aquitaine est absent.

« Arrive ensuite l'escadron des jeunes filles qui déploie aux yeux ses lignes étincelantes : » Rotrude, Berthe, Rhodaïde, Theodrade, Hildrude, ces deux dernières encore enfants, s'élancent vers la forêt, montées sur des chevaux fougueux, et couvertes de pourpre et d'hyacinthe, d'or et de pierreries, de fourrures de *taupes* et d'hermine. Giselle même a quitté son cloître pour suivre les pas de son père chéri, vêtue d'une robe *modeste*, tissue de *fils de mauve* et d'or (1).

La chasse à laquelle sert de prélude ce pompeux défilé est une chasse aux sangliers dans les panneaux. On y tue un nombre prodigieux de ces animaux, qui étaient le gibier le plus estimé des veneurs de l'époque. Vient ensuite un festin somptueux que Charlemagne offre à sa cour sous des tentes, genre d'intermède que les peuples de race germanique n'oubliaient jamais dans leurs chasses.

Le grand Empereur conservait, au milieu de toutes

(1) V. l'*Histoire d'Attila*, par M. A. Thierry, et la *Revue des deux Mondes*, 15 février 1856.

ces magnificences, la simplicité de mœurs et la bonhomie d'un vrai veneur. Toujours vêtu d'un sayon de peau de loutre ou de mouton, il s'amusait à jouer des tours aux jeunes seigneurs, dont les modes étrangères et les costumes extravagants avaient le privilége de lui déplaire. Un jour de fête, après la messe, il emmène à la chasse une troupe de courtisans récemment arrivés de Pavie, *où les marchands vénitiens importent toutes sortes de marchandises orientales.* Leurs habits étaient surchargés de fourrures teintes en rouge, bordés de soie, *de plumes naissantes arrachées au col, au dos et à la queue des paons*, enrichis de pourpre de Tyr et de franges d'écorce de cèdre. Sur quelques-uns brillaient des étoffes piquées, sur quelques autres des fourrures de loirs. Le malin Empereur leur fait traverser les endroits les plus fourrés sous une pluie battante, puis, en rentrant au logis, il les oblige à se sécher devant un grand feu, sans leur permettre de changer de vêtements. On devine l'état lamentable de leurs splendides costumes ; lui, cependant, se rit de leur mine piteuse en faisant frotter devant le foyer sa bonne casaque en peau de mouton (1).

Charlemagne conserva jusqu'au lit de mort ce goût passionné pour la chasse. Quoique épuisé de vieillesse (il avait alors 71 ans), il chassait encore à Aix-la-Chapelle, à la fin de l'automne de 813. En janvier 814 il avait cessé de vivre.

(1) Moine de Saint-Gall.

Louis le Débonnaire.

Suivant l'usage des Francs, dit Eginhard, les fils du grand Empereur furent exercés, dès l'enfance, à monter à cheval, à manier les armes et à chasser. Louis le Débonnaire, qui lui succéda, chargé fort jeune du gouvernement de l'Aquitaine, avec le titre de Roi, eut, dès cette époque, ses équipages de chasse sous les ordres du grand fauconnier Herric et du grand veneur Bortarit. Devenu Empereur, il conserva l'usage de tenir, en automne, ses cours plénières et ses grandes réunions de chasse. Il aimait, comme son père, à y convier les étrangers illustres. C'est ainsi que, en, 826 le chef danois Herold, étant venu à la cour impériale faire sa soumission et recevoir les eaux saorées du baptême, assista à une grande chasse dont la description nous a été conservée par le poëte Ermold (1). « Louis monte un coursier qui foule la plaine sous ses pas rapides ; Witon, le carquois sur l'épaule, l'accompagne à cheval ; de toutes parts se pressent des flots de jeunes gens et d'enfants, au milieu desquels se fait remarquer Lothaire, porté par un agile coursier ; la superbe Judith, la pieuse épouse de *César*, parée et coiffée magnifiquement, monte un superbe palefroi ; les premiers de l'État et la foule des grands précèdent ou suivent leur maîtresse, par égard pour leur religieux monarque. Déjà toute la forêt retentit des aboiements redoublés des chiens ; ici les cris des hommes, là les sons répétés du clairon frappent les airs. »

(1) *Ermoldi Nigelli Gesta Ludovici Pii* (collection Guizot).

César, Lothaire et les chasseurs percent de leurs traits une multitude de cerfs, de daims, de sangliers et d'ours, que poussent devant eux des bandes de traqueurs et d'*innombrables meutes de chiens*. Une jeune biche, prise vivante, est amenée au jeune Charles, dernier fils de l'Empereur, qui *frappe de ses petites armes la croupe tremblante de l'animal*.

Suit une magnifique halte dans une salle de verdure, construite avec des toiles et des rameaux d'osier et de buis. *César* et l'Impératrice s'asseyent sur un lit d'or ainsi que Lothaire et le Danois Hérold. Les autres chasseurs s'étendent sur le gazon. On apporte rôties *les entrailles chargées de graisse* et la venaison, les vins généreux coulent à flots. L'illustre troupe rentre ensuite au palais. Les veneurs viennent déposer, aux pieds de leurs souverains, les trophées de la journée : « des milliers de bois de cerfs, les têtes et les peaux des ours, les corps entiers de plusieurs sangliers, des chevreuils. » Le pieux Empereur procède enfin à la distribution du gibier « sans oublier d'en assigner une part considérable aux clercs (1). »

Pour avoir toujours du gibier sous la main, dans les intervalles de ces grands déplacements, Louis avait établi, près de sa résidence d'Aix-la-Chapelle, un parc rempli de bêtes fauves et d'oiseaux. « Là, ou bien il perce de ses traits des cerfs d'énorme stature, et dont la tête est armée d'un bois élevé, ou

(1) La manière dont est conduite cette grande battue, autant qu'on en peut juger par le récit confus d'Ermold, rappelle la fameuse chasse des *Niebelungs* dont nous nous occuperons plus tard.

bien il abat les daims et autres animaux sauvages ; là, encore, lorsque, dans la saison d'hiver, la glace a durci la terre, il lance contre les oiseaux ses faucons aux fortes serres (1). »

Rois carlovingiens.

Les successeurs de Charlemagne et de Louis le Débonnaire, au milieu de leur décadence, n'imitèrent pas les Rois fainéants de la race de Mérovée. Harcelés par les Normands, sans cesse occupés à guerroyer les uns contre les autres, ou contre l'ennemi extérieur, ils n'en continuent pas moins à s'adonner à la chasse avec le même enthousiasme, et à réglementer minutieusement la garde de leurs forêts et la conservation de leur gibier. Dans le Capitulaire de Kiersy (877), Charles le Chauve prend grand soin de déterminer celles des forêts royales où son fils ne pourra chasser en aucune manière, celles où il ne pourra chasser qu'en passant et où il lui sera interdit de prendre des sangliers, celles enfin où il pourra tout chasser, bêtes fauves et sangliers. Un autre article du même Capitulaire prescrit au garde en chef des forêts royales de tenir un compte exact de toutes les bêtes fauves et noires que le fils du Roi aura prises ou tuées en vertu de l'article précédent (2).

---

(1) Ermold.

(2) Dans un superbe chant populaire qui remonte probablement à une époque peu éloignée des faits qui y sont racontés, le chef breton Noménoé revient de la chasse, « précédé de ses grands chiens folâtres, il tenait son arc à la main et portait un sanglier sur l'épaule, et le sang frais, tout vivant, coulait sur sa main blanche de la gueule de l'animal. » *Chants populaires de la Bretagne*, par M. de la Villemarqué, t. 1. — Noménoé était contemporain de Charles le Chauve.

La passion de la chasse fut plus d'une fois funeste aux princes de la race carlovingienne. Charles, Roi d'Aquitaine, fils de Charles le Chauve, meurt en 866, des suites d'une blessure reçue par mégarde d'un de ses compagnons en chassant dans la forêt de Cuise. En 884, le Roi de Neustrie, Carloman, chassant le sanglier dans la forêt de Baisieu près Corbie, fut blessé à la jambe par l'imprudence d'un de ses veneurs, nommé Berthold. Le jeune Roi dissimula la cause de sa blessure, qu'il attribua au sanglier pour sauver la vie à son meurtrier involontaire; la gangrène s'étant mise dans la plaie, il mourut au bout de quelques jours.

Louis d'Outre-mer périt d'une chute de cheval qu'il fit en poursuivant un loup (1).

Nobles francs.

On a trop peu de renseignements sur la vie privée des nobles francs sous les Carlovingiens, pour pouvoir donner des détails sur leurs chasses. Tout ce qu'on en peut dire, c'est qu'ils y attachaient une grande importance, ainsi qu'à tout ce qui avait rapport à ce divertissement. On a conservé une charte du temps de Louis le Débonnaire, par laquelle Heccard, comte d'Autun, distribue à ses proches et à ses amis ce

(1) La chasse eut aussi ses victimes parmi les Rois des autres nations européennes pendant la même période. Favila, deuxième Roi des Asturies, fut déchiré par un ours qu'il poursuivait dans la montagne (739). Astolphe, Roi des Lombards, mourut en 756 à la chasse, renversé par un sanglier ou froissé contre un arbre par son cheval. L'Empereur grec Basile, dit le Macédonien, fut tué d'un coup d'andouiller par un cerf aux abois (884). Godefrid, Roi de Danemark, contemporain de Charlemagne, fut assassiné à la chasse pendant qu'il s'efforçait d'empêcher son faucon de poursuivre une cigogne.

qu'il possède de plus précieux, ses chiens courants ou *ségusiens* (*seusii, sugii*), et ses faucons y figurent en première ligne (1).

La chasse des Niebelungs.

L'un des principaux épisodes du fameux poëme des *Niebelungs* est une chasse qui offre une analogie frappante avec les chasses carlovingiennes que nous venons de décrire. Ce poëme, dont la rédaction actuellement connue ne remonte guère qu'au XIIe siècle, n'est, sans aucun doute, qu'un remaniement des chants héroïques de la vieille Germanie, que Charlemagne avait pris soin de faire recueillir et qui se rattachaient eux-mêmes aux traditions mérovingiennes. Nous croyons pouvoir introduire ici quelques fragments de ce beau récit, avec d'autant moins de scrupule que tous les héros en sont Francs ou Burgondes (2).

Gunther (3), Roi burgonde de Worms, et Hagene, le plus vaillant de ses fidèles, ont juré la mort de Sigfrid, prince franc de Santen dans le *Pays Bas* (*Niderlant*). Pour accomplir plus sûrement leurs noirs desseins, ils proposent à l'invincible Sigfrid d'aller chasser les sangliers, les ours et les bisons dans le *Waskem-*

---

(1) « Donnez à mon fils Richard une épée et deux ségusiens; à Téric, une épée indienne et deux ségusiens; à son frère Adémar, un épieu (*speudo*), un chien et deux ségusiens; à Heccard, des tablettes de corne et une loi salique, 2 ségusiens (*sigulos duos*) et un épervier; à Otgar, un cheval avec la meilleure selle et quatre ségusiens (*sugios*). A notre seigneur, donnez deux faucons et deux ségusiens. Voir Ducange, V° *Canis*.

(2) Voir la très-estimable traduction de M. Émile Laveleye.

(3) Gunther est le même que le *Gundahar* de la *loi Gombette* et que le *Gundicarius* des historiens romains. Comme le Gunther du poëme, Gondicaire avait ses cantonnements sur la rive gauche du Rhin, et comme lui, il fut tué avec l'élite de ses guerriers par les Huns d'Attila.

wald (1), au delà du Rhin. On charge sur des chevaux de bât les armes et l'équipement des nobles chasseurs, et d'abondantes provisions de pain, de vin, de viande et de poisson : puis l'on se met en route.

Les chasseurs se réunissent à l'entrée de la vaste forêt, non loin des refuites habituelles des bêtes sauvages. Sigfrid se présente à ses compagnons, magnifiquement équipé pour la chasse. Sa lance était longue et forte, sa bonne épée pendait jusque sur ses éperons, et son cor était d'*or rouge*. Des cordons magnifiques supportaient son carquois couvert d'une peau de panthère *à cause de la bonne odeur* (2). Ce carquois était rempli de flèches garnies d'or, dont le fer était large comme la main. Il portait aussi un arc qu'on devait bander avec un cric quand il ne le faisait pas lui-même (3).

Le vêtement de chasse de Sigfrid était d'étoffe noire et orné, du haut en bas, de peau de lynx mouchetée; sur la riche fourrure brillaient, de chaque côté, des

(1) Le *Waskemwald* faisait partie de l'Odenwald, massif boisé qui court parallèlement au Rhin entre Darmstadt et Heidelberg. Quelques commentateurs ont cru qu'il s'agissait des Vosges, en allemand *Wasgau*. Mais le texte dit positivement que les chasseurs, partis de Worms sur la rive *gauche* du Rhin, traversent ce fleuve pour aller chasser. Sigfrid est tué à la fontaine d'*Otenheim*, devant l'*Otenwald*. (Strophe 1033.)

(2) L'idée erronée du parfum exhalé par la panthère, qui remonte jusqu'à Aristote, ne peut provenir que d'une confusion entre la peau de cet animal et celle également mouchetée de la civette.

(3) On ne voit pas clairement si c'est un arc ordinaire ou une arbalète. Cette dernière arme était en usage dès le xe siècle. Ces carquois, ces vêtements chamarrés d'or, ces pelleteries exotiques rappellent immédiatement à l'esprit les récits, reproduits précédemment, du moine de Saint-Gall et d'Ermold le Noir.

plaques d'or. Il était coiffé d'un chapeau de zibeline d'une grande richesse.

Les chasseurs avaient entouré un vaste canton de forêt; Hagene proposa que chacun chassât de son côté après avoir partagé gens et chiens, afin qu'on pût donner des louanges au plus adroit.

Je n'ai nul besoin de chiens, dit Sigfrid le *maître chasseur;* donnez-moi seulement un *brachet* (1) bien dressé à suivre la piste des bêtes parmi les sapins.

« Un vieux veneur prit un *brachet* qui bientôt conduisit le chef dans un endroit où se trouvait beaucoup de gibier. Les compagnons chassèrent tout ce qui se leva, ainsi que le font encore les bons chasseurs de nos jours.

« Tout ce que le chien mettait sur pied était abattu par la main de Sigfrid le hardi, le héros du *Niderlant;* son cheval courait si vite, que rien ne lui échappait.»

La première bête qu'il tua était un *ragot* (2); puis, en peu de temps il abattit un bison et un élan, quatre *urus* et un terrible cerf à barbe de bouc (3). Son coursier le portait si vite, que rien ne lui échappait; les biches et les cerfs, il ne les manquait guère (4).

---

(1) Le *brachet ou bracon* (*bracke*), dont nous reparlerons plus tard, est mentionné dans la loi des Frisons et dans les formules de Marculfe. C'est ici un *chien pour le sang* (*Schweiss-hund* des Allemands).

(2) *Halpswuol*, en allemand moderne *Halbschwein*, demi-sanglier.

(3) En vieux allemand *Schelk*. (Voir plus bas, au livre III.)

(4) Ici se montre un lion qui doit être sorti de l'imagination poétique du dernier rédacteur. Le professeur Zimmermann, dans son savant ouvrage intitulé : *Le Monde avant les hommes*, ne semble pas éloigné de croire à la présence d'un lion dans le Waskemwald, parce qu'au dire d'Hérodote et de Xénophon il y en avait de leur temps en Thrace. J'avoue que la preuve me paraît peu concluante.

Le brachet rencontra un grand sanglier ; lorsqu'il partit, le *maître-chasseur* se porta sur son chemin et le frappa de l'épée, comme nul autre chasseur n'eût su le faire. Quand l'animal fut abattu, on reprit le chien.

« Ces exploits de chasse furent connus de tous les Burgondes ; les veneurs dirent au héros : De grâce, seigneur Sigfrid, épargnez une partie du gibier, car sinon vous rendrez désertes la montagne et la forêt. A ces mots, le guerrier rapide et vaillant se mit à sourire.

« On entendait de tous côtés retentir des cris. Le fracas des gens et des chiens était si grand, que les échos des bois et des montagnes le renvoyaient de toutes parts. On avait lâché vingt-quatre couples de chiens. Un grand nombre d'animaux perdirent la vie. »

La chasse tirant à sa fin, le roi Gunther fit sonner une seule fois très-fortement de la trompe, afin qu'on vînt se réunir à lui près des feux de la halte. En revenant vers le campement, Sigfrid saisit vivant et garrotta un ours que son chien avait lancé sous les sapins. Arrivé près des feux, il démusela son ours au milieu des cuisiniers qui préparaient le repas et qui s'enfuirent en toute hâte.

Le chef et ses hommes sautèrent de leurs siéges, on découpla toute la meute, et chacun courut sur l'ours avec les arcs et les épieux. Il y avait tant de chiens que nul n'osait tirer; les cris des gens faisaient retentir toute la montagne.

Enfin Sigfrid atteignit l'ours et mit fin à cette scène en le frappant de sa bonne épée. « C'eût été un jour de grand plaisir, s'il avait bien fini, » dit le poëte.

En effet, après le repas, où le perfide Hagene a eu

soin de faire manquer le vin et l'hydromel, Sigfrid est lâchement frappé d'un coup de lance entre les deux épaules, pendant qu'il boit à longs traits, penché sur le bord d'une source.

Le clergé sous les Carlovingiens.

Pendant toute la période que nous venons de parcourir, Charlemagne et ses successeurs firent des efforts aussi louables qu'infructueux afin d'étouffer la passion peu édifiante pour la chasse, à laquelle s'abandonnait sans retenue le clergé de leurs états. Il serait fastidieux d'énumérer ici les *Capitulaires* qui défendent aux évêques et aux clercs, voire même aux abbesses, de courir les forêts, d'entretenir des couples de chiens, des faucons, des autours et des éperviers, et de les introduire jusqu'au pied des autels (1). Le tout-puissant Charlemagne, et son fils le pieux Empereur Louis, y usèrent en vain leur autorité. La multiplicité de ces règlements suffit pour en attester l'impuissance. Les conciles et les synodes appuyèrent sans plus de succès de leur autorité sacrée, les prohibitions du pouvoir temporel (2). Les clercs que Louis le Débonnaire avait inutilement tenté de dépouiller de leurs éperons, de leurs ceinturons d'or et de leurs coutelas ornés de pierreries (3), continuèrent, malgré conciles et capitulaires, de courir par monts et par vaux avec meutes

---

(1) Capitulaire de l'an 789. « *Non sit domus Dei et altaria sacrata pervia canibus.* »

819. *Ut episcopi, abbates et abbatissæ cuplas canum non habeant nec falcones, nec accipitres* (*Capitul.* de Baluze, t. I).

(2) Concile de 742. Concile de Tours (813). Synode de Ticino (850).

(3) *Vita Ludovic. Pii.*

et faucons (1), et l'abbé Guido, de Saint-Waast-d'Arras (738), qui excellait à tirer de l'arc au point d'abattre des oiseaux de ses flèches, ne trouva que trop d'admirateurs parmi ses contemporains et les prélats des deux siècles suivants (2).

En 968, mourut Archambault, évêque de Sens, fils de Robert, comte de Champagne. Ce prélat, de mœurs débordées, s'était emparé de l'abbaye de Saint-Pierre-le-Vif, dont il expulsa violemment les moines (3) pour les remplacer par ses chiens et ses oiseaux de chasse. On raconta que ces animaux avaient aussitôt péri, frappés par la vengeance céleste. L'évêque lui-même fut trouvé mort, étendu à terre et dépouillé de ses vêtements (4).

Du reste, les souverains eux-mêmes accordaient parfois des permissions de chasse aux communautés religieuses, sous la condition que le gibier serait consacré à des usages pieux.

En 774, Charlemagne octroya à l'abbaye de Saint-Denis le droit de chasser le cerf, le chevreuil et les autres bêtes fauves, pour fournir des aliments aux malades et confectionner, avec les peaux, des ceintures et des gants (5) pour les moines, ainsi que des reliures pour les manuscrits (6). L'abbaye de Saint-

---

(1) *Nec non et illas venationes et sylvaticas vagationes cum canibus, omnibus servis Dei interdicimus.* (*Capit.*, an. 742.)

(2) Fauriel, *Histoire de la Gaule mérid.*, t. III.

(3) Il fut même accusé de les avoir empoisonnés.

(4) *Histoire des ducs et des comtes de Champagne*, par M. d'Arbois de Jubainville, t. I.

(5) *Manicas*.

(6) Nous verrons, quatre siècles plus tard, l'abbé Suger se prévaloir de cette concession.

Bertin-de-Sithieu (ou Saint-Omer) fut également autorisée par le grand Roi des Francs, à faire chasser sur ses domaines en respectant les forêts royales, pour *la consolation des frères* et pour se procurer les peaux nécessaires à l'usage du couvent (1).

---

(1) Legrand d'Aussy, t. I. — Mabillon, *De re diplomaticâ*, lib. VI.

CHAPITRE III.

Époque féodale (du Xe au XVe siècle).

Quand la féodalité se fut organisée sur les ruines de l'empire carlovingien, la chasse devint un des priviléges de la noblesse, et certes ce ne fut pas celui auquel elle tenait le moins. Les barons féodaux, comme les Germains leurs ancêtres, passaient à chasser tout le temps qui n'était pas consacré à la guerre et aux exercices militaires. Souvent même ils faisaient marcher de front chasses et combats. Lorsque Pierre l'Ermite entraîna toute la noblesse de France à la première croisade, on vit nos chevaliers cheminer à travers l'Europe et l'Asie Mineure, précédés de leurs meutes et le faucon sur le poing. Les chroniqueurs n'oublient pas de mentionner la mort misérable de ces nobles oiseaux dans les déserts de la *Phrygie brûlée*, où l'on vit cinq cents malheureux croisés périr de soif en une seule journée. En revanche, les chiens sauvèrent l'armée en découvrant une rivière (1).

Chiens et faucons emmenés aux croisades.

---

(1) Michaud, *Histoire des croisades*, t. Ier.

Au moment du départ de la seconde croisade (1142), le pape Eugène III interdit aux chevaliers chrétiens d'emmener avec eux leurs équipages de chasse. Il est douteux que cette défense ait été observée à la rigueur. En tous cas, nous verrons, pendant les croisades suivantes, Philippe-Auguste, Richard Cœur de lion et les compagnons de saint Louis, chevaucher par la Palestine avec leurs chiens et leurs oiseaux (1).

« On chassait alors en Syrie comme en France, dit « M. le comte de Vaublanc (2), on chassait partout, « dans les cours plénières et dans les fêtes religieuses, « entre deux batailles, entre deux offices ; on chassait « jusque dans le sommeil. Un roi de la chevalerie « antique, dort et rêve après son dîner, il croit voir « un cerf *qui seize rams avoit*, et tant il s'oublie en « rêvant qu'il appelle et crie : « Les chiens après le « cerf ! » De sorte que tous dans la chambre l'enten- « dirent crier : « Hu, hu, Bliaut ! le cerf s'enfuit ! »

Ce penchant à mêler la chasse et la guerre, dont elle est, dit-on, l'image, survécut longtemps aux croisades. Pendant les guerres de Bretagne au XIVe siècle, du Guesclin rencontra un jour un chevalier anglais qui *volait* aux perdrix, et s'empara à la fois du chasseur et de son gibier.

Chiens et faucons emmenés à la guerre, XVe et XVIe siècles.

Quand les Anglais envahirent la France en 1359, « le roi Édouard III avoit bien pour luy trente fauconniers à cheval, chargez d'oiseaulx, et bien soixante

(1) Michaud, *Histoire des croisades*.
(2) *La France au temps des croisades*, t. IV

couples de forts chiens et autant de lévriers, dont il alloit chascun jour ou en chasse ou en rivière autant qu'il luy plaisoit, et si y avoit plusieurs des seigneurs et des riches hommes qui avoient leurs chiens et leurs oiseaulx aussi bien comme le Roy (1). »

En 1439, des bandes d'aventuriers français ayant honteusement levé le siége d'Avranches, le Roi Charles VII entra dans une violente colère. « A quoi servent tous ces gens d'armes, disait-il, sinon à détruire mon peuple ? Je sais comment les choses se passent : il faut à chaque homme d'armes une dizaine de sommiers pour son bagage, des pages, des varlets, des femmes, des chiens, des oiseaux ; toute cette canaille n'est bonne qu'à manger le pays (2). »

L'ordonnance de 1445 sur le fait des gens de guerre leur défend de jamais mener avec eux chiens et oiseaux, et cette défense dut être renouvelée plusieurs fois depuis (3).

Chiens et faucons dans les cortéges féodaux.

Dans tout cortége féodal, dans toute ambassade, chiens et oiseaux avaient leur place comme un accessoire obligé.

La tapisserie de Bayeux nous montre l'ambassadeur saxon Harold s'embarquant pour la Normandie, le faucon sur le poing et précédé de ses

(1) Froissart, t. IV, édit. Buchon.

(2) *Histoire des ducs de Bourgogne*, par M. de Barante, t. VII. D'après l'*Éloge du Roi Charles VII*.

(3) La manie de ne jamais quitter ses chiens et ses oiseaux était poussée à un tel point, qu'en 1217 Etienne de Reims se vit obligé d'introduire dans les règlements de l'Hôtel-Dieu que les malades ne pourraient les conserver près d'eux. (*La France au temps des croisades*, t. IV.)

lévriers. L'un des principaux personnages du roman d'*Aubery le Bourgoing*, le comte Lambert, partant pour la cour de Bourgogne, se fait suivre de trente couples de lévriers, de brachets et de limiers, et chevauche devant ses hommes, le faucon sur le poing (1).

Chiens et oiseaux offerts en tribut ou en présents.

Les présents offerts par les souverains à leurs alliés, les tributs imposés aux vaincus comprennent toujours des chiens et des oiseaux de chasse (2). Le Charlemagne de l'histoire avait envoyé des chiens de Germanie au khalife Haroun, le Charlemagne du roman reçoit une ambassade du roi païen Marsile, qui lui offre quatre cents mulets chargés d'or et d'argent; le Sarrasin propose d'y joindre des destriers, des meutes de chiens de chasse, des *veltres* (3), enchaînés, et mille autours *mués pour aller rivoier* (4).

Après la funeste journée de Nicopolis (1396), Jean de Chastel-Morant, envoyé par le roi de France à l'*Amorabaquin* (5), lui porte de magnifiques présents, où figurent en première ligne des gerfauts blancs, rassemblés à grande peine à Paris et en Allemagne, et des lévriers de grande taille (6).

---

(1) Devant ses hommes chevauche à esperon
Desor son poing ot 1 mué faucon.

(2) Dunc véissiez entr'els les *Beaubelez* (bijoux) duner
E les chiens enveier e les oisaus porter.

(*Thomas le martyr* (xııᵉ siècle), cité par M. Littré, Dict., Vᵒ *Chien*.)

(3) Chiens de force pour chasser le sanglier. Voir le livre IV.

(4) Autours âgés d'un an, pour chasser les oiseaux de rivière. — *Chanson de Roland*. — Voir le livre VII.

(5) Le sultan Bajazet II.

(6) Froissart, t. XIII. — Le même Amorabaquin recevait, tous les

Lord Hastings, ministre du roi d'Angleterre Édouard IV, écrivait en 1480 à Louis XI : « Sire, j'ai été assez hardi, par le conseil de M. d'Elne (l'évêque d'Elne, ambassadeur de France), de vous envoyer, par le porteur de cette lettre, des lévriers, un *hobbin* (1) et une hacquenée, qui vont assez doux (2). »

Devoirs féodaux.

Nombre de fiefs étaient aussi donnés, moyennant certains *devoirs* annuels : « comme de bailler par chascun an une hure de sanglier, un espervier, un faucon, une couple de chiens, une flèche ferrée d'argent. » L'évêque d'Agde, en reconnaissance d'un fief à lui donné par le comte de Toulouse, lui devait annuellement un autour *sors*, ou un marc d'argent, s'il en était requis (3). »

Très-souvent les coutumes féodales imposaient aux vassaux d'un seigneur l'obligation de nourrir ses chevaux, ses chiens et ses oiseaux de chasse, voire même ses fauconniers et veneurs, et les communautés religieuses qui tenaient en fief quelques terres soumises à cette charge n'en étaient pas exemptes : on en trouve de nombreux exemples dans les anciens cartulaires (4).

ans, de son *grand ami*, le seigneur de Milan, *ostours*, *gerfaux*, chiens et faucons (*ibid.*). — Roderic, Roi de Connaught, en Irlande, fournissait, en signe de vasselage, à Henri II, Roi d'Angleterre, des faucons et des lévriers. Le Roi de Tunis, vaincu par Charles-Quint, s'engage à lui envoyer tous les ans six chevaux barbes et douze faucons.

(1) Poney irlandais.

(2) *Histoire des ducs de Bourgogne*, t. XII.

(3) De temps immémorial et jusqu'en 1789, les abbés de Saint-Hubert en Ardennes envoyèrent, tous les ans, au Roi de France, en signe de tribut et d'hommage, six couples de chiens et six faucons.

(4) Michelet, *Origines du droit français*.

Le seigneur de Gandelu en Brie, pour ne citer qu'un de ces exemples, avait le droit d'être reçu dans le monastère de Cerfoy le jour de la Sainte-Trinité, avec son fauconnier ou autres de ses gens jusqu'au nombre de six, pour y tenir le second rang aux honneurs de l'église et y être défrayé avec ses chevaux, ses chiens et ses oiseaux (1).

Rôle de la chasse dans la vie privée.

Dans la *grand'salle* de chaque manoir, les trophées de la chasse s'étalaient fièrement près de ceux de la guerre. Partout l'épieu à sangliers et le cor aux viroles d'argent se mêlaient aux bannières, aux lances, aux écus blasonnés (2). Les bois de cerfs et de daims tenaient une grande place dans la décoration des demeures féodales. Tantôt on les enchâssait dans des têtes d'animaux sculptées, tantôt on en façonnait des meubles ingénieux (3). Peintures murales, orfévreries, tapisseries retraçaient les scènes variées

---

(1) Ce droit fut encore réclamé, en 1611, par René Potier, comte de Fresmes et seigneur de Gandelu. Il s'ensuivit des procès entre lui et ses successeurs d'une part, et le couvent, de l'autre, qui ne se terminèrent qu'en 1704, à la satisfaction des religieux. Voir l'*Histoire du département de Seine-et-Marne*, par le docteur Pascal, t. I.

(2)
Moult fut la salle grans et large
Maint fort escu et mainte targe,
Et mainte lance et maint espiet
Bon à cheval et bon à piet
Dont li fer sont bon et tranchant,
Et maint cor bandeit d'argent
Avoit pandut par lo palais.

(Passage du roman de *Dolopathos*, cité par M. Viollet Leduc. *Dictionnaire du mobilier*.)

(3) Dans l'inventaire du chanoine Jean de Salfres (1365), on trouve les articles suivants : « *Quædam cornua cervina depicta ad ymaginem* « *puellæ cum candelabris*...... *Quædam cornua de daim cum candela-* « *bris et ferraturis aliis ad pendendum in aula*. » (*Bulletin archéolo-*

de la chasse ou des animaux qu'on y poursuit (1), et toujours la perche aux faucons, avec sa toile armoriée, était fixée *au joignant* de la grande cheminée.

La chasse se mêle à tous les actes de la vie privée comme de la vie publique. Ces *entremets*, ou intermèdes qui égayent les interminables banquets de la féodalité, empruntent sans cesse leur intérêt aux plaisirs favoris de la noble assistance. Tantôt ce sont des pièces mécaniques représentant des scènes de chasse, tantôt des chasses véritables. C'est ainsi que dans la description d'un festin chevaleresque, l'auteur du roman de *Floires et Blanchefleur* fait apporter sur la la table, des pâtés de *vifs oiselets*. Ces pâtés sont ouverts, les oiselets voltigent de toutes parts dans la vaste salle, puis on lance après eux faucons, autours, émerillons et émouchets, qui les poursuivent et les saisissent.

Intermèdes de chasse dans les banquets.

---

gique, t. III.) Le bel ouvrage intitulé : *Costume du moyen âge chrétien* par M. Heffner, et les *Arts somptuaires* publiés par M. Hangard Mauger, reproduisent quelques-uns de ces meubles appartenant à une époque plus récente. Pour les cerfs peints et sculptés, voir dans le *Voyage pittoresque dans l'ancienne France*, la décoration du château d'Harcourt en Normandie.

(1) Au château de Vaudreuil, bâti par le Dauphin Charles, fils du Roi Jean, Jehan Coste peignit dans la grand'salle une rangée de *bestes et d'images*, et dans la galerie précédant cette salle, *une chasse*. Charles V ornait son bateau royal d'un *tapis sur champ vermeil ouvré à une tour à daims et à biches* (*Histoire de France* de MM. H. Bordier et E. Charton). Les chasses, les animaux, les hommes sauvages étaient des sujets si communs en fait de tapisseries, qu'on n'en faisait plus qu'un cas médiocre. On a conservé quelques belles suites de tapisseries représentant des sujets de chasse, notamment celles des châteaux d'Haroué et d'Effiat, de la collection du Sommerard, les tapisseries dites de Guise, celles que nous avons vues à l'exposition rétrospective des beaux-arts en 1865, etc. Mais elles sont presque

Pendant un repas donné en grand appareil par Philippe le Bon, duc de Bourgogne (1453), on vit tout à coup un héron partir, en l'air, d'un des bouts de la salle, « qui fut escrié de plusieurs voix en guise « de fauconniers; et tantost partit d'un autre bout de « la sale, un faucon qui vint *toupier* et prendre son « vent et, d'un autre costé, partit un autre faucon, « qui vint de si grande roideur et ferit le héron si « rudement qu'il l'abatit au milieu de la sale. Et après « la curée faicte, ledit héron fut présenté à Monsei- « gneur (1). » Pendant le même banquet on entendit, dans l'intérieur d'un pâté gigantesque, « tout le bruit d'une chasse, telle qu'il sembloit qu'il y eut petits chiens glatissants et braconniers huant et sons de trompettes, comme s'ils fussent en forest. » Ce pâté était naturellement une machine décorative qui avait déjà servi d'orchestre à une bande de vingt-huit musiciens.

Chasses figurées aux entrées des Rois.

Aux entrées solennelles des princes dans leurs bonnes villes, on ne manquait pas non plus de leur donner des représentations du *déduit* qu'ils estimaient le plus. Lorsque Isabelle de Bavière parut pour la première fois à Paris (1389), « au plain d'un chastel charpenté de bois et de guérites, avoit une garenne et grand foison de ramée, et dedans grand foison de lièvres, de connils et d'oisillons qui voloient hors et

---

toutes postérieures au XVe siècle. (Voir quelques-unes de ces tapisseries dans l'ouvrage de M. A. Jubinal.)

(1) *Mémoires* d'Olivier de la Marche, t. II.

y revoloient à sauf garant pour le doute du peuple qu'ils véoient (1). »

En 1461, à l'entrée de Louis XI dans sa capitale, on lui donna le spectacle d'une chasse à la biche, près la fontaine Saint-Innocent. « On y fit moult grand bruit de chiens et de trompes de chasse (2). »

C'est ainsi que la chasse et ses images s'associent à toutes les occupations, à tous les plaisirs de l'époque féodale. Puis, quand venait la mort, le noble veneur était enseveli dans une peau de cerf, dernier trophée de chasse qu'il emportait avec lui au cercueil (3).

Premiers Capétiens.

Tous les princes féodaux, qui se partageaient les provinces françaises étaient naturellement les plus ardents chasseurs de leurs domaines. Il faut en excepter toutefois les premiers Rois de la race capétienne, graves et pacifiques personnages, de mœurs plus monastiques que guerrières. Ces Rois avaient pourtant de petits équipages de chasse. Robert le Pieux, fils de Hugues Capet, passe pour avoir bâti dans la forêt de Bière, un humble rendez-vous de

---

(1) Froissart.

(2) *Chronique scandaleuse* de Jean de Troyes.

(3) Dans la *chanson de Roland,* les cadavres des preux morts à Roncevaux sont ensevelis dans des peaux de cerfs. Le corps de Charles le Bon, comte de Flandre, assassiné en 1127, fut cousu dans une peau de cerf avant d'être mis dans sa bière (Galbert, *Vie de Charles le Bon*). Dans le roman de *Garin le Loherin*, Fromont de Lens rend les honneurs funèbres à Begon de Belin :

> Les cors lavèrent et d'iave (eau) et de vin
> Li quens (comte) méismes ses blanches mains i mit
> D'un fil de soie le restranit et cousi
> En cuir de cerf font le baron covrir
> Font une bière, le vassal i ont mis.

chasse, qui devint plus tard le château de Fontainebleau. Il chassait un jour, en compagnie de Hugues de Beauvais, comte du palais, lorsque douze chevaliers, envoyés par Foulques d'Anjou, vinrent massacrer son compagnon sous ses yeux (1). Louis VII voulant joindre à Saint-Jean-de-Losne pour conférer avec lui l'Empereur Frédéric Barberousse, s'approcha de ce bourg en équipage de chasse (1162). Il prend l'engagement, dans une charte, de punir les vexations commises par les gens de sa vénerie et de sa fauconnerie sur les terres de l'abbaye de Saint-Denis. L'emplacement où Philippe-Auguste bâtit le château fort du Louvre était occupé par une petite maison de chasse construite par un de ses prédécesseurs, et située au milieu des bois de Rouvray, qui s'étendaient alors de la Seine à Montmartre.

Ducs de Normandie.

Bien différents de leurs paisibles suzerains, les terribles ducs de Normandie passent leur vie à cheval, faisant une guerre acharnée aux animaux de leurs forêts, quand par hasard ils sont en paix avec leurs voisins.

Le premier de ces ducs turbulents, le vieux pirate Rollon, était à la chasse dans une forêt près de Rouen, lorsqu'il lui prit fantaisie de suspendre ses bracelets d'or à un chêne sur les bords d'une mare. Si grande était la frayeur qu'il inspirait à ses vassaux, que les bracelets demeurèrent, pendant trois ans, à la même place et intacts (2).

(1) *Histoire des ducs et comtes de Champagne.*
(2) Chronique de Guillaume de Jumièges. — Le chroniqueur ajoute

Les nobles sciences de la vénerie et de la fauconnerie tiennent le premier rang dans l'éducation donnée aux jeunes princes de la maison ducale de Normandie, comme nous l'atteste le *roman de Rou*, parlant de Richard sans Peur, petit-fils de Rollon (mort en 996) (1) et de son successeur Richard le Bon (2).

Rois anglo-normands.

Devenu maître de l'Angleterre (3), Guillaume le Bâtard, aussi passionné veneur que ses pères, comprit dans son domaine toutes les grandes forêts du royaume, et se réserva exclusivement le droit d'y chasser. « Il ordonna, dit un chroniqueur, que quiconque tuerait un cerf ou une biche eût les yeux crevés ; la défense faite pour les cerfs s'étendit aux sangliers, et il fit même des statuts pour que les lièvres fussent à l'abri de tout péril. Ce roi sauvage aimait les bêtes sauvages comme s'il eût été leur père (4). »

---

que, par la suite, la forêt entière en prit le nom de *Roumare* (mare de Rou ou Rollon). — Un chroniqueur italien du XIe siècle, Malaterra, dit que les armes, les chevaux, les beaux habits, la chasse et la fauconnerie font les délices des Normands.

(1) Richart sut en Danois et en Normand parler.
Une chartre sut lire, et les parts diviser....
Li pères l'eût bien fet duire et doctriner
Bien sut paistre un oisel, et livrer, et porter
En bois sut cointement et berser (tirer de l'arc) et vener.

(2) Bien sut esprevier duire, et ostour, et falcon
Cers et biches sut prendre et aultre venaison
Et son sanglier tout seul, sans aultre compaignon.

(3) Nous croyons devoir donner ici quelques détails sur les chasses de ces Rois normands et angevins d'Angleterre qui restèrent si longtemps Français par les mœurs et le langage.

(4) Passage cité par Aug. Thierry, *Histoire de la conquête de l'Angleterre par les Normands*, t. II.

Les braconniers surpris par les *forestiers*, *verdiers* ou *regardeurs royaux* furent tués sans forme de procès, comme les chiens trouvés dans les mêmes parages. Les chiens mêmes des seigneurs voisins durent avoir une patte de devant coupée pour qu'il leur devînt impossible de troubler *la paix des bêtes du roi* (1).

Guillaume, peu satisfait de l'immense étendue de ses forêts, fit détruire trente-six paroisses, en chassa les habitants, et planta en bois un espace de 30 milles entre Salisbury et la mer, qui prit le nom de la *Forêt-Neuve*.

Guillaume le Roux, fils et successeur du Conquérant, surpassa encore les violences de son père. Ses sujets d'Angleterre l'appelaient, par dérision, *garde forestier* et *berger de bêtes fauves*. Un jour, cinquante riches saxons furent accusés devant lui d'avoir pris, tué et mangé des cerfs. Ils durent subir pour se justifier l'épreuve par le fer rouge. Cette épreuve leur ayant été favorable : « Qu'importe, dit le roi, Dieu n'est pas juge compétent en pareille matière, c'est moi que ces choses regardent, et c'est moi seul qui jugerai celle-ci. »

Il sembla que le ciel voulût punir ces chasseurs effrénés sur le théâtre même de leur tyrannie. Dès l'an 1081, Richard, fils de Guillaume le Bâtard, s'était blessé mortellement en chassant dans la Forêt-Neuve. En mai, 1100, un autre Richard, fils du duc Robert et neveu de Guillaume le Roux, y fut tué par impru-

---

(1) *Ubicunquè feræ suæ pacem habent* (*ibid.*).

dence, d'un coup de flèche. Enfin ce Roi y périt par un accident semblable au mois de juillet de la même année (1).

Le matin de sa dernière chasse, après un grand repas au château de Winchester, Guillaume attachait ses *heuzes,* en causant gaiement avec ses amis, lorsqu'un ouvrier lui présenta six flèches neuves, dont il loua le travail. Il en retint quatre pour lui, et remit les deux autres à Gautier Tirel, comte de Poix, chevalier français et son fidèle compagnon de chasse. « Il faut, ajouta-t-il, donner les meilleures flèches à qui sait le mieux s'en servir. » Au même moment, un moine de Glocester se présenta avec une lettre de son abbé. Celui-ci faisait part au Roi d'une vision menaçante d'un de ses moines. Guillaume ne fit qu'en rire. « Me prennent-ils pour un Anglais, dit-il, avec leurs visions? Croit-il que je renoncerai à mes affaires ou à mes voyages parce qu'une vieille femme a rêvé ou éternué? Allons, Gautier de Poix, à cheval! »

A ces mots, il partit pour la Forêt-Neuve, accompagné de son frère Henri, de Guillaume de Breteuil et autres seigneurs de renom. Les chasseurs se dispersèrent, en divers lieux, *ainsi qu'il convenait,* mais Gautier Tirel resta près du Roi avec quelques autres. « Tous deux se tenaient à leur poste vis-à-vis l'un de l'autre, l'arc en main et la flèche sur la corde (2),

(1) *Histoire de la conquête*, t. II. Nous donnons dans toute son étendue ce tableau curieux et animé d'une chasse du XIIe siècle, d'après Orderic Vital et Augustin Thierry.

(2) Thierry dit : la flèche sur l'arbalète et le doigt sur la détente.

lorsqu'un grand cerf, traqué par les batteurs, s'avança entre le Roi et son ami. Guillaume tira, mais, la corde de son arc se brisant, la flèche ne partit pas, et le cerf, étonné du bruit, s'arrêta, regardant de tous côtés. Le Roi fit signe à son compagnon de tirer, mais celui-ci n'en fit rien, soit qu'il ne vît pas le cerf, soit qu'il ne comprît pas les signes. Alors Guillaume, impatienté, cria tout haut : Tire, Gautier, tire donc de par le diable ! Et au même instant, une flèche, soit celle de Gautier, soit une autre, vint le frapper dans la poitrine ; il tomba sans prononcer un mot et expira (1). »

Henri Ier, qui remplaça sur le trône Guillaume le Roux, fut aussi grand chasseur que lui et aussi rigoureux pour la conservation de son gibier. Avant son avénement, il avait déjà reçu le surnom de *pied de cerf* à cause de sa passion pour la vénerie (2). Il étendit à toute espèce de chasse les prohibitions fulminées

---

Le texte cité par lui porte seulement : « *cum arcu et sagittâ in manu expectantes.* » Il est vrai que l'arbalète était déjà en usage à la guerre; mais nous verrons plus loin qu'on ne s'en est probablement pas servi à la chasse avant le XIIIe siècle.

(1) *Histoire de la conquête de l'Angleterre*, t. II.

(2) Ains qu'il eust terre ne rente
En chiens, en bois ert s'entente (était son entente)
Ses chiens aveit, en bois alout
Et en chacier se délitout (délectait)
Quant il faiseit mote (meute) mener
Mult l'oïssiez sovent corner
Et s'il voloit aler berser (tirer de l'arc)
Brachez faiseit assez mener
Sovent, quand veneit el plaissis (parc)
Li trieges faiseit retenir.... ;
De bois, de chiens, de venerie
Cognoisseit tote la mestrie

par ses prédécesseurs ; celle même qu'on faisait aux petits oiseaux avec des lacets, aux piéges ou à la pipée fut punie par la confiscation ou par la perte d'un membre. « Dans ses jugements, dit un chroniqueur, il faisait peu de différence entre les *cervicides* et les homicides (1). »

L'Angevin Henri Plantagenet fut un peu plus humain et se borna à infliger aux délinquants la prison ou l'exil, mais Richard Cœur de lion, son fils, veneur aussi emporté que guerrier terrible, remit en vigueur les lois atroces de Henri Ier, et fit mutiler de la manière la plus cruelle les malheureux surpris en contravention (2). Il se repentit plus tard de cet excès de sévérité et se contenta, comme son père, de condamner les braconniers à l'amende, à la prison ou à l'exil (3).

Richard emmena avec lui, en Palestine, ses chiens et ses faucons avec lesquels il se livrait à son goût pour la chasse dans les intervalles des combats. Chassant un jour dans la forêt de Saron, il s'endormit sous un arbre et fut surpris par les Sarrasins, qui l'auraient

---

Por li cers k'il aloent pernant
Et por li bois k'il cerchout tant
Li quens Willame (de Varenne) le gabout
Pié de cers par gab l'apelout

(*Roman* de Rou, t. II.)

Henri Ier mourut en 1135 d'une indigestion de lamproies, dans la forêt de Lyons où il était allé chasser.

(1) Guillaume de Newbury, dans Aug. Thierry.

(2) *Eruebantur oculi eorum*, *abscindebantur virilia*, *manus vel pedes* (Matthieu Pâris).

(3) Voyez sur ces Rois anglo-normands *le Glossaire* de Ducange, Vo *Foresta*.

fait prisonnier sans le dévouement d'un chevalier provençal nommé Guillaume Pourcelet. Ce brave gentilhomme cria qu'il était le roi et se fit prendre à sa place.

Philippe-Auguste.

Le contemporain et le rival de Richard Cœur de lion, Philippe-Auguste, est le premier de nos Rois dont les goûts cynégétiques soient signalés par les historiens avec quelques détails.

A l'âge de quatorze ans, le jeune Philippe avait obtenu de son père l'autorisation de chasser dans la forêt de Compiègne avec les veneurs royaux. Un sanglier est bientôt mis sur pied (1), les veneurs découplent la meute et s'élancent en sonnant du cor à la poursuite de la bête. Philippe, monté sur un cheval plein de feu, est emporté loin des autres veneurs, il s'égare, et telle était alors l'immense étendue de ces bois, qu'il est deux jours et une nuit sans cesser de *brosser ni de courre* et sans pouvoir trouver *sentier ni voye* pour le conduire hors de la forêt. Enfin, après avoir prié avec larmes la Vierge Marie et Monsieur saint Denys, patron des Rois de France, il rencontre près d'un feu un charbonnier de mine farouche, au visage tout noir et portant une grande hache sur son col.

L'enfant eut d'abord grand'peur, mais le vilain, reconnaissant son seigneur, abandonna sur-le-champ

---

(1) Guillaume le Breton, dans sa *Philippide*, insinue que ce sanglier pouvait bien être un démon qui voulait enlever à la France l'unique rejeton de la race royale. Il ajoute que l'animal s'évanouit en fumée dès que le jeune prince eut perdu la chasse.

son travail et ramena en toute hâte le jeune prince au château de Compiègne.

A la suite de la fatigue excessive et des frayeurs qu'il avait éprouvées, Philippe tomba dangereusement malade, et cet accident fit différer son couronnement (1) jusqu'à la Toussaint suivante (2).

En 1183, le Roi Philippe fit clore de murs le bois de Vincennes et le remplit de bêtes fauves envoyées d'Angleterre (3).

Comme Richard Cœur de lion, Philippe-Auguste emporta ses faucons en Palestine ; comme lui aussi, il fut attaqué violemment par le troubadour Bertrand de Born, à cause de sa passion pour la chasse : « Tous deux, dit le poëte, sont avilis par la lâcheté et l'avarice. Ils ne savent pas répandre l'argent à propos pour acheter des gens de guerre, et ils le jettent à profusion pour des faucons et des lévriers. »

Les comptes de Philippe-Auguste conservés dans l'*Usage des fiefs* de Brussel, nous donnent quelques détails sur ses dépenses de vénerie et de fauconnerie. On y voit que le personnel des équipages royaux était

---

(1) Comme héritier présomptif.

(2) Rigord, *Vie de Philippe-Auguste*.

(3) Henris li josne (jeune) d'Angleterre
Li transmit en nefs à cette erre
Qu'on amena contremont Seine
Planté (foison) de bestes à l'estrenne
Comme biches, connils (lapins) et levros
Petits cers et dains et chevros
Si les mist en cette cloture.

(*La Branche aux réaux lignaiges*.)

alors sur un pied très-modeste comme nombre et comme appointements (1).

Saint Louis.

Malgré l'austérité de ses mœurs, le saint Roi Louis IX ne fut pas insensible aux charmes du *noble déduit de vénerie*, comme on disait alors. Il était un jour à la chasse dans *ses déserts de Fontainebleau* (2) lorsqu'il fut attaqué par une bande de malandrins. Délivré de leurs mains par les veneurs accourus au son de son cor, il fonda au même lieu l'abbaye de Saint-Vincent de Mont-Ouï, en souvenir de cette aventure (3) (22 janvier 1264).

Les terribles événements de la croisade de 1248 ne firent pas oublier au saint Roi les plaisirs tant aimés par lui dans sa patrie. « Le Roy Saint-Louys, dit Charles IX dans son traité de vénerie, estant allé à la conqueste de la Terre Saincte, fut fait prisonnier et comme entr'autres bonnes choses, il aymoit le plaisir de la chasse, estant sur le point de sa liberté,

---

(1) 9 livres pour des autours et des faucons, 31 livres au fauconnier Eustache pour ses gages, 4 livres à Baudoin le chasseur, 19 livres à Eudes le Forestier.

(2) Saint Louis aimait le château et la forêt de Fontainebleau qu'il appelait *ses Déserts*. Ce château, si célèbre dans les annales de la vénerie, n'était encore qu'un rendez-vous de chasse bâti par le roi Robert, sur les bords d'une fontaine qu'une charte de l'an 1137 appelle *Fontem Bleaudi* (*Fontaine-Bleaud* ou *Bliaud* et non Fontaine *Belle-eau*). Une tradition ancienne veut que cette fontaine ait tiré son nom d'un chien du Roi nommé *Bliaud*. Nous avons vu précédemment que *Bliaud* était un nom de chien en usage à cette époque.

(3) *La France au temps des croisades*.

Il résulte d'un rôle des officiers du Roi saint Louis, en 1231, qu'il avait deux fauconniers, des veneurs dont le nombre n'est pas indiqué (ils étaient probablement trois), 5 valets de chiens, deux oiseleurs et deux fureteurs. Voir aux pièces justificatives.

ayant sceu qu'il y avoit une race de chiens en Tartarie qui estoit fort excellente pour la chasse du cerf, il feit tant qu'à son retour, il en amena une meutte en France ; ceste race de chiens sont ceux que l'on appelle gris, la vieille et ancienne race de cette couronne (1). »

A peine délivré de ses fers, le saint Roi se rendit en Palestine pour organiser la défense des places encore restées au pouvoir des chrétiens. Ses chevaliers y occupaient leurs loisirs à chasser *une beste que on appelle Gazel qai est comme ung chevreul* (2). Pendant le séjour que l'armée fit à Césarée, elle fut rejointe par un chevalier qui venait du royaume de *Norone* (Norwége), où les nuits sont si courtes en été *qu'il n'y avoit nuyt là où l'on ne veist bien encores le jour au plus tard de la nuyt*. Ce brave Norwégien avait fait le trajet par mer, *environnant toute Espaigne* et passant par les *destroitz de Maroc*. Habitué à combattre les ours de son pays, il se prit à chasser aux lions lui et ses gens, et *plusieurs en prindrent perilleusement, et en grand dangier de leurs corps*. « Et la faczon du faire qu'ilz avoient en ladicte chasse, estoit qu'ils couroient sus aux lions à cheval, et quand ilz en avoient attaint quelqu'un, celui lion qui avoit esté attaint, couroit sus au premier qu'il veoit; et ilz s'en fuyoient picquans des esperons et laissoient cheoir à terre aucune couverte ou une

(1) *La Chasse royale*, par Charles IX, Roy de France. Paris, 1625. Ce fait doit peut-être se rapporter à l'époque où Louis IX reçut en Chypre une ambassade du prince tartare El-Kathaï.

(2) Mémoires du sire de Joinville.

piece de quelque viel drap : et le lion la prenoit et dessiroit, cuidant tenir l'homme qui l'avoit frappé. Et ainsi que le lion se arrestoit à dessirer celle vielle piece de drap, les autres hommes leur tiroient d'autre trect, et puis le lion laissoit son drap et couroit sus à son homme, lequel s'enfuioit et laissoit cheoir une autre vielle pièce de drap et le lion se y arrestoit. Et ainsi souventes foiz ils tuoient les lions de leur trect (1). »

Rois et princes latins d'Orient.

Les croisés trouvaient parmi les barons latins de terre sainte, des compagnons de chasse dignes de leur tenir tête. Le Roi de Jérusalem, Foulques d'Anjou, était mort en 1142, d'une chute de cheval faite en chassant dans la plaine de Ptolémaïs.

Le comte de *Japhe* entretenait dans ses domaines de l'île de Chypre, une meute de cinq cents chiens (2). Les incursions continuelles des Sarrasins et des Tartares n'arrêtaient pas ces dignes descendants des veneurs de la vieille France.

Roger, prince d'Antioche, se voyant près d'être accablé par les infidèles, voulut chasser une dernière fois sur ses domaines qui allaient lui échapper. Dès la veille il s'était confessé et avait reçu le viatique.

---

(1) Joinville. — Cette manière de chasser les lions semble imitée de celle employée dans le Nord contre les ours qui s'arrêtent à retourner un gant qu'on leur jette.

(2) Au XVIe siècle, les nobles chypriotes, qui se vantaient encore de leur origine française et portaient le costume français, étaient adonnés avec passion à la vénerie et à la fauconnerie. Voir le *Voyage exécuté en Orient pendant les années* 1563 *et* 1564, par Christophe Fürer d'Haimendorf (*Itinerarium Ægypti, Arabiæ*, etc. *Norimbergæ*, M.DCXXI.)

« Au point du jour, il monta à cheval, se fit amener ses oiseaux, ses petits chiens et tout son appareil de chasse. Précédé de ses piqueurs, comme il sied aux princes, il se mit à parcourir les plaines et les vallées et à faire le tour des montagnes et des collines; il prit des oiseaux, il força des bêtes fauves avec ses chiens. Tout à coup, l'esprit frappé de ce qui allait se passer, il abandonna la chasse et se dirigea vers une tour pour observer les mouvements de l'ennemi (1). » Le soir même, Roger tombait sous le sabre d'un émir sarrasin.

Princes français au XIIIe siècle.

Le frère de saint Louis, le terrible Charles d'Anjou, roi des Deux-Siciles, fut aussi *as chiens et as oisiaus par nature ententiex,* dit la chronique de sainte Magloire. Il en était de même de son frère Alphonse, comte de Poitiers, de Robert de Clermont, fils de Louis IX et premier ancêtre de la maison de Bourbon (2) et de tous les grands seigneurs contemporains.

Gaucher de Châtillon.

Le fameux Gaucher de Châtillon, plus tard connétable de France, vendant en 1259 40 livrées de terre aux Dames-du-Pont, se réserve la chasse pour lui et ses hoirs. En 1286, ayant fait concession aux Templiers de Montaigu de 164 arpents de bois, il fit une stipulation semblable et retint pour lui la chasse des grandes et petites bêtes (3).

(1) Chronique de Gautier le Chancelier, citée par le comte de Vaublanc, *France au temps des croisades*, IV.

(2) Voir les extraits des comptes de ces deux princes aux Pièces justificatives.

(3) J. Lavallée. — *La Chasse à courre en France.*

Thibaut, comte de Champagne.

Un prêtre de la Croix-en-Brie, auteur d'une *branche* du *Roman du Renart*, décrit en ces termes l'équipage de son seigneur Thibaut, comte palatin de Brie et de Champagne (1), qu'il avait sans doute vu souvent passer aux environs de son village :

> C'est la gent au Conte Tibaut
> Par qui la terre est maintenue,
> Est en ceste forest venue
> Qui est au Conte tote quite (2)
> Et à tote gent contredite.......
> Venu sont ci matin chacier
> Li uns portent espiez (épieux) d'acier
> Li autre arc et sajetes tiegnent...
> Li autre ont lor cor à lor cols
> Qu'il cornent et li autre huient (crient,
> Et cil qui tienent les lévriers...
> Corent par le bois à eslès (élans)
> Et li Quens (comte) méismes après
> Sor un chacéor (cheval de chasse) qui tost cort (court).
> Qui de venoison velt (veut) sa cort (cour)
> Garnir à ceste Pentecoste..... (3).

Ce fut à cette époque que fut écrit le *Dict de la chasse dou serf* (4), notre plus ancien traité de vénerie ; les premiers livres sur la fauconnerie sont à peu près de la même époque (5).

Philippe le Bel.

Philippe le Bel avait, en 1285, 3 veneurs (6) qui

---

(1) C'est le fameux poëte Thibaut, le chevaleresque adorateur de Blanche de Castille, né en 1201, mort en 1253.

(2) *Quite*, entièrement, comme en anglais.

(3) *Le Roman du Renart*, publié par M. Méon, t. II. (*C'est de l'ours et de Renart et dou vilain.*)

(4) Publié en 1840 par M. Jérôme Pichon.

(5) Entre autres le poëme des *Oiseaux chasseurs* (*Auzels cassadors*) de Deudes de Prades. Voir le *Journal des Chasseurs*, 8e année.) Le livre de l'Empereur Frédéric II, *De arte venandi cum avibus*, est du même temps.

(6) Parmi ces veneurs figure Guillaume de Malgeneste, dont l'effigie, revêtue de la *cotte à chasser*, nous a été conservée par Gaignières.

recevaient chacun 3 sols par jour, et par an 100 sols, pour *hueses* (houzeaux, bottes) et haches. Plus, 1 valet de vénerie, 5 valets de chiens, 2 archers, 6 fauconniers à 2 sols 5 deniers par jour (1); 1 *louvier*, 1 oiselier, 1 *fuironneur* et 1 *perdriseur*.

La modeste meute du Roi se composait de 12 chiens courants *pour faire la chasse*. Il avait, en outre, pour ses chasses à tir, 6 *brachets* (2) avec 2 valets pour les garder.

Le Roi entretenait six *coursiers* pour ceux qui allaient avec lui *en bois* et 18 *chaceurs* (chevaux de chasse) pour lui et les hommes de sa vénerie (3).

Les équipages de Philippe le Bel prirent un accroissement assez considérable pendant les années suivantes (4).

Ce Roi mourut en 1314, des suites d'une chute qu'il fit à Fontainebleau en chassant le cerf ou le sanglier (5). Le Dante, qui le haïssait, adopte cette dernière version pour lui jeter une injure posthume :

---

(1) Le sol était la vingtième partie de la livre monétaire qui équivalait alors environ au tiers du marc d'argent.

(2) *Brachets*, espèce de chiens courants destinés plus spécialement aux chasses à tir. Voir plus bas.

(3) Voir *l'Ordonnance de l'hostel le Roy et la Royne*, pièces justificatives, et Leber, *coll. des pièces relatives à l'Histoire de France*, t. XIX. — Probablement d'autres chiens de cerf étaient nourris dans les formes du domaine royal, comme l'étaient habituellement les chiens pour le sanglier.

(4) En 1313 il avait jusqu'à 11 veneurs, 10 valets de chiens, 7 fauconniers, 10 valets de fauconnerie, 7 archers. Voir les Pièces justificatives.

(5) « Il veit venir le cerf à luy, si sacqua son espée et férit son cheval des esperons et cuida férir le cerf et son cheval le porta contre un

« Il mourra d'un coup de *couenne*, le faux monnoyeur (1)! »

Philippe IV avait promulgué, en 1299, une ordonnance contre les voleurs de gibier et de poisson. C'est une des plus anciennes qu'on connaisse en pareille matière.

Fils de Philippe le Bel.

Les fils *au beau Roy Philippe* furent chasseurs comme leur père. Louis X conserva les équipages royaux à peu près sur le même pied où il les trouva à son avénement (2). Le comte de Poitiers, qui succéda en 1316 à son père sous le nom de Philippe V, avait, avant de monter sur le trône, des veneurs et des fauconniers (3). Ce Roi fit une ordonnance, en 1318, contre les larrons de *connils* (lapins) et de lièvres (4).

Le livre du Roy Modus.

L'auteur du livre intitulé *le Roy Modus et la Royne Ratio*, écrit avant l'année 1338, raconte qu'il vit de ses yeux le Roi Charles IV (1322-1328) prendre aux toiles, dans la forêt de Breteuil, *six vingts bestes noires en ung jour*, *sans les emblées* (c'est-à-dire sans celles qui furent volées).

---

arbre de si grand roideur que le bon Roy cheut à terre et fut moult durement blécié au cueur. » (*Chronique* publiée par Sauvage, Lyon, 1572.)

(1) *Qua che morrà di colpo di cotenna.* (*Paradiso*, *canto* XIX. — Michelet, *Histoire de France*, t. III).

(2) Voir le Compte de Pierre Remy, *maistre de la chambre aux deniers*, du 1er juillet 1315, pièces justificatives.

(3) Ordenance du restrait de l'hostel monseigneur qui ores est Roy du temps qu'il estoit contes de Poitiers. — 1315. *Ibid.*

(4) Il avait 5 veneurs, 2 aides, 6 fauconniers, 6 archers, des *Valets de faucons*, un *louvier*, un porte-arbalète, un fureteur, un *perdriseur*, et des *brilleurs* employés à l'oisellerie.

Ce curieux ouvrage (1), auquel nous aurons occasion de faire de nombreux emprunts, est une sorte de catéchisme en matière de chasse. L'*Apprenti* interroge sur la manière de procéder un personnage allégorique nommé le *Roy Modus*. Celui-ci lui donne les préceptes de l'art, et la *Royne Ratio*, c'est-à-dire la Raison personnifiée et couronnée, y joint des dissertations morales et symboliques. Toutes les chasses connues alors sont ainsi passées en revue avec beaucoup de netteté et de connaissances pratiques. Vers la fin du livre se trouve intercalée une pièce de vers sur ce thème si souvent reproduit par les poëtes cynégétiques du moyen âge, le débat pour la prééminence entre *déduit de chiens* et *déduit d'oiseaux*. Le sire de Tancarville, appelé comme arbitre, décide que déduit d'oiseaux est préférable pour qui veut voir, et déduit de chiens pour qui veut voir et entendre.

Malgré les désastres de Crécy et de Poitiers, le règne des premiers Valois fut l'apogée de la royauté féodale. Leur cour était une fête éternelle, une brillante imitation de la *Table ronde* du roi Arthus. Dans les intervalles des grandes guerres, banquets, tournois et chasses splendides s'y succédaient sans interruption. Philippe de Valois et le comte d'Alençon, son frère, possédaient, au dire de Gaston Phœbus qui avait chassé avec eux, *de meilleurs chiens qu'il n'a nulz maintenant au monde.*

---

(1) Le *Roy Modus* a été imprimé, à la fin du XVe siècle, par Trepperel (in-f° sans date), et en 1512 par Michel Lenoir: M. E. Blaze en a publié une réimpression en 1839.

Le Roi Jean.

Les équipages du Roi Jean étaient fort somptueux pour le temps. Le personnel était composé, en 1351, de 8 veneurs, 4 *escuyers du déduit*, 8 *aydes* et 8 archers (1), tous vêtus de vert en été et de gris ou *kamelin* en hiver. La meute devait être nombreuse, car on voit, dans une chasse au cerf décrite par Gace de la Buigne, le Roi faire découpler 50 chiens à l'attaque. Pendant sa captivité, Jean se consolait en chassant (2) et en faisant écrire par son chapelain, Gace de la Buigne (3), le *Roman des déduits*, destiné à l'éducation de son fils chéri Philippe le Hardi, alors prisonnier avec lui et depuis duc de Bourgogne.

Le Roman des déduicts de Gace de la Buigne.

Le poëme de Gace, qui fut terminé sous le règne de Charles V, est un traité complet de vénerie et de fauconnerie présenté sous une de ces formes allégoriques que le moyen âge affectionnait. Le livre commence par le récit d'une chasse au vol faite par les Vertus dans la plaine Saint-Denys. (Il ne faudrait pas dériver de cette circonstance le nom d'un village voisin.) Ces respectables personnes y rencontrent une bande de Vices venus dans la même intention, et ont l'imprudence de se mêler à cette mauvaise compagnie.

(1) Leber, t. XIX. En 1352, il n'y avait plus que 2 écuyers et 4 aides. Voir les *Comptes de l'argenterie des Rois de France*, publiés par M. Douet d'Arcq.

(2) Voyez les Comptes du Roy Jean pendant sa captivité dans l'ouvrage cité précédemment de M. Douet d'Arcq, et dans les notes et documents sur ce sujet, publiés par monseigneur le duc d'Aumale dans *Miscellanées de la société Philobiblon* de Londres, avec un très-intéressant travail sur le poëme de Gace de la Buigne.

(3) Il paraît que c'est le véritable nom de ce personnage qu'on appelle aussi Gace de la Bigne, de la Vigne ou de la Bune.

Il en résulte une querelle, puis une bataille rangée. Les Vertus, victorieuses ainsi qu'il convient, dépêchent à la cour *Honneur* et *Déduit* pour faire rapport au Roi de ce qui s'est passé. Ces envoyés se trouvent assister à un débat entre *Déduit de chiens* et *Déduit d'oiseaux*. Les avocats des deux déduits plaident longuement leurs causes devant le Roi. Le monarque, assisté de *Dame Raison*, malgré sa prédilection secrète pour la Vénerie, prononce un arrêt qui renvoie les parties dos à dos. Comme dans le *Roy Modus*, c'est le comte de Tancarville qui est chargé de transmettre cette sentence.

Dans ce cadre conforme aux goûts de son époque, Gace de la Buigne a introduit des détails très-intéressants sur les diverses manières de prendre les animaux à force de chiens, dans les toiles et au vol, et des descriptions animées de chasses auxquelles il avait assisté.

Le comte de Tancarville.

Le comte de Tancarville fut, comme on le voit, une des illustrations du XIVe siècle. Il était grand maître de France et souverain maître des eaux et forêts sous le roi Jean et ses successeurs, et mourut en 1382. Sa renommée était encore vivante en 1394, lorsque Hardouin, sire de Fontaines-Guérin, mit au jour son *Trésor de Vanerie*, où il le cite parmi les fameux veneurs (1).

Charles V.

Charles V, Roi maladif et médiocrement guerrier, semble avoir fait peu de cas des joies turbulentes de la

(1) Gace de la Buigne nomme encore, parmi les chasseurs illustres, le comte d'Auxerre, auteur d'un traité de fauconnerie.

vénerie ; mais on voit, par un passage de Gace de la Buigne, qu'il ne dédaignait pas le déduit plus tranquille des oiseaux. Il fit traduire en français le *Livre des proufits champestres* de Pierre de Crescens, qui contient plusieurs chapitres sur la chasse et en particulier sur la fauconnerie.

Sous le règne de Charles le Sage, les offices des maîtres des eaux et forêts furent réduits à six, parmi lesquels était compris le maître de la vénerie du Roi. Ce Roi abolit le droit que s'arrogeaient ses veneurs de se faire héberger gratuitement dans les monastères avec leurs équipages de chasse.

Charles VI. Monté sur le trône à l'âge de 11 ans (1380), Charles VI montra dès lors un goût passionné pour les plaisirs bruyants et surtout pour la vénerie et la fauconnerie. Sa jeune imagination, déjà exaltée, lui retraçait jusque dans le sommeil ses divertissements favoris. A 12 ans, il rêva qu'un cerf ailé l'emportait dans les airs à la suite de ses faucons, « et tant lui plaisoit la figure de ce cerf, dit Froissart, que à peine en imagination il n'en pouvoit issir, et fut l'une des incidences premières, quand il descendit en Flandre combattre les Flamands, pourquoi le plus il enchargea le cerf volant à porter en sa devise. »

D'après Juvénal des Ursins, ce fut une autre aventure de chasse qui lui fit prendre pour devise et pour support de ses armoiries le *cerf volant couronné d'or au col*. Il s'agit de ce fameux cerf pris *aux lacs* dans la forêt de Senlis, et qui portait au col une chaîne de cuivre doré avec les mots « *Hoc me Cæsar donavit.* »

Pendant son séjour à Toulouse en 1390, le jeune

Roi, étant allé chasser dans la forêt de Bouconne, fut surpris par la nuit au milieu des bois et s'égara, comme autrefois Philippe-Auguste. Dans sa détresse, il fit vœu d'offrir le prix du cheval qu'il montait à la chapelle de Notre-Dame-de-Bonne-Espérance, dans l'église des Carmes de Toulouse. Aussitôt la nuit s'éclaircit, et il put sortir sain et sauf de la forêt. Dès le lendemain il s'acquitta de son vœu, et fonda en conséquence, un ordre de chevalerie sous le nom de *Notre-Dame-d'Espérance*. On voyait encore autrefois dans le cloître des Carmes de Toulouse, près la chapelle de Notre-Dame, une ancienne peinture où le Roi était représenté à cheval, adressant une oraison à la Vierge. Près de lui se trouvaient le duc de Touraine, le duc de Bourbon, Pierre de Navarre, Henry de Bar et Olivier de Clisson. Le fond de cette peinture était rempli de loups, de sangliers et d'autres bêtes sauvages (1).

Deux ans après, Charles VI, sortant d'une fièvre chaude, sinistre avant-coureur de la maladie mentale dont il allait être atteint, s'en vint à Gisors, à l'entrée de la Normandie, pour y prendre le *déduit* des chiens et de la chasse (2).

L'état de folie furieuse où il tomba bientôt après (1392) ne l'empêcha pas de s'adonner à cette passion, dont les excès n'avaient peut-être pas été étrangers au dérangement de ses facultés. Dans ses intervalles lu-

(1) Dom Vaissette, *Histoire de Languedoc*, t. IV.
(2) Froissart.

cides, son médecin, Guillaume de Harseli, le faisait *chevaucher, aller en gibier* et voler aux alouettes avec l'épervier (1). Lorsque l'Empereur grec Manuel vint à Paris solliciter des secours contre le Turc (1400), le Roi lui offrit des fêtes, des banquets et des chasses.

Au milieu de sa plus grande détresse, en 1410, on trouve un mandement pour le payement de ses veneurs, rédigé dans les termes les plus impératifs. A la suite de la signature du Roi viennent ces mots : *Garde qu'en se n'ait faute* (2).

En 1413, le duc de Bourgogne, Jean sans Peur, voulut profiter du séjour du Roi à Vincennes pour l'enlever et l'emmener avec lui dans ses États. Le 23 août, sans prévenir personne, il s'en fut trouver le pauvre Prince et lui persuada de venir dans le bois chasser au vol. Mais le duc de Bavière et l'avocat général Juvénal des Ursins accoururent à temps. « Sire, dit Juvénal au Roi, venez-vous-en à Paris, il fait trop chaud pour être dehors. » Le duc s'emporta et dit que le Roi voulait chasser. « Vous le mènerez trop loin, répliqua Juvénal, vos gens sont en houzeaux de voyage et vous avez avec vous vos trompettes. » Jean sans Peur, forcé de lâcher prise, partit au plus vite, suivi d'un petit nombre de serviteurs (3).

Sous le règne de Charles VI furent institués les offices de grand veneur et de grand fauconnier de France. « Encore que les Rois de France aient esté

---

(1) Froissart.
(2) Michelet, *Histoire de France*, t. IV.
(3) Barante, *Histoire des ducs de Bourgogne*, t. IV.

sur tous autres adonnés à la chasse, ces deux offices ne sont anciens. Aux estats des Rois Philippe tiers, Philippe le Bel et Philippe le Long, n'en est fait mention, mais bien des veneurs, fauconniers, furetiers, perdriseurs, oiseleurs, louvetiers, archers, valets à chiens et autres choses nécessaires à chasse et à volerie (1). »

Le Roi ne voulait pas que ces grandes charges fussent des sinécures ; il destitua messire Guillaume de Gamaches, son premier grand veneur, pour lui avoir fait manquer un cerf, et donna son office à messire Loys d'Orguechin (1413).

Le premier des grands fauconniers de France fut Eustache de Gaucourt, dit Tassin, seigneur de Viry (1406).

Charles VI a laissé un grand nombre d'ordonnances sur le fait de la chasse. Une de ces ordonnances, rendue en 1395, porte que tous veneurs et fauconniers, même ceux du Roi, ne pourront dorénavant se loger *en aucuns lieux du plat pays* ni ailleurs, *fors hébergeries où l'on a accoustumé hébergier pour l'argent.* Ils ne pourront prendre de vivres pour eux, leurs valets, leurs chevaux, leurs chiens et leurs oiseaux qu'en payant leurs hôtes comptant (2).

Au commencement de ce règne, la dépense annuelle de la vénerie était de 3,000 livres (3). Le *maître*

(1) Du Tillet, *Recueil des Rois de France, leur couronne et maison.*

(2) Ordonnance de 1395.

(3) Les bois les plus fréquentés par les équipages de Charles VI étaient ceux de Fresnes près Meulan, de Vaucresson, de Taverny, les forêts de Bleu-lès-Gisors, de Compiègne, de Saint-Germain-en-Laye.

veneur avait sous ses ordres 6 veneurs, 2 aides, 1 clerc de la vénerie, 7 pages et 8 valets de chiens, 3 valets de lévriers et autant de pages de lévriers. Les veneurs recevaient du Roi, outre leurs gages, des haches, des *heuzes* et des *robes*. Deux *povres varlets* surnuméraires, qui *gisoient* la nuit auprès des chiens, avaient pour tous gages des *houpelandes* et des chaperons de drap Camelin, des chausses et des souliers. La meute était composée de 92 chiens courants pour le cerf, 8 limiers, 30 lévriers ; 90 chiens courants, 8 limiers et 24 *que levriers que mastins* formaient l'équipage *pour chacier les porcs*. Malgré cet effectif assez considérable, la vénerie empruntait souvent des valets et des chiens aux seigneurs des environs (1).

Louis, duc d'Orléans.

Le *très-noble frère du Roy, qui d'Orliens est sire et dus* (2), est cité par l'auteur du *Trésor de Vanerie* comme sachant mieux que personne *chasser et corner à l'usage de France*. Sa meute pour cerf comptait 98 chiens courants, 8 limiers et 32 lévriers, auxquels il fallait ajouter les chiens pour le sanglier et les lévriers et mâtins de la chambre de Monseigneur (3).

Le personnel de l'équipage était ainsi composé en 1394 : 1 maître veneur (Pierre Douart, *escuier*), 1 premier veneur, aux mêmes gages que le maître,

---

de Cruïe (Marly), de Bondy, de Sermaize. — Voir les *Comptes de Philippe de Courguilleroy, chevalier, maistre Veneur du Roy nostre Sire*, 1388-1389. — Pièces justificatives.

(1) *Ibidem*.

(2) Louis, duc d'Orléans, assassiné en 1408 par les gens du duc de Bourgogne.

(3) Voir *Louis et Charles, ducs d'Orléans*, par M. Champollion-Figeac.

3 autres veneurs, 1 aide de vénerie, 1 clerc de la vénerie, 3 *varlez des levriers*, 6 *varlez* des chiens courants, 7 pages des chiens courants, 3 pages des chiens lévriers, enfin 2 *povres varlez* sans gages pour coucher avec les chiens, moyennant le don de souliers et de vêtements (1).

Le duc avait de plus 4 fauconniers et 1 *ostrucier* (autoursier).

La vénerie du prince le suivait dans tous ses voyages (2). Les chasses duraient souvent plusieurs jours, et, quand les meutes étaient fatiguées, on avait recours à celles des seigneurs ou des dignitaires ecclésiastiques des environs. Quoique la noble chasse du cerf eût les préférences du duc d'Orléans (3), il chassait parfois le sanglier. Il fit, dans la forêt de Tours, une chasse à la *beste noire* qui dura cinq jours, et dans laquelle un grand nombre de chiens furent blessés (4).

Ducs d'Anjou.

Les princes de la maison d'Anjou s'adonnaient également à la vénerie. Le duc Louis Ier, au retour d'une expédition malheureuse entreprise pour conquérir *son royaume* de Naples, se retira à Angers pour

(1) En 1396 l'équipage avait subi une réduction. On n'y voit plus figurer que 1 maître veneur, 2 aides et 1 *chevalier de la dicte venerie*, 10 pages des chiens dont 2 spécialement attachés au service des lévriers, 8 varlets des chiens et 2 *povres varlez*.

En 1397, le premier veneur Jehan de Billy devient *Maistre des déduicts* (*ibid.*).

(2) En septembre et décembre 1394, le duc envoie le nommé Colin de Paris en Valois ou ailleurs porter *lettres clauses* à ses veneurs (*ibid.*).

(3) Souvent, partant de Paris, il allait *au gist à Villeneufve pour chacer aux serfs le lendemain* (*ibid.*).

(4) *Ibidem.*

se livrer exclusivement au plaisir de la chasse (1). L'Angevin Fontaines-Guérin dédie son *Trésor de Vanerie* au duc Louis II, son suzerain, lequel *aimoit le déduit d'enfance*. On voit, en effet, dans le journal de J. Lefèvre, que, le 14 novembre 1385, ce prince, à peine âgé de huit ans, alla chasser un cerf dans les bois de Courtoison avec Foulques d'Agout, sénéchal de Provence (2).

Jean sans Peur, duc de Bourgogne.

Le duc Jean de Bourgogne, au milieu des troubles auxquels il prenait une part si active, ne laissait pas de suivre, quant à la chasse, les errements de son père, Philippe le Hardi, *ce très-noble duc de Bourgoingne*,

Qui de chascier n'eût pas vergoingne (3).

Lorsque le sire de Moreuil et le président de Vailly le vinrent trouver de la part du Roi en 1415, il était à Argilly, près de Beaune, dans une grande forêt où il avait dressé ses tentes et ses pavillons pour se livrer tout entier au plaisir de la chasse. La duchesse de Bourgogne, ses filles, ses dames d'honneur étaient campées avec toute la cour. Il y avait une tente pour la chapelle, d'autres pour la salle d'honneur et pour la salle des festins. Le duc chassait du matin au soir, et la nuit prenait plaisir à entendre bramer les cerfs.

(1) *Histoire de Charles VI*, par l'abbé de Choisy. — Le duc y mourut en 1384.

(2) *Trésor de Vanerie*, notes de M. le baron J. Pichon.

(3) Le *Trésor de Vanerie* de messire Hardouin de Fontaines-Guérin, publié par le baron J. Pichon. C'est un traité en vers, écrit en 1394, qui donne les préceptes de la chasse du cerf.

Il fit droit aux demandes des ambassadeurs et leur donna sous la tente, un banquet pendant lequel ses veneurs vinrent prendre un cerf dans un étang voisin (1).

Ducs de Bretagne.

Bien moins opulents que les fastueux souverains de la Bourgogne et des Pays-Bas (2), les ducs de Bretagne, à la même époque, avaient des équipages de chasse fort modestes. Le *maistre* de leur *vennerie* devait entretenir sur ses gages 12 *lepvriers*, 24 *chiens communs*, 4 *varletz* à cheval et 2 à pied. Pour la chasse au vol, ils avaient 1 *maistre de la fauconnerie* et 2 fauconniers, qui étaient payés sur le pied de 120 livres par an *ou au meilleur marché que l'on pourra* (3).

Hauts barons au XIVe siècle.

Parmi les hauts barons qui exerçaient *de cœur et de pensée la science de vénerie*, Fontaines-Guérin nomme encore le vicomte de Melun, digne fils du célèbre comte de Tancarville (4), monseigneur de Chastillon (5) et le comte de *Senseure* (Sancerre),

---

(1) Barante, t. IV.

(2) Sur les équipages de chasse d'Antoine de Bourgogne, duc de Brabant, père de Jean sans Peur. Voir *les Recherches historiques sur la maison de chasse des ducs de Brabant*, par M. A. L. Galesloot. Bruxelles, 1854.

(3) *Reforme des ordonnances de l'hostel de monseigneur le duc*, 1415. *Histoire de Bretagne* de D. Morice, preuves.

(4) Les Lettres Royaux de 1396 sur la chasse sont adressées à ce seigneur, comme *Souverain Maistre et Général Reformateur des Eaux et Forests par tout le Royaume.*

(5) Les comptes de Guy de Chastillon, comte de Soissons, de Blois et de Dunois (1391-92) font mention de son maître veneur, Jehan de Trellon, de *varlets braconniers* pour garder ses chiens et lui *aider à chassier*, de gardes des lévriers. Les varlets braconniers et gardes des lévriers recevaient 18, 20 ou 24 deniers par jour et des cottes hardies de trois aunes, valant 3 livres. (Notes du *Trésor de Vanerie*, par M. le baron Pichon.) Ce même Guy de Chastillon avait été pupille de Henri de Vergy, auteur présumé du *Roy Modus*.

Qui doit bien estre mis ou conte
Des nobles veneurs renommés.

Il adresse tout particulièrement son hommage :

A ses deux acteurs et seigneurs
Qui ès sains cieulx aient honeurs
Car des chasses furent drois mestres.....
L'un des deux qui tant y fut duit
Fu de Foix et de Béart conte
Li autre fu conte et vyconte
De Tancarville et de Melum.

Nous avons déjà parlé de celui-ci. Quant à Gaston Phœbus, comte de Foix (1), c'est la plus grande illustration du moyen âge au point de vue qui nous occupe.

Gaston Phœbus.

« Vérité est que, de tous les esbats de ce monde, souverainement il aimoit le déduit des chiens, et de ce estoit très-bien pourveu, car tous jours en avoit-il à sa délivrance plus de seize cents. »

L'auteur de ce passage, l'historien Froissart, se rendant à la cour du comte de Foix, lui avait lui-même amené quatre lévriers d'Angleterre ; car « les chiens sur toutes bestes il aimoit, et aux champs esté ou hiver aux chasses volontiers estoit. »

Dans le prologue de son livre sur la chasse, Gaston Phœbus dit qu'il s'est *délecté* toute sa vie *par espécial* en trois choses : en armes, en amour et en chasse. Il avoue modestement que des deux premiers *offices* il y a eu *de meilleurs mestres trop que luy;* « mès du tiers office, ajoute-t-il, de que je ne doubte que j'aye nul

(1) Né en 1331, mort en 1391.

mestre, combien que ce soit vantance, de celuy vouldray-je parler ; c'est de chasse. »

Après avoir chassé toute sa vie, même pendant ses aventureux voyages dans le nord de l'Europe (1), il mourut comme il convenait à un veneur aussi enthousiaste de son art : « Le comte de Foix estoit en la marche d'Ortais et estoit allé jouer, esbattre et chasser es bois de Sauveterre, sur le chemin de Pampelune, en Navarre, et avoit, le jour qu'il desvia, toute la matinée jusqu'à haute none (l'heure de midi), chassé un ours. La prinse de l'ours veue et la cueurée faicte, jà estoit basse none..... » Le comte s'en fut alors à l'*hospital de Rion*, à 2 petites lieues d'Orthez, et y entra dans une chambre *toute jonchée et pleine de verdure fresche et nouvelle, et les parois d'environ toutes couvertes de rameaux tout verts, pour y faire plus frais et odorant.* Charmé de cette fraîcheur, il se mit à deviser gaiement de ses chiens et *lesquels avoient le mieux couru*, puis il demanda de l'eau pour laver. Deux écuyers en apportèrent, un troisième prit le bassin d'argent, et un autre chevalier la *nape*. Sitôt que l'eau froide descendit sur ses doigts (*qu'il avoit beaux et droits*), le visage lui pâlit et le cœur lui tressaillit. Il tomba sur un siége en disant : Je suis mort ! Sire Dieu, merci ! *et oncques depuis ne parla* (2).

Le traité de Gaston Phœbus sur la chasse est un des monuments les plus importants que le moyen âge

(1) Dans son 2e chapitre il traite du *Rangier* ou Renne qu'il avait chassé en *Xuedène* et en *Nourvègue*.

(2) Froissart, t. IV.

nous ait laissés sur ce sujet. Ce livre fut commencé en 1387 et offert par l'auteur à Philippe le Hardi, duc de Bourgogne. Il est divisé en quatre parties. La première contient la description des gibiers à poil et *de toute leur nature*. Les détails que donne Phœbus sur quelques animaux peu connus, comme le *rangier* ou renne, le *bouc sauvaige* et le bouc *ysarus* (isard), ont fourni des renseignements précieux à Buffon et à d'autres zoologistes modernes. La seconde partie traite des chiens, de leurs diverses races, de leur éducation et de leur hygiène. Gaston parle ensuite des manières et conditions du bon veneur et de ce qu'il faut faire pour mériter ce titre. En dernier lieu il indique les différentes manières de chasser les animaux quadrupèdes, à courre, à tir et aux piéges. Tout ce livre est écrit avec l'autorité d'un maître et l'expérience d'un observateur judicieux. Le style en est très-clair et très-pratique, et ne manque pas d'un certain charme (1). On a trop souvent cité le préambule où Gaston Phœbus prouve clairement *comment bon veneur ne peut avoir par raison nul des sept péchés mortels* et doit, par conséquent, aller tout droit en paradis, pour que nous cédions à la tentation de reproduire ce morceau curieux. Revenant sur cette idée dans le soixantième chapitre, il ajoute que tout veneur, bon ou mauvais, doit entrer en paradis ; néanmoins le mau-

---

(1) On ne comprend guère comment certains étymologistes du siècle dernier ont été chercher dans la chasse du comte de Foix l'origine du mot *Phœbus* employé pour signifier un langage emphatique et alambiqué.

vais veneur ne doit pas espérer une belle place au milieu, mais *en aucun bout, ou tout au moins seront-ils logés ès faubourgs ou basses-cours de paradis, seulement pour ôter cause d'ocieuseté qui est fondement de tous maux.*

Charles VII.

Les événements si importants et si divers qui remplissent le règne de Charles VII y ont laissé peu de place pour les amusements pacifiques ; aussi les chroniqueurs ne nous ont-ils rien transmis touchant les chasses de ce prince. Il est toutefois permis de présumer que la chasse n'était pas oubliée parmi les plaisirs au milieu desquels le *petit Roi de Bourges perdait si joyeusement son royaume.* Elle avait même son côté utile en ces jours de détresse, où Charles VII ne pouvait offrir à ses convives qu'*une queue de mouton et deux poulets tant seulement* (1). Il dut tout au moins accompagner sa mie Agnès Sorel à ces chasses de sanglier et de lièvre auxquelles elle prenait plaisir dans les forêts de la Touraine (2).

Le duc Charles d'Orléans.

Le fils de Louis d'Orléans, le duc Charles, fait prisonnier à Azincourt (1415) et délivré seulement en 1440, avait reçu en héritage de son père le goût de la chasse. Il occupa les tristes loisirs de sa captivité à écrire de gracieuses poésies. Quelques-unes de ses pièces de vers nous témoignent qu'il aimait et pratiquait les déduits de vénerie et de fauconnerie (3).

---

(1) Martial d'Auvergne, *Vigiles de Charles VII.*

(2) Voir ci-dessous. — Suivant les traditions locales, Charles VII aurait choisi, comme rendez-vous de chasse dans la forêt de Jumièges, le château de Mauny-en-Roumois. Il aurait aussi chassé habituellement dans la forêt de Lyons.

(3) Voir le rondel XXII : « Mon cueur plus ne volera ; » le rondel LII :

Louis XI.

A la mort de Charles VII (1461), son fils le Dauphin Louis, vivait en exil sur les terres du duc de Bourgogne ; après avoir fait célébrer pour la mort de son père, quelques messes sans solennité, « le même jour, à midi, il parut vêtu d'une courte tunique mi-partie blanche et pourpre, la tête couverte d'un chaperon des mêmes couleurs. » Dans cet accoutrement, il fut l'après-dîner à la chasse, avec ses courtisans habillés comme lui (1).

Le prince qui inaugurait ainsi son règne était Louis XI, un des Rois de France qui montrèrent la plus vive et la plus constante passion pour la chasse, quelque peu de rapport qu'eût ce chevaleresque exercice avec ses habitudes bourgeoises et parcimonieuses. Son règne fut conforme à ce début. Dès que les affaires de l'État lui laissaient un instant de loisir, il courait à la chasse. « J'ai été averti, écrivait-il un jour, que l'armée des Anglois est rompue pour cette année ; je m'en retourne prendre et tuer des sangliers, afin que je n'en perde la saison en attendant l'autre pour prendre et tuer des Anglois (2). »

« Pour tout plaisir, dit le sire de Commines, il aymoit la chasse et les oyseaulx en leurs saisons, mais il n'y prenoit point tant de plaisir comme aux chiens..... encore en cette chasse avoit quasi autant

« Près là, Briquet aux pendantes aureilles et le rondel C : « Ainsi que chassoye aux sangliers. »

(1) *Chronique* d'Amelgard.

(2) Lettre citée par Sainté-Palaye, *Mémoire sur la chasse*, d'après le *Cabinet du Roy Louis XI*, par Tristan l'Ermite de Soliers.

d'ennuy que de plaisir, car il y prenoit grand peine, pour autant qu'il couroit les cerfs à force et se levoit matin et alloit aucunes fois loin, et ne laissoit point cela pour nul temps qu'il fît, et ainsi s'en retournoit aucunes fois bien las et presque toujours courroucé à quelqu'un, car c'est un mestier qui ne se conduit pas tousjours au plaisir de ceux qui le meinent. Toutesfois il s'y cognoissoit mieux que nul homme qui ait regné de son temps, suivant l'opinion de chascun ; à cette chasse estoit sans cesse, et logé par les villages, jusques à ce qu'il venoit quelques nouvelles de la guerre. »

Son amour excessif pour la vénerie, non moins que son humeur despotique et le désir de se rendre populaire, poussèrent Louis XI à attaquer les priviléges de la noblesse en restreignant ses droits de chasse et en faisant détruire ses engins et filets. Ce fut une des causes du soulèvement général de l'aristocratie à l'époque de la guerre dite fort mal à propos *du bien public* (1465).

L'orage une fois passé, le Roi retourna à ses chasses avec une nouvelle ardeur, comme en témoigne mainte anecdote relatée par les chroniqueurs.

Au retour de son désastreux voyage à Péronne (1468), Louis XI fit enlever à Paris tous les oiseaux parleurs dressés à se moquer de sa mésaventure. Il profita de l'occasion pour faire prendre tous les cerfs, biches et grues qu'on put trouver dans la ville, et les fit conduire à Amboise. Ce procédé sommaire pour repeupler les forêts fut appliqué une autre fois au profit de la fauconnerie royale. « Le Roy manda que l'on allât toutes nuicts, sur les chemins, au devant de plusieurs oyseaux de Turquie que l'on portoit en Bretagne, pour les prendre et les luy apporter (1). »

En 1469, le Roi, nouvellement réconcilié avec son frère, le duc de Guienne, se rendit en sa compagnie au château de Magné, chez le sire de Malicorne, près de Coulonges-les-Réaux, où il se fit de grandes parties de chasse.

En 1474, revenant de prendre possession du duché d'Anjou, il s'en fut chasser à Chartres et aux bois de Malesherbes, en Gâtinais. Il y séjourna assez longtemps, *chassant et prenant bestes sauvages comme cerfs et sangliers, et, pour raison de la grant quantité des bestes qui y furent trouvées, ayma fort ledit pays* (2).

Les comptes de Louis XI nous donnent la preuve qu'il oubliait sa parcimonie habituelle quand il s'agissait de son plaisir de prédilection (3). Là se bornait, du reste, toute sa munificence. « Il donnoit largement à braconniers et fauconniers qui luy faisoient son déduict, dit un chroniqueur ; à autres gens ne donnoit que pou ou néant (4). » Il est juste d'ajouter qu'on trouve dans ces mêmes comptes de nombreuses indemnités accordées pour les dégâts que commettaient les gens et les chiens du Roi (5).

---

(1) *Chronique* de Jean de Troyes.

(2) J. de Troyes.

(3) Voir les *Archives curieuses de l'histoire de France*, par Cimber et Danjou, t. Ier. — Michelet, *Histoire de France*, t. VI. — Monteil, *Histoire des Français des divers Etats*, t. IV, et la note B.

(4) *Chronique* d'Enguerrand de Monstrelet.

(5) Au Roy nostre seigneur, baillé par le sire de Montaigu, un escu pour donner à ung pouvre home de qui le dit seigneur fist prandre de lui ung chien ou mois de décembre derrenier passé et ung escu

Le temps n'amortit en rien la passion du Roi pour la chasse. En 1479, déjà maladif et retiré au Plessis-les-Tours, il faisait de longues courses sur les Marches de Touraine, de Poitou et d'Anjou, passant plusieurs jours hors de son château, logeant dans de pauvres villages ou allant demander l'hospitalité aux gentilshommes du pays, par exemple au sire de Commines, dans son manoir d'Argenton (1). Un jour, sur le dire de son astrologue qui lui avait prédit le beau temps, il était parti pour la chasse. Il s'avisa de demander s'il ferait beau, à un homme qui touchait un âne chargé de charbon. Cet homme lui annonça la pluie, sur la foi de son âne qu'il voyait se gratter et secouer les oreilles. En effet, le Roi rentra mouillé jusqu'aux os, mais ravi de pouvoir railler son astrologue et lui reprocher qu'il en savait moins que la bourrique du charbonnier (2).

En 1481 nous trouvons Louis XI chassant dans la forêt de Chinon.

Un dimanche, il fut frappé d'apoplexie dans un petit village nommé Saint-Benoît-du-Lac-Mort. On le ramena au Plessis à grand' peine.

Devenu infirme et vieux avant l'âge, ne pouvant

---

pour donner à une pouvre femme de qui les lévriers du dit seigneur estranglèrent une brebis près Nostre Dame de Vire.

Ung escu pour donner à une femme en récompense d'une oye que le chien du Roy, appelé Muguet, tua près de Blois.

Au Roy, ung escu pour donner à une pouvre femme en récompense de ce que ses chiens et lévriers luy tuèrent ung chat près Montloys.

(L'escu au soleil de Louis XI valait le 1/70e du marc d'or.)

(1) *Histoire des ducs de Bourgogne*, t. XII.

(2) *Ibidem.*

plus sortir de son château pour chasser, il s'amusait à faire prendre des souris par de petits chiens dressés à ce gibier. Les habitants des villes du voisinage eurent ordre de présenter leurs chiens pour qu'on pût choisir ceux qui se trouvaient le plus aptes à cette chasse (1).

Il faisait aussi venir de toutes parts des chiens et des animaux rares : « Des chiens, en envoyoit quérir partout, en Espagne des alans, en Bretagne de petites levrettes, levriers, espaigneux, et les achetoit cher, et en Valence de petits chiens velus et les faisoit acheter plus cher que on ne vouloit les vendre ; en Cecile envoyoit querir quelque mule, spécialement à quelque officier du pays et les payoit au double ; à Naples des chevaux, et bestes estranges de tous costez, comme en Barbarie une espèce de petits lyons qui ne sont point plus grands que de petits regnards et les appeloit on *adits* (adives). Au pays de Dannemarc et de Suède envoya querir deux sortes de bestes ; les unes s'appeloient *helles* (élans) et sont de corsaige de cerfs, grandes comme buffles, les cornes courtes et grosses, les autres s'appeloient *rangiers* (rennes) qui sont de corsage et de couleur de daim, sauf qu'elles ont les cornes beaucoup plus grandes, car j'ay veu rengier porter cinquante quatre cors, pour avoir six cornes. De chascune de ces bestes donna aux marchands quatre mille cinq cents florins d'Allemagne (2). »

---

(1) *Histoire des ducs de Bourgogne*, t. XII.

(2) Commines, liv. VI. — Le florin du Rhin ou d'Allemagne valait alors 32 sols tournois et 1 denier. Un peu moins que l'*escu au soleil* qui valait 1/70e du marc d'or.

Louis XI, sentant venir sa fin, prit lui-même les dispositions les plus minutieuses pour l'ordre de ses funérailles et l'établissement de son mausolée dans l'église de Notre-Dame-de-Cléry. Il voulut être *habillé comme ung chasseur avec des brodequins et non point des ouseaùlx,* son chien auprès de lui, son chapeau entre ses mains jointes, son épée au côté, son cornet pendant à ses épaules par derrière, *monstrant les deux bouts.* Ce curieux monument, exécuté en bronze doré, fut détruit par les huguenots pendant les guerres civiles; il n'en est resté qu'un croquis assez grossier reproduit par le *Magasin pittoresque* en 1845 (1).

Ducs de Bourgogne.

Les ducs de Bourgogne, ces indociles et orgueilleux vassaux de Louis XI, rivalisaient avec leur suzerain pour le luxe de leurs équipages de chasse. Leurs chiens, issus de la fameuse race des chiens gris de saint Louis (2), étaient plus grands et plus forts que ceux de la vénerie royale; leur fauconnerie était également supérieure pour le choix et la qualité des oiseaux. Les comptes de ces princes nous ont conservé de nombreuses marques de leur magnificence pour tout ce qui concernait la chasse. Ce ne sont que trompes d'or, d'argent ou d'ivoire, semées de pierres précieuses et suspendues à des lacs de soie, que colliers de chiens garnis d'argent doré et d'émail, que gants à *faulconner* de velours vermeil, brodés de perles, sonnettes et ver-

(1) Ce croquis, conservé à la Bibliothèque impériale, accompagne une lettre écrite à *mestre Colin d'Amiens.*

(2) Voir l'*Épitaphe du bon Relay qui vient de la race des chiens gris dont la vénerie appartenoit aux ducs de Bourgogne.*

velles dorées et émaillées, chaperons d'oiseaux, jets et longes ornés de semence de perles (1).

Philippe le Bon.

En 1427, le duc Philippe le Bon fit une ordonnance pour régler le personnel et les dépenses de sa vénerie. Une somme de 2,000 livres (2) était employée à l'entretien de 50 chiens courants, 5 limiers et 30 lévriers. Il était, de plus, alloué au clerc de la vénerie 200 émines de grains, mesure de Dijon, *tant froment comme orge* pour la nourriture desdits chiens.

Les gens de la vénerie touchaient pour leurs gages ordinaires et pour leurs robes, comme pour chevaux et cordes, la somme totale de 1,517 francs.

Cette somme était répartie entre un *maistre de la vénerie* (3), 4 veneurs, 1 clerc de vénerie, 1 aide veneur, 5 *varlets* de chiens, 5 *paiges* de chiens, 4 varlets de lévriers, 1 *fournier* (boulanger), 2 *soubs-paiges* de chiens.

Les gens de la vénerie n'avaient sur le peuple « aucune prise de bleds, vivres, foings, eurre ne aultre chose quelconque, sinon en payant raisonnablement et compétamment (4). »

On trouve de plus dans les comptes, des *gouver-*

---

(1) Voir *Les ducs de Bourgogne*, par M. le comte Léon de la Borde, *Preuves*.

(2) En 1427, la livre monétaire équivalait au 1/16e de la livre poids d'argent.

(3) En 1457, le maitre de la venerie et le maitre de la fauconnerie du duc de Bretagne avaient pris les titres de *grand veneur* et de *grand fauconnier*. Le duc avait de plus un *grand veneur et garde de ses bois en Poitou*.

(4) En 1457, les gages des pages, sous-pages, valets de chiens, fournier et clerc de vénerie s'élevaient à 1969 livres 11 gros. (Collection des *Chroniques nationales* de Buchon. Additions à la Chronique de Monstrelet.)

neurs des varlets de chiens, des *varlets d'espagneuls*, des *varlets de petits chiens*, *de chiens anglais et chiens d'Artois*, des *gardes des alans*, etc. (1).

Outre cet équipage de vénerie qui l'accompagnait dans ses diverses résidences, Philippe le Bon, lorsqu'il prit possession du duché de Brabant après la mort de son cousin Philippe de Saint-Pol (1430), conserva celui de ce prince. L'équipage du duc de Brabant, installé au château de Boitsfort, près de la forêt de Soignes, était commandé par deux maîtres veneurs, gentilshommes de haute naissance, ayant *sous leur charge* 2 veneurs à cheval, 5 valets de limier, un *avant-coureur* de la meute (2), 4 valets de chiens, 4 valets de lévriers, un *garde* ou *drossart du lardier*, dont l'office était de conserver les provisions de bouche et la venaison salée, et de délivrer la nourriture des meutes, enfin un porteur de venaison (3).

Dans l'ordonnance rendue par Philippe le Bon pour le règlement de sa nouvelle vénerie, le duc maintient la défense faite par Antoine de Brabant à ses veneurs de prendre aucune *droicture*, c'est-à-dire de se réserver une partie de la venaison (4). Il leur était également-

---

(1) Sainte-Palaye.

(2) En langue flamande : *Voirgenger van de Honden.*

(3) Philippe le Bon emmenait sa vénerie brabançonne dans tous ses voyages à travers les Pays-Bas. En 1431 et 1432, elle le suivit à Lille, à Hesdin, à Tournay, à Houdain, à Boulogne-sur-Mer, à Saint-Omer, à Arcken, à Belle, à Courtray, à Audenarde. (*Recherches sur la Maison de chasse des ducs de Brabant.*)

(4) Sous la duchesse Jeanne, ces *droictures* comprenaient les deux épaules, la poitrine et le *chimiel* (cimier) du cerf qui formaient la part des veneurs. Les valets de chiens avaient le col et l'échine; on se partageait encore la graisse de l'animal, de sorte qu'il ne restait au prince que

ment interdit de s'approprier les peaux des bêtes fauves.

La meute du duc de Brabant était composée de 25 couples de chiens courants, de 20 grands lévriers pour coiffer le cerf, le sanglier et le loup, de 12 mâtins, de 4 limiers pour le cerf et d'autant pour le sanglier, de 2 *alans* d'Espagne. De plus il avait une meute de petits chiens terriers pour chasser le renard et des petits chiens de sanglier, dont la race et l'emploi ne sont pas indiqués (1).

Les veneurs brabançons reçurent souvent du duc de Bourgogne des présents en argent et des habits à sa devise (2).

En 1463, le duc Philippe avait à la tête de sa fauconnerie un maître fauconnier ayant sous ses ordres 3 fauconniers, 3 *espreveteurs*, 4 *varlets de faucons* 4 *varlets de rivière*.

Le maître fauconnier était perpétuellement de service ; un des fauconniers, 2 varlets de faucons et 2 varlets de rivière servaient pendant sept mois, de la Toussaint au 31 mai ; 1 fauconnier, 1 varlet de faucons et 1 varlet de rivière, du 1er juin au 31 octobre.

Le troisième fauconnier était attaché au service du

---

les flanchards et les cuissots. Les veneurs s'emparaient aussi des jambons et de l'échine des sangliers ainsi que de la hure des laies (*Recherches sur la maison de chasse des ducs de Brabant*, par M. Galesloot).

(1) Probablement des *aboyeurs* comme ceux dont on se sert encore en Allemagne pour *routailler* les sangliers.

(2) En 1446 le duc donne à chacun de ses veneurs la somme de 6 livres pour se faire faire un *tabart* à la devise de monseigneur (Galesloot).

comte de Charolais, ainsi qu'un varlet de rivière. Le quatrième varlet de faucons servait le bâtard de Bourgogne (1).

Tous ces fauconniers portaient des robes aux couleurs du duc, sur les manches desquelles étaient des leurres en broderie.

Charles le Téméraire.

Charles le Téméraire fut grand chasseur comme son père. Dès son enfance, « son passe-temps estoit de voler à esmerillons et chassoit moult volontiers quand il en pouvoit avoir le congié (2). » Il tirait aussi de l'arc comme les meilleurs archers.

Étant encore comte de Charolais, il avait souvent accompagné dans ses chasses le Dauphin Louis, quand celui-ci vivait en exil à Genappe. Il était une fois advenu que, le Dauphin s'étant égaré dans les bois, le comte de Charolais rentra seul au manoir et fut rudement réprimandé de sa négligence par son père, qui le renvoya sur-le-champ à la recherche de son hôte avec tous ses gens armés de flambeaux. La contrepartie exacte de cette aventure arriva à Tours, lorsque Louis, devenu Roi de France, eut invité le comte à

(1) Voir *Les ducs de Bourgogne*, par M. le comte L. de la Borde. — Preuves nos 1876 à 1898.

(2) (Olivier de la Marche.) — Il conservait cette prédilection pour la fauconnerie au milieu de ses guerres et de ses expéditions. En 1465 le noble bohémien Léo de Rozmital, se trouvant à la cour de Philippe le Bon à Bruxelles, sortit un jour de la ville avec ce prince pour aller au devant du comte de Charolais qui revenait vainqueur d'une campagne contre les Liégeois. A deux milles des portes, ils rencontrèrent les avant-coureurs du comte. Ceux-ci leur annoncèrent que leur maître était encore à quelque distance, occupé à faire voler ses faucons. (*Itineris à Leone de Rozmital, nobili bohemo, annis* 1465-1467.... *confecti comment.*, II. Stuttgart, 1844.)

venir l'y trouver. Il y eut des fêtes brillantes et de grandes chasses. Un jour le comte de Charolais se laissa emporter si loin à la poursuite d'une *bête rousse*, qu'il s'égara et fut obligé de prendre gîte dans un village. Le Roi, qui affectait alors la plus tendre amitié pour le prince bourguignon, querella vivement le comte du Maine de ce qu'il était rentré sans lui. Il envoya de tous côtés des gens munis de flambeaux, fit allumer des torches dans les clochers et sonner toutes les cloches, jurant de ne boire ni manger qu'il n'eût de ses nouvelles. A 11 heures du soir, l'arrivée du sire de Crèvecœur, dépêché par le comte, mit fin à ces inquiétudes, et le lendemain le Roi reçut son hôte avec les manifestations de la plus grande joie (1).

En 1469, pendant un voyage que le duc Charles fit dans ses domaines de Hollande, il s'égara encore à la chasse et entra, avec le sire de la Gruthuse, gouverneur du pays, chez une pauvre paysanne, à laquelle ils demandèrent à manger. La vieille, qui connaissait le gouverneur, voyant un inconnu mettre la main au plat avant lui, le traita de malappris et fut ensuite bien confuse en apprenant qu'il était son souverain. Le duc, qui, comme son rival Louis XI, traitait avec douceur le menu peuple tout en se montrant dur et hautain pour les grands, rassura la bonne femme et lui promit d'avoir soin d'elle.

Au plus fort des différends du Bourguignon avec Louis XI, le bâtard Baudoin, fils de Philippe le Bon,

(1) Barante.

fut accusé près de Charles le Téméraire, d'être entré dans un complot contre sa vie. Baudoin, qui était grand chasseur, allait souvent chasser avec le duc dans le parc d'Hesdin, et devait en profiter pour l'assassiner. Averti à temps, le bâtard put s'enfuir en France.

Charles le Téméraire, en montant sur le trône ducal, jugea nécessaire de faire une réduction sur les dépenses et le personnel de sa vénerie (1).

Les veneurs gentilshommes furent réduits de 4 à 3.

Il n'y eut plus que 4 varlets de limiers au lieu de 5, et 4 pages de chiens au lieu de 5.

La meute était de 60 chiens courants, 5 limiers *pour les deux saisons* et 30 lévriers, « pour le gouvernement desquels, tant pour pain, hostellaige, littière, charriaige de pain, coliers de lévriers, bois, charbon, aussi pour nourrir les *cayaux* (petits) des chiens courants et aussi pour le molaige du bled, pour le vivre desdits chiens et le fournaige d'icelui, » le duc dépensait 414 livres (2).

Maximilien.

L'unique héritière des vastes domaines du duc Charles, Marie de Bourgogne, épousa, en 1477, le duc Maximilien d'Autriche, qui *aymoit le déduict de*

(1) Il paraît que depuis 1427 il y avait eu 2 aides veneurs.

(2) Collection Buchon. *Ordonnance et restriction selon laquelle monseigneur le duc de Bourgogne veut que la veneric de ses pays de Bourgogne soit doresnavant gouvernée et conduite* (1467). — L'année suivante, Charles fit une ordonnance pour sa vénerie de Brabant. Le personnel reste le même, seulement il n'y a plus qu'un *maistre veneur*. La meute est de *six vingt quatre* chiens, savoir : 25 *coupples de grans chiens de cherf*, 22 *leuvriers*, 4 *lymiers pour les cherfs* et 24 *coupples de chiens pour les sanglers* (Galesloot).

chiens et d'oyseaulx sur tous princes du monde, dit Olivier de la Marche. Ce chasseur passionné était aussi fier de ses exploits contre les ours et les sangliers que de sa valeur chevaleresque, et il a pris soin de consigner le souvenir de ses chasses et des innombrables périls qu'il y avait courus, dans les livres en vers et en prose qu'il faisait composer à sa louange et qu'*illustraient* les meilleurs dessinateurs de l'école allemande (1).

René d'Anjou.

Un autre grand feudataire de Louis XI, le *bon Roi René* (2), oubliait en chassant ses guerres malheureuses et les intrigues de son suzerain, qui lui enlevait pièce à pièce ses domaines. En Provence, sur ses vieux jours, il s'amusait à chasser avec sa jeune épouse, Jeanne de Laval, dans un grand parc qu'il avait fait clore de murs, près de la ville de Saint-Remy. Il échangea la riche baronnie d'Aubagne contre les landes désolées de Saint-Cannat, parce qu'elles étaient plus giboyeuses.

En Anjou, le bon Roi s'ébattait à la chasse du cerf dans ses domaines de Launay, de Beaugé et de Beau-

---

(1) *Der Weiss Kunig* (le Roi Blanc), histoire allégorique de Maximilien, par Marx Traitsaurwein, gravures sur bois de Hans Burgmaier (1512).

Gedenkwürdige Historia des streybaren Helden Theuwerdancks (1517). Maximilien y est célébré en vers sous le nom de *Theuwerdanck*.

On voit dans ces livres que le jeune prince aimait singulièrement à chasser cerfs, chamois, bouquetins et ours, et qu'il excellait dans la vénerie comme dans la fauconnerie et le tir de l'arbalète. Ses équipages comptaient jusqu'à 1500 chiens, conduits par un maître des chasses, 14 maîtres forestiers, 105 valets forestiers et piqueurs, plus 2 maîtres chasseurs et 30 valets pour ses chasses de parade dans les toiles, 15 maîtres fauconniers et 60 valets de faucons.

(2) René, duc d'Anjou et comte de Provence, était Roi de Sicile *in partibus*.

fort. Sa meute, peu nombreuse, était bien créancée et ses faucons manquaient rarement leur proie (1).

René s'occupait activement du repeuplement des plaines et des forêts de ses États. Ce fut lui qui introduisit en Anjou les perdrix rouges. En 1470, il fit prendre et lier les cerfs et biches *étant dans les douves* de son château d'Angers, et les fit conduire par eau dans la forêt de Bellepoule. Bertrand Gosmes, *garde des bestes sauvaiges et oaiseaux du Roy*, reçut 55 sols tournois pour cette expédition (2). Le Roi se plaisait encore à collectionner de belles armes de guerre et de chasse ; mais, cédant à sa générosité naturelle, il en gratifiait volontiers ceux qui l'entouraient (3).

Louis XI avait tenu dans une sorte de captivité au château d'Amboise, son jeune fils, le Dauphin Charles ; le seigneur du Bouchage, un des familiers du Roi, encourut un jour son indignation pour avoir par compassion, emmené le prince à une chasse au vol.

Grands seigneurs sous Louis XI.

Les grands seigneurs du royaume étaient bien éloignés de suivre sur ce point la manière de voir de leur suzerain.

Louis de la Trémoille.

Jean Bouchet, dans son *Panégyric du chevallier sans reproche* (4), raconte que le jeune Loys de la Trémoille,

(1) *Œuvres choisies du Roi René*, publiées par M. le comte de Quatrebarbes, t. 1er. — « Le Roi de Sicile, dit la relation du voyage de Leo de Rozmital, possède près de Saumur, de l'autre côté du fleuve, un manoir où il a l'habitude de se retirer l'été pour se livrer au plaisir de diverses chasses. »

(2) *Trésor de Vanerie.* — Notes.

(3) *Œuvres choisies du Roi René.*

(4) Imprimé à Poitiers en 1527.

« pour avoir passe-temps, avoit oyseaulx de proie et chiens pour chasser à bestes rousses et noyres, où souvent prenoit labeur intempéré et jusques à passer les jours sans boyre et manger, depuis le plus matin jusqu'à la nuyt, combien qu'il n'eust lors que l'aage de 12 ans ou environ. »

Ce jeune seigneur, s'étant un jour égaré en poursuivant un grand cerf *à course de chiens et de chevaux*, avec ses frères et les veneurs de leur père, dut passer une nuit tout seul au fond de la forêt. Bouchet prétend qu'il fit, pendant ce bivouac, un songe qui le décida à se rendre à la cour du Roi Louis XI ; mis au nombre des enfants d'honneur de ce prince, il surpassa bientôt tous ses compagnons en toutes choses qu'ils savaient faire, « fust à saulter, *crocquer* (1), luicter, gecter la barre, courir, chasser, chevaucher et tous aultres jeux honnestes et laborieux (2). »

Telle était l'éducation que recevaient les enfants d'honneur de Louis XI, plus heureux que le Dauphin Charles.

Jacques de Brézé.

Un des fameux veneurs du règne de Louis XI fut Jacques de Brézé, grand sénéchal de Normandie, petit-fils de Jean de Brézé, cité comme un habile chasseur dans le *Trésor de Vanerie* de Fontaines-Guérin. Le grand sénéchal est l'auteur d'un petit poëme intitulé *La chasse du grand seneschal de Normandye et des ditz du bon chien Souillard, qui fut au Roy*

---

(1) Lancer une boule avec un croc ou crosse, le jeu de *croquet* des Anglais.

(2) *Panégyric du chevallier sans reproche* (Collection Petitot.)

Louis de France, XIe du nom (1). Emprisonné en 1477, pour avoir tué sa femme Charlotte de France, qu'il accusait d'adultère avec Pierre de la Vergne, son veneur, il ne recouvra sa liberté qu'en 1481, après avoir fait abandon de tous ses biens au Roi.

Le fils de Louis XI, devenu Roi en 1483, sous le nom de Charles VIII, se livra à tous les plaisirs dont il avait été si longtemps sevré, avec cette passion qu'engendre toujours la contrainte. Néanmoins il obtempéra sans résistance aux réclamations de sa noblesse, qui revendiquait les droits de chasse dont Louis XI s'était efforcé de la dépouiller. Charles VIII.

Ce fut par le commandement de Charles VIII que son *liseur* Tardif composa le livre de l'*Art de fauconnerie et des chiens de chasse* (2).

Sous ce Roi, le total des sommes payées par Jehan Briçonnet, receveur général, *pour convertir et emploïer au paiement des gaiges des veneurs et faulconniers dudit seigneur*, ainsi que des gardes des toiles et des *compaignons ordonnez à la garde des forests et gruyrie de Saint-Germain-en-Laye, pour la conservation des bestes noires et rousses*, s'élevait à 21,680 livres tournois (3).

Le grand veneur, messire Yvon du Fou, avait sous ses ordres directs 9 *escuiers* ou gentilshommes aides

---

(1) Imprimé sans date par Pierre Caron. — M. le baron Pichon, qui possède le seul exemplaire connu de ce curieux ouvrage, en a donné une fort jolie édition qui contient en outre l'épitaphe du *bon Relay*, celle de *Basque*, *chien d'oisel* du Roi Louis XI, et autres opuscules rarissimes.

(2) Imprimé par Anthoine Vérard en 1492.

(3) *Comptes de la Vènerie et Fauconnerie de Charles VIII* (1485-86), cités *in extenso* dans l'*Histoire de Marguerite d'Autriche*, par le

de vénerie, 9 veneurs, 2 aides, 6 varlets de limiers, 1 *garde des chiens à regnard.*

Le capitaine des toiles, secondé par le *commissaire et garde desdites toiles* et par un *escuier*, disposait d'un matériel considérable et d'un personnel nombreux, veneurs, valets de limiers, *compaignons* chargés du service des toiles, charretiers, etc.

La fauconnerie, que Charles VIII aimait tout particulièrement, possédait plusieurs vols divers, commandés par le grand fauconnier et 4 chefs de vol, ayant sous leur direction 10 fauconniers et 2 *espreveteurs.*

6 *compaignons* étaient chargés de la garde des bois et forêts de Saint-Germain-en-Laye.

Les ambassadeurs que la république de Venise envoya, en 1492, à Charles VIII, rapportent que le Roi était vanté de tout le monde à Paris, comme *très-gaillard* à jouer de la paume, à chasser et à jouter, exercices auxquels, à tort ou à raison, il consacrait beaucoup de temps (1).

Moyenne et petite noblesse.

Nous venons d'esquisser les chasses de nos Rois, de leurs grands feudataires et des hauts et puissants seigneurs qui les entouraient. La moyenne et la petite noblesse suivaient de leur mieux l'exemple de leurs suzerains. Les riches barons entretenaient des meutes plus ou moins nombreuses *pour le fauve et pour le noir*, des oiseaux de haute et basse volerie ; ils avaient des haies de chasse et pouvaient *tendre* aux grosses

---

comte E. de Quinsonas (*Matériaux*, 1re partie). (La livre tournois valait alors le 1/10e du marc d'argent.)

(1) *La Diplomatie vénitienne*, par M. Armand Baschet.

bêtes et aux grands oiseaux. Les moindres *vavassors* (arrière-vassaux) avaient dans leur chenil quelques couples de *brachets* et de lévriers pour chasser lièvre et renard, et sur leur perche l'épervier et l'autour, oiseaux *bons ménagers*. Ils tendaient aux perdrix, prenaient des *connins* au furet et des volatiles de toutes sortes aux engins divers, à la *fouée*, à la pipée (1).

Le roman du Renart (XIIIe siècle) nous peint messire Constant des Granges, un *vavassor bien aaisié*, se disposant le matin à partir pour la chasse.

Un cor a pris, ses chiens apele
Si conmande a metre sa sele
Et sa mesnie (maison) crie et huie.

Au sortir du logis, un *garçon corant*, qui tenait deux lévriers en laisse, aperçoit un loup pris dans les glaces de l'étang. Ha, ha, s'écrie-t-il, *le leu! ahie! ahie!* Les veneurs s'élancent dehors avec leurs chiens, suivis de *Dant Constant* monté sur un cheval à *grands eslès* (élans). « Laisse les chiens aller, » crie le maître :

Li braconnier les chiens descoplent
Et li brachet au leu s'acoplent.

Isengrin (2) s'échappe cependant de leurs dents, fort mal en point, et réussit à les mettre en défaut, non sans laisser sa queue à la bataille (3).

Plus loin c'est un chevalier, seigneur d'un *chastel bel et noble*, qui pourchasse vainement maître Renard

(1) Voir, sur toutes ces chasses, la suite de cet ouvrage.
(2) Nom du loup dans les fabliaux.
(3) *Roman du Renart*, t. Ier.

pendant deux jours consécutifs ; il est accompagné de ses écuyers et de ses sergents et précédé de son *venerres* qui monte un grand *chacéor liart* (cheval de chasse gris pommelé). Le troisième jour, prévenu de l'arrivée prochaine de son suzerain et de plusieurs de ses parents, le chevalier, en sortant de table, se hâte d'aller chasser dans sa forêt *pour venaison appareiller*.

Tantost commande à ameiner
Son cheval sans plus demorer
Et que li chien soient tuit prest;
Li venerres sanz plus d'arest
A fait acopler les levriers,
Si est montez li chevaliers....

D'abord ils lèvent un cerf *branchu de quatre branches*, qui, fuyant devant les chiens, est percé d'une flèche par un archer embusqué ; un sanglier est ensuite lancé et tué d'un coup d'épieu par le chevalier, après avoir *dépecé* quatre des quatorze lévriers qui ont été mis à sa poursuite (1).

Dans un autre roman du XIIIe siècle, nous trouvons le naïf et curieux tableau d'un retour de chasse. La dame châtelaine attend son seigneur dans la grande salle du manoir ; elle s'est vêtue, pour le recevoir, d'une pelisse *d'escureus toute fresche*. Il est tard, le feu est beau et clair dans la grande cheminée. Le sire rentre de la chasse, entouré de ses chiens. La dame va à lui, lui ôte sa *chape* (2) et lui veut défaire ses éperons, mais le seigneur ne le veut pas souffrir. Elle

---

(1) *Roman du Renart*, t. III. — « Comment Renart se muça es piaus. »

(2) *Chape à pluie*, manteau que le veneur portait ordinairement *troussé* à sa selle.

apporte un manteau d'écarlate fourré et le lui met sur les épaules, puis elle appareille une chaire où le sire s'assied, et la dame s'assied près de lui sur une *selle*, en lui disant : Sire, certainement vous êtes tout pâle de froid, chauffez-vous et *aisiez* très-bien (1).....

Le comte Pero Niño, navigateur espagnol, qui visita la France sous le règne de Charles VI, rapporte qu'il fut reçu avec la plus grande courtoisie par l'amiral Arnaud de Trie dans son château de Girefontaine près de Rouen, lequel était *simple et fort, mais si bien ordonné et garni comme s'il eût été dans la ville de Paris.* « L'amiral y entretenait 40 ou 50 chiens pour courre le fauve avec gens pour en avoir soin ; *item* jusques à 20 chevaux pour son corps, parmi lesquels il y avait des destriers, coursiers, roussins et haquenées..... A l'entour ne faillaient grands bois pleins de cerfs, daims et sangliers. Outre plus, avait des faucons *neblis*, que les Français appellent *gentils*, pour voler le long de la rivière, très-bons héronniers (2). »

Dames nobles.

A tous les degrés de l'échelle hiérarchique, les dames nobles prenaient leur part des déduits tant aimés de leurs époux. Le petit poëme du *Jugement des chiens et des oyseaulx*, intercalé dans le livre du *Roy Modus*, a pour sujet une discussion qui s'engage entre deux dames dont l'une préfère la vénerie et l'autre la fauconnerie.

---

(1) Le *Roman des sept sages*. — Cité par M. Viollet Leduc, *Dictionnaire du Mobilier*. — Une version un peu plus moderne de cette histoire se trouve dans le *Ménagier de Paris*, t. I.

(2) *Cronica del conde Pero Niño*, traduction de M. Mérimée, citée par M. Viollet-Leduc, *Dictionnaire du Mobilier*.

Si advint, c'est chose certaine
Huit jours après la Magdaleine
Qu'ung chevalier ala chacier
Et sa femme, qu'il avoit chier (chère)
En déduit de chiens fu alée....
Les véneurs vont apporter
Nouvelles qu'ils trouveront
Grant cerf et si le chaceront.
Et si firent ils vrayement.
Ils chacèrent bien longuement
Icelluy cerf a grand ennuy.
Le seigneur et la dame o (avec) luy
Si très fort les chiens cevaucèrent (1)
Que le cerf abayant (aux abois) trouvèrent
Emprès l'ostel d'ung chevalier
Qui estoit alé en gibier
Et sa femme o lui fu alée
Qui ot prins d'une grant volée
De pertriscaulx (perdreaux) à son oysel
Et revenoit à son ostel......

La chasse au vol, exercice moins rude que la chasse à courre, avait naturellement droit aux préférences des dames. Le *Roy Modus*, dans le *Jugement des chiens et des oyseaulx*, fait dire à l'*Avocate* de ces derniers que la vénerie n'est pas *déduit à dames*, et le bon chapelain Gace de la Buigne émet la même opinion.

Or, il est voir (vrai) que une grant dame
Qui veult garder sa bonne fame (réputation)
Ne ferroit (frapperait) pas des esperons
Par hayes, par bois et par buissons,
Ne s'en yroit pas volentiers
Tuer cerfz, ne loups, ne sangliers.

Par contre, Reine, duchesse, damoiselle, *chevaleresse*, peuvent décemment suivre toutes les péripéties d'une chasse à l'oiseau.

Malgré ces sages conseils, on vit souvent princesses

---

(1) Chevauchèrent si fort après les chiens.

et simples *gentilfemmes* enfourcher des coursiers fougueux (1), et galoper à travers bois le javelot au poing et le cor aux lèvres,

Les nobles dames et les bourgeoises se servaient aussi, pour chasser, de l'arc et de l'arbalète (2).

Parmi les illustres dames qui aimèrent chiens et oiseaux, l'histoire nous cite Marie de Bretagne, Reine de Sicile et duchesse d'Anjou (3), Valentine de Milan, duchesse d'Orléans, Isabelle de Bavière (4), Agnès Sorel, qui prenait plaisir à chasser avec des lévriers et assistait à des hallalis de *porcs sangliers* dans la forêt de Loches (5), Jeanne de Laval, femme du bon Roi René, Marie de Bourgogne, morte à la fleur de l'âge d'une chute faite à la chasse, la duchesse de Bar (6), la Reine Anne de Bretagne (7), et surtout Anne de

(1) Catherine de Médicis passe pour avoir la première monté à cheval la jambe sur l'arçon. Avant elle, les dames montaient sur des selles à dossier, les pieds sur une planchette, à la façon de nos fermières, ou à califourchon, avec des *devantières* ou jupes fendues. Les chasseresses ne pouvaient monter que de cette dernière façon. On trouve dans les comptes d'Isabelle de Bavière : « Trois aulnes de toille à faire iii devantières pour la Royne. »

(2) Dans une charte de l'an 1240, Henri, sire de Sully, déclare autoriser sa femme, Aanor de Saint-Valery, à tirer de l'arc (*arcuare*) dans ses forêts. (Ducange, V° *arcuare.*) — Chasses des dames avec l'arbalète et le *boujon*. Voir le *Ménagier de Paris*, II.

(3) Elle avait pour veneur en 1388, Guillaume du Pont, nommé avec éloge dans le *Trésor de Vanerie*.

(4) On trouve dans les comptes de cette Reine des articles relatifs à des faucons et à des chiens, envoyés par la duchesse de Gueldre, à des dons d'argent pour le *vin et peine* de varlets qui ont pris des cerfs devant la Reine, etc.

(5) Lettres d'Agnès Sorel, publiées dans la *Revue de Paris*, octobre 1855.

(6) *Les ducs de Bourgogne*, par le comte de Laborde, t. III.

(7) *Comptes de l'Hostel de la Royne.*

France, dame de Beaujeu et duchesse de Bourbon, fille du Roi Louis XI.

Madame de Beaujeu.

Jacques de Brézé, grand sénéchal de Normandie, qui chassait avec cette princesse, nous a transmis le souvenir de ses exploits dans un petit poëme que nous avons cité plus haut (1).

Il nous montre madame de Beaujeu écoutant attentivement le rapport, donnant les ordres pour la distribution des relais et examinant soigneusement les *cognoissances* du cerf avant le lancer. Puis :

Elle se mest en la meslée
Tant que chevaux galopper purent
De parler aux chiens ne cessoit :
« Baulde, ma mye, là ira ! »
De si près elle le pressoit
Que je crois qu'elle le mengera.

Dans un défaut qui survient, elle *deffait ses ruzes à l'œil*, et commence à *fort huer ;* quand le cerf est tombé devant les chiens :

Madame est à pied descendue
Et puis le vient prendre à la teste
A tous les chiens parle et fort hue
Et à chascun à part fait feste.

Elle reçoit enfin les honneurs du pied et préside à la curée. Le veneur, ravi, termine en s'écriant :

C'est la belle rose fleurye
Le seul reffuge et la maistresse
Du beau mestier de vennerye !

La chasse au point de vue économique et culinaire.

Les dames châtelaines des temps féodaux avaient, du reste, pour justifier leurs goûts cynégétiques, des

(1) *Le livre de la chasse du grand séneschal de Normandye.*

prétextes assez plausibles. Nos aïeux ne chassaient pas en vue du *déduit* seulement, le résultat matériel était loin de manquer d'importance à leurs yeux, et nos dédaigneux voisins d'outre-Manche n'eussent pas manqué de flétrir leurs chasses du nom de *chasses pour la marmite* (*pot-hunting*). Le gibier jouait, en effet, un rôle considérable dans l'approvisionnement des châteaux à une époque où les ressources alimentaires étaient assez restreintes et les communications fort difficiles. Dans tous les banquets décrits par les chroniqueurs et les romanciers du temps, on voit invariablement figurer en première ligne venaison, menu gibier et *sauvagine*. Le magnifique duc de Bourgogne, Philippe le Bon, ne dédaigne pas d'ordonner spécialement aux gens de sa vénerie *de veiller à ce qu'il soit bien et diligemment servi de plusieurs manières de venoisons* (1). Dans le joli roman de Jehan de Saintré « *Damp abbé* pour festoyer Madame fait ung de ses chars charger de cymiers de cerfs, de hures, de costes de sangliers, de lièvres, de connins, de faisans, de perdriz et tout envoye présenter à Madame. » Le *tiers service* d'un grand festin que donna en 1457 le comte de Foix, fut de *rosty* « où il n'y avait sinon phaisans, perdrix, lapins, paons, butors, hérons, oustardes, oysons, beccasses, cygnes, halebrans, et toutes les sortes d'oiseaux de rivière que l'on sçauroit penser. Audict service y avoit pareillement des chevreaux sauvages, cerfs, et plusieurs autres venaisons (2). »

(1) Ordonnance de 1427.

(2) Favyn, cité par Legrand d'Aussy, *Vie privée des François*, t. III.

Venaison

La grosse venaison tenait le premier rang dans ces pantagruéliques repas; les ouvrages culinaires de l'époque nous ont conservé une foule de recettes pour l'accommoder : *venoison aux souppes*, venaison à la queue de sanglier, à la *froumentée, bouly* lardé de cerf, venaison de cerf, *bichot* ou *chevrel, pourboulie et lardée au long*, accommodée à la cameline, avec vin et *macis* (cannelle) *broyé*. Sanglier frais *cuit en eaue* avec du vin et mangé au poivre chaud, *bourbelier* de sanglier (1), potage à la hure de sanglier (2). *Deyntiers* de cerf *pourboulis*, puis cuits à la sauce chaude; langue de cerf entrelardée.

Il faut voir dans les vieux traités de vénerie quelle importance nos pères attachaient à l'art de *défaire* un cerf ou un sanglier, avec quel soin minutieux les morceaux de choix étaient mis à part et distribués entre les veneurs suivant leur rang (3). Comment le Roi ou

---

— A son entrée dans la ville de Tours en 1480, le légat du Pape reçut en présent 24 biches, 4 faisans, 4 hérons, 4 butors, 3 douzaines de perdrix, 3 douzaines de bécasses, 3 douzaines de connins.

(1) Le *bourbelier* était dans le sanglier le même morceau qu'on appelait *nombles* dans le cerf. C'était une pièce de chair levée entre les cuisses. Les nombles appartenaient de droit au Roi quand son équipage prenait un cerf. — Voir sur ces divers mets de venaison le *Ménagier de Paris*. — Atant vindrent riche *deintiez* — lardez de cerf et de sangler. (*Roman du Renart*, t. III.)

(2) Legrand d'Aussy, *Fabliaux*, t. I.

(3)
Mais je te vuel faire asavoir
Quels drois tu dois dou cerf avoir
Li cuirs est tiens et li nomblès
Et les espaules, li vallet
En ont li col, cest lor droiture
(*Lou dit de la chace dou serf*).

C'est au maître veneur que le poëte s'adresse. Ces anciens usages existaient encore en partie dans la vénerie royale au XVIIe siècle.

le seigneur prenait plaisir à en faire de ses nobles mains des *carbonnades* sur une chaufferette pleine de *charbon vif* et à les manger séance tenante. Les pâtés de venaison (1), la venaison salée n'étaient pas moins recherchés que la venaison fraîche. On peut voir dans les comptes du duc Louis d'Anjou le détail des sommes payées en 1377 à Guillaume du Pont, *Segrayer* de la forêt de Bourçay, pour avoir amené à Tours, fait saler et expédier en Languedoc ladite venaison bien *enfardelée* de toile cirée pour *doubte de la pluie,* en deux paniers surmontés de panonceaux aux armes du duc (2). Hardouin de Fontaines-Guérin, dans son *Trésor de Vanerie,* nous donne la recette pour préparer les salaisons, accompagnée de ces vers apologétiques :

Si sarés (saurez) coment il la faut
Saler en esté par le chaut
Si que bien salée sera
Et que très bien se gardera
Comme il est de nécessité
Aux nobles, car en vérité
Froumentées à maints pleisants
En sont fays, dont cy suis tesens.

Tous les ans, la vénerie de Charles VI allait dans les forêts du domaine prendre des *venoisons pour la garnison du Roy*. Pendant la *cervaison,* on prenait et on salait des cerfs, et des sangliers pendant la *porchaison.* Les comptes de la vénerie mentionnent les achats continuels de sel, employés à cet usage (3).

(1) « Pastez de venoison fresche » (*Ménagier de Paris*).
(2) Voir les notes du *Trésor de Vanerie.* — Le *Ménagier de Paris* cite le *scymier* de cerf salé.
(3) Comptes de Philippe de Courguilleroy, 1388. — Pièces justificatives.

De même, par une quittance de l'an 1405, le grand maître d'hôtel de la Reine reconnaît avoir reçu trois setiers de sel *pour saller plusieurs venaisons prinses ès forests d'Evreux, de Conches et de Breteuil* (1).

La chair du chevreuil jouissait dès lors d'une estime que les gourmets des temps modernes lui ont conservée à juste titre. « Et dict Avicenne que chair de chevreul de bois est la chair de toutes les bestes qui soyent la plus saine à cors d'homme et la plus nutritive, et tant est plus chacé et mieux vaut sa chair (2). » Le *Ménagier de Paris* donne diverses recettes pour accommoder le chevreuil. On reprochait seulement à cette venaison de ne pouvoir se saler.

Selon Gaston Phœbus, la venaison du daim *est trop bonne et la garde l'on et se sale comme celle du cerf* (3).

Si grand était le cas que l'on faisait de ces nobles viandes que chez les gens de moyen état, faute de venaison réelle, on servait de la *venaison contrefaite*. Le bourgeois de Paris, auteur du *Ménagier*, donne des recettes *pour faire d'un ver* (verrat) *bon sanglier* et *pour faire une pièce de beuf sembler venoison de cerf ou d'ours*. Ce dernier mot prouve que le *bifteck d'ours*, devenu si fameux de nos jours, jouissait dès lors d'une certaine considération. Cependant Gaston Phœbus qui, plus que tout autre avait eu occasion d'en faire l'expérience, dit que l'ours *a molle char, et mal savoureuse et mal saine pour mengier* (4).

---

(1) Monteil, *Histoire des Français des divers États*.

(2) Le *Roy Modus*, f. XXX.

(3) Phœbus, chap. IV et V.

(4) *Ibid.*, chap. VIII.

Lièvres et lapins.

Comme nous l'avons vu précédemment, les lièvres et les *connils* avaient aussi leur place dans les festins. Les lièvres de Vezelay étaient particulièrement goûtés au XIIIe siècle. La chair du lapin était considérée comme meilleure et plus saine que celle du lièvre qui passait pour *melenconique et seiche* (1). On mangeait le lièvre rôti, aux choux, en *boussac*, en *civé* et *pourbouli*. Le *boussac de connins de garennes*, le *rosé* de lapereaux, le *connin* rôti figurent honorablement dans les menus du temps (2).

Gibier plume et sauvagine.

Après le gibier quadrupède, venaient le gibier plume des bois et des plaines, et la *sauvagine* ou gibier d'eau.

Dans les banquets d'apparat, on dorait le bec et les pattes des perdrix rouges, on argentait les extrémités des perdrix grises, et le superbe faisan, rival du paon, recevait les vœux chevaleresques des convives (3).

Non-seulement l'art culinaire associait à ces nobles oiseaux, cailles, bécasses, pluviers, *gentes* et *mallards* (oies et canards sauvages) pour en préparer une foule de mets exquis et variés (4), mais tout ce qui se prenait à la chasse était, par ce seul fait, considéré comme viande noble et délicate. Nos aïeux mangeaient avec délices grues, hérons, butors, cygnes,

(1) Phœbus, chap. VII.

(2) *Ménagier de Paris.*

(3) En 1453, Philippe le Bon fit vœu sur le faisan d'aller reconquérir Constantinople.

(4) Entre autres, des pâtés de perdreaux, cailles et alouettes dont Gace de la Buigne donne la recette dans le plus grand détail.

cormorans, cigognes (1). Le fameux maître queux Taillevent et le *Ménagier de Paris* leur enseignaient cent manières d'accommoder ces viandes chevaleresques.

Aux noces de Charles le Téméraire (1468) on servit deux cents cygnes en un jour.

Le plus estimé de tous ces oiseaux était le héron, c'était la viande des preux et des loyaux amants ; de nobles pucelles, précédées de *maistres* de *vielle* et de *quistrencus* (joueurs de guiterne) l'apportaient entre deux plats d'argent sur la table des Rois qui faisaient des vœux sur lui comme sur le paon et le faisan. Ce fut sur un héron qu'Édouard III jura de conquérir *son royaume de France* (2). Dans les parcs royaux et seigneuriaux s'élevaient des *héronnières* où les nobles oiseaux pouvaient nicher en sûreté, et où leurs petits étaient engraissés pour être servis sur la table du maître. On élevait des grues de la même manière (3).

Pour en finir avec cette question culinaire qui ne

---

(1) Et cil achète et malars et perdris
Grues et jantes, et aigniaus de berbis
(*Garin le Loherain*, t. II).
Grues et jantes et mallars et plouviers
(*Ogier le Danois*).
.... Si a plumée
La grue et bien apparcillée
Et dit jà n'en fera aillie (sauce à l'ail)
Ains en voudra mengier au poivre
(*Fabliau de la grue*).
Butors et moreillons ramaiges
(*Bataille de Karesme et Charnaige*).

(2) Voir le poëme du *Vœu du héron*.

(3) Pendant les fêtes du sacre de Philippe de Valois (1328), il fut consommé 345 butors et héronneaux.

se rattache qu'indirectement à notre sujet, nous ajouterons que cette passion pour des viandes considérées de nos jours comme aussi nauséabondes qu'indigestes, se prolongea jusqu'à la fin du XVIe siècle. « L'on dit communément que le héron est viande royale, écrit Belon, par quoi la noblesse françoise fait grand cas de le manger (1). »

La Bruyère, Champier, *De re cibariâ* (1560), et Aldrovande en son traité d'histoire naturelle, lui accordent les mêmes éloges, ainsi que la *Maison rustique* de Charles Estienne (Paris, 1566). François I construisit à Fontainebleau deux magnifiques héronnières. Butors (2), hérons et héronneaux, grues, plongeons, *pochecuillères* (spatules), *tyransons* (chevaliers aux pieds rouges), *corbigeaux* (courlis), cygnes, *cigoignes* et *cigoigneaux* figurent parmi les mets succulents offerts par les *Gastrolâtres* à leur dieu *Ventripotent* dans le IVe livre de Pantagruel. Lorsque la reine Catherine de Médicis fut reçue au *logis épiscopal de l'archevesché* de Paris, on lui servit 21 cygnes, 9 grues, 33 *trubles* à large bec (spatules), 33 *bigoreaux* (espèce de butor), 33 aigrettes, 33 héronneaux, 3 outardeaux, et le haut prix de ces oiseaux, consigné sur les comptes de dépense, constate

---

(1) *De la nature des oiseaux.*

(2) Belon dit que le butor, quoique d'un goût rebutant la première fois qu'on en mange, est *entre les délices françoises.*

Les règlements de la maison du 5e comte de Northumberland (1512) établissent qu'à cette époque on mangeait en Angleterre chez les grands seigneurs la grue, le héron, le butor, le pélican, et que ces oiseaux se payaient autant et même plus que le faisan (le faisan valait alors 12 pence, le héron le même prix ainsi que le butor; la grue 16 pence).

l'estime qu'on en faisait (1). Charles IX passant par Amiens, reçut en présent du corps de ville 12 hérons, 12 aigrettes, 6 butors, 6 cygnes et 6 cigognes. On mangeait jusqu'aux oiseaux de fauconnerie tués par accident, et l'on ne dédaignait pas, dans certaines provinces, la chair d'un oiseau de proie nommé *bondrée* ou *goiran* (2).

La venaison conservait à la même époque son ancienne réputation (3); jusqu'au XVIIIe siècle, on continua de partager hiérarchiquement les morceaux choisis du cerf ou du sanglier entre les veneurs assistant à la curée (4). Le *refait* (5) du cerf, lorsqu'il était encore tendre et recouvert de peau, se mangeait coupé par tranches et frit; c'était, dit Champier, un mets de Roi (6). C'était probablement par ce motif que l'usage s'était conservé dans la vénerie royale de porter la tête du cerf chez la Reine, lorsqu'il n'avait pas encore touché au bois (7).

(1) *Archives curieuses de l'histoire de France.*

(2) Legrand d'Aussy, t. II.

(3) Selincourt dans son *Epistre aux illustres veneurs* dit « qu'on ne sçauroit assez estimer ce glorieux exercice de la chasse par l'utilité qu'il apporte de fournir les villes de gibier » et celle de donner aux grands seigneurs le moyen de faire bonne chère aux gentilshommes.

(4) Gaffet de la Briffardière, officier de la vénerie sous Louis XIV et Louis XV, énumère ainsi les morceaux réservés du cerf : « Les menus droits sont pour la bouche du Roi et de la Reine. Le *cimier* revenait au grand veneur; les *grands filets* avec une cuisse au lieutenant de la venerie; le *gros des nombles* au sous-lieutenant; l'épaule droite au gentilhomme de la venerie qui a laissé courre; la deuxième cuisse aux autres gentilshommes; l'épaule gauche aux valets de limier; les côtés du cimier au maître-valet de chiens; le foie et les flanchards aux autres valets. »

(5) Jeune bois.

(6) *De re cibariâ.*

(7) G. de la Briffardière.

Chasses de la bourgeoisie.

Jusqu'à la fin du XIVe siècle, la bourgeoisie posséda en fait de chasse une liberté presque égale à celle dont jouissait la noblesse. Lors même que l'aristocratie féodale eut réussi, après des efforts longs et persévérants, à conquérir en principe le droit exclusif de chasse, il ne faudrait pas croire que la bourgeoisie en ait été complétement déshéritée. Partout les bourgeois vivant noblement ou possesseurs de fiefs, continuèrent de chasser comme les gentilshommes. En dehors même de cette classe privilégiée, les habitants de nombreuses localités conservèrent certains droits de chasse, émanant de coutumes immémoriales, de chartes communales ou de concessions particulières.

Pour bien constater leur privilége, les bourgeois de certaines villes se réunissaient annuellement pour de grandes chasses solennelles dont la tradition s'est conservée jusqu'à la Révolution. Telles étaient la grande chasse de la Saint-Hubert, à Auxerre, et la chasse aux Cygnes d'Amiens, dont nous reparlerons avec plus de détails.

A Saint-Omer, lorsque Guillaume Cliton, nouvellement élu comte de Flandre, vint faire son entrée dans la ville (1127), les jeunes garçons de la commune marchèrent au-devant de lui armés d'arcs et de flèches. « Il est de notre droit, lui dirent-ils, d'obtenir de vous le bénéfice que les enfants de nos ancêtres ont toujours obtenu de vos prédécesseurs, de pouvoir aux fêtes des saints et pendant l'été, errer en liberté dans les bois, y prendre des oiseaux et de chasser à l'arc les écureuils et les renards. » Ce privilége leur fut immédiatement confirmé par le comte (1).

Dans le roman d'Ogier de Danemark, le comte Bertrand de Bavière, voyageant pour porter un message de Charlemagne, va prendre gîte chez son *oste Garnier* (2).

Uns borgois rice, asasé (3) de deniers
Un fil avoit, moult vaillant chevalier (4)
Non ot Obisses, si venoit de cachier
Un cerf ot pris, dont Bertran fut mult liés (joyeux) (5).

Des serfs enrichis osaient même se permettre le noble deduit de la chasse. Au XIe siècle, un serf de l'abbaye de Saint-Benoît-sur-Loire, nommé Stable, ayant fait fortune, alla se fixer à Auxon dans le comté de Troyes; il y menait grand train, entouré de chevaux, d'éperviers, de chiens et de pages (6).

Les chasses les plus usitées parmi la bourgeoisie, étaient la chasse aux lièvres avec lévriers, la chasse au vol avec l'épervier et l'autour, la chasse des oiseaux avec l'arbalète et divers engins. Gace de la Buigne décrit agréablement, dans son poëme, une de ces chasses aux lièvres à laquelle prennent part des gens de tout état :

---

(1) *Vie de Charles le Bon, comte de Flandre.*

(2) *Hôte*, bourgeois astreint à l'obligation de loger son seigneur.

(3) *Asasé, satiatus.*

(4) Dans ces temps reculés, on donnait souvent l'ordre de chevalerie à des bourgeois.

(5) Selon la chronique rimée de Metz, Hervis, qui devint duc de Lorraine, était fils d'un bourgeois et d'une damoiselle noble. Ses chevaleresques instincts se révélèrent lorsque, envoyé à la foire par son père, il acheta pour toute marchandise un épervier et un limier.

(6) *Histoire des ducs et comtes de Champagne*, t. I.

Souventes fois moyennes gent
Qui sont et amys et voysins,
Si ne sont ils pas tous consins,
Comme sont curez et chanoines
Escuyers, priours, bourgeois et moynes
S'assemblent souvent pour aller
Quérir le lièvre et le trouver.

Le chapelain du Roi Jean raconte également les tranquilles péripéties d'une partie de chasse au vol qui se prolongea pendant huit jours. Les chasseurs étaient aussi en partie gens d'état moyen, chevaliers, chanoines, écuyers et bourgeois, ayant entre eux une vingtaine d'oiseaux. Tous les jours ils volaient jusqu'à midi, rentraient à leur hôtellerie pour dîner et se remettaient en chasse jusqu'au souper.

Chasses des paysans.

Les paysans eux-mêmes, quoique la chasse leur fût généralement interdite, ramassaient çà et là quelques miettes de ce splendide festin. Une coutume d'Auvergne permettait au villageois de prendre dans sa vigne lièvres et lapins, mais sans employer ni furets ni filets (1). Le *Roman du Renart* nous montre un vilain, chargé de garder la vendange, tendant une *ceoignole* à maître renard (2).

Le *Roy Modus* ne dédaigne pas de donner quelques leçons aux *povres qui ne sont mie puissans d'avoir chiens ni filez* (3). Il leur enseigne à prendre à l'*amorsse* le

(1) Charte de Bernard de la Tour, ap. Ducange, V° *Filacium*.

(2) *Ceoignole, signolle*, cric, machine pour tendre l'arbalète, piége ayant quelque analogie avec ces engins.

(3) « Dont vint à luy ung povre homme et luy dist : Sire, je demeure emprès une forest et si me fait trop grand dommage un sanglier qui vient en mon jardin et mengue mes fustayes (faînes) veullez me conseiller comment je le porrai prendre. » — Le *Roy Modus*, f. lxjx.

sanglier qui mange leurs fruits et le chevreuil qui broute leurs plantations, aux *aguilles* le loup, ennemi des troupeaux, au *réseul* le lièvre nuisible aux jeunes blés. Il leur montre encore à enfumer les *connins* et *goupils* dans leurs terriers, à attirer les écureuils dans un *penelet* à l'aide d'un écureuil privé et pousse la condescendance jusqu'à indiquer le secret pour prendre les *taissons* (blaireaux) au *povre homme* à qui ils ne *meffont* en rien, mais qui convoite leurs peaux parce qu'il n'eut *oncques solers* qui tant lui durassent comme ceux de cuir de taisson. Gaston Phœbus dit de même en parlant de la chasse des sangliers et autres bêtes aux *fousses* que c'est chasse de villains, de communs et de paysans (1). L'ordonnance de 1396, quoique conçue dans une intention prohibitive, permet aux paysans de pourchasser les *porcs* avec leurs chiens et même de les prendre, sauf à les rapporter au juge ou au seigneur.

Dans les pays de montagnes, la noblesse abandonnait volontiers aux paysans la chasse des chamois et bouquetins qui était pénible et de *peu de mestrise.* Les montagnards du Dauphiné conservèrent cette chasse moyennant redevance, malgré les ordonnances restrictives de leurs Dauphins ; Phœbus nous apprend que dans ses Pyrénées où abondent *boucs sauvaiges* et *ysarus* (ysards) *chescun paysan y est bon veneur de cela* et que les gens y sont *plus vêtus de leurs peaux que d'écarlate et en sont aussi leurs chausses et leurs solers* (souliers).

---

(1) Sur ces chasses, voir le *Roy Modus* et Gaston Phœbus, ch. LXI.

La chasse des petits oiseaux avec divers engins était presque universellement permise aux pauvres gens des campagnes. « Les oyseaulx, dit le *Roy Modus,* sont ottriez (octroyés) pour les povres qui ne puent (peuvent) avoir chiens et faulcons pour chacier et voler.... Les povres, ajoute-t-il, qui de ce vivent, y prennent aussi grant plaisance et pour ce qu'ils y prennent leur vie, en eulx délictant, sont-ils appelés les desduits aux povres (1). »

Du temps de Gace de la Buigne, on permettait souvent aux paysans de chasser le lièvre : ils se réunissaient, après les vendanges, au nombre de cinquante ou soixante, avec une quarantaine de chiens,

> Les ungs grands, les aultres petiz.
> L'ung est mastin, l'autre est mestiz.

et prenaient jusqu'à vingt et trente lièvres dans les vignes. Ils en prenaient aussi *à la cropie* avec leurs chiens, lorsqu'ils venaient dans les jardins (2).

En beaucoup de lieux les coutumes accordaient au paysan le droit de chasser à coups de pierres et de bâtons le menu gibier qui ravageait ses récoltes et de tirer profit de ceux qui restaient sur la place (3).

Cependant le pauvre villageois faisait sagement de bien regarder à qui il avait affaire, et de ne pas oublier l'adage féodal : « Entre toi, vilain, et ton seigneur, il n'y a de juge que Dieu. »

Le clergé.

Pas plus que sous les deux premières races, le

(1) Le *Roy Modus.*
(2) Gace de la Buigne.
(3) Monteil, t. III.

clergé ne sut pas se défendre, sous la troisième, d'un entraînement aussi universel. Les plus hauts dignitaires de l'Église comme les plus saints prélats lui en donnaient d'ailleurs l'exemple. Les papes avaient au XIIIe siècle des équipages de chasse (1); Thomas Becket, archevêque de Canterbury, que l'Église a placé au rang des saints, n'avait pu oublier sous la mitre et le pallium les amusements de sa jeunesse mondaine, et « cet amour des chiens, des chevaux, des faucons, ces goûts de jeunesse dont il ne guérit jamais bien (2). » Lorsqu'il débarqua en France, fugitif et proscrit, il aperçut des jeunes gens dont un portait un oiseau de chasse ; il ne put s'empêcher de s'approcher pour le regarder de plus près, et faillit ainsi se trahir. En 1144, on vit le vénérable abbé Suger camper sous la tente pendant huit jours consécutifs, dans la forêt des Yvelines, pour y chasser les cerfs en compagnie des principaux feudataires de son abbaye de Saint-Denys, le comte d'Évreux, Amaury de Montfort, Simon de Neaufle, Éverard de Villepreux. A son retour, il distribua la venaison aux chevaliers qui l'accompagnaient, et la peau des cerfs fut employée à relier les livres du monastère (3).

Il faut remarquer qu'en cette occasion, Suger croyait remplir un devoir en maintenant les droits utiles de son abbaye, menacés par les empiétements

(1) Voir une charte de Grégoire IX, citée par Ducange, Glossaire, V° *Falconarius*.
(2) Michelet, *Histoire de France*, t. II.
(3) Legrand d'Aussy, t. I; — Sainte-Palaye, — Vaublanc, t. IV.

des seigneurs voisins. Ce fut également pour la conservation de ses droits que Hugues de Mâcon, abbé de Pontigny et grand ami de saint Bernard, faisait chasser dans les forêts du comte d'Auxerre et rapporter son gibier en ville avec grandes fanfares de cors (1).

Nombre d'évêchés et de communautés religieuses possédaient, en effet, des droits de chasse que les prélats et les chefs d'ordre devaient conserver intacts et qu'ils exerçaient par eux-mêmes ou par procureurs. Une charte du Roi Philippe-Auguste (1207) confirme à l'église de Saint-Germain-des-Prés l'abandon que lui a fait Charles de Samois de ses droits de chasse à courre, à tir et *à la haie* (2). En 1241, Vermont, évêque de Noyon, fait un accord avec les moines d'Ourscamp pour le droit de chasse dans les bois de Parvilliers. Les moines de Saint-Martin-de-Pontoise chassaient à cor et à cri avec chiens dans les forêts voisines, en vertu de lettres patentes de Philippe le Hardi. Ceux de l'abbaye du Bec faisaient chasser par procuration le lièvre, le renard et le chat sauvage. L'évêque de Vaison faisait prendre des lapins dans la montagne où était situé son château, et les moines de Redon et de Quimperlé se disputaient à grand renfort d'excommunications et même à main armée la chasse d'une île qui produisait annuellement douze cents lapins, dont on jetait les peaux et dont la chair se vendait un denier (3).

(1) Vaublanc, t. IV.

(2) *Fugationis, venationis et haiæ*. Voir la *Chasse à la haie*, par M. Peigné-Delacour.

(3) Ducange, Vis *chaciare*, *chyrogryllus*. — Vaublanc, t. IV. — En

Des abbesses même obtenaient et exerçaient le droit de chasse. En 1047, le comte d'Anjou octroie à l'abbesse de Sainte-Marie de Xaintes le droit de faire prendre chaque année par son veneur, dans les forêts de son comté, un sanglier avec sa laie, un cerf et sa biche, un daim et sa daine, un chevreuil et sa chevrette, *pour récréer la faiblesse féminine* (*ad recreandam femineam imbecillitatem*). L'abbesse prenait de plus la dîme des cerfs et autres bêtes fauves dans la forêt d'Oleron, pour en employer les peaux à recouvrir les livres de l'abbaye (1).

En 1298, Nicolas d'Auteuil, évêque d'Évreux, octroya à l'abbesse de Saint-Sauveur, Alix des Mergiers, le divertissement de la chasse du cerf, dont il avait la dîme par donation de Richard et Simon, comtes d'Evreux, fondateurs de l'abbaye. Par un beau jour d'été, l'abbesse se rendit en sa maison d'Arnières, accompagnée de la prieure et de plusieurs religieuses. Guillaume d'Ivry, veneur du Roi, lança un cerf qui fut chassé *à cor et à cri*. L'animal sur ses fins, vint prendre l'eau près Saint-Germain-lès-Évreux, où les religieuses eurent le plaisir de voir l'hallali. La *nappe* du cerf, levée par Thomas de Saint-Pierre, fut portée à l'abbaye de Saint-Sauveur, au bruit des tambours, des cors et d'autres instruments, et le reste du jour se passa en réjouissances dans le monastère (2).

1161, le comte Henri de Champagne donne à Reric, archidiacre de Meaux, l'autorisation de chasser dans la forêt de Mant. (*Histoire des comtes de Champagne*, par M. d'Arbois de Jubainville, t. II.)

(1) *Gloss.* de Ducange, V° *Fera*.

(2) *Magasin pittoresque*, 1851.

Quelques suzerains ecclésiastiques prélevaient une portion des animaux tués sur leurs domaines. Les habitants de la vallée de Saint-Savin en Lavédan, lorsqu'ils prenaient un sanglier ou un cerf, devaient en offrir à l'abbaye un quartier où une épaule (1).

Un arrêt de l'an 1319 maintient certains moines en possession de chasser et de prendre les bêtes sauvages, ainsi que de prélever des veneurs les têtes et les pieds et autres *usages* accoutumés (2).

Les abbés et prélats maintenaient leurs droits de chasse avec rigueur, et l'on a de nombreux exemples de querelles et de procès intervenus entre eux et leurs voisins à ce sujet.

Au XIIIe siècle, le droit de chasse dans la forêt de Comelle appartenait en commun à l'abbé de Chaalis et au seigneur de Chantilly. L'abbé entreprit d'évincer son *parsonnier*, malgré les chartes les plus authentiques; il dénia aux gardes forestiers du seigneur le droit de poursuivre les délinquants dans les bois de Comelle, et même d'y passer armés d'arbalètes, d'arcs et de flèches. L'évêque de Senlis dut intervenir pour concilier les parties. Ce fut plus tard le droit de suite que l'abbé contesta au sire de Chantilly, et les veneurs des deux adversaires s'étant rencontrés un jour dans la forêt, une querelle violente s'engagea entre eux. Un traité mit fin, en 1275, à cette contestation. Il fut décidé que chacun des deux seigneurs aurait le droit

---

(1) *Glossaire* de Ducange, V° *Singularis*.
(2) *Ibid.*, V° *Forestale*.

d'attaquer les grosses bêtes dans ses propres bois et de les suivre dans ceux du voisin spécialement désignés par l'acte (1).

En 1292, Guillaume le Maire, évêque d'Angers, soutint vigoureusement son droit de chasse sur les terres de l'évêché contre les gens du comte. S'étant rendu au château de la ville pour y conférer avec eux sur quelques affaires de son église, un de ces officiers dit au prélat que, s'il le trouvait chassant dans le bois du Bouchet, il le ferait prisonnier, lui et ses veneurs. « Vous autres gens du comte, fut-il répondu, vous n'avez le droit de faire aucun acte de *sergenterie* sur les terres du seigneur évêque, en lesquelles le comte n'a ni fief ni arrière-fief (2). »

Les canons de l'Église défendaient la chasse aux ecclésiastiques d'une manière générale (3), mais quelques docteurs soutenaient que cette prohibition ne s'appliquait qu'aux chasses qui se font à cor et à cri avec des chiens ; la majorité des clercs séculiers et réguliers ne s'inquiétait guère de ces distinctions, non plus que des actes des conciles et des règles monastiques (4). Au XIe siècle, un évêque de Coutances

---

(1) *Droits et usages concernant les travaux de construction publics ou privés, de l'an* 987 *à l'an* 1380, par M. A. Champollion-Figeac.

(2) *Code des Chasses*, t. I.

(3) *Décrétales*, ch. I, *De Clerico venatore*.

(4) Concile de Nantes, 1264. Concile d'Apt, 1365.

« *Nullus de ordine nostro accipitres et falcones ad gibostandum habeat.* » Statuts de Jean, abbé de Cluny, cités par Ducange, Vº *Gibicere*.

« *Præcipimus districtiùs et districtè quod nullus abbas nullusque prior aut monachus ancipitres, falcones aut alias aves ad gibicendum habeat aut teneat, nec canes ad venandum, his duntaxat exceptis qui in aliquibus suis locis usum et usagium habeant venandi, quo casu*

entoura d'un double fossé un bois de chênes et de hêtres, et peupla ce parc de cerfs venus d'Angleterre. Dans un autre bois il lâcha des sangliers, des taureaux, des vaches et des chevaux (1). Le Normand Gaudry, évêque de Laon, qui fut tué en 1106 par ses bourgeois révoltés, ne savait parler que de guerre, de chiens et d'oiseaux de chasse (2). Pendant le séjour du roi Jean sans Terre dans son château d'Arques (1202), ses forestiers vinrent lui porter plainte contre l'archevêque de Rouen, Gautier le Magnifique, dont les veneurs avaient pris dans la *haie* d'Arques deux cerfs et deux laies. L'archevêque, cité devant la cour du Roi, ne daigna pas comparaître et l'affaire en resta là (3).

Le satirique auteur du poëme de sainte Léocade (XIIIe siècle) reproche vertement au clergé cette passion peu convenable à leur habit. Les clercs, dit-il,

N'entrent n'en mostier n'en chapele
Por oroison ne por proière
Ainz vont en bois et en rivières
Et comportent desor lor moffles (gants)
Lor coëtes (chouettes) et lor escoffles (milans)

Au contraire, le poëte Eustache Deschamps, qui vivait sous Charles V, loue l'évêque de Beauvais, Miles de Dormans, de la noblesse de ses inclinations :

Nobles gens ot toudis (toujours) en sa compaigne (compagnie)
Chiens et oyseaulx, large com Charlemaigne

---

canes eis permittimus ad venandum. » (Constitutions de Cluny, 1301. Ducange, *ibid.*

(1) Vaublanc, t. IV.

(2) A. Thierry, *Lettres sur l'Histoire de France.*

(3) *Histoire du château d'Arques*, par M. A. Deville.

Gace de la Buigne, qui fut *mestre chappellain* de trois Rois, Philippe VI, Jean et Charles V, soutient, dans son *Roman des déduits*, que les clercs peuvent chasser sans excès *pour recréation avoir :*

> Vous trouverez ainsy escript
> Tout ce que je vous en ay dict
> Au titre du Clerc venéur
> Où grant feste en font ly docteur
> Bernard qui fut moult éloquent
> Et le bon docteur Innocent (1).

A ceux qui pourraient désapprouver la nature du sujet qu'il a choisi, il oppose l'autorité de Denys le Grand, évêque de Senlis, et de Philippe de Vitry, évêque de Meaux, qui tous deux ont écrit sur la fauconnerie.

Au XVe siècle, les prédicateurs tonnent sans succès contre les prélats qui emploient le bien de l'Église à entretenir des courtisanes, des chiens et des oiseaux de chasse. Martial d'Auvergne, en ses Vigiles de Charles VII, leur fait les mêmes reproches :

> Ils ont huict, neuf dignitez en prébende
> Grandes abbayes, prieurez en commande
> Mais qu'en font-ils? ils en font bonne chère,
> Qui les dessert? Ils ne s'en soucient guère
> Qui faict pour eux? un aultre tient la place
> Mais où vont-ils? Ils s'en vont à la chasse.

Dans le roman de Jehan de Saintré, écrit dans la seconde moitié du XVe siècle, le héros rencontre

(1) Dans le courant de son poéme, Gace parle souvent de chasses auxquelles assistent curés, chanoines, prieurs et moines. — L'évêque d'Orléans, Hecton de Chartres et Campin de Hauteville, sont cités parmi les dignitaires ecclésiastiques qui suivaient les chasses de Louis, duc d'Orléans. (Champollion-Figeac. *Louis et Charles, ducs d'Orléans.*)

Damp Abbé accompagnant la *Dame des belles cousines, en gibier des espreviers*, monté sur sa mule et l'oiseau sur le poing. Le galant moine mène aussi *Madame aux regnards, taissons et aultres déduits, par les bois souventes fois chasser*.

Graves prédicateurs et satiriques irrévérencieux échouèrent également dans leurs efforts pour vaincre cette passion mondaine, et les siècles suivants verront encore les membres du clergé céder trop souvent à ses entraînements.

CHAPITRE IV.

La chasse sous Louis XII, les seconds Valois et les Bourbons.

(1498-1792.)

Nous sommes arrivés aux plus beaux temps de la chasse française. L'art de chasser dans toutes ses branches atteint le plus haut degré de perfection. Tous les Rois qui occupent le trône depuis la fin du xve siècle jusqu'à la Révolution, à l'exception de l'efféminé Henri III, sont des chasseurs habiles et passionnés, et leurs équipages présentent une splendeur toujours croissante.

Louis XII. Le bon Louis XII, le père du peuple, prouva une fois de plus qu'un Roi peut être grand chasseur sans être nécessairement un tyran.

« Sa condition est telle, dit l'historien Saint-Gelais, en temps de paix, quand il a pourvu à ce qui est nécessaire, d'aimer la chasse et la volerie et pour vrai, c'est un déduit qui est bienséant à tous princes et grands seigneurs ; car par là s'en évite oisiveté, le plus dangereux de tous les vices ; et nul si grand maistre que luy ne pratiqua ce mestier si avant qu'il a fait, ne n'y eut oncques tant de plaisir à moins de frais, car j'ay vu du temps du feu Roy Louis (XI) que c'estoit merveilleuse chose de la dépense qui se faisoit pour sa venerie et fauconnerie, et le Roy a d'aussi bons chiens ponr prendre le cerf à force que eult oncques princes, et si ne luy couste point à moitié tant qu'il faisoit aux autres, et en cela comme aux autres choses se peut connoistre son sens et sa prudence (1). »

Ce fut Louis XII qui eut le premier en France des léopards dressés pour la chasse du chevreuil et du lièvre. Les environs des châteaux de Blois et d'Amboise, la Heronnière, le Plessis-lès-Tours et Pont-le-Roi étaient le théâtre ordinaire de ses chasses (2).

Quelques écrits du temps ont accusé ce bon Roi d'avoir poussé la passion pour la chasse au point d'en

---

(1) Lorsqu'il eut conquis le duché de Milan, ajoute le même chroniqueur, « il meit l'estat d'Eglise en liberté et franchise, si feit il pareillement les nobles, en leur donnant faculté de vivre comme l'on fait en France, sçavoir est d'avoir chiens et oiseaux, et d'aller à la chasse comme bon leur semblerait, en leurs possessions et domaines ce qu'ils n'avoient accoutumé de faire, mais avoient seulement permission de voler les cailles et perdrix aux esperviers en payant une grande somme de deniers. »

(2) Sainte-Palaye. — Louis XII chassait encore dans plusieurs autres forêts. Dans l'*Épitaphe* de *Relay*, le *bon chien gris* se vante d'avoir servi pendant treize ans le Roi *Louys douziesme* :

« Ma bonté leur fis veoir dans sa forest d'*Amboise*
Maints grands efforts je fis en cest forests de *Blois*
Encor plus dedans est au pays de *Valois*
Laye, Annet, Dreux, Monfort, Coucy, Laigle, Compiengne
Bierre, Senart, Livry, Crécy, Brie, Champagne.
Touraine, Anjou, le Maine, Orléans, Vandosmois
Le *haut* et *bas Poitou, Sainctonge, l'Angoulmois*
La *Picardie, Caux, Normandie, Bourgongne.* »

(La *Muse chasseresse* de Guillaume du Sable.)

oublier le soin des affaires de son royaume. Quoi qu'il en soit, il chassait continuellement pendant ses voyages et au milieu des conférences diplomatiques les plus importantes.

Quand l'archiduc Philippe le Beau traversa la France pour se rendre en Espagne près de son beau-père Ferdinand le Catholique (1501), le Roi le mena plusieurs fois à la chasse (1) et lui fit présent d'oiseaux bien *affaités pour les champs et pour rivière* afin qu'il pût en amuser les loisirs de sa route.

Jean Caulier, évêque de Gurce, envoyé en 1510 par Marguerite d'Autriche à la cour de France, raconte dans ses lettres à cette princesse, que le Roi l'invite continuellement à ses chasses, et André de Burgo, chargé d'une mission analogue en 1511, se plaint parfois de ce que le monarque s'attarde tellement dans les forêts à la poursuite du gibier, qu'on ne peut *parler à luy* (2).

Revenant d'Italie en 1502, il s'arrêta à Grenoble auprès de la Reine et y séjourna huit jours, passant le temps à la chasse des grosses bêtes, à la volerie, et à plusieurs autres ébats divers et *solacieux déduits* (3).

Cette passion faillit plusieurs fois lui devenir funeste. Comme il poursuivait un grand cerf dans la

---

(1) Le 7 décembre, à Saint-Dié, le grand fauconnier et les gens de la fauconnerie, leurs oiseaux sur le poing, offrirent le passe-temps d'une chasse au vol à l'archiduc qui retarda volontiers son arrivée à Blois. P. L. Jacob, *Histoire du XVIe siècle*, t. II.

(2) Voir Sainte-Palaye, IIIe partie et les notes.

(3) *Ibidem*. — P. L. Jacob, *Histoire du XVIe siècle*, t. II.

En 1499, lors de la prise de Pavie par les troupes de Louis XII,

forêt de Montargis, son cheval s'abattit si rudement qu'il se démit l'épaule (1500). En 1505, sa vie fut sérieusement menacée par une maladie à laquelle les fatigues de la chasse n'étaient pas étrangères. A peine hors de danger, il alla passer deux mois au Plessis-lès-Tours, où il occupa les loisirs de sa convalescence à voir tirer ses archers, à faire piquer ses grands chevaux devant lui et à chasser des sangliers dans le parc.

Sur la fin de sa vie, tout occupé de l'éducation de son héritier présomptif, François, duc d'Angoulême, il se plaisait à lui inspirer le goût du *noble déduit*. Pendant un séjour que le jeune prince fit près de lui à Chinon, le Roi envoyait prendre des bêtes en la forêt voisine et partout ailleurs qu'on apportait *dans le parc pour son passe-temps et pour donner désennui à son jeune neveu, qui tant y prenoit de plaisir*.

Fleuranges raconte aussi dans ses mémoires *comment ledit sieur d'Angoulesme et le jeune adventureux* (1) *laschoient des pans de rets et toute manière de harnois* pour prendre les cerfs et les bêtes sauvages. François avait alors 8 ou 10 ans.

François Ier.

Devenu Roi, François Ier sut profiter des leçons de son oncle. Il mérita le titre de *Père des veneurs* dont il n'était probablement pas moins fier que celui de

---

toute l'armée, jusqu'aux plus minces goujats, se donna le plaisir de la chasse dans le vaste parc qui avoisinait la ville. Plus de cinquante bêtes fauves et rousses furent prises à course de cheval dans un seul jour. (*Histoire du* XVIe *siècle*, t. I.)

(1) Fleuranges lui-même est désigné sous ce surnom. *Mémoires* de Fleuranges, ch. III.

Père des Lettres. Plus d'une fois il courut risque de la vie dans ses chasses où il s'exposait aux dangers avec la plus téméraire insouciance. Un jour un cerf l'enleva de sa selle avec ses andouillers et le lança contre terre sans qu'on lui vît manifester la moindre émotion. Il aimait par-dessus tout à combattre corps à corps les sangliers les plus féroces enfermés dans les toiles ou lâchés exprès dans des enceintes fermées (1).

Un jour, à l'occasion du mariage d'Antoine, duc de Lorraine, avec Rénée de Bourbon (mai 1515), le Roi avait envoyé ses veneurs prendre à *force de cordes* un *vert sanglier de quatre ans*. L'animal fut mis dans un grand coffre fait de forts barreaux de chêne, bien bandé de fer, lequel fut amené dans un char au château d'Amboise.

Dans la cour du château avait été disposée une *bauge*, toute couverte de branches et de feuilles, d'où *cette furieuse beste* devait s'élancer sur des *fantosmes* (mannequins) suspendus à des cordes. Toutes les portes donnant sur cette cour étaient barricadées de *gros bahuts, coffres et autres choses*.

Chacun s'étant mis aux fenêtres, le Roi fit signe de *haucer le trappon* ou porte du coffre qui renfermait le sanglier. Celui-ci sortit aussitôt tout hérissé et *tarquetant ses marteaux qui sembloit que ce fussent orfèvres*.

---

(1) Ranke, *Histoire de France aux* XVIe *et* XVIIe *siècles*, t. 1er. — *Relations des ambassadeurs vénitiens*. — *Budxi Philologia*. — L'ambassadeur Venier (1533) ajoute que le Roi court le cerf avec tant d'emportement que les autres ne peuvent suivre. Quatre piqueurs seulement sont de force à accompagner Sa Majesté. (*Diplomatie vénitienne*.)

Il s'amusa quelque temps à déchirer et à faire tournoyer les mannequins, puis, cette *mauvaise beste*, excitée par les cris des spectateurs, se mit à galoper autour de la cour, et, trouvant à l'entrée d'une *vis* (1) un passage *mal taudissé*, renversa deux coffres qui barraient la porte, et monta l'escalier jusque dans les galeries du château, au grand effroi des dames et des gentilshommes dont elles étaient remplies. Le quartanier, traversant cette foule épouvantée, courut tout droit sur le Roi. François Ier, sans s'émouvoir, faisant *reculer à son dos* les assistants, arrête ceux de ses gentilshommes qui voulaient *se mettre entre deux, tire une bonne forte espée tranchante et poignante* ceinte à son côté, *démarche un demy-pas* et frappe le sanglier d'un coup de pointe si vigoureux qu'il le traverse de part en part. L'animal laisse là le Roi, s'en va descendre par l'autre *vis qui estoit devant le puis*, et tombe mort dans la cour (2).

Insensible à la fatigue comme aux intempéries des saisons, François Ier ne se laissait jamais arrêter par le froid, le vent ou la pluie. Surpris par la nuit, il allait chercher un gîte dans les plus misérables cabanes, au grand déplaisir de ses courtisans (3).

---

(1) Escalier tournant.

(2) *Hardiesses des grands Roys*, par Nicolas Sala.

(3) « Le Roy revint hier de la chasse de Saint-Laurent-des-Eaux, là où il a couru le cerf deux jours; du passe-temps, je vous laisse à penser quel il a esté, car pour demourer jusques à dix heures du soir sans revenir au logis, il n'y a gens que l'ayent mieux fait que nous, et bien mouillez. » Lettre de Brion au maréchal de Montmorency, 1er février 1524, citée par M. Mignet, *Rivalité de Charles-Quint et de François Ier*. — Voir aussi Ranke, *Histoire de France*, t. Ier.

Marguerite de Navarre nous a transmis, dans son *Heptameron*, le récit d'une aventure arrivée à François Ier en 1521, comme il chassait dans la forêt d'Argilly, près de Dijon (1). Le Roi avait été averti de se défier d'un certain comte Guillaume de Fustemberg, colonel de lansquenets, récemment entré à son service. Prenant pour toutes armes sa meilleure épée, François emmena avec lui le comte Guillaume, auquel il commanda de le suivre de près.

Après avoir couru le cerf pendant quelque temps, le Roi, voyant que ses gens étaient loin de lui et qu'il était seul avec le comte, se détourna *hors de tous chemins*, puis, tirant son épée et la présentant à l'aventurier, il lui dit : « Vous semble-t-il que cette épée soit belle et bonne ? Le comte, en la maniant par le bout, luy dist qu'il n'en avoit veu nulle qu'il pensast meilleure. Vous avez raison, dist le Roy, et me semble que, si ung gentil homme avoit délibéré de me tuer et qu'il eust congneu la force de mon bras et la bonté de mon cueur accompaignée de ceste espée, il penseroit deux fois à m'assaillir : toutes fois, je le tiendrois pour bien meschant, si nous estions seul à seul sans tesmoings, s'il n'osoit exécuter ce qu'il auroit osé entreprendre. Le comte Guillaume luy respondit avecq un visaige estonné : Sire, la meschanceté de l'entreprinse seroit bien grande, mais la follie de la vouloir exécuter ne seroit pas moindre. Le Roy, en se prenant à rire, remist l'espée au fourreau, et, escoutant que

(1) La même où campait Jean sans Peur, lorsqu'il reçut les ambassadeurs de Charles VI. Voir plus haut.

la chasse estoit près de luy, picqua après le plus qu'il peut. »

Ayant rejoint ses gens, le Roi ne parla à personne de cette affaire ; mais le comte, se voyant soupçonné, se hâta de rompre ses engagements et quitta la France en toute hâte (1).

François Ier prenait beaucoup plus de plaisir à la vénerie qu'à la fauconnerie ; aussi chassait-il à courre en toute saison, contrairement à l'usage de ses prédécesseurs. Avant son règne, quand venait la Sainte-Croix de mai et qu'il était temps de mettre les oiseaux *en mue*, les veneurs arrivaient tout habillés de vert avec leurs trompes, et chassaient les fauconniers hors de la cour (2). En revanche, à la Sainte-Croix de septembre, le grand fauconnier venait à la cour et chassait les veneurs, « car les cerfs ne valent plus rien, et il est temps de mettre les chiens au chenil (3). »

Les équipages de François Ier surpassèrent en magnificence tout ce qui s'était vu en France jusque-là. Au dire des ambassadeurs vénitiens, le Roi dépensait

---

(1) L'*Heptameron des nouvelles de la Royne de Navarre*, XVIIe nouvelle.

(2) Le vieux débat entre la vénerie et la fauconnerie fut de nouveau plaidé sous ce règne par le poëte Guillaume Crétin (*Le débat de deux dames sur le passe-temps de la chasse des chiens et des oiseaux*. Paris, 1526.) On pourrait s'étonner de voir encore ici le comte de Tancarville nommé juge du débat. Mais ce poëme n'est guère qu'une copie du *Roy Modus*.

(3) Ces détails sont tirés d'un fragment intercalé on ne sait trop comment dans le chap. V des *Mémoires* de Fleuranges. Ce morceau curieux est malheureusement incomplet. Il n'y est question ni de l'équipage du cerf, ni de l'office du grand veneur, quoique Fleuranges, parlant de la vénerie des toiles, dise que *les veneurs y ont pareil traitement qu'aux autres cy devant*.

plus de 150,000 écus pour sa chasse, y compris les provisions, chars, filets, chiens et *autres bagatelles* (1).

La seule vénerie des Toiles coûtait par an 18,000 livres (2).

François Ier fit construire le magnifique château de Madrid, au bois de Boulogne, et deux autres châteaux *au lieu* de Livry, *esquels lieux icelluy sieur estoit délibéré quelquefois se retirer pour le plaisir de la chasse* (3). Le bois de Boulogne, débris de l'ancienne forêt de Rouvray, fut enclos de murs à la même époque. Le Roi y fit des plantations nouvelles, le repeupla de gibier et l'exonéra de diverses redevances (4).

Les châteaux de Chambord, de Villers-Coterets, Folembray, Fontainebleau, furent bâtis ou agrandis dans les mêmes intentions ; tous, en effet, sont situés près des forêts où nos Rois aimaient à chasser (5). A Fontainebleau François Ier fit construire un superbe hôtel pour le grand veneur et tout l'attirail de chasse. Cet hôtel, connu sous le nom modeste du *Chenil*, était composé de deux corps de logis, où étaient deux belles salles et neuf ou dix chambres assez spacieuses, avec galeries hautes et basses et écuries pour 50 ou 60 che-

---

(1) *Relations des ambassadeurs vénitiens*, publiées par le ministère de l'instruction publique.

(2) *Mémoires* de Fleuranges.

(3) Lettres patentes du 1er août 1528.

(4) Ce bois qui avait eu pour *grand gruyer*, sous Louis XI, le fameux Olivier le Daim, s'étendait encore jusque dans la plaine de Clichy. (Jouanne, *Environs de Paris*.)

(5) Le Roi allait en outre chasser souvent à Dampierre, à Limours, à Rochefort, à Chantilly. Au retour d'un pèlerinage à Notre-Dame de Liesse, il alla se délasser en chassant pendant huit jours le long de la montagne de Reims.

vaux. Les deux cours contenaient dix ou douze loges séparées pour les meutes, chacune accompagnée de sa chambrette pour les valets de limiers. Ce logis avait été édifié par le Roi dans le *pourpris* même de sa maison de Fontainebleau, « affin que luy, qui aimoit ce plaisir plus que aultre Roy qui l'ait précédé, n'allast chercher les lieutenans, picqueurs et tous aultres officiers et valets de sa vannerie, plus loing de mille pas au sortir de sa chambre, pour ordonner de l'assemblée quand il y vouloit aller, et ne prenoit pas plaisir qu'aultre que luy s'en entremist, ny d'y estre suyvy que de ceux qu'il nommoit aux mesmes vaneurs (1).

Dans un précieux manuscrit de la Bibliothèque impériale, dont la miniature initiale représente François Ier en habit de chasse, ayant auprès de lui son veneur favori Perot et les chiens de tête de la meute royale (2), on lit un récit qui, tout en servant de cadre à une allégorie classique assez froide, contient des détails bien réels et témoigne à quel point ce Roi s'occupait en effet des moindres circonstances concernant sa vénerie : « Au commencement du moys d'Auguste, l'an mil cinq cens dix-neuf, y est-il dit, Françoys, par la grâce de Dieu, Roy de France, desyrant par pénible labeur exercer sa forte jeunesse, alla courir le cerf en la fourest de Byèvre, et voulut que ce jour courussent les chiens qu'il avoit esleuz pour bailler à la meute,

(1) *Mémoires* du maréchal de Vieilleville, t. Ier. — François Ier et Henri II couchaient souvent à ce *chenil* les jours de chasse.

(2) *Supplément français*, n° 1328. — Voir *la Renaissance des arts à la cour de France*, par le comte de Laborde, additions au t. I.

pour ce qu'ils sont plus seurs que les aultres. Gaillart fut de ce nombre, aussi fut Gallehault et le gentil Rameau; Arbault, Gerfaut et Billehault leur tindrent compaignie. » Le Roi, suivant le cerf de bien près et courant à *bride avalée*, rencontre la déesse Diane et Jules César, avec lesquels il oublie sa chasse en se faisant raconter les campagnes du dictateur. Sa conversation terminée, il rejoint, près de Fontainebleau, ses chiens qui chassaient *mieux que d'avant*. « Et se trouva le premier à la mort du cerf, mais il n'avoyt avec luy que le gentil Arbault et la *Belle Greffière*, car Diane et Aurora l'avaient lessé et san estoient alléez. »

Justement fier de ses équipages de chasse, François aimoit à les montrer aux princes étrangers qui visitaient sa cour. Lorsque Charles-Quint traversa la France en 1540, le Roi le conduisit au château de Lusignan « pour la *délectation de la chasse aux daims* qui estoient là dans un des beaux et anciens parcs de France à très-grande foison (1). » L'Empereur fut successivement reçu à Amboise et à Blois. De là il se rendit à Fontainebleau, « auquel lieu pour estre maison que le Roy avoit bastie pour les chasses et déduicts, le festoya et luy donna tous les plaisirs qui se peuvent inventer, comme de chasses royalles, tournois, escarmouches, combats à pied et à cheval, et sommairement en toutes autres sortes d'esbattements (2). »

---

(1) Sainte-Palaye.
(2) *Mémoires* de Du Bellay, l. IX.

Sur la fin de sa vie, François Ier, devenu infirme et pesant, suivait encore les chasses sur une mule : « Quand je ne pourrai plus me mouvoir, je m'y ferai porter, disait-il, et peut-être après ma mort voudrai-je y aller dans mon cercueil. » L'ambassadeur de Venise lui reprochait, à Fontainebleau, d'avoir chassé, déjà souffrant, par un froid rigoureux : « Foi de gentilhomme, répondit le Roi, c'est la chasse qui m'a guéri (1). » Déjà mortellement atteint, il cherchait encore à oublier ses souffrances en courant de forêt en forêt. Revenant de Rochefort, où il avait été harcelé par la fièvre, il s'arrêta à Rambouillet, où il ne comptait passer qu'une nuit. Le plaisir qu'il y prit en chassant lui fit prolonger son séjour. La fièvre devint continue, et le *Grand Roy François*, comme l'appellent ses contemporains, y mourut le dernier jour de mars 1547, à l'âge de 52 ans (2).

L'amiral d'Annebaut et le grand sénéchal de Normandie.

Parmi les plus fidèles compagnons de chasse de François Ier et les veneurs éminents de son règne, il faut compter l'amiral d'Annebaut, bailli d'Évreux, ainsi que Louis de Brézé, grand veneur, grand sénéchal et lieutenant général de Sa Majesté en Normandie, chasseur habile comme ses aïeux (3). Le Roi consultait souvent l'amiral sur l'organisation de ses

---

(1) *Diplomatie vénitienne.* — Ranke.
(2) De Thou, *Histoire universelle*, t. I. Ed. de Londres, 1734.
(3) C'est ce même Louis de Brézé, comte de Maulevier, mari de Diane de Poitiers, dont Rabelais parle au 1er livre de *Gargantua*, où frère Jehan des Entommeures se vante de l'avoir *détroussé* d'un gentil lévrier. Il était fils du fameux veneur Jacques de Brézé, dont nous avons parlé précédemment, et descendant de Jean de Brézé, célèbre chasseur du XIVe siècle, cité par le *Trésor de Venerie*.

meutes et l'installation de ses chenils. Ce fut ce seigneur qui introduisit dans les équipages royaux la race des chiens fauves de Bretagne, et le chien fauve Miraud, donné au Roi par l'amiral, servit à *renforcer* la race des chiens blancs ou *greffiers*. Accompagnant un jour François Ier à la chasse dans la forêt d'Évreux, d'Annebaut *fit récit* au Roi de la maison de la Huennière, sise en la paroisse des Baux-de-Sainte-Croix, « et fit trouver bon à Sa Majesté d'y faire bastir un chenil et estables où ses chiens pourroient estre renfermés et resserrés aux occasions de chasse. »

Le Roi approuva ce projet qui lui avait déjà été proposé par le grand sénéchal, et il fut décidé que Jacques Baudin, *verdier* et *gruyer* de la forêt, propriétaire de cette maison de la Huennière, serait chargé, moyennant certains priviléges qui lui seraient accordés, d'y construire un chenil pour les chiens du Roi et de faire clore de liens de fer tous puits et margelles qui se trouvaient dans la forêt d'Évreux (1).

Le connétable de Bourbon.

Le dernier des grands feudataires de la vieille France, le connétable Charles, duc de Bourbon, dont la défection fut si funeste à son pays, figure au nombre des chasseurs fameux du XVIe siècle. Il avait été élevé par sa tante, la duchesse Anne de France, dame de Beaujeu, si passionnée elle-même pour la vénerie, qui lui faisait « aprandre le latin à certaines heures du jour, et quelquefois à courir la lance, piquer les chevaux, tirer de l'arc où il étoit enclin, autres fois

(1) Lettres patentes du 12 février 1542, citées par l'*Annuaire du département de l'Eure*, 1865.

aller à la chasse ou à la volerie et aussi an tous autres déduits où l'on a accoutumé d'induire les grans seigneurs (1). »

Lorsque François Ier visita la Guienne et le Poitou, le connétable le reçut en son domaine de Châtellerault et lui offrit des chasses magnifiques. Les premières relations de Bourbon avec Charles-Quint eurent lieu à propos d'un duché de Sessa dans le royaume de Naples, réclamé par le connétable. Les négociations furent confiées par ce prince à Philibert de Saint-Romain, seigneur de Lurcy, qui eut en même temps mission d'offrir à l'Empereur des chevaux, des haquenées, des arbalètes et des épieux de chasse (2). Ce présent devait être accepté avec plaisir par Charles-Quint qui aimait beaucoup la chasse (3) et fut un veneur accompli, digne de son père Philippe le Beau et de son aïeul Maximilien (4). Dès l'âge de neuf ans il avait manifesté des dispositions qui ravirent ce dernier. « Nous fumes bien jeuyeulx, écrit-il à sa fille Marguerite, gouvernante des Pays-Bas, que nostre filz Charles prenne tant de plaisir à la chasse ; aultrement on pourra penser qu'il fust bastart (5). »

Charles-Quint fit peindre ses chasses par Bernard Charles-Quint.

(1) *Histoire de Bourbon* par Marillac, citée par M. Mignet. *Rivalité de François Ier et de Charles V.*

(2) Déposition du chancelier de Bourbonnais. *Ibid.*

(3) *Charles-Quint, son abdication, son séjour et sa mort au monastère de Yuste*, par M. Mignet. — *Recherches sur la maison de chasse des ducs de Brabant.*

(4) C'est à cause de sa descendance bourguignonne que nous avons cru pouvoir dire quelques mots de l'illustre rival de François 1er.

(5) Galesloot.

Van Orley et décora de ces tableaux son château de Bruxelles (1). On y admirait surtout une vue de la forêt de Soignes où l'Empereur était représenté au milieu des principaux seigneurs de sa cour. Ces compositions servirent de cartons pour des tapisseries destinées à orner les palais impériaux et à être envoyées en présent aux souverains (2).

Henri II.

« Le Roi Henri II, écrivait en 1552 l'ambassadeur venitien Lorenzo Contarini, se complaît infiniment à la chasse de tous animaux, comme faisait le père, et surtout à la chasse du cerf, à laquelle il va deux et trois fois la semaine, au risque des plus grandes fatigues, non moins qu'au péril de sa vie (3). » Il suivait quelquefois un cerf pendant sept heures, ses chevaux tombaient sous lui (4).

Les équipages de Henri II ne le cédaient en rien à ceux de François Ier. L'équipage du cerf, sous les ordres directs du grand veneur, comptait 47 gentilshommes et aides de vénerie, 4 valets de limier, 7 valets de chiens. Henri II y joignit une *bande ordonnée estre et demeurer en sa chambre*, aussi *sous la charge* du grand veneur, plus *la bande des petits chiens nommés les Régents* (1 capitaine, 16 gentilshommes, 4 valets de limiers, 4 valets de chiens).

---

(1) *Ibid.* — Jusqu'à l'incendie de cette résidence en 1741, on y conserva, outre ces tableaux, l'épée de chasse dont le grand Empereur se servait contre les sangliers, et sa hallebarde de chasse, émaillée d'or et d'argent qui *tirait deux coups* (*ibid.*)

(2) Galesloot.

(3) *Diplomatie venitienne.*

(4) Ranke.

L'équipage des toiles, quoique moins considérable que sous François Ier, était dirigé par un capitaine et un lieutenant, ayant sous leur commandement 4 veneurs, 1 garde de 24 chiens courants, 2 gardes de lévriers, 1 conducteur de chariots et ses valets, 53 archers.

Dans la grande Fauconnerie, servaient, sous le grand fauconnier Charles de Cossé, un premier fauconnier et 54 fauconniers particuliers, sans compter 30 autres fauconniers *ordonnés pour les oiseaux de la Chambre,* sous la charge de Monseigneur de Guise (1).

La somme totale des dépenses de la vénerie, état des toiles et fauconnerie, s'élevait à 64,775 livres tournois (2).

Le maréchal de Vieilleville nous raconte dans ses Mémoires, que le Roi ayant voulu donner à des ambassadeurs allemands qui quittaient Fontainebleau (1551) le divertissement d'une chasse, avait commandé au sieur *de Marconnet,* lieutenant de sa Vénerie (3), de faire lancer un cerf sur leur chemin : « Ledit Marconnet, qui estoit fort expérimenté vaneur, n'y faillit pas et le fit lancer fort à propos, si bien qu'ils le coururent à veue plus de demye lieue en une

(1) Comptes de Henri II aux Pièces justificatives.

(2) Cette somme est très-inférieure à celle à laquelle les ambassadeurs vénitiens évaluent la dépense des chasses de François Ier. Mais celle-ci est approximative, peut-être exagérée, et comprend, en tous cas, une foule de dépenses extraordinaires et accessoires.

(3) François de Marconnay était en 1553 second lieutenant de la vénerie à 900 lt. de gages. Du Fouilloux rapporte que ce fut lui qui tira une race de chiens *bons par excellence* d'un chien donné au Roi par la Reine d'Écosse.

grande et longue lande, et comme il voulut gaigner le boys, il trouva dix levriers en teste qui luy firent rebrousser chemin et le prindrent, de quoy les Allemands furent très-ayses, car il leur fut entièrement départy, mais merveilleusement estonnez de veoir cent ou six vingt *piqueurs* (1) qui avec leurs trompes disoient la mort du cerf. »

Le duc de Guise.

La charge de grand veneur fut occupée, de 1550 à 1562, par François de Lorraine, duc de Guise, et jamais cet office ne fut rempli avec plus de zèle et d'exactitude. Excellent chasseur lui-même, le duc possédait pour son compte des équipages de vénerie et de fauconnerie qui ne le cédaient qu'à ceux du Roi (2). La faveur d'obtenir quelques-uns de ses chiens ou de ses oiseaux était fort recherchée. Ses officiers avaient grand soin de lui faire rapport de tous les faits remarquables concernant la vénerie arrivés à leur connaissance et de lui envoyer tous les animaux rares trouvés dans les forêts, ainsi que les têtes bizarres et les mues de cerf extraordinaires. Si l'on inventait quelque arme nouvelle, on s'empressait de lui en faire hommage. En 1577, le duc de Guise, guerroyant au fond de l'Italie (3), manifeste dans ses lettres son

(1) Ce mot signifie ici tous ceux qui avaient *piqué* après le cerf.

(2) Sa vénerie *riche en chiens blancs et gris* résidait d'ordinaire à Dourdan sous la garde de Verdellet. Les chiens consommaient pour 35 deniers de pain par jour. La duchesse de Guise *se montroit si attentive et si complaisant que mesmes elle avait soin des chiens de chasse esquels elle voyoit qu'il prenoit son plaisir.* Le duc avait aussi un vautrait commandé par son frère le marquis d'Elbeuf. (*Histoire des ducs de Guise*, par M. le comte René de Bouillé, t. Ier.

(3) Le duc de Guise avait passé les Alpes au printemps de cette an-

regret *de ne pas avoir par effect le plaisir de ses chasses à Joinville* (1).

Ce goût pour la chasse était héréditaire dans la maison de Guise. Le duc Claude, père de François et grand veneur avant lui, était passionné comme son fils pour cet exercice (2). Ses descendants ne le furent pas moins. Henri de Guise *le Balafré,* fils de François, accompagnait Charles IX dans ses chasses continuelles et faillit en 1570, y être assassiné par le grand prieur de France, Henri d'Angoulême (3). En 1571, le cardinal de Guise, oncle du Balafré, chassait avec ses neveux à Esclerron, *où ils n'engendroient pas de mélancolie* (4).

Le règne de François II fut trop court, et ce Roi mourut trop jeune pour que nous ayons rien à enregistrer sur ses faits et gestes cynégétiques. Ce débile adolescent paraît avoir été un chasseur timide et peu zélé. Lorsqu'il chassait avec la Reine mère, l'ardente chasseresse l'excitait de son mieux à se lancer à travers les taillis (5). François II.

née, avec une armée de 10,000 fantassins, 500 lances et 600 chevau-légers pour reconquérir le royaume de Naples. (*Ibidem*).

(1) *Ibidem.*

(2) La charge de grand veneur ne sortit de la Maison de Lorraine qu'en 1597. Charles duc d'Aumale, grand veneur, réfugié après les guerres de la Ligue à Bruxelles, y devint grand fauconnier de Brabant.

(3) De Thou, t. VI. — C'est ce même grand prieur dont Jehan du Bec raconte qu'il avait fait venir en Provence *une meute de fort excellens chiens de France*, qui n'y purent chasser *pour les senteurs de lavende, de thim, de romarin dont le pays est tout couvert.* (*Antagonie du chien et du lièvre*, ch. IV.)

(4) *Histoire des ducs de Guise*, t. II.

(5) *Diplomatie vénitienne.*

L'événement le plus important de ce règne, en matière de vénerie, est la publication du fameux traité de du Fouilloux, qu'on peut appeler *la Bible des anciens veneurs*, comme les Commentaires de Montluc étaient appelés *la Bible des gens de guerre* (1).

Charles IX. L'amour de la chasse fut poussé par Charles IX jusqu'à la frénésie. « Il estoit fol de ce pénible exercice jusqu'à en perdre le boire et le manger, aussi bien que le repos du sommeil (2). » Aussi sa fin prématurée fut-elle attribuée, par ses contemporains, aux fatigues qu'il y avait endurées.

Il restait à cheval douze et quatorze heures consécutives, courant à travers bois pendant plusieurs jours, ne s'arrêtant que pour manger, ne se reposant que quelques instants pendant la nuit (3). « C'est une chose à ne point croire, écrit à l'époque de la mort du Roi l'ambassadeur vénitien Cavalli, que les insupportables fatigues que Sa Majesté prenait à la chasse. Quand Elle n'y pouvait aller, ce qui était d'ailleurs bien rare, Elle s'adonnait aux armes, à la paume (4).... »

Ambroise Paré, le grand chirurgien, dit un jour à Brantôme que Charles IX était mort pour avoir trop sonné de la trompe à la chasse du cerf. « Sur quoy

---

(1) La première édition de la *Venerie* de Jacques du Fouilloux est de 1560. Le frontispice porte la figure de François II, recevant l'hommage du livre.

(2) *Histoire de Charles IX*, par Papyre Masson. *Archives curieuses de l'Histoire de France*, 1re série, t. VIII.

(3) *Diplomatie vénitienne.*

(4) *Ibidem.*

aucuns prirent sujet de faire pour son tombeau ces deux vers :

> Pour aymer trop Diane et Cytherée aussi
> L'une et l'autre m'ont mis en ce tombeau icy

« Quant à l'exercice de Diane, ajoute Brantôme (1), je le croy fort bien, car il y estoit trop violantement addonné, fust à courir et à picquer après le cerf, fust à beau pied à le destourner avec le limier et en perdoit le dormir, estant à cheval avant jour pour y aller et se peinoit aussi fort à appeller les chiens, fust de la voix, fust de la trompe (2). »

Entre autres exploits extraordinaires, Charles entreprit un jour de forcer un cerf sans chiens. Il l'attaqua à vue, le poursuivit à course de cheval et le prit sans avoir même changé de monture.

Ce haut fait fut célébré en vers par François d'Amboise et par Baïf.

Ce dernier met naturellement son héros bien au-dessus d'Hercule, vainqueur de la biche aux cornes d'or :

> Sans levriers, sans clabauts (3)
> Avez forcé le cerf et par monts et par vaux

---

(1) *Vies des grands capitaines françois*, discours LXXXVIIIe.

(2) Arnaud Sorbin, prédicateur du Roi, fut un jour chargé par la Reine mère de lui représenter les inconvénients qui résultaient de ce genre de vie. Charles, qui ne manquait ni d'esprit ni d'éloquence, sut trouver d'excellents arguments pour se défendre. « Jamais, dit Sorbin, je n'ouys homme mieux discourir de la distribution et déportement de ses actions pour me persuader et faire croire que le plaisir qu'il prenoit à la chasse ne portoit préjudice en façon du monde ny à la santé de son corps, ny au devoir de sa charge (*Vie, mœurs et vertus du Roy très-chrétien Charles IX*, par Arnaud Sorbin, 1574.)

(3) Chiens courants *clabaudeurs* et trop long coiffés.

Malmené de vous seul, monstrant que la vitesse
Ne sauve le couart, quand le guerrier le presse (1).

« Pendant l'hyver de 1570, dit le vicomte de Turenne dans ses mémoires, je vis le Roy prendre deux cerfs dans la forest (de Villers-Coterets), dans la neige, sans chiens, ayant mis des relais de veneurs et de chevaux pour luy et pour nous qui courions après luy. »

Charles IX tua aussi un loup monstrueux dont les ravages répandaient partout la terreur (2).

Il chassait souvent dans la forêt de Lyons, où l'on voit encore les ruines de son rendez-vous de chasse, nommé Charleval (3).

Il arriva à ce Roi, dans l'ardeur de la chasse, de frapper de sa houssine un homme qui s'était mis mal à propos sur son chemin. Apprenant que le battu était gentilhomme : « Je ne suis que cela, » dit-il, et il lui fit satisfaction (4).

On lit dans la correspondance de Charles IX avec M. de Mandelot, gouverneur de Lyon, qu'en septembre 1572, près du château de Saint-Germain-en-Laye, le Roi se blessa légèrement au bras gauche en poursuivant un sanglier pris dans les toiles (5).

---

(1) La pièce de Baïf est reproduite en entier dans Sainte-Palaye (IIe partie, notes), et dans la consciencieuse édition du *Livre du Roy Charles*, publiée par M. H. Chevreul. Ce dernier ouvrage contient aussi les vers de François d'Amboise.

(2) Sainte-Palaye.

(3) Ce fut dans cette forêt qu'il rencontra un jour un spectre de feu, haut d'une lance. (Papyre Masson.)

(4) Tallemant des Réaux, t. II.

(5) *Correspondance de Charles IX et de Mandelot*, publiée par M. P. Paris.

« Ce continuel acharnement après les bestes le rendit sanguinaire, » dit Papyre Masson (1). Il s'amusait souvent à couper la tête aux vaches et aux mulets qu'il rencontrait sur son chemin. Comme il voulait décapiter de cette façon le mulet de M. de Lansac, l'un de ses familiers : « Quel différend, Roy très-chrestien, lui dit ce gentilhomme, peut estre survenu entre vous et mon mulet (2) ? »

Les veneurs du Roi, sous la charge de Claude de Lorraine duc d'Aumale, grand veneur, étaient divisés en deux compagnies, *à sçavoir de chiens blancs et de chiens gris*, et servaient par quartiers. Malgré la passion du maître pour la vénerie, ses équipages étaient

---

(1) Cet auteur croit devoir ajouter « contre les seuls animaux, car on ne remarque point qu'il ait jamais tué personne de sa propre main. » Cette restriction peut paraître singulière. Il est juste, toutefois, de remarquer que la participation personnelle de Charles IX au massacre de la Saint-Barthélemy a été très-exagérée et que la fameuse anecdote des coups d'arquebuse est fort suspecte.

(2) Papyre Masson. — Les comptes de Charles IX contiennent plusieurs articles relatifs à cette étrange manie et prouvent en même temps, comme le dit son historien, qu'il avait soin d'indemniser les propriétaires des victimes. — 14 octobre 1572, à Nicolas Audry, vallet des grands levriers dudit sieur, la somme de 200 lt. dont ledit sieur luy a fait don en considération des services qu'il lui a faicts en sondict estat et pour le récompenser de 4 vaches à luy appartenant que Sa Majesté a faict estrangler par ses grands levriers.

10 octobre 1572, à Guillaume de Haulsoy, pauvre laveur, demeurant à Chaillot, près les Bons-Hommes, 25 lt. pour le récompenser d'une vache qui luy auroit esté tuée par les grands chiens dudict seigneur, venant de la chasse du bois de Boulogne. — On trouve encore dans ces comptes « six vingt-cinq livres pour un mulet que Sa Majesté a faict prendre à un muletier de la suite du chevalier d'Angoulême pour faire combattre à ses lyons. » Extraits des comptes de Charles IX, *Archives curieuses de l'Histoire de France*, t. VIII, 1re série.

Le Roi poussait ce goût bizarre jusqu'à tuer des pourceaux de ses propres mains et à les *habiller* aussi adroitement qu'eût pu le faire un charcutier (Papyre Masson).

moins considérables que ceux de Henri II. L'équipage du cerf et celui des toiles comptent un personnel moins nombreux, la meute des petits chiens est supprimée.

La fauconnerie, divisée en *grande Fauconnerie*, *fauconniers sous la charge de M. le connestable* et autres fauconniers *pour les oiseaux de la Chambre*, a subi également des réductions. La somme totale de ladite *Vénerie, Estat des toiles et Fauconnerie*, s'élevait, en 1564, à 41,000 livres tournois (1).

Charles IX est l'auteur d'un *Traité de vénerie* resté incomplet, qui contient des renseignements intéressants sur la chasse du cerf et les races de chiens en usage de son temps. Ce livre n'a été imprimé qu'en 1625 sous le titre de la *Chasse royale* (2). D'après de Thou, il aurait été dicté par Charles IX à M. de Villeroy, secrétaire d'État.

Il fit, en outre, *translater* en français, par Louis Leroy, le second livre de la *Philologie*, de Budé, où il est traité de la chasse du cerf (3).

Henri III. Malgré sa ridicule passion pour les chiens (4), Henri III eut peu de penchant pour les mâles exer-

(1) Pièces justificatives.

(2) « Le Roy Charles IX, aussi admirable en cette science, a fait un livre de vennerie auquel l'on ne peut rien ajouter. » (*Les Meuttes et Véneries* de messire Jean de Ligniville.) — *La Chasse royale* a été réimprimée en 1857 par L. Bouchard-Huzard et plus tard aussi en 1857, puis en 1858 et en 1859, par les soins de M. Henri Chevreul.

(3) Cette *translation* a été imprimée en 1861.

(4) De Thou assure que Henri III dépensait tous les ans plus de 100,000 écus d'or pour des petits chiens de Lyon « sans compter les dépenses en chiens de chasse et oiseaux de proie, toujours considérables dans la maison des Rois. »

cices de la chasse. Cependant les équipages royaux furent maintenus sur un pied respectable (1), et le personnel en fut même plus nombreux que sous le règne précédent. En 1584, il y avait à la grande Vénerie 3 lieutenants, 1 *soubs lieutenant* et 67 gentilshommes (2).

Ce fut sous le règne de Henry III que parut la première édition du *Plaisir des champs*, de Claude Gauchet, *Dampmartinois, aumosnier du Roy* (3). Ce livre, trop sévèrement jugé par les thércuticographes du siècle dernier, est un des plus amusants et des plus curieux qui aient été écrits sur la chasse et la vie champêtre. Il nous donne des détails intéressants sur toutes les chasses usitées de son temps, depuis la noble chasse du cerf et la fauconnerie, jusqu'aux joies villageoises de la *Darüe* et de la pipée, et ses vers, facilement écrits, sont empreints d'une sorte de parfum rustique qui est loin de manquer de charmes. Jacques-Auguste de Thou publia, vers le même temps, son poëme latin sur la fauconnerie (4).

---

(1) N'étant encore que duc d'Anjou, il prenait plaisir à de petites chasses intimes. « *Si diletta questo di una caccia domestica* » dit l'ambassadeur vénitien Correr. (*Diplomatie vénitienne.*)

(2) Monteil, t. VI. Notes. — Le duc d'Alençon, frère de Henry III, avait un équipage de chasse dont le chef était Jean de Rouvroy de Saint-Simon, seigneur de Hédouville.

(3) Paris, Chesneau, 1583. Une seconde édition revue et augmentée d'un *devis entre le chasseur et le citadin* (mais expurgée de quelques passages trop gaillards) parut en 1604 chez Abel Langelier. — Jean Passerat dédia à Henri III son poëme du *chien courant*, où il le qualifie de *grand Roi, fleur des princes du monde*

A qui Diane en la chasse est seconde.

(*Œuvres poétiques.* — Ce poëme a été réimprimé en 1864.)

(4) *De Re accipitrariâ libri tres. Lutetiæ*, 1584.

Henri IV.

L'éducation virile que reçut, dans ses Pyrénées, le jeune Henri de Navarre était merveilleusement propre à développer en lui l'amour de la chasse. Son précepteur, Florent Chrestien, s'appliqua à flatter les goûts naissants du prince en traduisant, pour lui, la *Cynégétique* d'Oppien (1). Aussi Henri aima-t-il toutes *sortes de chasses et de voleries*, « surtout les plus pénibles et hasardeuses, comme ours, loups, sangliers ; il chassoit aussi les cerfs, chevreuils, renards, fouines et lièvres, vols pour héron, oiseaux de rivière, milans, hiboux, corneilles, perdrix, à la terrasse (tirasse), aux chiens couchants et aux canards avec les barbets (2). »

Cette ardeur pour la chasse ne quitta jamais Henri de Navarre. Il chassa toute sa vie, pendant sa captivité à la cour, pendant ses longues et sanglantes guerres. Roi de Navarre ou Roi de France, vivant au jour le jour ou solidement assis sur le plus beau trône de l'univers, il sut mériter les titres de *premier veneur du monde* et de *Roi des veneurs* que lui donne Sully dans ses mémoires.

La correspondance de Henri IV suffirait pour nous montrer ses préoccupations constantes à l'endroit de la chasse. Qu'il écrive à ses ministres, à ses capitaines, à la Reine, à ses maîtresses, il leur rend compte des incidents heureux ou malheureux de ses chasses, du plaisir qu'il a rarement manqué d'y goûter, des faits et gestes de ses chiens. « Je pris hier un cerf en tant

(1) *Les quatre livres de la venerie d'Oppian*, par Florent Chrestien. Paris, 1575. — Sainte Palaye.

(2) *Mémoires* de Sully, dans Sainte-Palaye.

d'heures, avec tout le plaisir du monde, » est une phrase qu'on voit sans cesse revenir dans ses lettres au milieu des protestations d'amour adressées à Gabrielle, ou des détails relatifs aux affaires les plus sérieuses (1).

Pendant que Henri était retenu prisonnier, après la conspiration de La Mole et de Coconnas (1574-1576), il occupait ses tristes loisirs en faisant voler dans sa chambre des cailles par des émerillons. Ce fut à la faveur d'une partie de chasse qu'il réussit à s'évader (2).

De retour dans ses États, il se remit à chasser de plus belle, entremêlant de la plus singulière façon les chasses, les aventures galantes et les expéditions militaires (3).

En 1578, « le Roi de Navarre fit une chasse notable, ou plus tost une guerre aux ours, où, entr'autres cas arriva qu'un grand ours allant à la charge sur dix Suisses et dix soldats des gardes, et trouvant en son chemin un petit page de treize ans nommé Castel-Gaillard, le mit du cul à terre sans le blesser, et de là, avec dix arquebuzades et dix halebardes dans le corps, se précipita avec une douzaine de ses tueurs dans une

(1) Voir le *Recueil des Lettres missives de Henri IV*, publié par M. Berger de Xivrey. Quelques lettres relatives à ses chasses, omises dans ce recueil, se trouvent dans une collection manuscrite de lettres de Henri IV (copies) provenant du cabinet de feu M. le comte Le Couteulx de Canteleu.

(2) D'Aubigné, *Histoire universelle*, t. II.

(3) Dans son petit royaume de Navarre il avait pour grand fauconnier le baron du Tour.

crevasse de la montagne, où il se rompit le col (1). »

La chasse servit souvent de couverture aux desseins du Roi de Navarre sur les petites villes fortifiées voisines de sa résidence de Nérac. Pour surprendre Eause en 1576 et Florence en 1578, il se mit en route, entouré de quelques gentilshommes de sa maison, tous armés comme lui *de simples cuirasses sous leurs juppes de chasse* (2).

En 1586, Henri passa trois semaines à chasser dans les environs de Sainte-Foy, au sortir d'une expédition des plus hasardeuses contre cette petite ville, pendant laquelle il écrivit au baron de Batz cette lettre énergique, toute empreinte de ses souvenirs de chasseur. « Ils m'avoient entouré comme la beste, croyant qu'on me prend aux filetz ; moy, je leur veulx passer à travers ou dessus le ventre (3). »

Le lendemain de la bataille d'Ivry (15 mars 1590), Henri IV chassait dans les environs de Mantes, lorsqu'il rencontra le marquis de Rosny qu'on rapportait blessé à son château (4).

Quelques jours après le combat d'Aumale (5), où Henri avait été défait et blessé, le duc de Parme, général de l'armée ennemie, désirant connaître l'état de son

---

(1) *Histoire universelle*, t. II. — Cette chasse est racontée presque dans les mêmes termes par Sully (*Mémoires*, t. I).

(2) *Mémoires* de Sully, t. I.

(3) Chapuis, *Histoire du royaume de Navarre*.

(4) *Mémoires* de Sully. — Durant le siége de Noyon (1590), le brave La Curée ayant défait un régiment wallon, le Roi dit : « Je trouve étrange que La Curée ne m'en ait rien mandé, je vais à la chasse, allons dans son quartier. »

(5) Livré le 5 février 1592.

redoutable adversaire, lui envoya un trompette, comme pour traiter d'un échange de prisonniers. Le Roi, qui se doutait des intentions du duc, feignit de vouloir aller à la chasse, il donna l'ordre d'amener son cheval, se fit mettre en selle, et reçut ainsi le trompette. Le duc de Parme, qui savait que Henri IV chassait toutes les fois qu'il en trouvait l'occasion, au milieu des périls de la guerre la plus vive, resta persuadé que le Roi ne se ressentait plus de sa blessure.

Le 8 avril de la même année, pendant le siége de Rouen, Henri IV écrivait le billet suivant au marquis de Vitry, qui servait alors dans l'armée de la Ligue (1) : « La présente receue, ne fais faulte me venir trouver pour courir le cerf, parce que la plus part de mes gens sont malades (2).

« Les lettres portées furent monstrées à M. de Guise qui le licentia d'y aller, parce qu'il est bon chasseur, et Vitry s'en alla à Trie où estoit le Roy (3). »

Rallié deux ans après à la cause royale, Vitry prit le commandement d'un *vautrait* qui accompagnait le Roi dans toutes ses campagnes de guerre : « Mon compère, écrivait Henri IV au connétable de Montmorency, je vous fais ce mot exprès pour vous dire que, hier matin, le sieur de Vitry perdit deux des meilleurs chiens de son vautré, comme ils sortoient du camp,

---

(1) C'était un des carabins de Vitry qui venait de blesser le Roi au combat d'Aumale.

(2) *Recueil des Lettres missives de Henri IV*, publié par M. Berger de Xivrey, t. III.

(3) *Journal manuscrit d'un bourgeois de Beauvais* (*ibid.*, notes).

qui faict qu'il renvoye ce lacquais exprès pour les aller quérir et les ramener (1). »

En 1594, pendant les pourparlers qui suivirent l'abjuration de Henri IV et précédèrent son entrée à Paris, les habitants de cette ville le voyaient presque tous les jours venir chasser jusque sous leurs remparts, encore occupés par les ligueurs (2).

Aussitôt après la reddition de sa capitale, le Roi partit pour Melun et mit quatre jours à s'y rendre, chassant tout le long du chemin (3).

Peu de temps après (juillet 1594), Henri IV assiégeait Laon. Les ligueurs de la garnison s'étaient engagés à remettre la place aux *Royaux*, si dans dix jours ils n'étaient secourus. Pendant cette espèce de trêve, comme le Roi chassait dans les environs, ses chiens entrèrent dans un boqueteau où s'étaient cachés 8 ou 900 soldats qui attendaient la nuit pour se jeter dans la place. Les chiens s'étant mis à aboyer firent découvrir les ennemis qui s'enfonçaient sous bois en *connillant* (se rasant comme des lapins) et se traînant le ventre à terre. Saisis de frayeur, ces soldats jetèrent leurs armes et furent pris, défaits et dévalisés, plutôt par les laquais que par la noblesse de la cour ou l'escorte du Roi (4).

En octobre de la même année, « la trop grande hardiesse du Roy (qu'on appelleroit, en un autre,

(1) *Lettres missives de Henri IV.*
(2) *Journal* de L'Estoille, t. II. Collection Petitot.
(3) Sainte-Palaye.
(4) *Mémoires* de Sully, t. II.

témérité) cuida causer un estrange et prodigieux accident. » S'étant égaré en chassant près de Saint-Germain-en-Laye, il rencontra M. de Sourdis qui battait la campagne avec 25 chevaux. Ce gentilhomme, croyant se voir en face d'un parti ennemi, fit charger ses gens à bride abattue *avec les chiens couchés sur leurs paictrinals et pistolets* (1). Comme ils allaient faire feu, un de la troupe s'écria : « Que voulés-vous faire? c'est le Roi ! » Sourdis accourant, se jeta à ses pieds et lui dit : « Sire, qu'avés-vous pensé faire? sans cestui-là qui vous a recongneu, vous estiés mort (2) ! »

Une fois en possession paisible de son royaume (3), Henri put s'adonner sans contrainte à son penchant pour la vénerie qu'il préférait aux autres chasses, sans toutefois en dédaigner aucune. Il chassait sans cesse à Saint-Germain-en-Laye, à Livry, dans les *buissons* de la Brie, à Folembray, à Fontainebleau, à Montceaux, à Chambord. Il chassait pendant tous ses voyages, même lorsqu'il marchait avec son armée. Étant à Rennes en 1598, occupé à pacifier la Bretagne, il écrit au connétable de Montmorency : « J'ay couru des cerfs de vos forests qui sont fort beaux;

(1) Pour mettre une arme à rouet en état de faire feu, il fallait rabattre ou *coucher* le chien sur le rouet. — Le *paictrinal* ou *pétrinal* était une arquebuse courte.

(2) *Journal* de L'Estoille, t. III.

(3) En 1597, pendant qu'il assiégeait Amiens que venaient de surprendre les Espagnols, une armée ennemie s'avança au secours de la place. « Le Roy pour monstrer à ses capitaines combien il estoit juste aux mesures, le lundi matin se donna le plaisir de la chasse. » (*Histoire universelle* de d'Aubigné, t. II.)

mes chiens n'en ont failli un seul. Ils chassent mieux qu'ils n'ont jamais fait (1). » En 1606, Henri IV s'avançait contre Sedan, où le duc de Bouillon faisait mine de vouloir se mettre en rébellion. En passant à Nanteuil : « J'ay failli le cerf aujourd'hui, écrit-il à Sully, mais je pris hier deux loups, par où j'augure que je rangeray à la raison toutes les bestes ravissantes qui s'opposeront à ma volonté (2). »

Au retour de cette expédition, il mande de Reims au connétable, le 14 avril, « qu'il fait estat de partir le lendemain pour prendre le chemin de Villers-Coterets et y courre des cerfs. »

Les recueils d'anecdotes sont remplis de récits plus ou moins authentiques sur ses aventures de chasse. On y trouve entre autres une historiette où le Roi joue avec un certain capitaine Michaud, le même rôle qu'avait joué François Ier avec Guillaume de Furstemberg. Le fond en est tiré de l'*Histoire universelle* de d'Aubigné (3). Seulement le fait se passe pendant que Henri n'était que Roi de Navarre, non pas à la chasse, mais sur la route de Nérac à Gontaut, et l'assassin se nomme Gavaret.

---

(1) Copies manuscrites. — En 1605, Henri IV, se rendant à Limoges, logea dans un château près de Bussières Poitevine. L'aspect du pays vers Bellac lui plut et il voulut y avoir le plaisir de la chasse. — (*Lettres missives de Henri IV.* Notes.)

(2) *Lettres missives de Henri IV*, t. V.

(3) T. II, liv. V. — Le Roi, averti des mauvais desseins du capitaine, l'aurait mené à l'écart pendant la chasse, puis aurait demandé d'essayer un excellent cheval que montait ce personnage suspect. Une fois en selle, saisissant les pistolets chargés qui étaient dans les fontes, Henri déclare à Michaud qu'il connait son projet, qu'il est maitre de sa

L'Estoille rapporte une autre aventure où l'on voit le Roi, piqué au vif de la grossièreté de certains procureurs, se départir assez notablement de sa bonhomie habituelle. Chassant vers Grosbois, il s'était dérobé de sa compagnie, *comme il fait souvent*, et dirigé vers le village de Créteil.

Là, *affamé comme un chasseur,* il entra dans une hôtellerie pour y demander à dîner. L'hôtesse, qui ne le connaissait pas, fit réponse qu'elle n'avait qu'une *brochée de rost*, destinée à des procureurs qui dînaient dans une chambre haute Le Roi la pria de leur demander un morceau de leur rôt ou une place à leur table, moyennant part de l'écot, pour un honnête gentilhomme à jeun et fatigué. Ces robins refusèrent *tout à plat*, disant qu'ils n'avaient pas trop de leur dîner pour eux-mêmes et qu'ils voulaient être seuls.

Le Roi, en colère, dépêcha sur l'heure un messager à M. de Vitry, dont le château était voisin, pour lui dire de venir joindre le *maître au grand cornet*, qu'il trouverait à Créteil, *aux enseignes d'une grosse casaque rouge*. Le sieur de Vitry, ayant reconnu que c'était le Roi, accourut bien accompagné. Henri, lui ayant conté sa mésaventure et la *vilainie* de ces procureurs, lui donna l'ordre de les saisir, de les mener à Grosbois et de *les faire très-bien fouetter et étriller* pour leur apprendre à être plus courtois *à l'endroit des gentilshommes. Ainsi fut fait et fort bien et prompte-*

---

vie, et qu'il lui fait grâce. Puis il décharge les pistolets en l'air et le laisse fuir.

ment nonobstant toutes les raisons, prières, supplications et remonstrances de messieurs les procureurs (1).

Comme contraste, nous trouvons, dans les mémoires de Sully, le bon Henri IV rentrant tout joyeux de la chasse et se félicitant de sa journée. « Il y a plus de trois mois que je ne m'estois trouvé si léger ni si dispos que ce jour d'huy; estant monté à cheval sans aide et sans montoir, j'ay eu un fort beau jour de chasse; mes oiseaux ont si bien volé et mes lévriers si bien couru, que ceux-là ont pris force perdreaux, ceux-ci trois grands levrauts. L'on m'a rapporté le meilleur de mes autours que je pensois avoir perdu, j'ai fort appétit, j'ai mangé d'excellents melons, et m'a-t-on servi demi-douzaine de cailles les plus grasses et les plus tendres que j'eusse jamais mangées (2). »

Henri IV était un terrible chasseur; aussi infatigable à la chasse qu'à la guerre, il entraînait les plus paisibles de ses amis, comme le grave Sully, à des courses interminables dans les forêts, par tous les temps, et se voyait souvent obligé de se loger dans les plus humbles chaumières. On le vit à Fontainebleau, après avoir pris deux cerfs de suite, chasser à l'oiseau, puis poursuivre un loup et terminer la journée par une troisième chasse au cerf, qui dura jusqu'à la nuit, malgré une pluie de trois ou quatre heures. « On estoit alors à six lieues du gîte, dit Sully,

---

(1) L'Estoille, t. III.
(2) Cité par Sainte-Palaye.

le Roy arriva un peu fatigué.....; voilà, ajoute le grand ministre qui paraît assez mécontent de sa journée, ce que les princes appellent s'amuser; il ne faut disputer des gousts ny des plaisirs. »

Moins délicat que son ministre, Henri IV croyait ces fatigues très-utiles à sa santé. Tourmenté par des douleurs qu'il n'avait garde, disait-il, d'avouer être la goutte, de peur de trop consoler son cousin le duc de Mayenne, il prétendait les guérir en chassant (1).

Mayenne était depuis longtemps déjà appesanti par la goutte et l'embonpoint. Dès le commencement des guerres de la Ligue, il ne pouvait plus supporter les armes ni les *courvées*, tandis que son heureux adversaire, « ayant mis tous les siens sur les dents, faisoit cercher des chiens et des chevaux pour commencer une chasse, et, quand ses chevaux n'en pouvoient plus, forçoit une *sandrille* (2) à pied (3). »

« Le vendredi 16e novembre 1604, le Roy, courant un cerf dans la plaine d'Herblay, après avoir pris son disner au logis de monsieur Prévost Malassise, fut blessé d'ung coup de pied de cheval, duquel il eut couru fortune de sa vie si monsieur le duc de Montbazon ne se fus jetté au devant. Aussi Sa Majesté dit

---

(1) « Je me trouve si bien d'avoir couru le cerf pour guérir la douleur de mon bras que j'espère le courre encore demain et que j'ay plus volontiers approuvé le séjour dudit Compiègne pour pouvoir user plus souvent et commodément de ce remède, — devant que de m'enfermer, je courray encore un cerf ou un chevreuil, pour essayer si ce remède me guérira de l'autre. » — Lettres au connétable.

(2) Une *cendrille* est une mésange. J'avoue humblement que j'ignore tout à fait comment Henri IV s'y prenait pour la forcer à pied.

(3) *Histoire universelle* de d'Aubigné, t. II.

tout haut qu'en quelque rencontre ou bataille qu'il se fust trouvé, il n'avoit jamais eu tant de peur que de ce coup-là (1). »

L'auteur anonyme de l'*Histoire des amours de Henri IV* assure avoir appris d'un homme de condition, compagnon ordinaire des chasses du Roi, que, toutes les fois qu'on lançait un cerf, ce prince ôtait son chapeau et faisait un signe de croix avant de piquer son cheval (2).

Il n'aimait pas à chasser le jour de la Saint-Barthélemy, *auquel il avait couru tant de fortune autrefois*, dit Bassompierre (3).

A ceux qui le blâmaient d'aimer trop les bâtiments, les femmes, le jeu et la chasse, ce grand Roi répondait qu'il ferait bien voir dans l'occasion comment il saurait quitter maîtresses, amours, chiens, oiseaux, brelans, bâtiments et festins, *plutôt que de perdre la moindre occasion et opportunité pour acquérir honneur et gloire* (4).

Dès 1596, Henri IV avait réorganisé ses équipages avec un luxe sans précédents. A la grande Vénerie étaient attachés jusqu'à 131 lieutenants, gentilshommes et aides (5), 24 valets de limiers, 7 valets de chiens à cheval, 10 valets de chiens ordinaires, 7 va-

(1) *Journal inédit* de P. de L'Estoille, publié par M. Halphen. Paris, 1862.

(2) Sainte-Palaye.

(3) *Mémoires* de Bassompierre, t. I. Collection Petitot.

(4) Lettre du 8 avril 1607, dans les *Mémoires* de Sully, t. VII.

(5) Tous ces officiers servaient par quartiers. La meute du cerf était de 70 chiens.

lets couchant avec les chiens et 2 pages. Outre son équipage des toiles, il eut un *vautrait* commandé par M. de Vitry, pour lequel fut créée la charge de *grand vautrayeur de France*. Il fut aussi le premier de nos Rois qui ait possédé un équipage spécial de loup, sous les ordres du grand louvetier (1). Le sieur de Chevroches, lieutenant des toiles, fut en outre chargé de *l'entretenement des lévriers à lièvre amenés de Champagne*, avec deux *garçons servant à mener les lévriers*.

La grande Fauconnerie fut divisée sous ce règne en vols pour milan, héron, corneille, pie, *pour rivière* et *pour les champs*. Le Roi avait de plus ses oiseaux, chiens à lièvre et levrettes de la chambre, sous la charge du duc d'Elbeuf. La dépense totale de la Venerie et Fauconnerie s'élevait à 54,946 lt.

Aux derniers jours de sa vie (1609), Henri IV, follement épris de la jeune princesse de Condé, que son mari avait emmenée avec lui à l'abbaye de Verteuil en Picardie, imagina pour la voir, de profiter d'une Saint-Hubert organisée dans les environs. La princesse vit de son carrosse passer des livrées du Roi et grande quantité de chiens. La princesse mère qui l'accompagnait, craignant quelque embuscade, appela les veneurs qu'elle voyait de loin; l'un d'eux s'approchant d'elle, apaisa ses soupçons en lui disant qu'un capitaine de la Vénerie, qui faisait la Saint-Hubert dans le voisinage, avait placé ce relais pour courre un cerf avec quelques amis. Cependant, la

(1) Pièces justificatives. Comptes de Henri IV. — *Traité de Vénerie* de Gaffet de la Briffardière.

jeune princesse, observant les autres veneurs qui étaient demeurés à l'écart, reconnut dans l'un d'eux le Roi, qui pour mieux se déguiser sous la livrée qu'il portait, avait caché son œil gauche d'un emplâtre et menait en laisse deux lévriers d'attache.

La princesse mère s'aperçut bientôt du stratagème du Roi qu'elle accabla d'injures et de reproches, fit rentrer à l'instant sa belle-fille à Verteuil et raconta l'aventure au prince son fils, qui, peu de jours après, par une juste représaille, sous le couvert d'une chasse aux sangliers dans les toiles, fit sortir sa femme du château de Muret, près Soissons et l'emmena à Bruxelles (1).

Le connétable de Montmorency.

C'était parmi ceux qui avaient partagé ses périls à la guerre, que Henri choisissait de préférence les compagnons de ses chasses. Un des plus assidus était le connétable Henri de Montmorency (2). Le Roi, qui l'appelait son compère, lui écrivait sans cesse pour le tenir au courant de toutes les chasses auxquelles il n'avait pu prendre part, et dont il se plaisait à lui raconter les moindres incidents. Plein de confiance dans son expérience et ses talents, Henri IV consultait souvent son *compère* sur des points litigieux en matière de vénerie et suivait volontiers ses avis. « Mon compère, lui écrit-il un jour, j'ai jugé votre querelle,

(1) *Mémoires* de Pierre Lenet, t. Ier. Collection Petitot. — Lenet tenait ces détails de la princesse elle-même qui rappelait cette aventure avec une certaine complaisance. — La même anecdote se trouve dans les *Mémoires* de Fontenay Mareuil et avec quelques variantes, dans les *Historiettes* de Tallemant des Réaux.

(2) Mort en 1614.

ayant laissé courre à la Croix de Gas, dans la même enceinte où vous laissâtes courre. Il estoit trois heures après-midi et le pris à cinq heures. Il a toujours tenu les futayes et ne vit-on jamais aller si viste ni si bien chasser (1). »

« Je pars demain, lui mande-t-il encore d'Amiens aussitôt après la reprise de cette ville (octobre 1597), pour Saint-Germain-en-Laye où je vous prie de vous trouver mardy ; c'est pour vous communiquer chose qui importe à mon service ; mais ne laissés pas d'amener vos courtaults et vos lévriers, car je veulx que nous prenions un peu de bon temps au lieu du mal que nous avons eu. »

Le connétable, *grand tyran pour la chasse*, comme dit Tallemant des Réaux et passionné pour cet exercice comme tous ses ancêtres (2), entretenait à Chantilly de splendides équipages de vénerie et de fauconnerie avec lesquels Henri IV aimait à venir chasser. Claude Gauchet a célébré les hauts faits de ses oiseaux et le Roi lui empruntait souvent son excellente meute pour chevreuil. « Mon compère, lui écrivait Henri en 1607, j'ay esté dix jours à Chantilly, où j'ay eu bien du plaisir, car j'y ay bien passé mon temps. Je pris trois cerfs dans vos bois et dix dans la forest de Halastre. Encore que je fusse tous les jours à la chasse, d'autant que j'y avois ma meute de chiens

---

(1) Fontainebleau, 30 octobre 1604. (Collection Le Couteulx.)

(2) Gaston Phœbus cite un sire de Montmorency comme ayant *trop biaus lengaiges* et *bonnes manières* de parler à ses chiens. « Montmorency ne se soucie que de chasse et de volerie, » disait Charles IX, parlant du frère aîné du connétable.

courants pour cerf, celle de mon cousin le comte de Soissons et celle de M. de Montbazon et la Viéville avec tous nos oyseaux, je n'ay laissé d'y engresser. »

Le maréchal de Biron.

« Les travaux de la guerre, dit Brantôme, n'avoient pas détourné le mareschal de Biron (1) des plaisirs de la chasse qu'il aimoit extresmement et où il alloit le plus souvent quand l'envie luy en prenoit. »

Le duc de Biron.

Son fils Charles, duc de Biron, dont la fin fut si tragique, avait été souvent convié par le Roi à prendre part à ses chasses. « J'ay retenu tout aujourd'huy ici *mon cousin*, et M. *le Grand* (2) pour qu'ils vissent courre un cerf que j'ay bien pris, écrivait Henri IV au connétable de Montmorency.

Le comte d'Auvergne.

Parmi les complices de Biron, se trouvait le comte d'Auvergne, depuis duc d'Angoulême, fils naturel de Charles IX et de Marie Touchet. Lorsqu'il fut arrêté par M. de Praslin, capitaine des gardes, qui lui demanda son épée : « Prends-la, répondit-il, elle n'a jamais tué que des sangliers. » Le duc calomniait son épée qu'il avait fort bravement tirée sous les yeux du Roi au combat d'Arques ; il n'est pas moins vrai qu'il était grand chasseur de bêtes noires. Peu de mois avant la découverte de cette conspiration, en avril 1602, le Roi chargeait son compère le connétable de lui envoyer à Blois son neveu le comte d'Auvergne avec ses chiens, « car ceste forest (de Chambord) est pleine de sangliers qui ruinent tout le pays, de façon qu'il n'aura faulte d'exercice (3). »

(1) Tué au siége d'Épernay en 1592.

(2) Roger de Saint-Lary, duc de Bellegarde, grand écuyer.

(3) « Mes chiens ne furent jamais meilleurs, écrivait encore le Roi

Haramburc.

Jean de Harambure, un des plus intrépides soldats de Henri IV, qui le désignait d'habitude par le surnom familier de *borgne*, reçut du Roi la charge de *grand giboyeur* (1) qui semble avoir été créée pour lui et dans laquelle il n'eut pas de successeur (2). Le brave Dominique de Vic qui avait combattu en héros à Ivry, peu de jours après avoir subi l'amputation d'une jambe, était en 1596, capitaine du vol pour pie de la chambre du Roi.

Dominique de Vic.

Le marquis de Vitry.

Nous avons déjà parlé du marquis de Vitry, dont la science en matière de vénerie était si fort prisée du Roi et qui devint *grand vautrayeur de France*, lieutenant de la Vénerie, capitaine du vol pour milan dans la grande Fauconnerie et capitaine des chasses de Fontainebleau. Sa renommée s'étendit jusqu'en Angleterre où il remplit, auprès du Roi Jacques Ier, plusieurs missions dans lesquelles la chasse et la diplomatie se trouvaient assez curieusement associées (3). Il eut aussi la charge des *chiens pour chevreuil de S. M. Henri le Grand* (4).

---

en avril 1607, et ne chassèrent mieux, tant ceux pour cerf, ceux pour chevreuil que le *vautrei* de mon neveu le comte d'Auvergne. »

(1) Voir les notes de l'historiette CCCIX, Tallemant des Réaux, t. VI. Ed. P. Pâris et Montmerqué.

(2) Cette charge avait rapport à la chasse au vol. « Borgne, je vous envoie un faucon et un tiercelet qui estoient encore à Saint-Germain entre les mains de Lallemand, *mettez-les dedans* (terme de fauconnerie : faites-les chasser) le plus tost que vous pourrés. » (Lettre citée à la suite du *Journal militaire de Henri IV* publié par M. de Valori.)

(3) Voir les *Lettres missives de Henri IV*, années 1603 et 1606. — « Le Roy désire que l'on croie qu'il est dépesché par delà plus tost pour parler de la chasse que pour affaires. »

(4) *La meutte et vénerie* de messire Jean de Ligniville.

Louis XIII. « Le Roi Loüis XIII, dit Sélincourt, a été le plus grand chasseur qu'aucun Roi du monde ; il a aimé toutes sortes de chasses et y a été le plus adroit de son royaume, et l'on peut dire de son siècle (1). »

Sa carrière de chasseur commença de fort bonne heure, comme on peut le voir dans le *Journal de sa vie particulière,* écrit par son premier médecin, Jean-Hérouard, seigneur de Vaugrigneuse (2). Dès l'âge de 7 ans (janvier 1609) (3), « il s'amuse et prend grand plaisir au libvre des chasses du sieur du Fouilloux que M. *de Fontenac* (4) venoit de lui donner, s'apprend à dire en musique l'appel des chiens. »

Le Dauphin avait alors pour favoris deux *petits hommes de roture* nommés Haran et Pierrot, qui le servaient pour ses chasses et ses volières (5).

En décembre 1610, Louis XIII écrivait à sa sœur aînée *Madame* pour lui faire part de ses triomphes à la chasse (6).

En 1610, Sa Majesté commença d'installer sa fauconnerie. Elle n'était encore pourvue que d'émerillons et autres oiseaux de peu de conséquence, sous la di-

(1) *Le parfait chasseur*, par M. de Sélincourt. Paris, 1683. — On remarquera que chaque souverain trouve un panégyriste qui le déclare le plus grand chasseur du monde. C'est une preuve manifeste du prix qu'on attachait à un pareil éloge.

(2) Bibl. imp. Mss. 4022-4027 (cité par M. Baschet dans *Le Roi chez la Reine*).

(3) Louis XIII était né le 27 septembre 1601.

(4) Frontenac, lieutenant de la Vénerie du Roi.

(5) Baschet. Voir aussi, au sujet de ce Pierrot, *petit pied plat de Saint-Germain,* le *Journal* de L'Estoille.

(6) « Ma sœur, je vous envoie deus piés, l'un de loup et l'autre de louve que je pris hier à la chasse, je courray après dîner le cerf et j'espère qu'il sera malmené, etc. » (A. Baschet.)

rection d'un simple fauconnier de bas étage auquel succéda bientôt de Luynes (1). Il chassait constamment en tous lieux et de toutes manières : à la guerre, *dans ses grands et continuels voyages* (2) en se promenant dans ses jardins, même en allant aux offices. Lorsqu'il ne chassait pas, il s'amusait à fabriquer de ses royales mains toutes sortes d'engins de chasse, des lacets, des filets, des arquebuses (3).

Il faut cependant rendre à ce chasseur passionné cette justice, que la chasse ne lui faisait pas négliger les affaires importantes. En 1628, comme il s'acheminait vers la Savoie, le duc de Lorraine étant venu le saluer à son passage à Châlon et lui offrir les services de ses excellentes meutes, « Sa Majesté lui dit qu'elle avoit quitté la chasse et qu'Elle y passoit le temps lorsqu'Elle n'avoit autre chose à faire (4). »

Hors des circonstances exceptionnelles qui exigeaient impérieusement de lui un sacrifice aussi pénible, Louis XIII ne perdait pas un des instants qu'il pouvait consacrer à un plaisir sans rival à ses yeux;

---

(1) Baschet. — M. de Vitry et le maréchal d'Ancre avaient d'abord proposé au Roi un chevau-léger nommé La Coudrelle, fort habile fauconnier, mais M. de Souvré, gouverneur du jeune prince, fit donner la place à l'aîné des d'Albert.

(2) Sélincourt. — Hérouard. — *La Vénerie royalle* du sieur de Salnove. Paris, 1655.

(3) *Historiettes* de Tallemant des Réaux, t. II.— En 1620, Louis XIII, se rendant en Béarn, s'arrêta pendant dix jours à Pregnac, au delà de Bordeaux, « où il esprouvoit toutes les incommoditez qui se peuvent souffrir en un très-mauvais logement, sans pouvoir estre diverti par les plaisirs d'aucune sorte de chasse. » *Mercure françois*, cité par M. Mazure, *Histoire du Béarn*.

(4) *Mémoires* du cardinal de Richelieu, t. IV. édit. Petitot.

outre ses équipages ordinaires, il avait 150 chiens courants et 30 laisses de lévriers qui le suivaient partout, même à l'armée. Huit veneurs allaient tous les matins faire le bois aux environs de son logis et lui faisaient rapport de tout ce dont ils avaient connaissance : cerfs, biches, chevreuils, loups, sangliers, renards surtout (c'était le gibier favori du Roi).

A son lever, Louis, *informé de quelle bête il pourroit avoir le plaisir*, donnait ses ordres en conséquence. Aussitôt les veneurs prenaient les devants et ajustaient des toiles aux *accourres* (1) pour cacher les lévriers. Toute la suite du Roi, gendarmes, chevau-légers et mousquetaires, se rangeait *du côté du mauvais vent*, à cinquante pas les uns des autres et le pistolet à la main. Sur un signal du Roi, les chiens étaient découplés, et dès qu'ils commençaient à donner de la voix, les cavaliers faisaient une décharge générale. Épouvantées de ce fracas, les bêtes fuyaient du côté des *accourres* et, à leur sortie du bois, étaient coiffées par les lévriers. Incontinent chacun reprenait sa place, et *tout ce qui se trouvait dans le bois étoit porté par terre*. Cela durait tout le *haut du jour* et souvent fort tard, surtout quand il y avait des loups, animaux malicieux qui ne voulaient sortir qu'à force, et préféraient souvent se dérober en bravant le feu des cavaliers de l'escorte. Les vols de la fauconnerie suivaient aussi le Roi dans tous ses voyages (2).

(1) Terrain choisi vers les refuites de l'animal.
(2) Sélincourt.

Louis XIII chassait dans son palais du Louvre et dans le jardin des Tuileries. Il y avait alors au bout de ce jardin, vers le lieu où est aujourd'hui le grand bassin (1), une garenne où le Roi s'amusait à faire prendre des lapins par de petits lévriers d'Angleterre (2). Lord Herbert de Cherbury raconte aussi dans ses mémoires (3), qu'en tirant des oiseaux au milieu des charmilles des Tuileries, Louis XIII envoya du plomb dans les cheveux de la Reine Anne d'Autriche, qui eut grand'peur.

« Lorsque le temps détourne le Roy d'aller à la chasse, dit d'Arcussia (4), Dieu luy fournit de nouveaux plaisirs dans l'enclos du Louvre. Car aussitost que Sa Majesté sort pour aller au jardin ou aux Tuilleries, les burichons ou roytelets, gorge-rouges, moyneaux et autres petits oyseaux se viennent rendre dans les cyprès ou dans les buitz des allées, à l'envy l'un de l'autre, comme s'il y avoit entr'eux de l'émulation à qui tomberoit le premier entre ses mains. Sa Majesté les vole avec ses pigriesches ou avec ses esperviers, et cela se fait ordinairement en allant aux Feuillans ou aux Capucins (5). »

---

(1) Voyez le plan de Paris de Jacques Gomboust, publié pour la première fois en 1652 et reproduit par la Société des Bibliophiles français en 1858.

(2) Sélincourt.

(3) *Revue des deux Mondes*, août 1854.

(4) *La fauconnerie du Roy*, par Charles d'Arcussia de Capre, seigneur d'Esparron, etc. Paris, 1615-1621-1627. — Rouen, 1644.

(5) Ces deux couvents étaient situés entre le jardin des Tuileries et la rue Saint-Honoré. Voir le plan de Gomboust.

D'Arcussia ajoute que le Roi avait inventé des filets ou *araignes* pour

Louis XIII volait aussi, dans le jardin du Louvre, des *alouettes légères* et autres petits oiseaux d'*eschappe* avec ses émerillons et ses pies-grièches, et des pigeons *cillés* avec des tiercelets de faucons qui avaient été *pincetés* de leurs serres *afin qu'ils donnassent au pigeon sans pouvoir le lier* (1).

Aussi bon fauconnier qu'habile veneur, Louis XIII inventa plusieurs vols nouveaux et fut le premier qui força le renard dans toutes les règles. Il excella aussi à tirer de l'arquebuse. Chasseur jusque dans ses platoniques amours, il n'entretenait Mme d'Hautefort que de chevaux, de chiens, d'oiseaux et d'autres choses semblables. La plupart de ses favoris gagnèrent ses bonnes grâces par leurs talents à la chasse : M. de Luynes en lui dressant des pies-grièches, Saint-Simon parce qu'il rapportait toujours des nouvelles certaines de la chasse, ne tourmentait pas les chevaux qui lui étaient confiés et savait donner un relais au Roi de telle façon qu'il sautait d'un cheval sur l'autre sans mettre pied à terre (2).

---

couvrir les allées et qu'il prenait une demi-douzaine de petits oiseaux en allant à la messe. — Lorsqu'il était souffrant, il chassait dans une petite voiture appelée *brouette*. « Le Roi, écrit Servien, étant hier à la chasse dans sa petite brouette, le tonnerre tomba si près de lui qu'il renversa et blessa un peu le cocher qui étoit sur le derrière où il se met toujours (lettre du 28 août 1845). »

(1) D'Arcussia. — Les *oiseaux d'eschappe* étaient des oiseaux lâchés à la main. *Ciller* un oiseau, c'est lui coudre la paupière inférieure de façon à ce qu'il ne puisse voir qu'en haut.

(2) Tallemant des Réaux, t. II. — « Mon père, qui remarqua l'impatience du Roi à relayer, imagina de lui tourner le cheval qu'il lui présentoit, la tête à la croupe de celui qu'il quittoit. Par ce moyen, le Roi qui étoit dispos sautoit de l'un sur l'autre sans mettre pied à terre. Cela lui plut, il demanda toujours ce même page à son relais, il s'en

Par contre, Barradas perdit la faveur du Roi par suite d'un incident ridicule, arrivé à la chasse (1).

Il est dit dans les mémoires de Saint-Simon, que les chasses de Louis XIII étaient sans suite, et sans cette abondance de chiens, de piqueurs, de relais, de commodités que le Roi son fils y a apportés et surtout sans routes dans les forêts. Les équipages royaux étaient cependant dès lors sur un fort grand pied. Le *corps* de la grande Vénerie, *ce grand arbre dont les autres équipages ne sont que les branches* (2), était composé de 4 lieutenants, 4 sous-lieutenants, 40 gentilshommes servant par quartiers, parmi lesquels étaient choisis 8 gentilshommes ordinaires, plus 2 pages portant les couleurs du Roi, comme ceux de la petite Écurie, 4 valets de chiens à cheval, 18 valets de limiers, 17 valets de chiens à pied, 4 valets couchant avec les chiens.

A ce grand équipage, à la grande Louveterie, et à l'antique équipage des toiles Louis XIII ajouta *la meute des petits chiens blancs pour courre et forcer le cerf* ayant ses officiers particuliers, comme capitaine, lieutenant, gentilshommes de la vénerie, valets de

---

informa et peu à peu il le prit en affection. » (*Mémoires* de Saint-Simon, t. Ier, 1re édit.

(1) « Il estoit un jour à la chasse avec le Roy, lorsque le chapeau de ce prince, estant tombé, alla justement sous le ventre du cheval de Barradas. Dans ce moment-là, ce cheval, estant venu à pisser, gasta tout le chapeau du Roy qui se mist dans une aussi grande colère contre le maistre du cheval que s'il l'avoit fait exprès. » (*Menagiana*, t. I, cité par M. P. Pâris dans son commentaire sur Tallemant des Réaux.)

(2) Salnove.

limiers et valets de chiens, plus cet équipage du renard qui l'accompagnait dans tous ses voyages. Il avait encore une meute de chiens d'Écosse pour chasser le lièvre et un équipage de chevreuil.

Les vols de la grande Fauconnerie furent multipliés et augmentés, le Roi y joignit un vol d'émerillons et un vol pour corneilles qu'on appelait *les oiseaux du cabinet*, plus *les oiseaux de la Garde-robe* qui finirent sous le marquis de Rambouillet, maître de la Garde-robe en 1625 (1).

Louis XIII aimait à chasser dans les bois qui entouraient un chétif hameau nommé Versailles (2). « Ennuyé, et sa cour encore plus, d'y avoir couché dans un méchant cabaret à rouliers, ou dans un moulin à vent, excédé de ses longues chasses dans la forêt de Saint-Léger et plus loin encore (3), » il y fit construire en 1624 un petit pavillon de chasse, qui fut remplacé en 1627 par un élégant château de briques, enclavé plus tard dans les vastes constructions de Louis XIV. Louis XIII y adjoignit un grand parc clos de murs destiné à la chasse du cerf (4).

Gaston, duc d'Orléans.

Gaston, duc d'Orléans, partageait, par exception, les goûts et les idées de son frère en ce qui concernait la

(1) Comptes de Louis XIII, pièces justificatives. — *États de la France*. — *Fauconnerie* de d'Arcussia.

(2) Henri IV avait souvent couru le cerf dans ces parages.

(3) Saint-Simon.

(4) « Louis XIII fit commencer le superbe château de Versailles pour jouir de la commodité de ce vaste et spacieux parc qui se joint à celui de Marly, et le feu Roy l'a fait achever avec une magnificence extraordinaire. Ce parc destiné pour la chasse du cerf est un grand enclos fermé de murs, dans lequel il y a plusieurs canaux où l'on prend quelquefois les cerfs. » (Gaffet de la Briffardière, introduction.)

chasse (1), sans qu'il y eût plus de sympathie entre eux sur ce point que sur les autres. La grande jalousie que le Roi lui porta toute sa vie commença, s'il faut en croire les mémoires de Richelieu, « par une chasse où les chiens de *Monsieur* chassèrent mieux que ceux du Roi et parurent si excellents, qu'après que la meute de Sa Majesté eut un jour failli un cerf dans la forêt de Saint-Germain, les autres y en prirent un le lendemain, nonobstant tout l'art qu'on put honnestement apporter pour le faire faillir, *ce qui se pratique d'ordinaire entre chasseurs* (2). »

Gaston conserva jusqu'à sa mort, arrivée en 1660, des équipages dignes d'un frère de Louis XIII. En 1657 il avait vénerie pour cerf, commandée par le marquis de Villandry, vénerie pour chevreuil, louveterie, équipage des toiles, meute pour lièvre, fauconnerie composée d'un vol pour corneilles et d'un vol pour champs, capitaine des levrettes, capitaine des chasses et chef des oiseaux du cabinet (3).

Le prince de Condé.

M. le Prince, père du grand Condé, gouverneur du Berry (4), *aimoit fort la chasse*, dit Fontenay Mareuil : il l'aurait même préférée aux femmes, si l'on pouvait en croire le témoignage très-intéressé de Henri IV (5).

Devenu gouverneur du Berry, il entretenait à

(1) « Comme aussy Monsieur, frère unique de Vostre Majesté est grand amateur de vénerie et de tout honneste exercice. » *Traicté et abrégé de la chasse du lievre et du chevreuil, dédié au Roy Louis, Tresiesme du nom* par messire René de Maricourt. — *Epistre dédicatoire au Roy.*

(2) *Mémoires* de Richelieu, t. V, édit. Petitot.

(3) Voir l'*Estat de la France de* 1657 et les Pièces justificatives.

(4) Henri II de Bourbon, né en 1588, mort en 1646.

(5) Nous avons raconté précédemment les aventures où se laissa en-

Bourges et dans son fort château de Montrond, de somptueux équipages de vénerie et de fauconnerie (1).

Le duc d'Angoulême.

Le duc d'Angoulême, renonçant, après d'assez fâcheuses épreuves, à la cour et à ses intrigues, se retira dans ses terres et consacra à la chasse, qu'il *aimoit éperduement*, les dernières années de sa longue vie, qui ne se termina que sous le règne de Louis XIV, en 1650. Il était excellent veneur, au dire de Sélincourt, qui paraît avoir servi, tout jeune encore, dans ses équipages de chasse. Il oublia les mécomptes d'une ambition toujours déçue, soit en courant les forêts de son comté de Ponthieu, soit à Grosbois, dans ce vaste parc *tant renommé pour la quantité de bêtes fauves qui y étoient* (2).

Grands seigneurs sous Louis XIII.

Le duc de Vendôme (3), le duc de Montbazon, grand veneur, le duc de Schomberg, le marquis de Souvré occupent également une place honorable dans les annales de la vénerie sous ce règne (4). Avant le siége de Montauban (1621), M. de Thoiras, qui fut depuis maréchal de France et guerrier renommé, n'était

---

traîner le Roi par sa folle passion pour Charlotte de Montmorency, femme de M. le Prince.

(1) *Mémoires* de Lenet, t. II, édit. Petitot. — *Mémoires* du marquis de Fontenay Mareuil, t. I. (*Idem.*) — Tous les Condés ont été chasseurs. Le premier de ces princes, Louis de Bourbon, tué à la bataille de Jarnac (1569), était grand amateur de chasse aux lévriers. Lorsque les émissaires de Catherine de Médicis allèrent en 1567 observer les faits et gestes des principaux chefs protestants, Condé chassait aux lévriers. Après le traité de Longjumeau (1568), il réunit en Picardie, sous prétexte de chasses aux lévriers, ses amis des deux religions.

(2) *Mémoires* de Mme de la Guette.

(3) *Mémoires* de Melle de Montpensier.

(4) Salnove, *préface*.

connu que par la chasse, *en quoy il estoit fort entendu* (1). Le maréchal de la Force, l'ancien compagnon d'armes de Henri IV, chassa le cerf jusqu'à l'âge de 86 ans. Le maréchal de Vitry fut aussi grand chasseur que son père (2).

Ducs de Lorraine.

Les princes qui gouvernaient la Lorraine, province si française aujourd'hui, alors si hostile à notre pays, essayaient de rivaliser, avec leurs puissants voisins, sur le terrain de la chasse comme sur celui de la politique.

Le duc Charles III (3) avait pour grand veneur messire Jean de Ligniville, comte de Bey, qui nous a laissé un livre excellent sur la chasse (4). Son fils Henri, duc de Bar, quoique sa première femme, Catherine de Bourbon, n'eût qu'une assez mince idée de ses talents de veneur, avait, avant de monter sur le trône ducal, des équipages de chasse remarquables et dont il s'occupait beaucoup (5).

Le comte de Brionne, de la maison de Lorraine, est

(1) *Mémoires* de Fontenay Mareuil, t. I.

(2) Salnove.

(3) Né en 1608, mort en 1624.

(4) *Les meuttes et veneries de messire Jean de Ligniville, chevalier, comte de Bey,* etc. *La meutte et venerie pour chevreuil* a seule été imprimée en 1655 à Nancy. Une nouvelle édition vient d'être publiée dans la même ville (1861).

(5) Ligniville. — La duchesse de Bar écrivait à son frère Henri IV : « Mon mary est allé à la chasse. On luy a dit qu'il y avoit un fort grand cerf; en partant, il m'a dit que s'il est tel qu'on luy a dit, qu'il vous enverra la teste, mais s'il n'est plus heureux que de coutume, je crois que vous n'aurez pas ce présent. Mais s'il le prend et que ce soit chose digne de vous estre présenté, je voudrois bien en estre le porteur; ce n'est que comme cela que je voudrois porter des cornes, car en cela je suis fort fille de ma mère, c'est-à-dire de jalouse humeur. » — Lettres publiées à la suite du *Journal militaire* de Henri IV.

qualifié, par Ligniville, de *l'un des plus excellents veneurs de ce temps*. Nous venons de parler des fameuses meutes du duc Charles IV. Ce prince, qui succéda en 1624 à son frère François, trouva le loisir d'être un grand chasseur au milieu des guerres, des invasions et des intrigues de toute sorte qui remplirent sa vie (1). En 1663, retiré à Mirecourt, il y occupait la plus grande partie de son temps à chasser, malgré ses soixante ans, qui ne l'empêchèrent pas, du reste, d'épouser Melle d'Aspremont qui n'en avait que treize.

Outre l'ouvrage de Ligniville, dont la rédaction fut terminée en 1636, le règne de Louis XIII vit composer le *Traité de la chasse du lièvre et du chevreuil*, dédié au Roi par messire René de Maricourt, livre curieux, resté manuscrit jusqu'en 1858 (2).

Les ouvrages où il est parlé avec le plus de détail des chasses de Louis XIII furent publiés sous le règne suivant (3). Plusieurs traités de fauconnerie estimés, notamment ceux de d'Arcussia et de Pierre Harmont, dit Mercure, datent encore de cette époque (4).

Louis XIV. Un opuscule rare et curieux, publié en 1649 (5),

---

(1) « Pour ce qui est de la Lorraine, ils sont très-bons chasseurs, aussy sont-ils nos voisins sy proches que je n'y mets point de différence, mais il n'y a presques que le duc qui y entretient meutte et venerie. » (Maricourt.) — Pendant son long séjour à Bruxelles, Charles IV employa les gens de la Vénerie royale brabançonne comme s'ils eussent été siens. (Galesloot.)

(2) Imprimé à cette époque par Mme Bouchard-Huzard.

(3) Le livre de Salnove en 1655, celui de Sélincourt en 1688.

(4) *Miroir de fauconnerie* par P. Harmont, dit Mercure, fauconnier de la Chambre, 1634.

(5) *Les particularitez de la chasse royale faite par Sa Majesté le*

nous apprend que le jour de saint Hubert et saint Eustache de ladite année, Son Éminence le cardinal Mazarin, voulant profiter de la fête *de ces très-dignes patrons des chasseurs,* qu'on célébrait ce jour-là à Paris, *particulièrement dans la paroisse des mesmes saincts qui est aussi celle de Sa Majesté et de Son Éminence*, proposa *adroitement* au jeune Louis XIV, alors âgé de 11 ans, de chasser le cerf et le sanglier à l'exemple de *ces grands saincts*, et des Rois ses prédécesseurs. Seulement, à cause de l'*inclémence* du temps, la chasse dut se faire dans les jardins du Palais-Royal, alors habité par le jeune prince.

Sur les deux heures, après avoir ouï vêpres et sermon dans l'église *du mesme Saint-Eustache*, le Roi parut dans le jardin du palais, monté sur un cheval bai brun de médiocre taille, et accompagné de Son Éminence, du duc de Mercœur, du comte d'Harcourt, des ducs de Bouillon, de Rohan, de Richelieu et autres *seigneurs de marque*, semblablement montés sur de petits chevaux *aisés et agréables*. On chassa d'abord un lièvre, qui se déroba dans quelque tronc d'arbre, *ou autre trou à l'espreuve des chiens*, puis une biche et son faon, *sans prendre d'eux que le plaisir de leur légère course et des ruses et réitérées diversités de leurs hourvaris*. Enfin un sanglier fut attaqué. Après avoir fait tête aux chiens à plusieurs reprises, l'animal *prit l'eau* dans le grand bassin; on arrêta les chiens et les cors sonnèrent la retraite.

---

jour de saint Hubert et de saint Eustache, patrons des chasseurs, accompagnée de plusieurs seigneurs de marque de sa cour.—Paris, 1649.

Le Roi courut pendant tout le temps, *toujours le premier sur la bête, couvert et botté et fort bien en selle.* Et Son Eminence, enlevant de son carrosse monseigneur le duc d'Anjou (alors âgé de 9 ans), le mit devant lui sur la selle de son cheval et lui fit faire deux ou trois courses; après quoi l'enfant, qui n'était pas né chasseur, demanda à descendre. La fête se termina par le combat d'un jeune taureau contre des dogues, dans *cette grande allée qui est faite de la grande galerie descouverte du palais et de la palissade d'aix du jardin* (1).

L'auteur anonyme de ce petit livre ne manque pas de s'extasier en terminant sur *la belle posture* du jeune monarque, *ses douceurs qui feroient honte à Jaccinthe*, ses *grâces qui effaceroient celles d'Adonis*, *son port qui surpasseroit celui de Sylla*, etc., etc.

Deux ans après, le jeune Roi chassait plus sérieusement. En avril 1651, Loret nous le montre

> Avec grand train et bel arroy
> *Allant* chasser à la campagne
> Monté sur un cheval d'Espagne.

Au mois de juin de la même année, il chasse à Versailles, accompagné des ducs de Mercœur et d'Anville. En septembre, le Gazetier *se laisse dire* :

> Que le cheval de notre sire
> Prit aussi la peine de choir (2).

Louis XIV conserva toujours ce goût pour la chasse. Habituellement très-exact pour tout ce qui concernait

---

(1) Voir le plan de Gomboust.
(2) *La Muze historique* de J. Loret. Paris, 1656.

l'expédition des affaires, on le vit souvent renvoyer son conseil des ministres afin de pouvoir partir de bonne heure. Louis XIV, dit Voltaire, allait à la chasse le jour qu'il avait perdu quelqu'un de ses enfants, et *faisait fort sagement* (1).

Il chassait pendant ses voyages d'agrément, et même en se rendant à l'armée (2). Souvent il faisait, dans la même journée, deux chasses différentes; par exemple,

---

(1) Le 19 février 1865, le Roi, au sortir de la messe, alla tirer dans la plaine de Billancourt; il devoit y avoir aujourd'hui conseil de dépêches, et le Roi le remit à mercredi, afin de partir de meilleure heure et avoir plus de loisir pour chasser.

Le 20, il n'y eut point conseil; le Roi trouva le temps si beau qu'il en voulut profiter pour la chasse. Il renvoya MM. les ministres et se tournant du côté de M. de la Rochefoucauld, il fit cette parodie-ci :

Le conseil à ses yeux a beau se présenter,
Sitôt qu'il voit sa chienne, il quitte tout pour elle,
Rien ne peut l'arrêter
Quand le beau temps l'appelle.

(*Journal* du marquis de Dangeau, t. I.)

Il ne courait jamais les jours de fête, de peur qu'il n'y eût quelques valets qui perdissent la messe, sauf le jour de saint Hubert, où jamais chasseur ne manque de l'entendre. (Dangeau, t. VI.)

(2) En mai 1684, Louis XIV, allant inspecter ses troupes du côté de Condé, chasse au bord de la forêt de Chantilly, puis va *voler* en passant à Mouchy. Il chasse encore près de son camp à Vicogne, en Flandre, et va tirer des cailles avec *Monseigneur* dans les prés des alentours.

En octobre 1685, le Roi, revenant de Chambord, monte à cheval entre Saint-Laurent-des-Eaux et Notre-Dame-de-Cléry et chasse en chemin.

En mai 1387, se rendant à Luxembourg, il chasse au vol à Monceaux avec la princesse de Conti (les équipages de fauconnerie de Forget et de Terramini le suivaient pendant le voyage), puis à Montmirel avec Monseigneur et les Dames. A Estain, il va tirer des cailles avec Monseigneur.

En mars 1691, étant en route pour le siége de Mons, Sa Majesté monte à cheval au bout du pont et vient dîner à Compiègne en chassant. — De même à son retour. (Dangeau, *passim*.)

il courait un cerf avant dîner et retournait chasser à tir après son repas (1).

Le Roi courait le cerf au moins une fois par semaine et souvent plusieurs, à Marly et à Fontainebleau, avec ses meutes et quelques autres (2). Il allait aussi, une ou deux fois la semaine, tirer dans ses parcs, surtout les dimanches et fêtes qu'il ne voulait pas de grandes chasses, et *homme en France ne tiroit si juste, si adroitement ni de si bonne grâce*. A Fontainebleau, suivait les chasses à courre qui voulait, ailleurs il n'y avait que ceux qui en avaient obtenu le *justaucorps*. « Il y en avoit un assez grand nombre, mais jamais qu'une partie à la fois que le hasard rassembloit. Le Roi aimoit à y avoir une certaine quantité, mais le trop l'importunoit et troubloit la chasse (3). Il se plaisoit qu'on l'aimât, mais il ne vouloit point qu'on y allât sans l'aimer; il trouvoit cela

---

(1) Dangeau, t. Ier (8 septembre 1685). — Le 5 mars 1688, le Roi alla courre le cerf avec les chiens de M. du Maine et ensuite alla tirer (*ibidem*, t. II, le 19 mars, de même). — Le 27, le Roi, après son dîner, alla tirer et voler ensuite (*ibidem*).

(2) On voit, dans le *Journal* de Dangeau, le Roi chasser le cerf avec les chiens du duc du Maine, du grand Prieur, du duc de Bouillon, du prince de Furstemberg, du chevalier de Lorraine, du marquis de Villarceaux. Il chasse aussi le sanglier avec la meute de M. de Barbezieux, le daim avec celles du comte de Toulouse et du duc du Maine, le loup avec les chiens de M. de Vendôme, le lièvre avec ceux du duc du Maine, de M. de Tallard, de M. de Surville et du *petit Bontemps*.

(3) En 1714, le Roi, trouvant que ceux qui avaient le *justaucorps* de ses chasses avaient fort augmenté et l'embarrassaient, décida qu'il ne permettrait plus de le suivre qu'à un petit nombre de privilégiés. Les élus furent les six plus anciens de ceux qui avaient l'habit : le duc de Duras, le marquis de Lévis, le comte d'Uzès, le comte de Coigny, le marquis d'Épinay et d'Hendicourt le fils. (Dangeau, t. XV.)

ridicule et ne savoit aucun mauvais gré à ceux qui n'y alloient jamais (1). »

La préférence marquée de Louis XIV pour la chasse à tir, et l'obligation qu'il s'était imposée de chasser régulièrement le cerf en grand appareil, ne l'empêchaient pas de s'adonner à des chasses de toutes sortes ; il courait le loup, le sanglier, le daim, le lièvre avec ses meutes, celles du Dauphin, des princes et des seigneurs de la cour, prenait les mêmes animaux avec des lévriers, dans les toiles et dans les panneaux, et faisait voler les oiseaux de ses fauconneries. Quoiqu'il aimât à suivre les grandes chasses avec les dames, dans des voitures qu'il menait souvent lui-même (2), il savait, dans l'occasion, payer vigoureusement de sa personne. Plusieurs fois il exposa sa vie en attaquant des animaux aux abois. En 1685, il fut chargé par un sanglier furieux. « Si le Roi n'eût levé la jambe à propos, il étoit blessé ; le duc de Villeroy fut renversé (3). »

Louis XIV fit souvent des chutes dangereuses, et la fréquence des accidents arrivés autour de lui prouve que les chasses étaient assez rudes (4).

---

(1) Saint-Simon, t. XIII.

(2) Dangeau, *passim*. — En mars 1697, le Roi mena à la chasse la jeune princesse de Savoie dans son *soufflet*. Ce *soufflet* était une chaise à deux roues, fort légère, avec une capote en cuir ou en toile cirée qui se levait et se pliait comme un soufflet. *Ibid.* — Dictionnaire de Trévoux. — Le Roi suivait souvent les chasses dans une petite calèche qu'il menait. Elle était à quatre chevaux avec un postillon. (Dangeau, t. VIII.)

(3) Lettre de Mme de Sévigné, 20 octobre 1685, citée par Sainte-Palaye.

(4) Voir la note D.

Pour amuser le Roi, les jours où il ne pouvait pas faire de grandes chasses, M. de la Rochefoucauld lui donna, en 1683, une meute de petits chiens chassant le lièvre. Il prenait ce divertissement après son dîner, au sortir du conseil, et y assistait souvent en bas de soie et en souliers (1).

Les équipages royaux répondaient de tous points à la magnificence caractéristique du grand Roi.

Le personnel de la grande Vénerie était resté à peu près le même que sous Louis XIII. Seulement, en 1706, le Roi, trouvant plus nuisible qu'utile le grand nombre des gentilshommes servant par quartiers, dispensa ces veneurs de faire les fonctions de leur charge, qui fut conservée sans exercice jusqu'en 1737. Il ne resta en service actif que six gentilshommes de vénerie (2).

La meute du chevreuil et celle des chiens d'Écosse chassant le lièvre furent maintenues sur l'ancien pied. Celle du renard, connue sous le nom des *Rôtisseurs*, forma une seconde meute de lièvre (3).

Louis XIV ajouta à ces équipages la meute des *petits chiens du cabinet*, dont le marquis de Villarceaux était capitaine et qui fut supprimée en 1691.

L'équipage des toiles et la Louveterie furent conservés dans des proportions grandioses.

Il y avait encore les lévriers de Champagne, les lévriers et levrettes de la chambre du Roi, les petits

---

(1) Legrand d'Aussy.

(2) D'Yauville, *De la Vénerie du Roi.* — Gaffet de la Briffardière.

(3) Il y eut aussi une meute pour le daim.

chiens de la chambre auxquels le pâtissier du Roi délivrait par jour 7 biscuits.

Puis venait la grande Fauconnerie avec ses nombreux vols et son cortége de gentilshommes, de pages et de *petits officiers*, les quatre vols des *oiseaux du cabinet*, les deux vols de la chambre du Roi et les dix-huit épagneuls de la chambre *pour faire voler les oiseaux* (1).

Aussi grand amateur de bâtiments que de chasse, Louis XIV fit construire à Versailles et à Fontainebleau, sous le nom de *chenils*, des édifices somptueux destinés au logement des officiers de la Vénerie et des équipages (2). Le chenil de Versailles, situé derrière la grande écurie, coûta pour le moins 200,000 écus (3). Le Roi agrandit considérablement le parc de chasse de Versailles et entoura de murs la forêt de Crouy, à laquelle il voulut qu'on donnât désormais le nom de forêt de Marly ; il y fit tracer de nombreuses routes, ainsi qu'à Fontainebleau (4) et à Saint-Germain.

Le grand monarque ne dédaignait pas de s'occuper lui-même de tous les détails concernant ses chasses et le repeuplement de ses domaines. Dangeau nous le montre sans cesse allant visiter dans ses parcs et

---

(1) *États de la France*. — Comptes de Louis XIV aux Pièces justificatives.

(2) Dangeau, t. Ier et V.

(3) La grande et la petite Écurie, *superbes édifices qui n'ont point leurs semblables en Europe*, avaient été bâties par le Roi sur l'avenue de Paris. Dans la petite Écurie on voyait d'ordinaire plus de 500 chevaux destinés pour la chasse et pour les plaisirs du Roi. (*Description de l'Univers*, par Manesson. Paris, 1683.)

(4) « On trouva à Fontainebleau 180,000 toises de routes faites dans la forêt sans qu'on eût abattu un seul arbre. » (Dangeau, t. I.)

ses faisanderies ses élèves de gros et de menu gibier, faisant élever des palis pour assurer leur multiplication, etc. (1). En 1684 nous le voyons s'enfermer avec *Monseigneur* et le grand veneur la Rochefoucauld pour étudier le plan de son grand parc et y faire travailler à tout ce qui pouvait l'embellir pour la chasse. M. de la Rochefoucauld eut ordre de s'y aller promener pour marquer les endroits où il faudrait travailler (2). Les lieux où Louis XIV chassait le plus habituellement étaient les bois des environs de Versailles, Marly, Fontainebleau. Il allait quelquefois, mais plus rarement, à Chambord et à Compiègne.

Parvenu à un âge avancé, Louis XIV chassait encore. « Il chasse le plus souvent qu'il peut, écrivait Mme de Maintenon à son frère d'Aubigné, mais vous savez que ses plaisirs ne vont qu'après ses affaires. » Depuis longtemps il ne suivait plus guère les chasses de son équipage qu'en voiture (3). Il ne dépassa plus que rarement les murs de son parc de Marly qu'il avait considérablement agrandi et percé de toutes parts de routes larges et commodes (4). Louis XIV y fit sa dernière chasse à courre, le 9 août

---

(1) Voir la note E.

(2) Dangeau, t. I.

(3) Saint-Simon dit en parlant du Roi : « Il aimoit fort aussi à courre le cerf, mais en calèche. Il estoit seul dans une manière de soufflet, tiré par 4 petits chevaux à 5 ou 6 relais et menoit lui-même à toute bride avec une adresse et une justesse que n'avoient pas les meilleurs cochers. »

(4) « Le parc de Marly est présentement si beau, et il y a tant de routes commodes, qu'il est presque toujours à la queue des chiens dans sa calèche. » (Dangeau, t. VII.

1715, trois semaines seulement avant sa mort (1). Huit jours auparavant il y avait chassé à tir pour la dernière fois (2).

Madame, duchesse d'Orléans, qui suivit à cheval et en voiture toutes les chasses de ces dernières années de Louis XIV, ajoute en 1701 les détails suivants : « Il y a chasse tous les jours, le dimanche ainsi que le mercredi, c'est mon fils (le duc d'Orléans, depuis régent). Le Roi chasse le lundi et le jeudi ; le mercredi et le samedi, M. le Dauphin va à la chasse du loup, M. le comte de Toulouse chasse le lundi et le mercredi, le duc du Maine, son frère, le mardi, et M. le Duc (de Bourbon), le vendredi ; on dit que si tous les équipages de chasse étoient réunis, on verroit ensemble de 900 à 1000 chiens (3). »

Le grand Dauphin.

Parmi tous ces princes, le plus déterminé chasseur fut le Dauphin, fils de Louis XIV, communément appelé *Monseigneur* ou le *grand Dauphin ;* il chassait constamment et par tous les temps (4), surtout les loups « dont il s'étoit laissé accroire qu'il aimoit la chasse, » dit malignement Saint-Simon. En novembre 1684, étant malade, il fit faire à Versailles, dans le parterre de l'Amour, la curée du loup que ses chiens avaient pris et la vit de son lit (5). Il alla courre un loup le lendemain même de la mort de son oncle,

(1) Il mourut le 1er septembre.
(2) Dangeau, t. VII à XVI.
(3) *Correspondance* de Madame, t. Ier.
(4) Dangeau, *passim*.
(5) Dangeau, t. Ier.

Monsieur, duc d'Orléans, quoiqu'il l'aimât beaucoup (1).

Outre son fameux équipage de loup, dont nous reparlerons, Monseigneur avait une meute pour lièvre, commandée par le vicomte de Sélincourt (2). « Il étoit fort bien à cheval, mais il n'y étoit pas hardi. Casau couroit devant lui à la chasse ; s'il le perdoit de vue, il croyoit tout perdu ; il n'alloit guère qu'au petit galop et attendoit souvent sous un arbre ce que devenoit la chasse, la cherchoit lentement et s'en revenoit (3). »

Cette timidité à cheval était expliquée par les nombreux accidents qu'il avait éprouvés dans sa carrière de chasseur (4), car autrement, il ne manquait pas de résolution. En septembre 1689, chassant le sanglier avec les chiens de M. de Barbezieux, il mit pied à terre pour tirer un gros solitaire qui tenait au ferme dans une mare et qu'il perça de deux balles. « Le sanglier n'en vint que plus furieux à la charge, et comme il étoit fort près, Monseigneur lui mit le bout

(1) Saint-Simon, t. III. — Dangeau.

(2) *État de la France*, 1699.

(3) Saint-Simon, t. IV. — « Il chasse presque constamment, mais il est tout aussi content d'aller au pas sur son cheval pendant trois ou quatre heures, sans dire un seul mot à personne que de faire la plus belle chasse. » (*Lettres inédites de la princesse Palatine*, publiées par M. Rolland, 1863.)

(4) Le 4 novembre 1684, Monseigneur tomba de cheval en chassant un cerf par la neige.

Le 13 du même mois, il tomba assez rudement, sans pourtant se blesser.

Le 27 septembre 1697, Monseigneur étant à la chasse avec les chiens de M. du Maine, son cheval tomba sous lui, étant arrêté, et le blessa très-légèrement.

Il fit encore une chute fort rude le 25 novembre 1698. (Dangeau.)

de son fusil dans la gueule et le détourna un peu. Le sanglier emplit l'habit et la chemise de Monseigneur de boue, mais il ne le blessa ni ne le renversa. Monseigneur eut beaucoup de présence d'esprit, sans quoi il eût été dangereusement blessé (1). »

Les chasses aux loups l'entraînaient souvent fort loin. En janvier 1686, un de ces animaux lancé près de Versailles, le mena jusque dans les environs d'Anet (48 kilomètres à vol d'oiseau). Les chevaux étant rendus, le prince prit le parti d'aller demander un gîte au duc de Vendôme, qui fut fort étonné de voir arriver à l'improviste monseigneur le Dauphin suivi du prince Camille de Lorraine, du marquis de Créquy, de Nogaret, du chevalier de Mailly et de Chemerault (2).

Une autre fois, le Dauphin, n'ayant plus avec lui que le grand Prieur, fut obligé de demander l'hospitalité à un curé de village qui ne reconnut pas ses illustres hôtes. Il fallut que le grand Prieur tournât la broche pour préparer leur souper et que Monseigneur s'occupât de soigner les chevaux. Les deux veneurs étant partis le lendemain de grand matin sans dire adieu à leur hôte, furent pris par celui-ci pour des vagabonds de la pire espèce, qui ne s'étaient abstenus de piller le presbytère que par un certain respect de l'hospitalité, assez commun chez les Bohémiens. Le

(1) Dangeau, t. III.
(2) *Ibidem*, t. I. — Probablement le même chevalier de Mailly qui eut l'honneur de présenter à Louis XV son *Éloge de la chasse*, imprimé à Paris en 1723.

bruit en vint aux oreilles du Roi qui s'empressa de mander le curé à Versailles et s'amusa à l'effrayer en lui reprochant de donner asile à des larrons. Confronté avec ses hôtes, le pauvre curé resta confondu en voyant les respects dont ils étaient entourés. Quand le Roi en eut pris son plaisir, il le tira d'embarras et termina la scène en le gratifiant d'une pension de cinq cents écus. « Logez toujours dans votre maison de tels larrons, ajouta-t-il, et souvenez-vous de moi dans vos prières (1). »

Ces rudes chasses excédaient les équipages. Monseigneur fut obligé, en avril 1686, de se résoudre à ne plus chasser que deux fois la semaine, une fois le loup et une fois le cerf. « Il couroit si souvent, dit Dangeau, et alloit si loin qu'il mettoit à bout ses officiers et tous ceux qui ont l'honneur de le suivre d'ordinaire (2). »

Outre ses chasses à courre, Monseigneur chassait aux toiles et à tir avec le Roi, forçait des sangliers sans chiens, poursuivait les fouines dans les greniers avec les bassets. Il chassait aussi parfois avec les meutes de MM. de Vendôme, du duc du Maine et d'autres grands personnages. A l'exemple de son père, il chassait pendant ses voyages et très-souvent deux fois en un jour. En 1686, il fit couper ses beaux cheveux,

---

(1) Cette aventure est racontée agréablement dans les *Cours galantes* de M. Desnoiresterres, d'après *la France galante*.

(2) T. I. — Dangeau, qui était premier menin du Dauphin, en parlait par expérience. — En février 1700, le marquis de Valençay mourut à Paris pour s'être trop échauffé à une chasse de loup que Monseigneur avait faite quelques jours auparavant. (Dangeau, t. VII.)

l'admiration des François et des étrangers, parce qu'ils l'incommodaient à la chasse, et prit une perruque qui ne *lui séoit pas la moitié aussi bien* (1).

Les fils de Monseigneur.

Les petits-fils de Louis XIV, les ducs de Bourgogne, d'Anjou et de Berry commencèrent à chasser dès leur plus tendre enfance (2).

En 1694, le Roi fit *accommoder* à Noisy une *garenne forcée*, où il mena tirer les trois jeunes princes, âgés alors de douze, onze et huit ans. Ils assistèrent tous trois à cheval pour la première fois à une chasse au vol, le 29 mars de l'année suivante. Il fut réglé peu de temps après, qu'ils chasseraient à courre deux fois la semaine (3).

Le duc de Bourgogne.

Le duc de Bourgogne aimait la chasse *avec fureur* dans sa première jeunesse (4) et conserva cet amour pendant toute la durée de sa trop courte existence.

En novembre 1699, Monseigneur commença à l'emmener courre le loup. Ces pénibles chasses paraissant un peu *trop violentes* pour un adolescent de 17 ans, le Roi en parla à Monseigneur, qui promit de ne plus l'y conduire si souvent (5).

Le duc d'Anjou.

Le duc d'Anjou, devenu Roi d'Espagne en 1700, emporta dans son pays d'adoption les goûts cynégétiques qui lui avaient été inspirés de si bonne heure,

---

(1) Dangeau, t. I. — *Mémoires du* marquis de Sourches.

(2) Le duc de Bourgogne naquit en 1682, le duc d'Anjou en 1683, et le duc de Berry en 1686.

(3) 19 octobre 1695. (Fontainebleau), les petits princes vinrent de leur côté à la chasse et y demeurèrent même après le Roi, pour achever de tuer les sangliers qui étoient dans les toiles. (Dangeau, t. IV.)

(4) Additions à Dangeau, t. XIV.

(5) Dangeau, t. VII.

avec le regret d'être obligé de renoncer à ces belles chasses à courre qui n'étaient plus connues au delà des Pyrénées (1). Pendant sa dernière chasse à Versailles, M. de la Rochefoucauld dit au jeune Roi qu'il le plaignait bien de ne pouvoir avoir de meute à Madrid. « Sa Majesté Catholique lui répondit : Il y en a bien en Afrique qui est un pays encore plus chaud, pourquoi n'en aurais-je point en Espagne ? On dit que le Roi de Maroc en a une bonne (2). Le premier tribut que je lui veux imposer, c'est de m'envoyer des chiens tous les ans. »

Le duc de Berry.

L'étoile funeste qui présida à la destinée si promptement interrompue du duc de Berry ne manqua pas d'étendre sa fâcheuse influence sur ses chasses.

A l'âge de 12 ans, il était allé avec ses frères tirer des lapins. Il était déjà *si ardent* pour la chasse, qu'il commença par blesser un des rabatteurs ; son sous-gouverneur, M. de Rasilly, à qui il devait bientôt causer des *fatigues incroyables de chasses, de courses et de veilles*, lui en fit réprimande, et lui recommanda de ne pas tirer du côté des autres princes. Le jeune duc n'en tint compte, il continua de tirer à tort et à travers, et il ne s'en fallut que de deux doigts qu'il

---

(1) « Les meutes et les chasses à courre sont inconnues en Espagne par la chaleur, l'aridité et la rudesse du pays, mais tirer, voler et des battues aux grandes bêtes de mille et quinze cents paysans que le grand écuyer ordonne, sont les chasses ordinaires et la dernière est celle du Roi Philippe V de presque tous les jours. » (*Mémoires* de Saint-Simon, t. III.)

(2) Dangeau. — Le duc d'Anjou avait probablement pris cette idée dans du Fouilloux qui parle d'un *Roy de Barbarie nommé le Domcherib, lequel faisoit grand mestier de chasse.*

ne tuât le duc de Bourgogne. M. de Rasilly lui arracha vivement son fusil et ne voulut plus lui permettre de tirer. Le fougueux enfant entra dans une rage épouvantable, il fit mine de se briser la tête avec une grosse pierre, il appela son sous-gouverneur coquin, traître, scélérat, et comme celui-ci disait : « Je m'en plaindrai au Roi, qui me fera justice ; » — « il vous fera donc couper la tête, vous le méritez, » riposta l'élève furibond. Le Roi infligea au duc de Berry huit jours d'arrêt dans sa chambre, *ce dont il ne s'inquiéta pas du tout* (1) (12 janvier 1699).

En juin 1704, chassant le loup à Versailles, le duc de Berry fit une chute fort rude, se démit l'épaule droite et se blessa au visage.

En septembre 1705, comme il courait le cerf à Fontainebleau avec les chiens de M. le duc, il tomba encore et se blessa à l'épaule et à la jambe.

Deux ans après (septembre 1707), dans une chasse aux sangliers, il blessa *considérablement* un des veneurs.

En 1712 il avait déjà estropié *quatre ou cinq personnes de bas étage* à qui il faisait des pensions. Le 30 février de cette année, toujours trop *chaud à la chasse*, il eut le malheur de crever un œil à M. le duc en tirant un lièvre sur une mare glacée.

Enfin, en 1714, un jour qu'il chassait avec l'électeur de Bavière, son cheval s'abattit et le pommeau

(1) Dangeau, t. VII. — *Correspondance inédite de la princesse Palatine.*

de sa selle le frappa mortellement dans la poitrine (1).

Monsieur.

Les penchants efféminés de Monsieur, duc d'Orléans, frère de Louis XIV, le tinrent toujours éloigné des mâles plaisirs de la chasse. « Monsieur, dit la correspondance de sa femme, n'aimoit ni les chevaux ni la chasse, il ne se plaisoit qu'à jouer, tenir un cercle, bien manger et faire sa toilette, en un mot il se plaisoit à tout ce qu'aiment les dames (2). »

Il entretenait cependant des équipages de chasse considérables. Dès 1657, il avait une vénerie commandée par M. de Ruvigny, premier veneur, avec 4 lieutenants servant par quartiers, 4 gentilshommes servant également par quartiers (3) et 2 gentilshommes ordinaires.

En 1699, on voit figurer, dans l'état de sa maison, vénerie pour cerf, vénerie pour chevreuil, vénerie pour loup, vénerie pour renard, équipage des toiles, meute pour lièvre, fauconnerie avec vols pour corneille, pour pie et pour champs, oiseaux du cabinet (4).

Le premier veneur de Monsieur était, à cette époque, le marquis d'Effiat, qui *aimoit fort la chasse et disposoit des meutes* de ce prince, chasseur fort peu zélé. Après sa mort, il disposa de même de celles du

(1) Dangeau, t. X, XI, XIV.— Saint-Simon, t. IX. – Le duc de Berry avait un équipage de chasse. M. de la Haye était son premier veneur.

(2) *Correspondance de Madame*, t. I.

(3) *État de la France*, 1657.

(4) *État de la France*, 1699. — Voir le détail aux Pièces justificatives.

duc d'Orléans, fils de Monsieur, qui ne s'en servait guère davantage au grand regret de sa mère, *Madame* (née princesse Palatine). Le duc fit cependant en chassant le cerf, une terrible chute dans laquelle il se démit un bras (1) (novembre 1710).

Princes de Condé.

Le grand Condé, à qui une vie agitée de tant de manières semblerait n'avoir pas laissé le temps de s'amuser à la chasse, montra cependant un penchant aussi décidé pour cet exercice que les autres princes de sa maison. Exilé de France après les troubles de la Fronde, il se fixa pendant assez longtemps au château de Tervueren en Brabant, dans le seul but d'y chasser avec son fils, le duc d'Enghien (2). Après son retour en France, où il ramena quelques-uns des veneurs brabançons qui l'avaient servi, le prince mit les chasses de son domaine de Chantilly sur un pied qui lui permit plusieurs fois d'en offrir le plaisir à Louis XIV. Lorsque le Roi vint le visiter à Chantilly en 1671, le prince entreprit de faire faire à Sa Majesté une chasse telle qu'on n'en avait jamais vu de semblable. Sa vénerie laissa courre un cerf au clair de la lune et réussit à le prendre, à la grande admiration des assistants (3). Condé avait manifesté ces goûts cynégétiques dès sa première jeunesse. Dans une lettre latine du 22 décembre 1635, écrite de Bourges où il faisait alors ses humanités, le futur vainqueur de Ro-

---

(1) *Correspondance* de Madame, duchesse d'Orléans. Dangeau.

(2) Alors âgé de 14 ans (1657). (*Recherches sur la maison de chasse des ducs de Brabant.*)

(3) *Lettres* de madame de Sévigné, t. Ier.

croy s'excuse auprès de son père, qui passait pour trop économe, d'avoir nourri plus de chiens qu'il n'était nécessaire (1).

Le fils de ce grand homme de guerre, Henri Jules de Bourbon, duc d'Enghien, qui devint prince de Condé à la mort de son père (1686), eut l'honneur de recevoir fréquemment le Roi dans son domaine de Chantilly et de l'y faire chasser à courre et à tir (2). Il avait, au dire de Gaffet de la Briffardière, une meute anglaise qui faisait des merveilles.

Des chasses extraordinaires continuèrent à faire partie du programme des fêtes éblouissantes que les princes de Condé offraient à d'augustes visiteurs.

Au mois d'août 1688, le Dauphin, fils de Louis XIV, devant arriver à Chantilly par la forêt, trouva au carrefour de la Table, un dîner magnifiquement servi dans une vaste feuillée. A la fin du repas, des musiciens déguisés en faunes et en satyres, et conduits par Lulli, costumé en dieu Pan, se dirigèrent vers une avenue où étaient couchés des piqueurs qui semblaient endormis. Les faunes commencèrent à chanter en chœur ces paroles de la *Princesse d'Élide*, que Lulli avait autrefois mises en musique pour les fêtes de Versailles :

Holà! holà! debout, debout, debout!
Pour la chasse ordonnée il faut préparer tout!

---

(1) *Si plures canes alui quàm aut necessitas ad venandum requireret aut voluptas, eam culpam ignoscas primo ardori venationis quo arripiebar.* (Collection de monseigneur le duc d'Aumale.)

(2) *Journal* de Dangeau.

Les piqueurs se levèrent en grommelant, au même moment on entendit sonner le lancer, et un cerf bondissant près de la feuillée passa comme par hasard sous les yeux du Dauphin. « Ah ! si j'avais des chiens ! » s'écria ce passionné veneur. Et déjà une meute de chiens, empaumant la voie, sautait la route sur les traces de l'animal. « Il me faudrait un cheval à présent, » s'écria le Dauphin transporté. A l'instant, des chevaux parurent pour lui et tous les convives, et la chasse commença (1). Les jours suivants furent consacrés à des chasses au loup et au cerf. La plus extraordinaire eut lieu aux étangs de Commelles, où l'on força une foule de sangliers et de cerfs, traqués avec les toiles, de venir se précipiter (2).

Le duc du Maine.

Le duc du Maine, fils légitimé de Louis XIV et de la marquise de Montespan, avait dès l'âge de seize ans un équipage de lièvre (3). En 1687, il souhaita d'avoir un équipage pour courre le cerf. Le Roi lui donna 10,000 écus pour le mettre sur pied et 10,000 écus par an pour l'entretenir. Le chevalier d'Aunay en fut commandant avec 1,000 écus d'appointements (4). Dangeau qualifie cet équipage du *plus magnifique qu'on ait jamais vu* (5). Le Roi chassait souvent avec les chiens du duc du Maine, ce dont les gens de sa Vénerie avaient naturellement conçu une vive jalousie.

Le 8 août 1708, le Roi étant venu chasser avec les

---

(1) Legrand d'Aussy, d'après le *Mercure galant*.

(2) *Mercure galant*, septembre 1688. — *Les Cours galantes*, t. II.

(3) 1686.

(4) Dangeau, t. VII.

(5) *Ibidem*.

chiens de M. du Maine, la chasse ne fut point heureuse, et Sa Majesté dit au duc en le quittant : « Je vous en fais mon compliment d'affliction, » puis, se tournant vers le grand veneur la Rochefoucauld : « Je vous en fais mon compliment de joie (1). »

Le comte de Toulouse.

Le comte de Toulouse, frère puîné du duc du Maine, se montra dès sa première jeunesse (2) digne en tous points de la charge de grand veneur, qu'il était destiné à exercer quelques années plus tard. En 1698 il possédait déjà une meute incomparable devant laquelle aucun animal ne trouvait grâce, et qui fut souvent appelée à chasser pour le plaisir de son auguste père (3). Il avait en même temps une meute de petits chiens pour lièvre. Lorsqu'il prit possession de la grande Vénerie, en 1714, il joignit sa meute à celles du Roi, qui devinrent par ses soins plus magnifiques que jamais (4).

Duc de Verneuil, princes de Vendôme.

Le duc de Verneuil (5), l'un *des plus grands chasseurs de France, et connoisseur s'il en fut jamais* (6), et le grand Prieur Philippe de Vendôme, avaient des meutes estimées; Louis, duc de Vendôme, frère du grand

---

(1) Dangeau, t. VII.

(2) Il était né en 1678.

(3) Dangeau, t. VI à XV.

(4) 19 mars 1714. « Le Roi n'avoit point vu sa meute depuis que M. le comte de Toulouse est grand veneur et quoique elle fust fort magnifique du temps de M. de la Rochefoucauld, elle l'est encore plus présentement et plus nombreuse en chiens et en chevaux. » (*Ibidem*, t. XV.)

« L'équipage de chasse est fort augmenté depuis que M. le comte de Toulouse est grand veneur. » (*Ibid.*, *ibid.*)

(5) Henri de France, ci-devant évêque de Metz, mort en 1682.

(6) Gaffet de la Briffardière.

Prieur, secouait pour chasser sa paresse excessive. Il s'était su mettre bien avec Monseigneur par la chasse. Le Dauphin allait chasser continuellement dans son domaine d'Anet, ainsi que les princes du sang et les ministres du Roi. *Ce fut une mode dont chacun se piqua.* Le château et le village d'Anet étaient parfois remplis de chasseurs *jusqu'aux toits* (1).

Grands seigneurs.

Les grands seigneurs faisaient de leur mieux pour imiter les princes du sang.

Le maréchal de Turenne.

Le grand maréchal de Turenne avait eu, dans sa jeunesse, un goût assez vif pour la chasse. Il tenait au faubourg Saint-Antoine une meute de chiens français fort vites. Sélincourt, qui lui fit faire un jour une belle chasse de lièvre dans les environs de Créteil, en parle comme d'un bon connaisseur en vénerie.

Le maréchal de Brézé.

Le maréchal de Brézé, contemporain de la jeunesse de Turenne, mourut en 1650 dans son superbe château de Milly, en Anjou, où il vivait retiré depuis plusieurs années, *se divertissant à la chasse* « et véritablement, dit Lenet, je n'ai guère vu de lieu où elle soit plus belle et plus commode qu'en ce lieu-là (2). » Le maréchal y entretenait une meute nombreuse et ses écuries contenaient 80 chevaux.

Parmi les grands seigneurs qui, *suivant les traces de leurs pères*, se sont *rendus des meilleurs chasseurs* pendant les vingt premières années du règne de Louis XIV, Salnove, dans la préface de sa *Vénerie royale*, cite le prince de Guéméné, grand veneur après

(1) Saint-Simon, t. V. — Dangeau.
(2) *Mémoires* de Lenet, t. II.

son père, le duc de Montbazon (1), le duc de Tresmes, le marquis de Saint-Herem, grand louvetier de France (2), le commandeur de Schomberg.

La génération qui suivit se montra soigneuse de perpétuer ces traditions.

Le duc de Bouillon.

Le duc de Bouillon, grand chambellan, prenait cent cerfs en une année, avec son excellente meute de bâtards anglais, dans les forêts admirablement conservées qu'il possédait à Évreux, à Conches et à Breteuil (3).

Le comte d'Évreux. Le duc d'Elbeuf.

Le comte d'Évreux, fils du duc de Bouillon, passait sa vie à la chasse (4); le duc d'Elbeuf,

. . . . homme assez profond
Dans la science de la chasse (5)

Le duc du Lude. Le duc de la Rochefoucauld.

possédait une meute renommée (6). Le duc du Lude était « brave, galant magnifique, adroit à tout, grand chasseur (7). » Le duc de la Rochefoucauld succéda

---

(1) Mort en 1654.

(2) Revêtu de cette charge en 1655.

(3) Gaffet de la Briffardière.

Vous saurez que le chambellan
A couru cent cerfs en un an.
(*Épîtres* de la Fontaine.)

(4) *Notice sur la marquise du Deffand*, par M. le comte de Saint-Aulaire.

(5) *Les fausses prudes*, dans *la France galante*. — On y lit encore que le même personnage *contoit pour l'ordinaire*

Tous les faits de son chien Cerbère
S'il s'étoit jeté tout à coup
Sur quelque cerf ou quelque loup
Si le chevreuil ou bien le lièvre
Avoit eu ce jour-là la fièvre.

(6) Gaffet de la Briffardière.

(7) Saint-Simon, notes sur Dangeau.

8 septembre 1685. Les chiens du feu duc du Lude coururent avec les

dans la charge de grand veneur à ce marquis de Soyecourt, qui servit, dit-on, de modèle à Molière pour son chasseur *fâcheux*. Le duc s'acquittait en conscience des devoirs de son office. Dans sa vieillesse, devenu presque aveugle et ne pouvant plus monter à cheval, « il couroit en calèche, et, si on manquoit, c'étoit à l'ordinaire une furie jusqu'à la chasse suivante qu'on prenoit. A la mort du cerf, il se faisoit descendre et mener au Roi, pour lui présenter le pied qu'il lui fourroit souvent dans les yeux ou dans l'oreille (1). »

« Il suivoit la chasse en voiture *comme un corps mort*, dit ailleurs l'impitoyable Saint-Simon, et finit par se rendre incommode au Roi (2). »

Le comte de Comminges.

Malgré son énorme embonpoint qui lui valut l'honneur de servir de parrain à des mortiers à bombes d'un calibre inusité, le comte de Comminges est cité parmi les grands chasseurs de son temps. Il était fort ami du marquis d'Effiat, premier veneur de Monsieur, et *lié avec lui par la débauche et la chasse* (3).

Princes et seigneurs étrangers.

Les grands seigneurs français n'étaient pas seuls admis à l'honneur de participer aux chasses du Roi et des princes du sang. Tous les étrangers de distinction, auxquels la France accordait une généreuse hospitalité ou qui la visitaient en voyageurs, ne man-

chiens du Roi. M. de Roquelaure les lui donne, et Sa Majesté a envoyé 300 louis à Lóret, qui commandoit cet équipage et 100 pistoles aux piqueurs. (Dangeau, t. I.)

(1) Saint-Simon, t. VII.

(2) Additions à Dangeau, t. XV.

(3) *Ibid.*, t. XVI.

quaient pas d'assister à ces chasses sans pareilles, où ils étaient accueillis avec la plus bienveillante courtoisie.

Jacques II.

Le Roi d'Angleterre, Jacques II, retiré à Saint-Germain après la révolution de 1688, oubliait ses infortunes en accompagnant très-assidûment à la chasse Louis XIV et le grand Dauphin, qui lui faisaient rendre les plus grands honneurs (1).

Le prince de Danemark.

En 1693, le prince de Danemark étant allé à Saint-Germain prendre congé de LL. MM. Britanniques, le Roi lui fit donner des chevaux pour qu'il pût avoir le plaisir de la chasse. Quelques jours après, à Versailles, il vint courre le cerf avec Madame, et le grand veneur, M. de la Rochefoucauld, lui donna le *bâton* ainsi qu'au Roi Jacques, « honneur dont ce prince fut fort touché, dit Dangeau, parce qu'il sut que le grand veneur ne rendait pas même ce respect-là aux princes du sang. »

Le prince d'Anspach.

Le 2 janvier 1699, le prince d'Anspach chassa avec le Roi. Monseigneur lui fit donner des chevaux.

L'électeur de Bavière.

L'électeur de Bavière, Maximilien, expulsé de ses États par les ennemis de la France et obligé de chercher un asile auprès de son allié Louis XIV, fut convié par lui à suivre toutes ses chasses. En 1712, il fit venir son équipage de vénerie au château de Mouchy. L'année suivante, comme la forêt de Sénart, où il avait été autorisé à courre le cerf, était pleine d'eau, et qu'il était malaisé d'y faire de belles chasses, le Roi lui fit offrir d'amener son équipage pour courre

---

(1) Dangeau.

dans la forêt de Saint-Germain ou dans la forêt de Marly, et lui fit dire aussi que, s'il voulait courre dans la forêt de Montmorency, il ferait plaisir à M. le Duc (1).

Le prince de Furstemberg.

Quelques années auparavant, Hermann, prince de Furstemberg, frère du cardinal Guillaume Egon, évêque de Strasbourg, avait été admis à faire chasser son excellent équipage à Saint-Germain, en présence de Monseigneur (2).

Ragotzky.

Le vaillant chef des insurgés hongrois, le prince Ragotzky (3), réfugié également en France après la ruine de son parti (1713), *se familiarisa par le goût à la mode de la chasse* avec le comte de Toulouse et devint son ami particulier. Il fut de toutes les chasses, de toutes les parties, de tous les voyages de Marly, de presque tous ceux de Fontainebleau (4). Il vivait d'ordinaire aux Camaldules de Grosbois, sous le nom de comte de Saaros, n'allait jamais à Paris et ne dépensait qu'à la chasse.

Le 28 juin 1713, le *comte de Saaros* parut à une chasse des chiens du Roi dans la forêt de Rambouillet avec un habit semblable à celui de l'équipage du cerf. On le prévint qu'il n'était pas permis de porter cet habit sans l'autorisation du Roi. Ragotzky pria le marquis de Dangeau d'en faire ses excuses à Sa Majesté.

---

(1) Dangeau, t. XIV.

(2) Dangeau, t. I. — Cet équipage fut acquis en 1685 par le même électeur de Bavière dont nous venons de parler. Le prince de Furstemberg le lui envoya de France, hommes, chiens et chevaux. (*Ibid.*)

(3) Ou Racoczy. — Mort à Rodosto, en Turquie, en 1735.

(4) Saint-Simon, *Mémoires, et additions* à Dangeau.

A la chasse suivante, il vint lui-même auprès du Roi s'excuser de son ignorance. « Monsieur, lui répondit gracieusement Louis XIV, vous m'avez fait plaisir, et un homme comme vous fait honneur à l'équipage (1). »

Le prince de Saxe.

Le prince électoral de Saxe, fils de Frédéric-Auguste Ier, Roi de Pologne, vint en France en 1714 et fut présenté au Roi sous le nom de comte de Lusace. Le Roi courut le cerf le lendemain ; il fit donner de ses meilleurs chevaux au prince et aux seigneurs de sa suite, et depuis le convia souvent à ses chasses (2).

Le duc de Portland.

Les égards prodigués par M. de la Rochefoucauld à la majesté tombée de Jacques II eurent un contre-coup fâcheux pour l'ambassadeur de son rival, lord Bentinck, duc de Portland. Ce noble hollandais, favori de Guillaume III, était grand chasseur comme son maître (3). Étonné de ne recevoir aucune invitation du grand veneur, il dit et répéta souvent devant tout le monde qu'il mourait d'envie de chasser avec les chiens du Roi. M. de la Rochefoucauld ne donnant pas signe de vie, l'ambassadeur l'aborda au sortir d'un lever du Roi et lui dit franchement son

(1) Dangeau, t. XIV.

(2) Saint-Simon, t. X. — Les chasses royales n'eurent pas le même succès auprès du czar Pierre le Grand, lorsqu'il vint visiter la France en 1717. « Fontainebleau lui plut médiocrement et point du tout la chasse, où il pensa tomber de cheval. Il trouva cet exercice trop violent, qu'il ne connoissoit point. » (*Ibid.*, t. XV.) Il prit plus de plaisir au souper, où il se grisa abominablement.

(3) Voir l'*Histoire d'Angleterre* de lord Macaulay. Lorsque Bentinck quitta la cour de France en 1698, il s'arrêta en passant à Chantilly, où le prince de Condé lui fit faire des chasses magnifiques (*ibidem*).

désir : « L'autre ne s'en embarrassa point; il lui répondit assez sèchement qu'à la vérité, il avoit l'honneur d'être grand veneur, mais qu'il ne disposoit point des chasses, que c'étoit le Roi d'Angleterre dont il prenoit les ordres, qu'il y venoit très-souvent, mais qu'il ne savoit jamais qu'au moment de partir quand il ne venoit pas au rendez-vous, et tout de suite la révérence, et laissa là Portland dans un grand dépit, et toutefois sans pouvoir se plaindre (1). »

Traités de chasse sous Louis XIV.

Les principaux auteurs théreutiques du règne de Louis XIV sont, pour la vénerie, Robert de Salnove, lieutenant de la grande Louveterie; pour la Fauconnerie, le sieur de Morais, ci-devant chef du Héron de la grande Fauconnerie (2), et, pour toutes espèces de chasse, Sélincourt et Louis Liger (3). Le *Parfait Chasseur* de Sélincourt est rempli de traits curieux et d'observations personnelles du plus grand intérêt. Sélincourt avait chassé dans sa jeunesse avec le duc d'Angoulême (4).

Louis XV.

Les premiers passe-temps du jeune Roi Louis XV, monté sur le trône à l'âge de 5 ans (1715), furent des chasses enfantines qui font peu d'honneur à ceux

---

(1) Saint-Simon, t. II.

(2) *Le véritable Fauconnier*, par M. Claude de Morais, chevalier, seigneur de Fortille. Paris, 1683.

(3) *Les Amusements de la campagne*, etc., par Louis Liger. Paris, 1707. Cet ouvrage n'est qu'une compilation où ce qui concerne la vénerie est emprunté à du Fouilloux et la fauconnerie à d'Arcussia et Morais. La partie la plus complète est celle qui décrit les piéges et engins.

(4) Le véritable nom de ce personnage paraît avoir été *Sacquespée*, quoiqu'il soit écrit *Jacques Espée* dans l'État de la France de 1698.

qui présidaient à son éducation. Son gouverneur, le maréchal de Villeroy, le conduisait à Versailles, où les oiseaux de sa fauconnerie déchiraient sous ses yeux des milliers de moineaux lâchés dans une vaste salle (1). A l'âge de 12 ans, « il avoit, dit l'avocat Barbier, une biche blanche qu'il avoit nourrie et élevée, laquelle ne mangeoit que de sa main et qui aimoit fort le Roi; il l'a fait mener à la Muette (au bois de Boulogne), et il a dit qu'il vouloit tuer sa biche, il l'a fait éloigner, il l'a tirée et il l'a blessée. La biche est accourue sur le Roi et l'a caressé. Il l'a fait remettre au loin et l'a tirée de nouveau et tuée. On a trouvé cela bien dur. On lui conte quelque histoire pareille sur des oiseaux qu'il a (2). »

Dès l'époque où se passe cette *vilaine aventure*, Louis XV avait cependant déjà pris part à des chasses

(1) Dangeau, avril 1716. — Lemontey, *Histoire de la Régence*, t. II. En 1718 et 19, il se livrait aussi au divertissement moins barbare de la chasse au furet (Dangeau, t. XVII).

(2) *Journal* de Barbier, t. I. — Malgré ces fâcheux commencements, Louis XV était humain, comme le témoigne, entre autres anecdotes, l'accident de chasse raconté par la vicomtesse de Choiseul, dans une lettre que nous a conservée Mme du Deffand (*Correspondance inédite*, t. II). Pendant une chasse, le Roi s'approche de la calèche où était la Dauphine (Marie-Antoinette d'Autriche), et lui dit : « Madame, il vient d'arriver un malheur affreux, le cerf a sauté dans le jardin d'un pauvre vigneron, qui a été effrayé; il a voulu fuir, le cerf l'a tué. C'est sa malheureuse femme qui vient par ses cris, de m'apprendre ce malheur. J'ai envoyé sur-le-champ du monde pour le secourir et j'ai envoyé au rendez-vous pour avoir le chirurgien. Il n'a que 30 ans et trois enfants dont j'aurai soin, mais la pauvre femme, cela ne lui rendra pas son homme ! »

La lettre raconte ensuite les soins touchants que prirent de la malheureuse femme le Dauphin (depuis Louis XVI), la Dauphine, le comte et la comtesse de Provence. La voiture de la Dauphine la ramena près de son mari qui n'était que blessé.

plus nobles et plus sérieuses ; dès 1720, il avait commencé à monter à cheval, à tirer, à chasser au vol avec les jeunes seigneurs attachés à sa personne. « Adroit dans tout ce qu'il fait, dit Madame dans sa correspondance, il commence déjà à tirer des faisans et des perdrix, il a une grande passion pour le tir. » En 1722, le jour de saint Hubert, le jeune Roi, revenant de se faire sacrer à Reims, fit sa première chasse à courre en calèche, dans les bois de Villers-Coterets (1). Le 26 août 1724, il courut le cerf à cheval pour la première fois (2).

Les bons bourgeois de Paris commençaient à s'inquiéter de l'ardeur excessive que leur jeune souverain portait à la chasse, et de l'indifférence qu'il manifestait pour d'autres plaisirs. « Le Roi ne songe qu'à chasser, s'écrie avec douleur l'avocat Barbier, et il ne veut point tâter du *cotillon!* J'avoue en mon particulier que c'est dommage, car il est bien fait et beau prince ; mais si c'est son goût, qu'y faire (3)? »

Lorsque le Roi rappela *M. le Duc* de son exil à Chantilly, toute la cour attendait avec curiosité ce qui

---

(1) D'Yauville.

(2) *Journal du marquis de Calvières*, publié par MM. de Goncourt, à la suite de leurs *Portraits intimes du* XVIIIe *siècle*. — *Traité de Vénerie* de M. d'Yauville, premier veneur et ancien commandant de la Vénerie du Roi. Paris, 1788. — Dangeau, t. XVII. — *Estat des cerfs courus par la muette* (sic) *du Roy pendant les années* 1723 à 1730 (Ms. bibl. du Louvre).

(3) *Journal* de Barbier, août 1724. — Il est bon de remarquer que Louis XV n'avait encore que 14 ans. — Cette même année, le marquis d'Argenson se plaint de ce que le Roi ne lui a jamais adressé la parole depuis qu'il est à son service qu'un jour de chasse au renard, pour le redresser au sujet d'une confusion entre cet animal et le loup.

allait résulter de sa première visite à Versailles, mais quelle déception ! *Le Roi, qui n'a que sa chasse en tête*, se borne à interroger par trois fois différentes M. le Duc sur les cerfs et les sangliers qui sont à Chantilly (1).

En avril 1730, Louis XV va passer six semaines à Fontainebleau : « espérant y trouver des cerfs, et de quoi chasser, qui est sa seule occupation, non pas absolument tant pour la chasse que pour être en mouvement, car souvent pendant la chasse il s'arrête et se met à jouer dans la forêt (2). »

Chacun sait que cette indifférence pour les femmes, reprochée à Louis XV par le naïf chroniqueur, ne se prolongea pas indéfiniment, et que, à partir de sa première aventure amoureuse avec Mme de Mailly (1732), le galant monarque mit à regagner le temps perdu un zèle de nature à satisfaire les plus exigeants. Ses nouvelles passions n'affaiblirent pourtant en rien celle qu'il avait pour la chasse, et les censeurs continuèrent à lui reprocher ce goût assez innocent, qu'ils accusaient de le détourner du soin des affaires publi-

(1) *Journal* de Barbier, t. II, décembre 1727. — Un opuscule rarissime et fort curieux (*Chasses du Roy, et la quantité de lieues que le Roy a fait tant à cheval qu'en carrosse pendant l'année* 1725, par le sieur Mouret — *imprimé précipitamment par Colombat, J. O. D. R.*) constate que Sa Majesté avait fait 3255 lieues dans le courant de cette année. Une réimpression de ce petit livre va paraître dans les *Mélanges de la Société des bibliophiles français* (1867).

(2) Barbier, t. II, juin 1731. — « Le goût du Roi continue toujours pour la chasse ; l'on dit que c'est moins la chasse en elle-même que l'envie de courir, de changer de lieu et de situation, ne prenant apparemment de plaisir à quoi que ce soit. » (*Ibidem*.)

Les jeunes seigneurs qui suivaient le Roi dans ses chasses, à cette époque, avaient été surnommés les *marmousets* (*Mémoires* du marquis d'Argenson).

ques, et d'exposer sa santé à des fatigues exagérées.

En avril 1754, le père Teinturier, jésuite, prêchant le carême devant le Roi, l'*apostropha furieusement* sur la mollesse de sa vie. La cour fut étonnée de cette audace « de la part d'un jésuite, que l'on sait politique, en parlant au Roi qui ne se mêle de rien, qui laisse le cardinal maître de tout et qui n'aime point à travailler, qui ne fait qu'aller à la chasse et souper à la Muette, et qu'on ne dit point devoir aller à l'armée (1). » Louis XV n'en parut point cependant choqué, et fit déranger les jours de sermon qui tombaient dans les jours marqués pour la chasse, afin de n'en point manquer un (2).

On attribua, en décembre 1737, à l'abus de la chasse un rhume violent dont le Roi fut attaqué : « Il a gardé le lit, dit Barbier, et surtout on lui a défendu la chasse pour quelque temps, ce qui doit faire grand plaisir à ses officiers, car, malgré la gelée, les brouillards et la neige, il court toujours, et l'on peut dire sans savoir pourquoi (3). »

Barbier, fort mauvais juge en matière de vénerie, est injuste pour Louis XV qui était devenu un veneur

---

(1) Barbier, t. II.

(2) Mars 1737. — « C'est le P. Chrysostôme qui prêche très-utilement et avec beaucoup de force. L'usage ancien étoit de prêcher les dimanche, mercredi et vendredi. Le Roi par rapport à l'arrangement de ses chasses, faisoit prêcher le dernier carême, une semaine le dimanche, mardi et jeudi, et l'autre, le dimanche, mercredi et vendredi. Ce carême-ci, on n'a encore prêché que le dimanche, mardi et jeudi, jusqu'à présent. » (*Mémoires du duc de Luynes sur la cour de Louis XV*, publiés sous le patronage de M. le duc de Luynes, par MM. Dussieux et E. Soulié, t. I.)

(3) *Ibidem.*

très-sérieux et très-capable. Un beau tableau d'Oudry nous le montre partant avec son limier pour faire le bois lui-même. On trouve, dans l'État de ses chasses, que, le 7 octobre 1739, le Roi a attaqué un *cerf cerf dix corps* (*sic*) (1) *jeunement* dans le rocher de la Salamandre à Fontainebleau, sur lequel S. M. a fait donner tous les relais et qu'elle a pris, sans personne de son équipage, le long du Parquet de pierre (2).

Le 3 octobre de l'année suivante, le Roi laissa courre lui-même, avec sa petite meute, un *cerf cerf* dix cors qui fut pris à Barbizon (3).

En 1740, pendant un voyage à Marly, le Roi, étant allé tous les jours à la chasse, finit par se trouver incommodé après une retraite fort rude. La suite s'étant trouvée très-éloignée des relais, les chevaux étaient tellement rendus, qu'aucun seigneur ne fut en état d'accompagner le Roi pour le retour. Un seul page le suivit pendant une lieue et demeura en route. Le Roi, mieux monté que les autres, fit seul ses six lieues de rétraite et arriva le premier à Marly. « Il se fit changer de linge sans vouloir qu'on le frottât et but quatre grands verres de vin pendant qu'on l'habilloit. Il se moqua fort de tous les seigneurs qui arrivoient les uns après les autres, et ensuite se mit à souper jusqu'à trois heures du matin, ce qui a causé son incommodité (4). »

---

(1) Cette répétition du mot *cerf* était du style de la Vénerie royale.

(2) *Estat des cerfs courus par la meute du Roy de* 1723 *à* 1757. (Ms. de la bibliothèque du Louvre.)

(3) *Ibidem.*

(4) Barbier, t. III.

Au mois de juillet de la même année, il part pour Compiègne avec toute la cour, les ministres et le conseil, pour y chasser tous les jours, *tant pis pour ceux qui y ont affaire*. Mais, en 1741, il se voit obligé de renoncer à chasser dans cette belle forêt, parce qu'on s'attend à la guerre, et qu'il ne serait pas prudent d'exposer le Roi à être enlevé par quelques partisans audacieux dans ces grands bois qui vont jusqu'aux Ardennes (1).

Cette même année, Louis XV fit une chute en chassant dans le bois de la Rivière, près Valvins. Il en fut quitte pour quelques contusions, but un peu d'*esquibach* (ou *usquebaugh*, eau-de-vie de grains) et continua sa chasse. Pendant le séjour qu'il fit alors à Fontainebleau, il allait quatre fois la semaine à la chasse, trois fois au cerf et une fois au sanglier. En octobre 1745, il courut des dangers à cette dernière chasse. Un sanglier venant à son tiers an, tenait les abois; il chargea le Roi, qui tira sur lui sans l'atteindre. L'animal blessa le cheval de Sa Majesté, qui le tua entre les jambes de sa monture (2).

Louis XV chassait pendant tous ses voyages en se

---

(1) Barbier, t. III. — Un camp de manœuvres qui devait avoir lieu à Compiègne, en 1739, avait été contremandé, parce qu'on avait dit au Roi que le bruit du canon ferait fuir les animaux pour trois ans au moins.

(2) Luynes. — « 4 février 1769. — En chassant dans la forêt de Saint-Germain, le Roi fit une grande chute de cheval sur le bras droit, le cheval s'étant abattu. La douleur fut si vive, que, dans le premier moment, l'on crut et le Roi dit qu'il avoit le bras cassé. » (*Souvenirs d'un chevau-léger de la garde*, publiés par M. R. de Belleval.)

rendant à Chantilly ou à Fontainebleau, en allant de Choisy à Versailles, etc.

Il allait souvent chasser à tir à Crécy, chez la marquise de Pompadour (1). Très-adroit tireur, Louis XV n'en préférait pas moins la vénerie, où il excellait.

Ses équipages restèrent à peu près dans les proportions où les avait laissés Louis XIV, sauf l'addition de la petite meute du cerf, donnée au Roi en 1725 par le duc de Bourbon (2). En 1737, les 40 places de gentilshommes de vénerie furent définitivement supprimées et 6 gentilshommes ordinaires seulement furent conservés; les titulaires de ces charges, comme de celles de lieutenant ordinaire, des 5 charges de lieutenant de vénerie, de celles de sous-lieutenant en pareil nombre et des 6 charges de gardes à cheval, continuèrent de jouir de leurs anciens priviléges, mais sans faire aucun service. Le commandement de la Vénerie fut donné au plus ancien des gentilshommes qui y servaient par commission (3).

---

(1) Ce Crécy était situé dans les environs de Dreux.

Louis XV chassait aussi aux environs du château de Bellevue, qu'il avait fait construire en 1748 pour la favorite, et qu'il racheta en 1757. Sur le coteau de Bellevue existe encore une maison de campagne, dite *la Maison des cerfs*, à cause d'un cerf qui y fut pris par le Roi et dont une inscription rappelle la mort. (*Les Environs de Paris*, par Adolphe Joanne).

(2) En 1762-63, la dépense de la vénerie fut de 358,852 lt. 17 s. 8 d. (Comptes de la trésorerie. — *Mémoires* du duc de Luynes, t. I.)

(3) D'Yauville. — Voir, pour le détail des équipages de Louis XV, les Pièces justificatives.

L'un de ces commandants de la vénerie fut un M. de Landsmath. écuyer du Roi, dont Louis XV faisait grand cas à cause de son courage, de sa rude franchise et de sa force prodigieuse. Un jour que le Roi chassait dans la forêt de Saint-Germain, Landsmath, courant à

En 1749 parut une nouvelle meute pour chevreuil qui fut réformée en 1758.

La grande Louveterie et l'équipage des toiles eurent peu de changements à subir ; mais un édit de 1748 supprima 20 piqueurs et 23 gentilshommes servant dans la Fauconnerie (1).

Louis XV chassait ordinairement à Saint-Germain pendant l'hiver, dans les environs de Versailles, à partir de la fin du carême jusqu'au 15 mai. A la fin de juin, les équipages revenaient à Versailles pour se rendre immédiatement à Compiègne.

Le Roi chassait ensuite à Sénart depuis le 25 août jusqu'à la fin de septembre, puis les équipages allaient à Fontainebleau pour y rester jusqu'au 15 ou 18 octobre, époque à laquelle ils retournaient finir l'année à Versailles (2).

Souvent le Roi venait de Versailles ou de Compiègne chasser au bois de Boulogne (3). Une violente sédition

---

cheval devant lui, veut faire ranger un tombereau rempli de vase. Le charretier résiste et répond insolemment ; Landsmath, sans descendre de cheval, le saisit par le devant de sa veste et le lance dans son tombereau. Ce même M. de Landsmath, par son langage militaire et familier, calma les alarmes de Louis XV le jour de l'attentat de Damiens (janvier 1756) : « Ce n'est rien, lui dit-il, après l'avoir examiné de toutes manières, f.... vous de cela, dans quatre jours nous forcerons un cerf. » (*Mémoires* de Mme Campan, t. III.)

(1) En 1736, il y avait 20 piqueurs et 25 gentilshommes (*État de la France*).

(2) D'Yauville.

(3) Quand le Roi chassait au bois de Boulogne, pour éviter la cohue, on empêchait les fiacres d'entrer, mais les carrosses bourgeois y entraient. Les portes étaient fermées le matin, cependant ceux qui avaient des logements au château de Madrid, aux portes, à Bagatelle, entraient en se nommant. (Barbier, t. VI.) C'était le daim qu'on y chassait d'ordinaire.

ayant éclaté à Paris en 1750, à propos d'enlèvements vrais ou supposés d'enfants destinés aux colonies, Louis XV, pour venir de Compiègne à la Muette sans traverser sa capitale, fit faire une route qu'on a appelée route de la *Révolte* en souvenir de cette origine. La distance, qui est de 72 kilomètres, était franchie en six heures, avec cinq relais, ce qui passait alors pour une célérité extraordinaire (1). Dès 1728 il avait fait percer soixante routes nouvelles dans la forêt de Compiègne; le nombre s'en accrut par la suite jusqu'à 229 (2).

En 1737, Louis XV donna l'ordre à M. de l'Epée, l'un de ses architectes, de construire un nouveau chenil à l'entrée de Versailles, du côté de Sceaux, sur les dessins de Gabriel fils. M. d'Antin, surintendant des bâtiments de la couronne, ni le grand veneur, ne furent consultés sur cet édifice, qui fut *au plus magnifique* et coûta 100,000 livres (3). Le Roi projetait alors de bâtir partout de petites maisons de chasse sur le modèle de la Muette du bois de Boulogne (4) et faisait dessiner continuellement le *petit Gabriel* (5). Aussi vit-on, au bout de quelques années, s'élever à Saint-Germain les pavillons de la Muette et de Noailles (1747); au Butard, près de Saint-Cloud, un autre pavillon de chasse. Le petit château de Saint-Hubert, à Rambouillet, fut inauguré en 1757 (6). Les pavillons de Ver-

(1) Barbier, t. IV.
(2) *Environs de Paris*, par Jouanne. (Barbier, t. II.)
(3) *Mémoires* du duc de Luynes, t. I. — Le 18 mars 1737, le Roi a été voir son nouveau chenil et ses jeunes chiens (*ibid.*).
(4) *Environs de Paris*. Ce petit château fut bâti en 1719.
(5) *Mémoires* du duc de Luynes, t. I.
(6) Barbier, t. VI. — Ce château, dont l'emplacement avait été acheté

rières, de Fausse-Repose, de Marcoussy sont de la fin de ce règne (1772) (1).

En 1773, quelques mois seulement avant sa mort, Louis XV chassait encore. Lorsqu'il fut décédé à Versailles, le 10 mai 1774, ses funérailles se firent avec une hâte indécente. Le cercueil du Roi fut placé dans un grand carrosse de chasse qu'on ne prit pas le temps de draper ni de peindre en noir et transporté pendant la nuit à Saint-Denis, au milieu des insultes de la populace.

Lorsque le cortége funèbre traversa le bois de Boulogne, on entendit des cris de dérision dans la foule :

« On répétoit : Taïaut, Taïaut, comme lorsqu'on voit un cerf, et sur le ton ridicule dont il avoit coutume de le prononcer (2). »

Une des épitaphes satiriques qui furent faites au Roi défunt se termine par ces vers :

Ami des propos libertins
Buveur fameux et Roi célèbre
Par la chasse et par les Catins
Voilà ton oraison funèbre (3).

Le Dauphin, fils de Louis XV.

Le Dauphin, fils de Louis XV (4), fut, dès l'âge de 8 ans, conduit en voiture à la chasse du lièvre (5). (1737) Trois ans après, il assistait aux chasses royales à

du duc de Penthièvre, était meublé simplement de façon à recevoir 25 maîtres.

(1) D'Yauville.

(2) Lettre de la comtesse de Boufflers à Gustave III, Roi de Suède (20 juillet 1774). *Revue des deux Mondes* du 15 juillet 1864.

(3) *Mémoires* de Mme Campan. — Notes.

(4) Né en 1729, mort en 1765.

(5) *Mémoires* du duc de Luynes. — Le jeune prince resta fort peu de

cheval (1). Quoique le duc de Luynes crût remarquer, à l'époque de son mariage, qu'il ne s'amusait pas du tout à la chasse, le Dauphin avait pris pour cet exercice un goût assez vif qu'il conserva jusqu'au jour où il fut assez malheureux pour blesser mortellement dans une battue le marquis de Chambors, son écuyer. Navré de douleur, le prince jura de ne jamais chasser désormais et tint parole (1755) (2).

Les princes du sang royal avaient tous des meutes, des capitaineries, un personnel considérable d'officiers, de veneurs et de gardes.

Ducs d'Orléans.

Le duc d'Orléans, fils du Régent (3), avait encore en 1736, 3 gentilshommes de vénerie, 6 veneurs, 3 gentilshommes de la fauconnerie et 2 fauconniers (4). Ce prince avait aimé la chasse *avec fureur* avant de se livrer tout entier aux pratiques d'une dévotion minutieuse (5).

Dans les registres des chasses du Roi, on le voit, n'étant encore que duc de Chartres, laisser courre des cerfs devant Sa Majesté avec les chiens de la meute

---

temps à cette chasse et rentra à deux heures, *qui est l'heure où il rentre ordinairement suivant la règle qui a été établie.*

(1) *Mémoires* du duc de Luynes.

(2) On lit dans le *Journal des chasses de S. A. S. Monseigneur le prince de Condé*, Ms. de la bibliothèque de Monseigneur le duc d'Aumale, sous la date du 20 août 1755 : « Monseigneur le Dauphin est malade pour un coup de fusil qu'il a donné à la chasse à un de ses écuyers. » — Voir aussi le journal de Barbier, t. VI. — Un page ayant donné au Dauphin un fusil bandé sans le prévenir, le coup partit au moment où M. de Chambors passait devant le prince et lui fracassa l'épaule.

(3) Né en 1703, mort en 1762.

(4) *État de la France*, 1736. — Pièces justificatives.

(5) *Mémoires* du marquis d'Argenson.

royale (11 juin et 7 octobre 1723). Le 10 janvier 1724, le duc d'Orléans laissa courre de nouveau avec la même meute (1).

A partir de la mort de sa femme, arrivée en 1726, il se retira entièrement des affaires et des plaisirs de la cour et du monde. Cependant il conserva toute sa vie ses équipages de chasse sans jamais s'en servir ni même les voir.

Son fils, le duc Louis-Philippe (2), n'étant encore que duc de Chartres, s'était acquis les bonnes grâces du Roi dès 1739, parce que, comme son souverain, « il aimait la chasse et la promenade et n'aimait guère davantage l'application suivie (3). »

En 1755, il chassait fréquemment le cerf à Clichy en l'Aunois et à Villers-Coterets avec la meute de son père (4). Étant, en 1779, à Chanteloup, chez le duc de Choiseul, le duc d'Orléans passait tout son temps à la promenade et à la chasse (5). Ses capitaineries étaient gardées avec soin, mais les petits délits commis contre son gibier n'émouvaient guère ce prince d'humeur débonnaire et facile (6).

Princes de Condé.

Le duc Louis-Henri de Bourbon, arrière-petit-fils du grand Condé (7), connu sous le nom de *Monsieur*

---

(1) *État des cerfs*, etc.

(2) Né en 1725, mort en 1785.

(3) *Mémoires* du marquis d'Argenson.

(4) Voir les Pièces justificatives.

(5) *Correspondance* de la marquise du Deffand, t. II.

(6) Voir dans Labruyerre l'anecdote du garde accusé de vendre du gibier. Ce bon Allemand se justifia dans un baragouin si grotesque que le duc ne fit qu'en rire (*Ruses du braconnage mises à découvert*).

(7) Né en 1692, mort en 1740.

le Duc, passait pour n'aimer au monde *que son plaisir et la chasse*. Ses équipages étaient conformes aux grandes traditions de ses ancêtres; aussi le Roi se plaisait-il à chasser dans ses magnifiques forêts de Chantilly (1). Il était de toutes les chasses de Sa Majesté, qui empruntait souvent les meutes de M. le Duc pour chasser dans ses propres domaines (2).

M. le Duc fit construire à Chantilly ces chenils et ces vastes et superbes écuries dont nous admirons encore les restes imposants. 250 chiens et 240 chevaux trouvaient leur place dans ces somptueux édifices.

Ce fut dans une de ses chasses à Chantilly que périt, à la fleur de l'âge, l'aimable duc de Melun, qui passait pour avoir épousé secrètement la sœur du prince, mademoiselle de Clermont.

« Le Roi devoit revenir le samedi, 29 du mois de juillet (1724); cela a changé, on a fait ce jour-là une grande partie de chasse. Les animaux qui n'entendent que cors et chiens à leurs trousses sont enragés; les seigneurs se piquent à qui suivra le cerf de plus près. M. le Duc et M. le duc de Melun couroient seuls, ils ont rencontré le cerf. M. le Duc a passé le

---

(1) 5 août 1739. — Le Roi courut le sanglier dans le parc de Chantilly avec les chiens de M. le Duc. Il fut au rendez-vous avec un attelage de chevaux tigrés dont la robe est fort belle. (*Mémoires* du duc de Luynes.)

(2) Au bois de Boulogne, en 1725, l'équipage de M. le Duc prit, le Roi présent, 32 cerfs, et son équipage de sanglier 47 animaux. (*Chasses du Roy*, par Mouret.)

4 juin 1728. — Le Roi est parti pour Compiègne. Il y aura 18 chasses. M. le Duc est du voyage, parce qu'on a eu besoin de ses équipages de chasse. — Barbier, t.

premier ; M. le duc de Melun n'a pas pu arrêter son cheval pour laisser passer la bête; ma foi! le cerf a donné un coup d'andouiller dans les côtes à M. de Melun, l'a renversé par terre; M. de Melun est mort le lendemain de cette blessure (1). »

M. le Duc peut lui-même être compté au nombre des victimes de la chasse. Souffrant d'une maladie chronique de l'estomac, il allait *violemment* à la chasse pour y retrouver quelque appétit et ne fit qu'aggraver son mal qui l'emporta, en janvier 1740, à l'âge de 48 ans (2).

Le fils de M. le Duc, Louis-Joseph, prince de Condé (3), marcha également sur les traces de ses pères. Les capitaineries qui entouraient sa résidence embrassaient un circuit de plus de 120 kilom., et le gibier, sévèrement gardé, y multipliait en quantités innombrables (4). Le *Journal des chasses* de ce prince, rédigé par le sieur Toudouze, lieutenant desdites

---

(1) Barbier, t. I. — En 1738, le marquis de Talleyrand, suivant une chasse royale sur un cheval de la petite Écurie, fit une chute qui mit ses jours dans le plus grand danger.

(2) L'année précédente, le duc d'Ancenis (François-Joseph de Béthune), atteint d'une irritation d'entrailles et voulant à tout prix chasser avec le Roi, mangea 30 œufs durs, fut à la chasse, et mourut de l'inflammation qui suivit. (*Mémoires* du marquis d'Argenson.)

(3) Né en 1736, mort en 1818.

(4) « En 1778, dit Cambry, je visitai les ruines pittoresques de Creil, que Robert a dessinées avec tant de talent; je traversai l'île longue, qui s'étendoit à l'extrémité du château. Il est impossible de se faire une idée de la quantité de faisans, de perdrix, de lièvres, qui sans cesse en croisoient les allées. » (Cité par A. Joanne, *Environs de Paris*.) Quant aux grands animaux, on lit dans le *Journal* de Toudouze, que, le 23 décembre 1769, Son Altesse Sérénissime fit attaquer une harde de 22 cerfs dans la forêt de Chantilly, laquelle harde en ramassa plu-

chasses à Chantilly (1), constate que, dans l'espace de trente et un ans, il avait été tué, dans ce domaine, y compris les animaux forcés, 924,717 pièces de gibier (2).

Les meutes du prince de Condé, moins nombreuses que celles du Roi, passaient pour mieux choisies et composées de chiens d'un ordre plus parfait. Le maître lui-même, excellent veneur et tireur habile, possédait la théorie aussi bien que la pratique de l'art (3). Il faisait parfois le bois en personne et s'occupait beaucoup de peupler ses forêts d'animaux rares, dont on tentait d'abord l'acclimatation dans la superbe ménagerie de Chantilly (4).

Chantilly possédait sur les domaines royaux l'avantage d'être le théâtre de toutes sortes de chasses extraordinaires. Nous venons de raconter la chasse du cerf au clair de la lune, la chasse intercalée dans une scène dramatique et la chasse dans l'eau, qui signalèrent les fêtes données à Chantilly en 1671 et 1688. Le prince Louis-Joseph ne resta pas en arrière de ses aïeux pour les singularités cynégétiques. Il *berna* des lapins à la mode allemande (5) et, pendant les hivers

---

sieurs autres, de sorte qu'il y eut bientôt 200 cerfs sur pied. Tout ce gibier était défendu contre le braconnage par 40 gardes à pied et 6 à cheval.

(1) *Journal* de Toudouze.

(2) Les chiffres donnés par le *Journal des chasseurs*, 4e année, sont un peu différents.

(3) Sur l'état des meutes et vèneries de la maison de Condé voir les Pièces justificatives.

(4) On y vit paraître des rennes, des axis, des cerfs blancs, des faisans de Chine. Voir le *Journal* de Toudouze.

(5) Sur cette ridicule chasse, voir plus bas.

rigoureux de 1771 et 1776, chassa le cerf et le daim en traîneaux (1).

Le duc de Bourbon, son fils, destiné à devenir sur ses vieux jours le veneur illustre dont chacun a ouï célébrer les hauts faits, commença dès l'âge de 16 ans sa brillante carrière en allant à plusieurs reprises avec M. de Maillé et le piqueur La Fanfare détourner des cerfs dans les bois de Chantilly (2).

Comtes de Charolais et de Clermont.

Tous les princes de la maison de Condé ont été chasseurs. Les comtes de Charolais et de Clermont, frères de M. le Duc et oncles du prince Louis-Joseph dont nous venons de parler, le furent comme leur frère et leur neveu et eurent aussi dans leurs apanages leurs capitaineries et leurs équipages de chasse (3).

Le premier, homme dur et emporté, faisait garder son gibier avec une rigueur impitoyable. Des traditions populaires, heureusement dénuées de preuves, l'accusent d'avoir, au retour de la chasse, tiré sur des couvreurs et des passants pour montrer son adresse. L'avocat Barbier, avec sa malveillance habituelle pour les chasseurs, ne manque pas d'accueillir ces bruits, contestés par Lacretelle dans son *Histoire du* XVIIIe *siècle*

(1) *Journal* de Toudouze.

(2) *Ibidem.*

(3) Ce fut M. de Louvigny, capitaine des chasses du comte de Clermont, qui arrêta le fameux braconnier Labruyerre, lequel devint, par la suite, un des gardes les plus intelligents et les plus dévoués de sa capitainerie (*Mémoires d'un braconnier*, publiés par M. le baron J. Pichon). Labruyerre est, comme on sait, l'auteur des *Ruses du braconnage mises à découvert* (Paris, 1771). — Le comte de Charolais, né en 1700, mourut en 1760. — Le comte de Clermont naquit en 1709 et mourut en 1770.

et qui, d'ailleurs, ont couru sur plusieurs autres personnages d'humeur tyrannique et brutale (1).

Le prince de Conti.

Le prince de Conti, leur cousin (2), faisait des chasses superbes dans ses châteaux de Trie et de l'Isle-Adam. Il y recevait avec magnificence *tout ce qu'il y avait de plus haut à la cour*, hormis la maison de Condé, *avec laquelle il ne chassait point*.

En janvier 1723, il réunit, pour une de ces parties de chasse, quarante *maîtres*, parmi lesquels le duc de Chartres, fils du Régent, le comte de Toulouse, le prince de Dombes et le comte d'Eu, le prince Charles de Lorraine; à cette troupe brillante se joignirent deux prélats, les évêques de Beauvais et de Laon, accusés par l'opinion publique de préférer à leur bréviaire la chasse, la bouteille et d'autres passe-temps encore moins canoniques (3).

Le prince de Conti avait 80 chevaux de chasse et 150 chiens, avec lesquels il fit courre un cerf au jeune Louis XV, dans l'enceinte du bois de Boulogne, le 15 juin 1723. Les portes du bois furent saisies à quatre heures du matin par les gardes du corps, avec défense d'y laisser entrer qui que ce fût. Le rendez-vous était à deux heures, à la croix de Mortemart. Le Roi y vint en calèche, avec le duc de Charost; quatre

---

(1) Voir la *Biographie universelle* de Michaud, t. LX. Voir aussi sur quelques seigneurs normands que les traditions populaires accusent de cette barbarie, l'amusant et curieux ouvrage de Melle A. Bosquet, intitulé *la Normandie romanesque et merveilleuse*. — Paris et Rouen, 1845.

(2) Louis-Armand de Bourbon, arrière-petit-neveu du grand Condé, né en 1695, mort en 1727.

(3) Barbier, t. I.

calèches du prince y amenèrent des dames de la cour. Melle de Charolais, sœur de M. le Duc, et Melle de la Roche-sur-Yon, sœur du prince de Conti, suivaient la chasse à cheval, ainsi que le duc de Chartres, M. le Duc, et tous les jeunes seigneurs de la cour, la plupart revêtus de l'élégant habit de vénerie de la maison de Conti, chamois et bleu.

Le cerf fut lancé du côté de Madrid, et parcourut successivement toutes les enceintes du bois. La chasse alla assez mal pendant près de quatre heures, et il y eut plusieurs défauts, malgré le zèle du prince de Conti, qui se donnait des *mouvements épouvantables*, et de M. de la Chevaleraye, capitaine de ses chasses de l'Isle-Adam. Au milieu de la chasse, le Roi fit collation dans sa calèche, et des rafraîchissements abondants furent servis à tous les chasseurs à la croix de Mortemart.

Enfin, après plusieurs relancés, le cerf prit l'eau à la mare aux biches et fut porté bas une demi-heure après entre la porte de Longchamp et la terrasse de Madrid. La curée fut faite sur place, en présence du Roi et des princes.

L'avocat Barbier, à qui nous devons ces détails, et qui avait pu assister à la chasse comme habitant dans la cour du château de Madrid, ne manque pas de s'exclamer sur la folle impétuosité des nobles veneurs. « Parmi les seigneurs de la cour du prince de Conti, il y a le marquis du Bellai, qui est un diable, c'est pis qu'un piqueur. Tous étoient magnifiquement montés, avoient changé plusieurs fois de chevaux, et tous ces seigneurs alloient comme des diables à travers bois et partout. Je ne sais comment ils peuvent résister à une pareille fatigue (1). »

C'est au prince Louis-François de Conti, fils de celui dont nous venons de parler (2), que Goury de Champgrand dédia son *Traité de vénerie* (3), s'autorisant du plaisir que *Son Altesse paroît goûter à la chasse.* « Il était flatteur, dit le prince de Ligne, d'être des thés et de la société de feu M. le prince de Conti, de ses battues de Bertichères (4), de ses autres chasses. » Deux jolis tableaux (5) provenant du château de l'Isle-Adam nous ont conservé le souvenir de ses haltes de chasse aussi joyeuses qu'élégantes.

Le duc du Maine.

Quoique fort préoccupé des intrigues politiques dans lesquelles l'avait entraîné son ambitieuse épouse, le duc du Maine n'interrompit pas ses chasses pendant la régence. Il montait en voiture pour aller chasser dans les environs de Sceaux, lorsque M. de la Billardière, lieutenant des gardes du corps, vint à l'arrêter à l'occasion de la conspiration de Cellamare (29 décembre 1719).

Le comte de Toulouse.

Le comte de Toulouse, son frère, continua de remplir avec autant de zèle que de capacité jusqu'à sa mort, arrivée en 1737, sa charge de grand veneur. Pendant les dix dernières années de son administration, la Vénerie royale fut bien et magnifiquement entre-

---

(1) Barbier, t. I. — Il ajoute que le vendredi suivant, 18 juin, il devait y avoir pareille chasse à Boulogne, par l'équipage de M. le Duc.

(2) Né en 1717, mort en 1776.

(3) Paris, 1769.

(4) Château situé à 2 kilomètres à l'ouest de Chaumont (Oise).

(5) Actuellement au musée de Versailles.

tenue moyennant 160,000 livres de dépense annuelle. Aussitôt après sa mort, la dépense monta à plus de 260,000 livres (1).

Le prince de Dombes et le comte d'Eu.

En février 1729, les deux fils du duc du Maine, le prince de Dombes et le comte d'Eu, s'étant jetés dans la Marne à la suite d'un cerf, étaient sur le point d'être engloutis lorsqu'un meunier accourut à leur aide (2). Le duc du Maine fit donner à ce brave homme 100 pistoles d'argent et une rente viagère de 400 livres (3).

« Le comte d'Eu, dit en 1755 l'avocat Barbier, est un prince particulier qui aime la chasse et à bâtir, qui partagera son temps à être à sa maison de Sceaux et au beau château d'Anet, et cela sans pompe et sans une cour convenable, faisant cependant sa cour exactement au Roi (4). »

A ces domaines il ajouta en 1763 les belles forêts de Crécy et d'Armainvilliers, qu'il reçut du Roi en échange de la principauté de Dombes, dont il était en possession depuis la mort de son frère aîné, arrivée en 1755 (5).

Ses équipages étaient tenus avec un soin extrême, comme en témoignent plusieurs recueils imprimés et

---

(1) *Mémoires* du duc de Luynes, t. I.

(2) L'événement eut lieu près de Chelles. Le cerf devait venir de la forêt de Bondy ou des bois de Saint-Martin dans lesquels chassaient très-fréquemment ces princes.

(3) Cet accident émeut encore la bile de Barbier, censeur implacable en fait de vénerie : « La fureur qu'on a de la chasse à la cour ne produira que du malheur ! » T. II

(4) *Ibidem*, t. VI.

(5) « Il avoit usé ses forces à la chasse, à table et avec des courtisanes. » (*Mémoires* du marquis d'Argenson, t. IV.)

manuscrits qui ont subsisté jusqu'à nos jours; ces registres contiennent la *liste générale et perpétuelle* (1) de ses chevaux et de ses chiens, l'état des cerfs pris et manqués année par année, avec les noms des valets de limier qui les ont laissé courre et des lieux où on les a attaqués, l'état de ses chasses à tir, etc. (2).

De 1722 à 1740, les équipages du comte d'Eu et du prince de Dombes, son frère aîné, chassèrent presque constamment dans les forêts royales, avec présence fréquente de Sa Majesté (3).

Devenu vieux et infirme, et ne pouvant plus chasser ni à pied ni à cheval, le comte d'Eu chassait en voiture dans son parc. Le chevalier de Boucher, un de ses gentilshommes, pour lui faciliter cet amusement, avait inventé et fait exécuter un véhicule d'une structure fort ingénieuse. Il tournait sur un pivot, au moyen d'un ressort que faisait jouer le prince, et le mettait à même d'exécuter rapidement toutes les voltes

---

(1) *Liste généralle et perpétuelle des chevaux et des chiens qui composent l'équipage de S. A. S. monseigneur le comte d'Eu avec tous ses attelages tant de chasse que de carrosse*, présentée à Son Altesse Sérénissime par M. le chevalier de Boucher, un de ses gentilshommes, le 1er janvier 1769. — Mss. in-4°, 12 ff. de carton retenant par une disposition particulière des fiches en papier, où sont inscrits les noms Riche mar. r. aux armes du comte d'Eu. Bibliothèque de monseigneur le duc d'Aumale. — Voir aux Pièces justificatives.

(2) État des cerfs, etc. Mss. in-12, mar. r. aux armes du comte d'Eu avec les insignes de grand maître de l'artillerie. 19 ff. chiffrés. 1722-1740. Bibliothèque de la Reine Marie-Amélie.

(3) *Premier livre des chasses de cerfs qui ont été faites depuis l'année* 1722 *jusqu'à la fin de l'année* 1731, *avec le nom des endroits où on les a attaqués, et de ceux où ils ont été pris*, etc. — Versailles, 1732 (imprimé), 1 vol. in-f° p° mar. r. à riches fers, tr. d'or. — Second livre, d°, 1732-1736. Même bibliothèque.

qu'il aurait pu faire à pied (1). A l'aide de cette machine, le comte d'Eu tua 115 pièces dans son parc de Sceaux pendant les mois de septembre et d'octobre 1773, sans compter 12 pièces tirées à pied (2). Il s'amusait encore à voir prendre des oisillons de diverses manières (3).

Le Roi Stanislas.

Le beau-père de Louis XV, Stanislas Leczinski, devenu duc de Lorraine en 1738, eut à Nancy une cour organisée en petit comme celle de Versailles, avec un équipage de cerf et un grand veneur, le chevalier de Thianges.

Grands seigneurs.

Parmi ceux des grands seigneurs qui se piquaient de suivre en matière de vénerie l'exemple donné par le Roi et les princes de sa maison, nous trouvons en première ligne le maréchal de Saxe (4). Lorsque le vainqueur de Fontenoy se fut retiré dans le château de Chambord, que Louis XV lui avait offert en récompense de ses glorieux services, il y vécut avec une magnificence toute princière. Outre sa troupe de comédiens et son régiment de hulans, le maréchal entretenait, pour ses plaisirs, des équipages de chasse

Le maréchal de Saxe.

---

(1) Voir l'*État des chasses à tir de S. A. S. monseigneur le comte d'Eu en l'année* 1773, Ms. de la bibliothèque de la Reine Marie-Amélie, et l'*Espion anglois* (Londres, 1779), cité dans les *Cours galantes*, t. IV. — L'*Espion* ajoute : Sa Majesté qui commence à vieillir et est déjà obligée d'avoir un marchepied pour se faire asseoir à cheval goûte beaucoup l'invention, et se propose de se servir d'une voiture semblable.

(2) *État des chasses à tir.*

(3) *Ibidem.* — Le comte d'Eu mourut en 1775, âgé de 74 ans.

(4) En septembre 1748, le maréchal fit, en chassant dans son domaine des Piples, près de Boissy-Saint-Léger, une chute de cheval assez grave. (*Mémoires* du duc de Luynes.)

dignes de cette splendide demeure et de ce parc, un des plus vastes et des plus giboyeux qu'il y eût en France (1).

Non loin de Chambord s'élevait alors le château de Chanteloup, où fut exilé, en 1770, le duc de Choiseul, qui avait dû quitter le ministère des affaires étrangères pour avoir résisté à l'influence de madame du Barry. Le ministre disgracié essaya de tromper les ennuis de cet exil assez peu rigoureux en s'adonnant aux plaisirs champêtres, parmi lesquels la chasse n'était pas oubliée. Il y obtint peu de succès, s'il faut en croire la correspondance de l'abbé Barthélemy, son familier, avec madame du Deffand, malgré les bons offices de M. de Perceval, qui lui faisait de son mieux les honneurs de sa capitainerie d'Amboise (2). « Hier et avant-hier, dit l'abbé dans une lettre du 6 février 1771, nous avons suivi le *grand papa* (le duc de Choiseul) à la chasse; le premier jour il tua la moitié d'un lièvre qui fut achevé par Perceval, hier environ le quart d'une bécasse qui fut emporté par les trois autres quarts... »

Il paraît que, malgré ces débuts peu brillants, le

---

(1) *Histoire du maréchal de Saxe*, par le baron d'Espagnac. Paris, 1775.

(2) Dans une lettre du 7 juin 1770, l'abbé Barthélemy peint plaisamment l'excellent capitaine, vêtu d'un petit surtout de taffetas couleur de rose et montant un grand cheval qui, de temps en temps, s'arrête et tourne quatre ou cinq fois sur lui-même. Il est suivi de son lieutenant qui a la voix et la figure du docteur de la comédie italienne, de son premier piqueur, la trompe au col, qui ressemble à M. Western de Tom Jones, de trois ou quatre autres piqueurs et de sept ou huit chiens superbes

duc de Choiseul prit goût à la chasse et qu'il en vint à augmenter considérablement ses équipages plus que modestes à l'origine (1).

S'il faut en croire Arthur Young qui visita Chanteloup quelques années plus tard, « ces chasses si libéralement entretenues avaient ruiné le noble propriétaire et fait passer le domaine aux mains d'un prince du sang (2).

Traités de chasse sous Louis XV.

Le règne de Louis XV mérite une place distinguée dans les annales de la littérature théreutique. L'estimable *Traité de vénerie* de Gaffet de la Briffardière a été publié en 1742 ; l'*École de la chasse aux chiens courants*, par Leverrier de la Conterie, l'un des meilleurs ouvrages et des plus pratiques composés sur ce sujet, en 1763. Le livre de Goury de Champgrand, un des premiers qui donnent quelques détails sur la chasse à tir, outre les préceptes de la vénerie et de la fauconnerie, est de 1769. Enfin c'est en 1771 que parut le livre des *Ruses du braconnage mises à découvert* par l'ancien braconnier Labruyerre, qui dévoile dans un

(1) « Les après-midi étant plus longs, on chasse plus longtemps; nous allons dans la forêt dans des voitures bien fermées, nous y trouvons des chevaux, nous courons après les sangliers et les chevreuils; on n'en a point tué depuis deux mois que nous chassons, en voici la raison : on avoit un piqueur, on l'a renvoyé parce qu'il mettoit tous les jours une poule dans son pot, et que pour la mettre dans son pot il la voloit dans le poulailler; on avoit de grands chiens qu'on renvoya parce qu'ils couroient trop vite, et on a pris des bassets qui ne savent pas encore courir. Dans une de ces chasses, un chat sauvage passa devant un des gardes, qui le tira à trois balles. Hélas! que vouliez-vous qu'il fît contre trois? Il mourut et se comporta mieux qu'Horace. » (*Correspondance inédite* de Mme du Deffand, t. I.)

(2) *Voyage en France pendant les années* 1787, 1788 et 1789, par Arthur Young. Nouvelle traduction, par M. Lesage, t. I.

style naïvement prétentieux les faits et gestes de ses ci-devant collègues et les procédés ingénieux employés pour dévaster les capitaineries et les chasses seigneuriales.

Peintres de chasse.

Ce fut aussi sous ce règne que termina sa carrière le peintre François Desportes (né en 1661, mort en 1742).

Le premier il peignit, en France, des sujets de chasse et des animaux, et ceux de ses tableaux que nous avons conservés, outre leur très-grande valeur artistique, témoignent de la parfaite connaissance qu'il avait de son sujet. Louis XIV l'avait fait peintre de sa Vénerie et lui avait donné une pension avec un logement au Louvre. Nous avons encore au musée les beaux portraits des chiens couchants, tant aimés du grand Roi, avec leurs noms écrits en lettres d'or sur la toile, ainsi que divers sujets de vénerie. Il fut de plus chargé, sous le règne de Louis XIV et sous son successeur, de décorer la ménagerie de Versailles, Marly, Meudon, Fontainebleau, la Muette, Anet, Trianon.

Oudry, plus jeune de vingt-cinq ans, fut le rival et le successeur de Desportes. Il fut aussi pensionnaire du Roi avec un logement aux Tuileries. Louis XV, séduit par son talent et la fidélité avec laquelle il reproduisait ses chasses, s'éprit d'une véritable passion pour les œuvres de ce grand artiste. Il passait de longues heures dans son atelier à le regarder peindre des tableaux de chasse, que le Roi fit exécuter en tapisserie aux Gobelins et qu'il fit placer dans sa chambre à coucher au château de Compiègne et dans la chambre du conseil (1). Oudry fut invité aux chasses royales dont il retraça les principaux épisodes dans une suite de tableaux aussi intéressants pour les chasseurs que pour les amateurs de peinture (2).

On y voit revivre les usages, les costumes, les physionomies de la vieille vénerie; les chiens et les chevaux du Roi y sont retracés avec une vérité si frappante que Louis XV se plaisait à les reconnaître l'un après l'autre et à les appeler par leur nom (3). Oudry peignit aussi les portraits séparés des chiens favoris de l'équipage, les animaux rares envoyés à la ménagerie, les têtes *bizardes* des cerfs pris par la Vénerie, les loups les plus remarquables par leur taille et leur férocité qu'avaient coiffés les chiens de la Louveterie (4).

Louis XVI.

La passion de la chasse fut la seule, à vrai dire, qu'ait jamais éprouvée vivement l'excellent et malheureux Louis XVI. Les registres où, depuis sa plus tendre jeunesse, il inscrivait régulièrement l'emploi de ses journées nous montrent quelle place importante et presque exclusive ce royal exercice occupait dans son

---

(1) Le 18 mai 1738, il fut présenté au Roi une pièce de tapisserie faite aux Gobelins par le sieur Audran, d'après le tableau du sieur Oudry, qui représente la mort du cerf aux étangs de Saint-Jean-aux-Bois. Sa Majesté a été très-contente.

(*Mercure* de juin 1738. — *Mémoires* du duc de Luynes.)

(2) *Vies des peintres*, par M. Ch. Blanc.

(3) Plusieurs de ces belles peintures sont conservées à Fontainebleau et à Compiègne. Les tapisseries exécutées d'après ces modèles existent encore dans les magasins des musées impériaux.

(4) Voir les tableaux qui sont dans les châteaux de la couronne et au musée du Louvre.

existence. Tous les jours pendant lesquels le Roi n'a pas chassé portent cette brève indication : *Rien*, et ce monosyllabe est la seule note qui se trouve à la date du 14 juillet 1789 (1).

Parmi les papiers saisis dans la fameuse armoire de fer se trouvait, avec ce journal, un autre manuscrit de la main du Roi contenant le détail des chasses consignées au journal. Chacune d'elles y est racontée d'une manière circonstanciée, avec les noms des chasseurs. Le Roi y exprime parfois son dépit contre ceux de ses officiers qu'il accuse de lui avoir fait manquer l'animal de meute. A ces récits se trouvent entremêlés des tableaux dont quelques-uns portent pour titre : *Cerfs qui doivent rester*, et contiennent le relevé des cerfs dix cors et autres qui, d'après les rapports des gardes et le résultat des chasses mis en regard, doivent être demeurés en forêt. Un autre cahier renferme des renseignements topographiques sur les forêts royales avec la liste nominative des gardes et concierges (2).

La récapitulation de l'année 1775 nous donne 72 chasses de cerfs, à deux desquelles le Roi n'a pas assisté, 14 chasses de sangliers, 27 chasses de che-

---

(1) *Revue rétrospective*, 1re série, t. V.

(2) *Ibidem*. — « Elle (la chasse) l'occupait tellement, qu'en montant dans ses appartements, après le 10 août, à Versailles, j'ai vu sur l'escalier six tableaux où l'on trouvait des états de toutes ses chasses, soit quand il était Dauphin, soit quand il fut Roi. On y voyait le nombre, l'espèce et la qualité du gibier qu'il avait tué à chaque partie de chasse avec des récapitulations pour chaque mois, chaque saison et chaque année de règne. (*Mémoires* de Soulavie, t. II.)

vreuils, une seule chasse au vol, 4 hourailleries, 85 tirés dont 58 *ordinaires*, parmi lesquels un double, 23 avec le chevreuil et 4 avec d'autres chasses ; 8 dîners à la chasse en divers lieux, 13 dîners et 13 soupers à Saint-Hubert (1).

Les *Mémoires d'outre-tombe* de M. de Château-briand nous ont conservé le tableau brillant et animé d'une de ces chasses de Louis XVI. On croirait voir une des toiles d'Oudry.

L'illustre écrivain, alors le chevalier de Château-briand (c'était en février 1787), venait d'être présenté à la cour. L'étiquette exigeait qu'il suivît une des chasses du Roi sur un cheval fourni par les écuries de Sa Majesté, avec le modeste habit gris des *débutants* que devait remplacer plus tard le splendide habit de vénerie.

Le rendez-vous était au Val, dans la forêt de Saint-Germain. Le chevalier s'y trouve de bonne heure avec trois autres *débutants*. Le duc de Coigny leur donne ses instructions : « Il nous avisa de ne pas couper la chasse, le Roi s'emportant lorsqu'on passait entre lui et la bête.

« Nous arrivons au point de ralliement où de nombreux chevaux de selle, tenus en main sous les arbres, témoignaient leur impatience. Les carrosses arrivent dans la forêt avec les gardes; les groupes d'hommes

(1) *Revue rétrospective*. — En mai 1770, le Roi, encore Dauphin, avait fait 8 chasses, dont 3 de daims;
En janvier 1786, 12 chasses dont 6 de cerfs et 6 tirés.

et de femmes, les meutes à peine contenues par le fouet des piqueurs, les aboiements des chiens, le trépignement des chevaux, le bruit des cors formaient une scène très-animée. »

Au *descendu* des carrosses, le chevalier présente son billet aux piqueurs, on lui donne une jument appelée l'*Heureuse*, « bête légère, mais sans bouche, ombrageuse et pleine de caprices. »

Le Roi monte à cheval et part ; toute la chasse le suit par diverses allées, pendant que le malheureux *débutant* reste à se débattre avec sa jument qui ne veut pas se laisser enfourcher. Enfin il s'élance en selle, l'*Heureuse* part à fond de train, et, s'emportant à travers les groupes de veneurs, renverse presque une amazone.

« Dans une longue percée, près d'un pavillon, un coup de fusil part ; l'*Heureuse* tourne court, brosse tête baissée dans le fourré et me porte juste à l'endroit où le chevreuil venait d'être abattu; le Roi paraît.

« Je me souvins alors, mais trop tard, des injonctions du duc de Coigny. La maudite *Heureuse* avait tout fait. Je saute à terre, d'une main poussant en arrière ma cavale, de l'autre tenant mon chapeau bas. Le Roi regarde, et ne voit qu'un *débutant* arrivé avant lui aux fins de la bête. Il avait besoin de parler; au lieu de s'emporter, il me dit avec un ton de bonhomie et un gros rire : « Il n'a pas tenu longtemps. »

Le Roi força trois autres chevreuils, mais les *débutants*, ne pouvant courre que la première bête, durent aller attendre au Val le retour de Sa Majesté (1).

Malgré la vivacité de son penchant pour la chasse, Louis XVI, peu après son avénement, fit d'assez grandes réformes dans ses équipages. Il ne conserva qu'une meute de cerf et fit chasser le chevreuil aux chiens de la petite meute (2). Les dépenses de la fauconnerie furent aussi considérablement réduites.

La dépense totale des chasses s'élevait, d'après les comptes conservés aux archives, à la somme de 352,657 livres 7 sols 2 deniers en 1777 (3).

En 1787, lors de l'avénement au ministère de M. de Brienne, il y eut de nouvelles réformes dans les dépenses. Parmi ces réformes figura celle des équipages du sanglier et du loup, et la suppression complète de la grande fauconnerie ainsi que d'une grande partie des vols du cabinet. « L'équipage du sanglier coûtait 40,000 francs par an, c'était un amusement que le Roi prenait quelquefois. Celui du loup coûtait 30 et 40, payés par les provinces, et servait à se défaire d'un animal très-destructeur. La fauconnerie était une des plus anciennes charges de la couronne, et autrefois la plus brillante. Elle ne coûtait rien (4), parce que les fauconniers, répandus

(1) *Mémoires d'outre-tombe*, t. I.

(2) D'Yauville. — Les meutes du daim et du lièvre furent également supprimées.

(3) Voir les comptes de Louis XVI aux Pièces justificatives. — Napoléon affirmait pourtant que les chasses de ce Roi lui coûtaient 4 millions, tandis que les chasses impériales aussi splendides, ne revenaient qu'à 400,000 fr. (*Mémorial de Sainte-Hélène*.)

(4) Ceci est un peu exagéré, comme on peut s'en assurer en examinant les comptes de la fauconnerie de Louis XVI aux Pièces justificatives.

dans les provinces, ne venaient qu'une fois par an, au printemps, avec leurs oiseaux et à leurs frais, et que les capitaines des différents vols achetaient leurs charges (1). »

Louis XVI fit construire des pavillons de chasse à Jouy, à Ursine, à Trivaux et aux Alluets, et exécuter divers travaux dans les forêts qu'il fréquentait le plus. Dans la forêt de Saint-Germain on éleva, par son ordre, un treillage allant de la porte de Maisons à Achères, pour empêcher les cerfs de donner aux plantations et pour circonscrire à volonté la chasse dans le *bout du pays qui est tout sable*, quand les environs de Saint-Germain étaient détrempés par la pluie. Les bois des Gonards furent séparés par un mur du parc de Versailles et réunis à Fausse-Repose, ainsi que les parcs de Clagny et de Marne. Le Roi fit aussi démolir les murs du parc de Meudon pour permettre aux cerfs de passer librement de Fausse-Repose à Verrières. Ce parc fut percé de routes nouvelles, et plusieurs étangs incommodes pour la chasse et dangereux pour les chiens furent desséchés (2).

Les chasses royales continuèrent au milieu des événements qui précipitaient vers leur ruine la royauté et la vieille société françaises. Le 4 juillet 1789, moins de quinze jours après le serment du jeu de paume, Louis XVI chassait le chevreuil au Butard. Il en prit un et tua 29 pièces. Le 20 du même mois, six jours

(1) *Mémoires* du baron de Besenval, t. II.
(2) D'Yauville.

après la prise de la Bastille, le Roi tua 2 pièces en se promenant dans le petit parc. Le 5 octobre, jour néfaste qui vit la plus immonde populace de Paris se ruer sur le château de Versailles pour en arracher la famille royale, le journal de Louis XVI porte cette mention laconique : « Tiré à la porte de Châtillon, tué 81 pièces, interrompu par les événements ; aller et revenir à cheval (1). »

Ce fut la dernière chasse de l'ancienne monarchie. Bientôt les équipages royaux furent supprimés et le Roi, confiné dans le palais des Tuileries, eut à peine la liberté de faire, de loin en loin, quelques promenades au bois de Boulogne, qui lui furent absolument interdites après le fatal voyage de Varennes (2).

Le comte de Provence.

Monsieur, comte de Provence, qui devait régner plus tard sous le nom de Louis XVIII, était loin de partager le goût de son frère pour la chasse. Louis XVI lui en faisait souvent des reproches, et le prince, pour complaire au Roi, après avoir passé quelques heures dans un pavillon écarté, affectait d'apparaître à l'hallali couvert de la boue qu'il s'était fait jeter par un garde complaisant (3).

Le comte de Provence avait cependant des équipages de chasse servis par un personnel assez nombreux, vénerie pour cerf, sous les ordres d'un premier

(1) *Revue rétrospective*, t. V.

(2) Louis XVI chassa encore au bois de Boulogne le 11 mai 1790. En 1791 il tua 3 pièces dans une de ses promenades. (*Revue rétrospective.*)

(3) Voir la jolie anecdote racontée spirituellement par M. J. Lavallée (*la Chasse à courre en France*, introduction).

veneur, le comte de Montault, deux lieutenants (1), deux gentilshommes ordinaires et un porte-arquebuse; fauconnerie avec un premier fauconnier, le baron de Cadignac, aussi chef des oiseaux du cabinet de Monsieur et deux fauconniers; enfin, un capitaine des levrettes de la chambre et un capitaine des chasses de l'apanage (2).

Le comte d'Artois.

Les équipages du comte d'Artois étaient à peu près composés de la même manière (3). Tout le monde connaît la passion de ce prince pour la chasse, sujet de tant de ridicules diatribes lorsqu'il fut monté sur le trône (4). Outre son équipage de cerf, il avait, en commun avec la reine, un vautrait qui, en 1778, chassait tous les jeudis, soit à Saint-Germain, soit dans les bois du Vésinet, dont le Roi lui avait abandonné la chasse.

A cette époque, le duc de Chartres (5) chassait sou-

---

(1) Un de ces lieutenants était M. Darboulin, dont le nom est resté attaché à une fanfare bien connue.

(2) *Almanach de Versailles*, 1776. — Notes.

(3) Son premier veneur était le marquis du Hallays, l'un des chasseurs les plus renommés de ce temps.

(4) Le prince de Ligne raconte fort gaiement dans ses *Mémoires* comment le comte d'Artois voulut un beau jour le contraindre d'aller à la chasse du sanglier, et sur son refus, vint à six heures du matin pour l'enlever de vive force. Saisi dans son lit, habillé bon gré mal gré par le comte d'Artois lui-même, entraîné jusque dans la cour, le prince de Ligne s'esquive au moment de monter à cheval; il s'enfuit à travers les cuisines, poursuivi par vingt marmitons et autant de porteurs de chaises qui le prennent pour un empoisonneur, et va se cacher dans la salle de spectacle, où il est relancé par le comte, qui lui déchire la joue à un clou en l'arrachant du milieu des coulisses, et se voit obligé de le laisser tout en sang soigner sa balafre. (*Mémoires* du prince de Ligne, publiés par M. Albert Lacroix, 1860.)

(5) Louis-Philippe-Joseph d'Orléans, né en 1747, mort en 1793 sur l'échafaud.

vent le sanglier avec le comte d'Artois. Devenu duc d'Orléans, en 1785, il modifia conformément aux idées nouvelles, l'équipage de chasse que lui laissait son père, et le monta tout à fait à l'anglaise, avec des chevaux de pur sang et la tenue des veneurs britanniques (1).

Un jour, un cerf, lancé par sa meute (2), entra dans Paris par les terrains vagues qui se trouvaient alors vers la barrière de Clichy et se fit prendre sur le boulevard des Italiens (3).

En 1787, le célèbre Arthur Young, passant à Villers-Coterets, domaine de ce prince, remarque avec son amertume ordinaire pour tout ce qui concerne la chasse, que « les récoltes de ce pays sont celles de ce prince du sang, c'est-à-dire des lièvres, des faisans, des cerfs et des sangliers (4).. »

L'équipage du duc d'Orléans est un des derniers qui aient chassé en France pendant la révolution. Un tableau de Carle Vernet, représentant une chasse à courre de cet équipage, à laquelle le prince assiste en redingote bleue et en chapeau rond, porte la date de 1792 (5). Le duc d'Orléans.

(1) Voir au musée de Versailles, son portrait et celui de son fils, le duc de Chartres (depuis le Roi Louis-Philippe), par Carle Vernet.

(2) Dans la forêt de Villers-Coterets, si ma mémoire ne me fait défaut.

(3) Je tiens cette anecdote de monseigneur le duc d'Aumale.

(4) *Voyages en France*, t. I.

(5) Ce curieux tableau se trouve dans le cabinet de M. le baron Poisson, auteur de l'excellent ouvrage intitulé *l'Armée et la Garde nationale*.

Le prince de Conti.

Le dernier des princes de Conti (1) eut, pendant trente ans, pour commandant de ses équipages le chevalier Desgraviers, auteur d'un traité estimable de toutes les chasses (2). « C'était, dit celui-ci, le prince le plus passionné pour la chasse et dont la vénerie jouissait de la plus grande réputation, même parmi les princes de sa maison. »

Quoique, dans un ouvrage publié en 1788, Présau de Dompierre semble l'accuser de refroidissement en matière de vénerie (3), la haute noblesse du règne de Louis XVI n'avait pas dégénéré de ses aïeux.

Grands seigneurs sous Louis XVI.

Pour ne citer que quelques exemples, le marquis de Montrevel, gouverneur du Mâconnais, possédait dans son château de Châles des meutes qui n'avaient de rivales que celles de Chantilly (4).

Le duc de Bouillon et le prince de Soubise avaient poussé la passion de la chasse jusqu'au point de lui sacrifier complétement la culture de leurs domaines, et ils n'étaient pas les seuls. « Chaque fois que vous tombez sur un grand seigneur, dit Arthur Young, eût-il

---

(1) Né en 1734, mort en 1814.

(2) *Le parfait Chasseur, traité général de toutes les chasses*, par M. A. Desgraviers, ancien capitaine de dragons, chevalier de l'ordre royal et militaire de Saint-Louis, écuyer et commandant des vêneries de monseigneur le prince de Conti. Paris, 1810. L'auteur, dans sa préface, dit avoir composé cet ouvrage *pour ressusciter et rendre son éclat à un art négligé ou pour mieux dire oublié depuis vingt ans.* Son frère, Éléonor Desgraviers, publia avec lui en 1784, l'*Art du valet de limier*, également dédié au prince de Conti. — L'excellent *Traité de la chasse au fusil*, de Magné de Marolles, parut en 1788, et le *Traité de vénerie* de d'Yauville, œuvre capitale, la même année.

(3) *Traité de l'éducation du cheval.*

(4) Voir les articles de M. le marquis de Foudras dans le *Journal*

des millions de revenu, on est sûr de trouver sa propriété déserte. Celles du prince de Soubise et celles du duc de Bouillon sont des plus grandes de France, et tous les signes que j'ai aperçus de leur grandeur sont des bruyères, des landes, des déserts, des fougeraies. Visitez leur résidence où qu'elle soit et vous les verrez probablement au milieu de forêts très-peuplées de cerfs, de sangliers et de loups. »

« Ah ! si j'étais législateur de la France, comme je ferais sauter les grands seigneurs ! » s'écrie, en finissant, le fougueux agronome, dont les passions anticynégétiques sont poussées au dernier degré d'exaltation à cette vue, et malheureusement il n'était pas le seul ennemi que de tels abus aient créé au plus noble divertissement de nos ancêtres.

Au moment où la Révolution vint anéantir avec le trône toutes les charges qui l'entouraient, celle de grand veneur était occupée par le vertueux duc de Penthièvre, qui avait succédé en cette qualité à son père, le comte de Toulouse (1737).

Pendant l'enfance de ce prince (né en 1725), ses fonctions furent exercées par le prince de Dombes, son cousin-germain, qui présenta pour la première fois au Roi le rapport des veneurs et le pied de l'animal, dans une chasse faite aux Hubies, près de Clagny, en décembre 1737. Le mois suivant, après une chasse dans la forêt de Saint-Germain où l'on prit deux cerfs,

---

des chasseurs, 8e et 9e années. M. le comte de Reculot, dans son article sur les chasses en Franche-Comté (*ibid.*, 21e année), parle aussi, incidemment, de M. de Montrevel.

le prince, *par honnêteté*, fit présenter le pied du second par le jeune duc de Penthièvre (1).

Grands officiers de la maison du Roi, attachés au service de ses chasses.

Au commencement de la période que nous venons de parcourir, la charge de grand veneur, ainsi que celles de grand fauconnier et de grand louvetier, avait pris rang parmi les *grands offices de la maison du Roi*; leurs prérogatives furent définitivement fixées à cette époque.

Grand veneur.

Le grand veneur, dont nous avons vu la charge créée par Charles VI en 1413, avait, dès le xvie siècle, 4,200 livres pour ses gages ordinaires (2). Il y ajoutait, sous Louis XIV, 10,000 livres *pour son état et appointement*, et pour la nourriture et dépense des chiens 6,387 liv. t. 10 sols, en tout 17,587 liv. t. 10 sols (3).

Il prêtait serment de fidélité entre les mains du Roi et donnait les *provisions* aux autres officiers de la vénerie, sur lesquels il avait la surintendance et dont presque toutes les charges étaient à sa disposition quand elles devenaient vacantes par décès des titulaires.

Lorsque le Roi devait aller courre le cerf, le grand veneur recevait les rapports des officiers de la vénerie, les transmettait au Roi, et sur l'ordre de Sa Majesté prenait les dispositions nécessaires pour la chasse.

Au moment où le Roi montait à cheval pour se rendre

---

(1) *Mémoires* du duc de Luynes, t. II.

(2) Yves du Fou, grand veneur sous Louis XI et Charles VIII, reçut pendant quelque temps 3,200 livres de gages. En 1485, il touchait 1,200 livres pour ses gages et pareille somme pour la nourriture des chiens et l'*entretenement des varlets*.

(3) La livre tournois représentait sous Henri II, la valeur de 7 fr. 90, monnaie actuelle, et en 1698 celle de 1 fr. 80.

au *laissés-courre* (1), le grand veneur lui présentait un bâton d'un pied de long qui servait à écarter et à détourner les branches en passant sous bois, puis il exposait à Sa Majesté ce que l'on avait jugé du cerf et quel pied il avait au rapport des valets de limier et des officiers de la vénerie. Il recevait alors du Roi et transmettait l'ordre de frapper aux brisées. Celui qui lançait le cerf sonnait le premier, et le grand veneur immédiatement après lui.

Quand le cerf était pris, le piqueur en levait le pied droit et le donnait au lieutenant de vénerie. Celui-ci le remettait au grand veneur qui le présentait au Roi. Au moment de la curée, il présentait encore à Sa Majesté la houssine qui servait à tenir les chiens en respect (2).

Tels étaient les fonctions et les priviléges du grand veneur.

A partir du XVIe siècle, cette charge fut remplie par les plus grands seigneurs et même par des princes (3). La maison de Lorraine la posséda depuis 1530 jusqu'en 1597. Après avoir passé aux mains des Rohan-Montbazon, puis des la Rochefoucauld, elle fut donnée

---

(1) Ce mot est ainsi orthographié dans les *États de la France* des règnes de Louis XIV et de Louis XV.

(2) Salnove. — *États de la France.*

(3) Le tombeau de Louis de Rouville, grand veneur de France, mort en 1527, exista jusqu'à la Révolution dans l'église de l'abbaye de Bonport, près Pont-de-l'Arche. Les débris mutilés de ce précieux monument furent transportés au musée des monuments français. On pouvait encore y remarquer quelques détails de son costume. Sur la *guiche* de son cor on lisait cette devise, digne d'un grand veneur : *Qui chasse le droit, garde le change.*

en 1714 au comte de Toulouse, fils légitimé de Louis XIV et de la marquise de Montespan (1).

Grand fauconnier.

Le grand fauconnier, comme le grand veneur, prêtait serment de fidélité entre les mains du Roi. Ses gages ordinaires étaient de 1,200 livres, auxquelles s'ajoutaient, sous Louis XIV, *pour son état et appointement* (2), 3,000 livres; pour ses gages comme chef d'un vol pour corneilles et pour l'entretien de ce vol, 3,000 livres ; pour l'entretien de quatre pages, 4,000 livres ; pour l'achat et fourniture des gibecières, leurres, gants, chaperons, sonnettes, vervelles et armures d'oiseaux, 2,000 livres ; pour l'achat des oiseaux, 6,000 livres (3).

Le grand fauconnier jouissait du privilége de chasser au vol par tout le royaume, sans que personne pût lui donner empêchement; il nommait à toutes les charges de *chefs de vol* portées sur l'état de la grande fauconnerie comme aussi à celles de *gardes des aires* dans les forêts royales. Il commettait des personnes de son choix pour *tendre* et prendre des oiseaux de proie *en tous lieux, plaines et buissons* du domaine de Sa Majesté.

---

(1) Voir la liste complète des grands veneurs, note A.

(2) Sous François Ier, l'*état* du grand fauconnier était de 4,000 florins (Fleuranges).

(3) *États de la France.* — Voir aussi Dangeau, t. II. « M. des Marets, grand fauconnier de France, est mort, il laisse un fils et une fille; il y a 250,000 livres de brevet de retenue; elle vaut 11,000 fr. de réglé et on estime les casuels à 15,000 livres par an, parce qu'il y a beaucoup de charges qui dépendent de lui et qu'il vend lorsqu'elles viennent à vaquer. » 20 avril 1688. — Sous Louis XV, le revenu de la charge de grand fauconnier était évalué à 24,000 livres (*Mémoires de Luynes*, t. IX).

Tous *marchands fauconniers* français et étrangers étaient obligés, à peine de confiscation de leurs oiseaux, de les venir présenter au grand fauconnier, afin qu'il pût choisir et retenir ceux qui étaient nécessaires pour les plaisirs du Roi et leur donner permission de vendre les autres. Le Roi lui-même était soumis à l'obligation d'accepter tous les oiseaux achetés par le grand fauconnier.

Si le Roi chassant au vol voulait prendre le plaisir de *jeter* lui-même un oiseau, les chefs pourvus par le grand fauconnier lui présentaient l'oiseau qu'il mettait sur le poing de Sa Majesté. Lorsqu'il y avait une prise, le piqueur en donnait la tête à son chef et le chef au grand fauconnier qui la présentait au Roi (1).

Sur la liste des grands fauconniers de France on voit figurer quatre Cossé-Brissac (1516 à 1596) et trois ducs de Luynes et de Chevreuse (1616-1643). Cette dignité fut ensuite possédée, pendant près d'un siècle, par les Dauvet, comtes, puis marquis des Marets. Le dernier grand fauconnier fut le comte de Vaudreuil (1780-1790) (2).

Grand louvetier.

Le premier grand louvetier de France qu'on trouve mentionné dans les comptes de la maison du Roi est Pierre Hannequau, en 1467. Cette charge fut donnée jusqu'au XVIIe siècle à des gens de qualité. En 1628, elle appartenait à François, duc de la Rochefoucauld; en 1643, au duc de Saint-Simon. Le comte

(1) Fleuranges. — *États de la France.*
(2) Voir la note A.

d'Haussonville en fut le dernier titulaire (1780-1789) (1).

Le grand louvetier avait la surintendance des équipages pour la chasse du loup ; il prêtait serment de fidélité entre les mains du Roi, et les officiers de la louveterie le prêtaient entre les siennes. C'était lui qui nommait les officiers des équipages et les lieutenants de louveterie chargés, dans les provinces, de veiller à la destruction des animaux nuisibles (2).

Les gages du grand louvetier étaient, comme ceux du grand veneur et du grand fauconnier, de 1,200 livres. Les sommes qui lui étaient allouées, en outre, pour les gages de ses lieutenant et sous-lieutenant, pour *l'entretenement* d'un page, de son cheval, de quatre laisses de lévriers et des valets nécessaires aux-dites laisses portaient l'ensemble de son état et appointement à 14,000 livres (3).

Capitaine des toiles.

Sans être compté parmi les grands officiers de la maison du Roi, le *capitaine général des toiles de chasse, tentes et pavillons du Roi, et de l'équipage du sanglier ou vautrait*, occupait une position presque égale à celle de ces hauts personnages (4). Ses *gages* étaient de

---

(1) Voir la note A.

(2) Après une chasse au loup, le grand louvetier avait le privilége de suivre le Roi dans son cabinet pour lui présenter le pied de l'animal. (*Mémoires* du duc de Luynes, t. I.)

(3) *États de la France.*

(4) En novembre 1737, s'éleva une contestation pour la préséance entre M. de Belsunce, grand louvetier, et M. d'Ecquevilly, capitaine des toiles. Le premier se prévalait de sa qualité de grand officier, l'autre de la plus grande ancienneté de sa charge. La question fut portée devant le Roi qui la laissa indécise. (*Mémoires* du duc de Luynes, t. II.)

1,200 livres comme ceux des autres, et son état et *appointement*, y compris les frais d'entretenement des toiles, des chiens dogues et lévriers, etc., s'élevaient en totalité à 23,999 livres 12 sols au XVIIIe siècle.

Il donnait les *provisions* aux officiers des toiles de chasse et du vautrait, dont les charges étaient à sa disposition.

Quand le Roi chassait le sanglier dans les toiles, c'était le capitaine général de cet équipage qui présentait à Sa Majesté l'épée ou les dards pour tuer l'animal. Les seigneurs de la cour ne devaient point prendre de dards sans l'ordre exprès du Roi.

Le capitaine des toiles pouvait, sur l'ordre du Roi, « envoyer, dans toutes les forêts et buissons de France qu'il jugeoit à propos, prendre, avec ses toiles de chasse, des cerfs, biches, fans et autres animaux destinés à peupler ou repeupler les parcs de quelque maison royale. »

Après avoir passé aux mains des Annebaut, des Cossé, des Beauvais-Nangis, cette charge demeura, pendant un siècle, aux Hennequin, marquis d'Ecquevilly (1).

Henri IV avait créé pour le marquis de Vitry la charge du *grand vautrayeur de France* qui s'éteignit avec lui (2).

Chasses de la noblesse.

Malgré la gêne que lui causaient les dispositions des ordonnances royales et le régime des capitaineries, la chasse continua, pendant les trois siècles dont nous

(1) *États de la France*. — Comptes de la Vénerie (Pièces justific.).
(2) Comptes de la Vénerie, 1596.

venons de tracer le tableau, d'être la principale occupation et le divertissement le plus cher de la noblesse, surtout des gentilshommes campagnards qui y gagnèrent le surnom de gentilshommes *fesse-lièvres* et de *hobereaux*, parce que le lièvre était leur gibier le plus habituel et qu'ils étaient souvent réduits à dresser des hobereaux pour leurs humbles fauconneries (1).

« Si quelqu'un veut devenir gentilhomme, dit Henri-Corneille Agrippa, qu'il devienne chasseur premièrement, car ce sont là les principes et rudiments de la noblesse (2). »

Dans le *Gargantua* (3) on trouve ainsi décrit l'équipage de chasse d'un gentilhomme de campagne sous François Ier. « Avecques un bon petit chevallet, ung tiercelet d'autour, demie douzaine d'hespaignolz et deux lévriers, vous voilà roy des perdris et lièvres pour tout cest hyver. »

Le poëte Vauquelin de la Fresnaye, lui-même gentilhomme campagnard, consacre les vers suivants à la description d'un manoir rustique, probablement copié sur celui qu'il habitait en Normandie :

---

(1) Buffon donne une autre raison de ce sobriquet : « Dans quelques-unes de nos provinces, on donne le nom de *hobereau* aux petits seigneurs qui tyrannisent les paysans et plus particulièrement au gentilhomme à lièvre, qui va chasser chez les voisins sans en être prié et qui chasse moins pour son plaisir que pour le profit. » (*Histoire naturelle*, art. *Hobereau*.) — Pour exprimer la misère des gentilshommes de Beauce, un vieux proverbe dit qu'ils *vendent leurs chiens pour souper*.

(2) *De l'incertitude et de la vanité des sciences*. — La première édition (en latin) est de 1530.

(3) Livre Ier, ch. XII.

Un gentilhomme ayant une gentilhommière
Une grand'salle antique où pend ès soliveaux
Une corne de cerf pour pendre les chapeaux
Et les trompes de chasse; où l'on voit un ménage
De gens, de chiens, d'oiseaux ainsi qu'au premier âge (1).

On trouve une description toute semblable dans les *Contes d'Eutrapel*, écrits quelques années plus tard par Noël du Fait de la Hérissaye, gentilhomme breton. On y voit figurer en lieu honorable « la corne de cerf ferrée et attachée au plancher où pendoient bonnets, chapeaux, *gresliers* (cornets) couples et lesses pour chiens » et « derrière la grand'porte, force longues et grandes gaules de gibier, » puis « au joignant de la cheminée, la perche pour l'espervier et plus bas à costé les tonnelles, esclotuères, rets, filets, pantières et autres engins de chasse, et sous le grand banc de la sale, large de trois pieds, la belle paille fresche pour coucher les chiens, lesquels pour ouyr et sentir leur maistre près d'eux en sont meilleurs et plus vigoureux (2). »

« Quelquefois aussi, dit plus loin la Hérissaye, avec

(1) *Les foresteries*, 1555.

Nous reviendrons plus loin sur les collections de bois de cerf que rassemblaient dans leurs châteaux les Rois et les grands seigneurs.

(2) Les tapisseries à sujets de chasse furent en grande vogue jusqu'au XVIIIe siècle. Les fameuses tapisseries dites de Guise dont on peut voir encore des exemplaires dans les châteaux de la couronne et dansdes collections particulières en donnent la preuve. Le P. Binet, dans son *Essay des merveilles de nature* (Rouen, 1626), vante les tentures où l'on voit des chasses de cerfs *fendant le vent d'un pied aislé* « et les chiens qui se tuent de courir et japper après, un sanglier à gueulle béante qui mord l'espieu et l'ensanglante tout..., un loup poursuivy à outrance et grandes huées d'un monde de villageois qui crient à pleine teste. » Louis XV fit exécuter aux Gobelins en tapisserie les belles chasses peintes par Oudry.

deux lévriers et huit chiens courants me trouveray à la chasse du regnard, chevreau ou lièvre, sans rompre ou offencer les bleds du laboureur, comme font plusieurs, contrevenants aux ordonnances et à la justice communes. L'autre fois, avec l'autour, oyseau bon mesnager, quatre braques et le barbet, avec l'arquebuse, deux bons chevaux de service et un pour les affaires de l'hôtel (1). »

Claude Gauchet, contemporain du seigneur de la Hérissaye, nous a dépeint dans le plus grand détail les chasses du gentilhomme *dont quatre mille francs est tout le revenu*.

Qu'il ait pour son plaisir dix et huict chiens courans
Un bon vallet pour eux qui soit des mieux allans
Qui bien sçache emboucher une trompe esclatante
Bon œil pour recognoistre et une voix plaisante
Aussi doit-il avoir l'autour et le lanier
Six ou huict epaigneux et un bon fauconnier.

Avec cet équipage, auquel il joint quelques bassets et lévriers, le gentilhomme chasse au printemps le renard dans les *panderets*, déterre le blaireau et prend le lièvre à la course. En été il force le lièvre, furette les *connils* dans sa garenne, arquebuse à l'affût le sanglier qui ravage les récoltes de ses fermiers, ou bien il prend des cailles à l'appeau, des oisillons à l'*abreuvoir* et tire dans les haies des merles et des grives avec son *arc à jalet*. En automne, grandes chasses aux sangliers, aux loups dans les toiles ou avec l'arque-

(1) *Contes et discours d'Eutrapel*. Rennes, 1586. — L'auteur était mort l'année précédente.

buse, *vols* pour rivière, pour pie, pour milan, chasse des alouettes au miroir. En hiver, c'était la chasse au traîneau, le tir des perdrix sur la neige, le *tintamarre*, le *rets-saillant*, la tonnelle, la *huée* aux alouettes, la *darüe* ou *boullot*, la chasse aux loups avec les *mestifs* et lévriers d'attache.

« Le gentilhomme retiré en sa maison ne peut estre sans quelque plaisir, dit messire Jehan du Bec, abbé de Mortemer, en son discours de l'*Antagonie du chien et du lièvre, dédié à la noblesse Françoise* (1593). Le plus honneste et en faisant lequel Dieu est le moins offensé, c'est, ce me semble, la chasse. »

Olivier de Serres, seigneur de Pradel, qui, au sortir des guerres civiles, écrivait en 1600 sur l'invitation de Henri IV le plus estimé de nos anciens traités agronomiques, est tout à fait du même avis que le bon abbé de Mortemer.

Nous trouvons dans son *Théâtre d'agriculture* le tableau exact et complet des chasses auxquelles pouvait consacrer ses loisirs un gentilhomme de campagne *bon ménager*. Le seigneur de Pradel, qui paraît lui-même avoir été chasseur, loue fort *ce joyeux passe-temps, suivy de plusieurs commoditez*. « Comme moyen de la santé, venant du lever matin, de l'exercice, de la sobriété, aussi de façonner l'esprit, rendant l'homme patient, discret, continent, modeste, magnanime, hardy, ingénieux. L'article du fournir la table de précieuses viandes ne sera oublié ny celuy de la visite des terres, et la solicitation au travail, mesnage que tout d'une main l'on fait, allant et revenant de la chasse. »

Le simple gentilhomme doit comprendre *qu'il y*

a une chasse pour luy et une autre pour le grand seigneur. Il se contentera de chasses médiocrement coûteuses. Celle des grands animaux et la haute volerie n'appartiennent en général qu'aux Rois, princes et grands seigneurs. Cependant le gentilhomme voisin des forêts qui nourrissent *telles grosses bestes* pourra les chasser quelquefois en compagnie de ses voisins et amis. « Meslans ensemble leurs attirails de chiens, chevaux, de rets, panneaux, toiles, bources, cordages, espieux, arquebuses, arbalestes, trompes, tenailles et autres choses nécessaires afin d'en composer un suffisant à l'entreprinse. »

En dehors de ces circonstances exceptionnelles, le gentilhomme, « avec le chien couchant fait au poil et à la plume (1), en automne, hiver et printemps, s'en ira chasser à l'arquebuse perdrix et *levraud.* En été, il prendra cailles et tourterelles à la tirasse ; en toutes saisons, il courra le lièvre avec ses lévriers et chassera les *connins* au furet, les lièvres, renards, putois, fouines avec filets et toiles. La basse volerie occupera aussi une place notable parmi ses plaisirs, ainsi que les chasses avec toute espèce de piéges et d'engins, celle du canard à l'arquebuse pendant les grandes froidures, et la chasse aux oisillons *avec la chouette ou au Duc*, quoiqu'elle semble n'appartenir qu'aux enfants, *tout honneste passetemps estant recevable aux champs.* »

(1) Olivier de Serres parait se préoccuper médiocrement de la proscription formelle par les ordonnances de cette espèce de chiens.

Au commencement du règne suivant (1), le caustique Agrippa d'Aubigné ne manque pas de prêter un fanatisme ridicule pour la chasse à son baron de Fœneste, type du hobereau gascon famélique et hâbleur, tandis que le sage Enay, sous les traits duquel l'auteur a voulu se peindre lui-même, dédaigne la frivolité de cet amusement.

« Où est votre chenil? dit le baron en parcourant le château à huit tours, et trois ponts-levis qu'Enay appelle modestement sa *maison* (2).

Enay. Dans les paillers.

Fœneste. Comment, je ne vois ni chiens courans, ni oiseaux!

E. Ils m'empêchoient de dormir, me despensoient en fauconniers et en hongres, ils estoient cause que je tombois en les picquant; quand j'ai vu qu'ils me cassoient, je les ai cassez; et puis l'âge en cassoit sa part.

F. Ouy, mais où est la noblesse?

E. Je l'ai cerchée ailleurs...

F. Ma mère nourrissoit deux bœufs gras, je les troquai *emper* le lèvrier de Monsieur de Roquespine, qui depuis me l'a desrobé, mais c'est par familiarité.

E. Non, je ne trouve pas votre change avantageux.

F. Ouy bien, mais c'est pour parestre, et puis, n'est-ce pas une grande commodité que les oiseaux? Je vous puis jurer qu'en la saison, à Fioux (si vous savez où c'est) nous faisons boucherie de perdriaux.

---

(1) La première partie du *baron* de Fœneste parut en 1617.

(2) Nous traduisons le patois, assez difficile à comprendre, du baron.

E. J'aurois peur que là où seroit boucherie de perdriaux, le lard y fust venaison (1). »

Il était rare sous Louis XIII, qu'un seigneur de paroisse fût assez *mallotru* pour qu'on ne pût trouver chez lui trois ou quatre bons oiseaux, six couples de beaux *espaigneuls*, une laisse de lévriers, *des meilleurs du pays et luy et son fauconnier bien montez* (2).

La fauconnerie et l'autourserie étaient alors les premiers passe-temps de ces nobles campagnards, mais quand leurs oiseaux étaient en mue et que les blés les empêchaient de *voler*, ils employaient leur loisir à une foule de chasses diverses, dont l'énumération donnée par d'Arcussia se rapproche beaucoup de celle que nous avons tirée du poëme de Claude Gauchet.

« Davantage, dit le sieur d'Esparron, je me désennuye en la chasse qui est la plus commode pour le temps, soit au cerf, au sanglier, au chevreuil, au loup, et autres grosses bestes que nous prenons par le moyen des chiens de sang et des arquebusiers...; je m'exerce encore à courre le lièvre et le prendre à force de chiens ou par la vistesse des lévriers, puis je chasse au renard, au bléreau, aux loutres, aux martres, aux fouynes et autres semblables animaux. Il y a plusieurs chasses encore où l'on se peut employer pour se donner du plaisir, comme du lapin, soit au furet, soit à l'appeau que nous disons chifflet. Encore à la pantière, à l'arquebuse avec le chien couchant...

(1) *Les Avantures du baron de Fæneste*, 1re partie.
(2) D'Arcussia, *Convy des fauconniers*.

« Il y a encore plusieurs chasses qui sont pour tromper l'oysiveté dont le récit seroit long, qui sont la tirasse, le traîneau de nuit, le tintamarre, la nappe renversée, les rets ou aragne, le piège, la glü, aux aloüettes, la hüée, la darüe, et mille autres inventions de chasse qu'on pratique selon les lieux et les saisons... »

Le goût de la chasse était si bien l'attribut des gentilshommes de province, que Molière, qui bafouait volontiers les pauvres *hobereaux*, ne manque pas de mettre en scène M. de Sotenville invitant Clitandre à venir courre un lièvre sur ses terres. Le chasseur ridicule des *Fâcheux*, qui vient si sottement interrompre la chasse de Dorante en *donnant* d'un pistolet d'arçon dans la tête du cerf de meute, est aussi un gentilhomme campagnard.

Nous avions comme il faut séparé nos relais
Et déjeunions en hâte avec quelques œufs frais
Lorsqu'un *franc campagnard* avec longue rapière
Montant superbement sa jument poulinière
Qu'il honoroit du nom de sa bonne jument
S'en est venu nous faire un mauvais compliment
Nous présentant aussi pour surcroît de colère
Un grand benêt de fils aussi sot que son père.
Il s'est dit grand chasseur, et nous a prié tous
Qu'il pût avoir le bien de courir avec nous.
Dieu préserve en chassant toute sage personne
D'un porteur de huchet, qui mal à propos sonne,
De ces gens, qui suivis de dix hourets galeux,
Disent : ma meute! et font les chasseurs merveilleux.

Querelles au sujet de la chasse.

La noblesse des provinces conserva longtemps des mœurs rudes et violentes, aussi voit-on jusque bien avant dans le XVIIIe siècle, s'engager entre ces chasseurs passionnés des querelles souvent sanglantes.

Sous Louis XIII, le baron de Rennevilliers (1) était à l'affût dans un bois où il prétendait avoir droit de chasse. « Celuy à qui estoit le bois survint, et en l'appellant *petite escritoire* (2), car Rennevilliers estoit fort jeune, va à luy l'espée à la main. Rennevilliers luy dit que, s'il avançoit, il le tueroit; l'autre ne laissa, et Rennevilliers en fist comme il eust fait d'un lapin. Cette affaire leur cousta beaucoup et comme elle avoit eu lieu pour conserver les droits de leur terre, il prétendoit que toute la famille y contribuast (3). »

Pontis raconte, dans ses *Mémoires*, qu'un M. de Poligny, seigneur de Vaubonnez, en Dauphiné, avait donné une arquebuse à son fils, âgé de 12 ans. L'enfant étant allé tirer des grives et des merles, en compagnie de son précepteur, fit rencontre d'un sieur Richard, fils bâtard du vieux Poligny et bailli de la seigneurie, lequel *se donnoit hautement la liberté de chasser sur ses terres*. Le jeune gentilhomme le lui défend hardiment et le menace de lui faire ôter son arquebuse; Richard répond insolemment et avec menaces, de façon que le précepteur est obligé d'intervenir. « Sur cela il y eut plusieurs paroles dites avec chaleur de part et d'autre et ils se retirèrent fort piqués. »

Quelques jours après, Richard, apercevant le malheureux précepteur assis avec son élève devant la

(1) Né en 1595.
(2) Il était fils d'un maître des Requêtes.
(3) Tallemant des Réaux, t. VI.

porte du logis, eut l'*effronterie* de venir jusque dans la cour du château lui tirer *un coup de fusil ou d'arquebuse dont il le tua.*

Poursuivi pour ce crime et condamné à mort par contumace, Richard prit la campagne avec six ou sept de ses amis, *tous gens de sac et de corde comme lui,* et tint le vieux seigneur comme assiégé dans son château. Pontis, grand-oncle d'Anne de Pontis, qui devait épouser le jeune Vaubonnez, fut obligé de venir à son aide avec dix ou douze de ses gens, tous anciens soldats et bien armés. Après avoir tenté de l'assassiner, Richard finit par lui demander grâce et par quitter le pays (1).

Dans les *Mémoires* du comte de Rochefort, rédigés par Gatien des Courtilz (2), cet aventurier raconte qu'ayant à se plaindre du comte d'Harcourt, de la maison de Lorraine (3), il alla offrir ses services à un capitaine du régiment de la marine, nommé Desplanches, voisin de campagne et ennemi mortel du comte. Voulant montrer au prince lorrain qu'il ne le craignait pas, Desplanches, accompagné de Rochefort et de quelques officiers de son régiment, s'en alla chasser sur les bords du domaine d'Harcourt, qui confinait à la terre des Rufflais, appartenant à Desplanches. Le comte, irrité, fit dresser une embuscade aux chasseurs audacieux et leur fit tirer des coups de

(1) *Mémoires* de Pontis, t. II, coll. Petitot. L'authenticité de ces mémoires a été contestée. En tous cas, c'est une peinture très-fidèle et très-attachante des mœurs du temps.

(2) *Mémoires* de M. L. C. D. R. La Haye, 1713 (v^e édition).

(3) Ceci se passait vers la fin des guerres de la Fronde.

fusil de derrière une haie. Ses gens faillirent s'en trouver mal. Rochefort, qui était d'humeur peu endurante, chargea vigoureusement un des assaillants et lui appliqua une rude correction avec le canon de son fusil. Le comte d'Harcourt rassembla alors ses amis et ses valets pour aller attaquer Desplanches dans sa maison. Celui-ci et les siens se réfugièrent chez le marquis de Créquy, alors en guerre ouverte avec le marquis de Sourdéac, et lui offrirent de le servir dans sa querelle, en échange de son hospitalité; mais Rochefort, voulant avant tout satisfaire sa rancune contre M. d'Harcourt, s'en fut chasser sur ses terres, où il tua deux ou trois fois des perdrix.

En 1677, Jean de Mailly, seigneur de Nesle, fait prendre de vive force, dans la maison d'un garde-bois de l'évêque de Noyon, un sanglier que ce garde avait blessé dans les bois de l'évêché, et qui était venu mourir dans ceux de Nesle.

En 1680, Jacques de Créquy, marquis de Hémon, et son frère, le chevalier de Créquy, étaient allés chasser sur les terres de la maison de Hest, en Boulonnais, appartenant *en roture* au seigneur d'Yverny, comme c'était leur droit de hauts justiciers (1).

Antoine de Crandalle, seigneur d'Yverny, qui était garde du corps du Roi, et Jacques de Crandalle, sieur d'Émery, son frère, *accompagnez de leur mère et sœur*, vinrent insulter le chevalier de Créquy *avec injures atroces, et passant des menasses aux effets*, d'Yverny et

(1) Voir ci-après, livre II, *Du droit de chasse*.

d'Émery, *ayant chacun un fusil à la main*, firent feu sur le chevalier, qui fut grièvement blessé.

A raison de ce fait, les deux gentilshommes furent condamnés à s'*abstenir*, pendant trois ans, du ressort de la maîtrise, bailliage et comté de Boulogne, à payer 100 livres d'amende, 200 livres d'aumônes, 4,000 livres de réparation civile avec injonction de *porter honneur et respect à leurs seigneurs*, et défense d'user du droit de chasse sur leurs terres pendant dix ans (1).

La même année, MM. les maréchaux de France étaient obligés d'intervenir dans une querelle qui s'était engagée entre le sieur de la Mille et François de Galon de Beauchesne, âgé de 10 à 12 ans. Ce jeune gentilhomme, trouvant le valet du sieur de la Mille chassant avec fusil et quatre chiens sur la terre de Cranne, appartenant à la dame de Beauchesne, *en deux différentes fois, tua deux chiens après avoir deffendu au valet de venir davantage chasser*. Cet *enfant terrible* fut condamné par les maréchaux à payer 50 livres de dommages-intérêts, pendant que le sieur de la Mille était condamné par la *Table de marbre* pour fait de chasse sur les terres de ses voisins.

Nous nous bornerons à ces exemples, pris entre beaucoup d'autres, pour prouver avec quel emportement les gentilshommes défendaient tout ce qui touchait à leur droit de chasse, et cela en plein règne de Louis XIV.

---

(1) *Nouvelle Jurisprudence sur le fait des chasses*. Paris, 1688.

Cette passion effrénée pour la chasse ne se démentait dans aucune circonstance, ni à la guerre, ni en voyage ou en mission à l'étranger. C'est ainsi qu'elle coûta la vie à un gentilhomme nommé Le Rouvray qui, en 1636, avait accompagné en qualité d'écuyer, le maréchal d'Estrées, ambassadeur extraordinaire à Rome.

Le Rouvray s'était brouillé avec la police romaine, pour avoir délivré à main armée, un sien valet emmené par les sbires.

Le maréchal fit sauver son écuyer et lui donna, pour le garder à la campagne, 8 ou 10 soldats français. Les Barberini chargèrent un bandit nommé Giulio Pezzola de le tuer. Le Rouvray, *comme il estoit fort brutal,* s'étant soustrait à la surveillance de ses soldats, s'en fut imprudemment à la chasse ; il se disposait à tirer un merle, lorsqu'il fut lui-même tué d'un coup d'arquebuse par le bandit, qui porta sa tête au cardinal Barberini (1).

Des gens qui exposaient leur vie pour aller tirer des oisillons ne pouvaient pas hésiter à sacrifier à la chasse de vils intérêts pécuniaires. En 1742, le chevalier de Polignac, qui était pauvre, épousait mademoiselle de la Garde, dont la fortune était considérable. On s'étonna de voir le contrat de mariage stipuler que les futurs conjoints seraient séparés de biens. L'avocat Barbier prétend qu'on se moqua du chevalier pour avoir laissé passer cet important article

(1) Tallemant des Réaux, *Hist.*, XXXVI

à la faveur de l'équipage de chasse qui lui était accordé par le même contrat (1).

Chasses en temps de guerre.

L'habitude de chasser en temps de guerre, qui n'est pas encore complétement disparue parmi nos officiers, était naturellement restée dans toute sa force. Les gens d'épée ne faisaient du reste que suivre l'exemple des Rois et des princes qu'ils servaient. Lorsque le baron de Biron surprit Louviers (1590), le gouverneur sortait par une porte pour s'en aller à la chasse, comme Biron pénétrait dans la ville par l'autre (2).

Henry Nompar de Caumont, marquis de Castelnau, fils de ce maréchal de la Force que nous avons vu chasser jusqu'à la plus extrême vieillesse, étant en 1638 devant Renty en Flandre, fut commandé pour escorter les fourrageurs avec 1,200 chevaux et 1,800 hommes de pied. « Le voilà en bataille, il prononce luy-mesme le band que personne sur peine de la vie n'eust à sortir de son rang. Il n'eut pas plus tost achevé qu'un lièvre vint à partir. Au lieu de retenir ses gens, il crie le premier : Ah! lévrier (3)! Tout le monde le suit, on prend le lièvre. Après il tascha de rallier ses gens et crioit : Ah! cavalerie! plus fort qu'il n'avoit crié : Ah! lévrier! Mais il n'y eut jamais moyen, et, si l'ennemy eust donné, c'estoit une affaire faite, tous les esquipages estoient perdus (4). »

(1) *Journal* de Barbier, t. III.
(2) *Journal militaire* de Henri IV.
(3) Ou *hare, lévriers*, c'était le cri consacré pour signaler le départ d'un lièvre, à la chasse aux lévriers.
(4) Tallemant des Réaux, t. I.

Le lendemain de la prise de Philipsbourg (1688), comme on travaillait à raser les tranchées, un officier du régiment du Roi, qui s'ennuyait, prit le fusil d'un soldat pour tirer quelques bécassines. Monseigneur arriva au même moment, et tous les officiers qui étaient assis se levèrent pour le voir venir. Le chasseur, tout occupé de ses bécassines, ne prit pas garde à ce mouvement ; il fit feu, et une balle, qui était dans le fusil avec du menu plomb, vint frapper mortellement le chevalier de Longueville (1), à peine âgé de 20 ans (2).

Saint-Simon raconte que, étant au camp du maréchal de Choiseul, dans le pays de Deux-Ponts (1697), le comte de Nassau-Hautveiller, voisin de là, lui amena de fort bons chiens pour lièvre, « et cette honnêteté nous fit grand plaisir (3). »

Le maréchal de Vauban.

Comme la plupart des officiers de son temps, l'illustre maréchal de Vauban avait été grand chasseur dans sa jeunesse (4). Mais il était trop sérieusement attaché à ses devoirs militaires pour s'adonner à son goût pour la chasse en temps de guerre. En 1659, pendant que se négociait la paix des Pyrénées, Vauban, alors capitaine au régiment de la Ferté, avait sa compagnie cantonnée dans plusieurs villages aux environs de Toul. Il chassait parfois en allant visiter ses

(1) C'était le fils naturel du chevalier de Longueville, tué au passage du Rhin (1672).

(2) *Mémoires de la cour de France.*

(3) *Mémoires* de Saint-Simon, t. II.

(4) *La Jeunesse de Vauban*, par M. Camille Rousset, *Revue des deux Mondes*, 1er août 1864.

hommes dans leurs quartiers. Tout en poursuivant le gibier, alors fort abondant dans ce pays, il remarqua une vallée, par laquelle, vingt ans plus tard, il proposa d'établir une communication entre la Meuse et la Moselle. « Je n'y fis cependant pas pour lors grande réflexion, écrivait-il en 1679, mais le ressouvenir de la chasse, m'ayant plusieurs fois représenté la figure de ce pays-là, m'a fait penser depuis qu'on pourrait bien y faire une communication effective (1). »

Dames chasseresses.

Les filles des nobles dames qui, pendant le moyen âge, avaient montré pour la chasse un zèle si enthousiaste, prouvèrent sous les Valois et les Bourbons, qu'elles n'avaient pas dégénéré de leurs vaillantes aïeules.

Catherine de Médicis.

Catherine de Médicis leur donna l'exemple comme Dauphine et comme Reine.

François Ier avait choisi, pour l'accompagner partout, une troupe féminine qui s'appelait *la petite bande des dames de la court*. Suivi de ce galant escadron *des plus belles, gentilles*, et *plus de ses favorites*, il allait courir le cerf et passer son temps dans les maisons royales.

La Dauphine, *voyant telles parties se faire sans elle*, pria le Roi de l'emmener toujours avec lui.

François Ier lui sut bon gré de cette demande et *se délecta à lui faire donner plaisir à la chasse*, « en laquelle elle n'abandonnoit jamais le Roy et le suivoit

(1) *La Jeunesse de Vauban*. — Passage extrait d'un mémoire de Vauban sur la jonction de la Meuse et de la Moselle.

tousjours à courir : car elle estoit fort bien à cheval et hardie, ayant esté la première qui avoit mis la jambe sur l'arçon, d'autant que la grace y estoit bien plus belle et apparoissante que sur la planchette, et a tousjours fort aymé d'aller à cheval jusques à l'aage de soixante ans ou plus....., encore qu'elle en fust tumbée souvent au grand dommage de son corps, car elle en fut blessée plusieurs fois, jusques à rompure de jampe et blessure à la teste dont il l'en fallut trépaner : et lors quelle fut vefve et eut la charge du Roy et du royaume, accompagnoit tousjours le Roy et le menoit avec elle et tous ses enfans, et, quand le Roy son mary vivoit, elle alloit quasi ordinairement avec luy à l'assemblée du cerf et autres chasses (1). »

Catherine de Médicis aimait aussi la chasse à l'arbalète.

Marguerite de Valois.

Sa fille Marguerite de Valois, depuis Reine de Navarre, raconte dans ses *Mémoires* que, pendant sa première jeunesse, elle ne pensait qu'à danser et à aller à la chasse. Lorsque son frère chéri, le duc d'Anjou, partit pour l'armée qu'il allait commander contre les huguenots (1569), il pria Marguerite de veiller à ses intérêts près de la Reine mère. Dès lors, uniquement occupée, dit-elle, des affaires d'État, elle ne regarda plus « que d'un œil dédaigneux les exercices de son enfance, la danse, la chasse, les compagnes de son âge, les méprisant comme choses trop folles et trop vaines. »

---

(1) Brantôme, *Vie des Dames illustres françoises et estrangères.*

Diane de France, duchesse d'Angoulême, fille légitimée de Henri II et de Diane de Poitiers, ressemblait à son père, « tant pour les traits du visage que pour les mœurs et actions et tous autres exercices qu'il aymoit, fust-ce des armes, de la chasse et des chevaux, car je pense qu'il n'est pas possible que jamaïs dame ait esté mieux à cheval qu'elle, ny de meilleure grâce. » Diane de France.

Charles IX l'aimait fort parce qu'elle l'accompagnait dans ses chasses et *autres exercices joyeux*, où elle brillait *du plus beau lustre* avec son magnifique habillement de cheval et *son chapeau bien garni de plumes et à la guelfe porté* (1).

Les dames de la cour escortaient avec ardeur ces royales chasseresses; nous venons de citer la *petite bande* qui ne quittait pas François Ier dans ses chasses. Brantôme se plaint que de son temps il en est plusieurs qui préfèrent la musique, la danse ou la chasse à tous les propos d'amour. « J'ai conneu, dit-il, un brave et galant seigneur qui devint si fort perdu de l'amour d'une fille et puis dame, qu'il en mouroit; car, disoit-il, lorsque je luy veux remonstrer mes passions, elle ne me parle que de ses chiens et de sa chasse, si bien que je voudrois de bon cœur estre métamorphosé en quelque beau chien ou lévrier, ou que mon asme fust entrée en leur corps, suyvant l'opinion de Pythagore, affin qu'elle se pût arrester à mon amour et mon asme guérir de sa playe (2). »

(1) Brantôme, *Vie des Dames illustres françoises et estrangères.*
(2) *Dames galantes*, disc. IV.

La belle Gabrielle.

La belle Gabrielle suivait Henri IV à la chasse, à cheval, *montée en homme et toute habillée de vert* (1).

Marie de Médicis.

Marie de Médicis, sans égaler les hauts faits de sa tante, la Reine Catherine, aima assez la chasse pour mériter les louanges de Claude Gauchet :

> *Nymphes*, suivez les pas de la chaste Marie
> Ains une autre Diane, en qui tient tout l'honneur
> Et de France et d'Italie. . . . . (2)

En 1611, étant *sur l'automne* à Fontainebleau, la Reine, alors régente, allait à la chasse à cheval, accompagnée des dames et princesses, aussi à cheval, et suivie de quatre ou cinq cents gentilshommes ou princes. A l'une de ces chasses, la princesse de Conti tomba de sa haquenée et se blessa (3).

La princesse de Conti.

Un livre sur la chasse, devenu fort rare, *la Muse chasseresse*, de Guillaume du Sable, fut dédié par l'auteur à Marie de Médicis (4).

La maréchale de Biron.

La maréchale de Biron, femme du fidèle compagnon de guerre de Henri IV (5), se plaisait plus à la chasse et à tirer de l'arquebuse *qu'à autre exercice de femme*, dit Brantôme, « et, avec cela, une très-sage, ver-

(1) Ce fut dans cet équipage que les Parisiens ébahis la virent rentrer dans leur ville, *coste à coste du Roy qui luy tenoit la main*, pendant un grand orage *avec esclairs et tempeste* qui avait surpris Sa Majesté à la chasse. L'Estoille, t. III, 17 mars 1595.

(2) *Chasse du cerf au Roy.*

(3) *Mémoires* de Bassompierre, t. I. — Bassompierre épousa secrètement, après son veuvage, cette princesse, fille de Henri de Guise le Balafré. — Elle mourut en 1631.

(4) *La Muse chasseresse.* Paris, 1611.

(5) Armand de Gontaut, maréchal de Biron, tué en 1592 au siége d'Épernay.

tueuse dame comme sa patronne, Diane chasseresse (1).

La duchesse de Longueville.

René de Maricourt cite, parmi les personnages illustres qui ont le plus aimé la chasse sous Henri IV et Louis XIII, Marie de Bourbon, duchesse de Longueville (2).

Mademoiselle de Montpensier.

La princesse Anne-Marie-Louise d'Orléans, duchesse de Montpensier, connue sous le nom de la *Grande Mademoiselle*, montra, dès l'enfance, un goût prononcé pour les exercices bruyants et la chasse. En 1637, à l'âge de 10 ans, elle assistait, étant à l'abbaye de Bourgueil, à l'hallali d'un cerf que le duc de Vendôme et ses fils chassaient pour son plaisir, et qu'ils eurent le talent de conduire jusque dans la cour de l'abbaye, où il fut pris, après avoir longtemps battu l'eau dans un étang voisin. Vers la fin de la même année, Mademoiselle suivait, à Saint-Germain, les chasses du Roi Louis XIII. « Nous y allions souvent avec lui. Madame de Beaufort, Chemeraut et Saint-Louis, filles de la Reine, d'Escars, sœur de madame de Hautefort, et Beaumont, venoient avec moi. Nous étions toutes vêtues de couleur, sur de belles haquenées richement caparaçonnées, et, pour se garantir du soleil, chacune avoit un chapeau garni de quantité de plumes. L'on disposoit toujours la chasse du côté de quelques belles maisons où l'on trouvoit de grandes collations, et au retour le Roi se

Dames de la cour de Louis XIII.

(1) Brantôme, *Grands capitaines françois*, t. III.
(2) Veuve de Henri Ier, duc de Longueville, mort en 1595.

mettoit dans mon carosse entre madame de Hautefort et moi (1). »

La duchesse de Longueville.

Le grand Condé fut accusé, dans sa jeunesse, d'être l'auteur d'une épître assez médiocre, où il décrit les plaisirs que goûtaient au château de Liancourt, la belle duchesse de Longueville, sa sœur, et les dames de son entourage. On y lit ces vers plus galants que poétiques :

Les dames bien souvent aux plus belles journées
Montent des haquenées,
On volle la perdrix, ou l'on chasse le lou
En allant à Marlou (2).
Les amants cependant leur disent à l'oreille
O divine merveille
Laissez les animaux, puisque vos yeux vainqueurs
Prennent assez de cœurs (3).

Madame de la Guette.

Vers le même temps, madame de la Guette, la vaillante amazone, suivait avec ardeur les belles chasses de Grosbois. « M. le duc d'Angoulême couroit le cerf, et les dames en avoient tout le passe-temps ; je n'en quittois pas ma part, parce que ç'a esté une de mes passions dominantes. Au retour de la prise du cerf, il y avoit un extrême plaisir d'en voir faire la curée et d'entendre sonner un grand nombre de cors pour animer les chiens qui faisoient un clabaudis le plus grand du monde dans le *chieny*..... »

Après son mariage, Mme de la Guette monte tous les jours à cheval pour aller à la chasse. Un jour de

(1) *Mémoires* de Mademoiselle, t. I.
(2) Aujourd'hui *Mello* (département de l'Oise).
(3) *La Jeunesse de Mme de Longueville*, par M. Cousin.

carnaval, en 1645, elle et sa sœur, Mme de Vibrac, s'amusent à s'habiller en hommes et à galoper toutes bottées dans le parc de Grosbois *pour y lancer quantité de cerfs à la course* (1).

Les nièces de Mazarin.

Les brillantes nièces du cardinal Mazarin aimaient à paraître aux chasses royales. La séduisante Marie de Mancini y accompagnait ce jeune Roi, qui *pleura* bientôt en la voyant *partir*. Sa cousine, Anne-Marie Martinozzi, princesse de Conti, fit, à une de ces chasses, une chute des plus violentes (2).

Madame de Comminges.

Pareille mésaventure faillit advenir, en 1651, à Mme de Comminges, comme nous l'apprend la *Muze historique* de Loret :

> L'agréable épouze d'un homme
> Que Monsieur de Cominge on nomme,
> En chassant aussy, Vendredy,
> Non, je croy que ce fut Jeudy;
> Elle échapa, ce dit-on, belle
> Car la monture de la belle
> Trois fois âprement regimba
> Mais toutefois point ne tomba (3).

Madame de Guedreville.

D'après Tallemant des Réaux, la première femme de *ville* qui s'avisa de suivre les chasses à cheval fut Mme de Guedreville, *grande estourdie*, femme d'un maître des requêtes, qui s'y montra *d'une sotte manière, point galamment du tout* (4).

La duchesse du Lude.

La duchesse du Lude (Renée-Éléonore de Bouillé, première femme de Henry de Daillon, duc du

---

(1) *Mémoires* de Mme de la Guette. — Son beau-frère, M. de Vibrac, était capitaine du château de Grosbois.

(2) *Les Nièces de Mazarin*, par M. Amédée Renée.

(3) *La Muze historique*, liv. II.

(4) *Historiettes*, t. VI.

Lude (1)), vivait constamment dans ses terres, *ne se plaisant qu'aux chevaux qu'elle piquoit mieux qu'un homme et chasseur à outrance.* Elle faisait sa toilette dans son écurie et faisait trembler tout le pays (2).

Madame de Chasteaugay.

Près de la ville de Murat, en Auvergne, habitait, à la même époque, une dame de Chasteaugay, née de Lastours, dont les allures étaient tout aussi viriles. « Elle alloit d'ordinaire à cheval, avec de grosses bottes, la jupe retroussée et un chapeau avec un bord et des rayons de fer et des plumes par-dessus, l'espée au costé et les pistolletz à l'arçon de la selle. » Cette Bradamante avait querelle avec des gentilshommes de son voisinage nommés MM. de Gane. Un jour, étant à la chasse, elle les aperçut de loin. Un gentilhomme qui lui servait d'écuyer proposa de se retirer, mais elle piqua intrépidement droit à eux et les attaqua, « et eux furent si lasches que de la tuer, elle fit toute la résistance imaginable (3). »

La duchesse de Bouillon.

La duchesse de Bouillon, femme du grand chambellan (4), professait le même goût que son mari pour la chasse; Pradon, lui dédiant sa malencontreuse tragédie de *Phèdre*, déclare que le chasseur Hippolyte aurait cédé la palme à cette princesse et *qu'il auroit été charmé* de la voir briller à la chasse de *cet éclat qui l'accompagnoit toujours* (5).

(1) Mort en 1685.

(2) Saint-Simon, notes sur Dangeau, t. I. — Tallemant des Réaux la qualifie également de *chasseuse à outrance, qui joue icy au mail publicquement en justaucorps*, t. V.

(3) Tallemant des Réaux, t. VII.

(4) Marie-Anne Mancini, nièce du cardinal Mazarin. Née en 1649, morte en 1714.

(5) Pradon, *Œuvres*, t. I.

« Mme la duchesse de Bouillon, dit la comtesse de la Suze, se servoit du fusil pour combattre les ennuis (quoyqu'elle eût des armes à feu plus dangereuses) et ne revenoit point du combat qu'avec quelque contusion (1). »

Melle de Bouillon, sa fille, accompagnait souvent le Roi à la chasse qu'elle *aimoit fort* (1707) (2).

Dames de la cour de Louis XIV.

A la cour de Louis XIV, les dames étaient de presque toutes les chasses, à courre, au vol, dans les toiles. Le Roi se plaisait à les y accompagner, soit dans de vastes calèches à dix ou douze places (3), soit dans de petites voitures basses qu'il menait lui-même (on sait qu'il *excellait à conduire un char dans la carrière*) (4). Les plus vaillantes suivaient les chasses à cheval par tous les temps, bravant, sans murmurer, la pluie, le vent et la neige (5). Les princesses et leurs filles d'honneur donnaient l'exemple. Aux chasses des *Petits chiens*, toutes celles des dames qui pouvaient monter à cheval s'empressaient de suivre le Roi en habits d'amazones et coiffées d'élégantes *capelines* à plumes. « Cet habillement, dit le *Mercure galant*,

(1) *Recueil de pièces galantes, en prose et en vers*, de Mme la comtesse de la Suze (1684). — *Les cours galantes*, t. II.

(2) Dangeau, t. XII.

(3) Dangeau, *passim*. — Outre la calèche du Roi, il y en avait d'ordinaire deux autres plus petites, avec 4 chevaux et 1 postillon.

(4) *Britannicus*. Acte 1er. — Par un soin d'économie qui fait un contraste assez singulier avec sa magnificence ordinaire, le Roi, lorsqu'il était dans une de ces voitures découvertes, emportait un petit chapeau plat sans ornements pour remplacer, en cas de pluie, son chapeau galonné à plumes. (*Lettres* de Loste, 1670.)

(5) Dangeau, *passim*.

étoit si agréable qu'elles le gardoient pour aller le soir au bal (1). »

Mademoiselle de Fontanges.

Ce fut à une de ces chasses, dans le bois de Sainte-Geneviève, que, le vent ayant emporté la capeline de Melle de Fontanges, la charmante fille d'honneur imagina de remplacer sa coiffure par un nœud de rubans qui garda son nom, et dont l'effet fut si triomphant, que l'astre de Mme de Montespan en fut pour quelques instants éclipsé (2).

La Reine Marie-Thérèse.

Désireuse de complaire à l'ingrat époux qu'elle adorait, la pieuse Reine Marie-Thérèse montrait elle-même un goût très-vif pour la chasse. Elle avait ses chevaux de chasse *qu'elle aimoit fort,* et dont le soin était confié à M. de Viremont (3).

La Dauphine.

Mme la Dauphine (4) se faisait une obligation d'accompagner le Roi et le Dauphin, même aux pénibles chasses de loup. Lorsqu'elle ne pouvait y aller elle-même, elle y envoyait ses filles d'honneur (5).

---

(1) Cité par Legrand d'Aussy, t. I.

(2) Les dames dont le nom se reproduit le plus souvent dans les récits de Dangeau comme assistant aux chasses du Roi et du Dauphin sont Mme de Mortemart, M[elles] de Bellefonds et d'Humières qui suivaient à cheval ; Mmes de Maintenon, de Thianges, de Chevreuse et de Gramont, dans les voitures de Sa Majesté.

En 1698, le Roi, pour laisser reposer quelquefois la duchesse du Lude, régla qu'aux chasses la dame d'honneur de la duchesse de Bourgogne, la dame d'atours et les dames du palais iraient tour à tour dans sa calèche avec lui. (Dangeau, t. VI.)

(3) Dangeau, t. I.

(4) Marie-Anne-Christine-Victoire de Bavière, femme de Monseigneur, morte en 1690.

(5) Dangeau, t. II. — Le 20 novembre 1687, la Dauphine envoie M[elles] de la Force, de Séméac et de Bellefonds pour suivre la chasse à cheval avec les princesses.

Aussitôt après l'arrivée à la cour de la jeune princesse Adélaïde de Savoie, qui devait épouser, l'année suivante, son petit-fils, le duc de Bourgogne (1), Louis XIV s'empressa de la conduire en voiture à la chasse. « Le 23 janvier 1699, le Roi courut le cerf avec Mme la duchesse de Bourgogne dans une petite calèche. Elle étoit en habit de chasse avec un petit justaucorps, et elle y étoit fort bien. C'est la première fois qu'elle ait eu cet habillement (2). »

La duchesse de Bourgogne.

En décembre 1700, on disait à la cour que la jeune duchesse allait commencer à monter à cheval pour suivre la chasse du lièvre.

Elle chassa le cerf à cheval dès le printemps de 1701 (3), à la grande joie de son aïeul.

La duchesse de Bourbon (4), Melle de Bourbon, sa belle-sœur (5), la princesse de Conti (6), étaient de toutes les chasses du Roi, le plus souvent à cheval, et rentraient parfois au château mouillées et crottées comme les plus simples mortelles (7).

Les princesses.

La duchesse du Maine (8) fit mieux. Un jour que le Roi chassait avec les chiens de son mari, elle ordonna

La duchesse du Maine.

(1) 1696.
(2) Dangeau, t. VII.
(3) *Ibidem.*
(4) Louise-Françoise de Bourbon (Melle de Nantes), fille de Mme de Montespan, mariée en 1680 au duc de Bourbon.
(5) Marie-Thérèse de Bourbon, fille de Henri-Jules, prince de Condé.
(6) Anne-Marie de Bourbon (Melle de Blois), fille de Melle de la Vallière, mariée en 1685 au prince de Conti.
(7) Dangeau.
(8) Bénédicte de Bourbon, fille de Henri-Jules, prince de Condé, mariée en 1692 au duc du Maine.

sans que M. du Maine s'en mêlât, la chasse qui fut fort belle. On prit trois cerfs *bout à bout* (1).

Madame, duchesse d'Orléans.

Malgré ce triomphe, qui dut singulièrement lui déplaire, la plus sérieusement éprise de la chasse parmi les princesses fut Madame, duchesse d'Orléans (2). Aussi dépourvue de coquetterie que de beauté, la rude Allemande n'aimait guère, après ses enfants, que ses chiens et ses chevaux, et ne quittait son habit de chasse et sa perruque d'homme que pour le grand habit de cour (3).

Madame prenait part à toutes les chasses du Roi et même à ces longues et pénibles chasses de loup que Monseigneur aimait tant et qui entraînaient souvent sa tante et lui fort loin de Versailles par les temps les plus affreux (4).

Elle fit en chassant plus d'une chute dangereuse (5). « Je suis tombée vingt-quatre ou vingt-cinq fois, dit-elle, mais cela ne m'a pas effrayée. » En 1697, chassant le loup avec M. le Dauphin, par un temps de pluie qui avait détrempé la terre, comme on avait inutilement cherché l'animal pendant deux heures et qu'on

(1) 10 octobre 1705, Dangeau, t. X.

(2) Élisabeth-Charlotte de Bavière, dite *la Palatine*, seconde femme de Monsieur, frère de Louis XIV. — Morte septuagénaire en 1722.

(3) « Je ne vois pas pourquoi il faut aux gens tant de costumes divers, mes seuls vêtements à moi sont le grand habit et un costume de chasse quand je monte à cheval. » (*Correspondance* de Madame, t. I — Voir aussi Saint-Simon, t. XII.

(4) *Mémoires* de Dangeau. — 15 mai 1697. Samedi je partis à 8 heures du matin pour aller à 5 lieues d'ici à la chasse du loup. Je ne revins qu'à 5 heures. (*Correspondance* de Madame, t. I.)

(5) Voir dans les *Lettres inédites* le récit d'une chute que Madame fit à une chasse de lièvre, en décembre 1676.

changeait d'enceinte, un loup bondit sous les pieds du cheval de Madame, qui se cabra, glissa et tomba sur le côté; la princesse se démit le bras, qui fut remis par un barbier *rebouteux* d'un village voisin (1).

La correspondance de Madame est remplie de passages qui expriment son enthousiasme pour la vénerie et la haute idée qu'elle avait des effets hygiéniques de ce noble exercice (2).

« Ici (à Versailles), écrit-elle en novembre 1695, je continue d'aller beaucoup à la chasse; depuis neuf jours que nous y sommes, j'ai déjà chassé quatre fois : deux fois le cerf et deux fois le loup. Je crois que l'exercice à pied est plus favorable à la santé que le cheval, mais je suis devenue trop lourde et je ne peux plus bien marcher, je m'en tiendrai donc au cheval aussi longtemps que je le pourrai (3). »

Peu d'années après, Dangeau remarque que Madame *court bien moins qu'autrefois* (4); cependant elle montait encore à cheval en 1701. Pendant les dernières années du règne de Louis XIV, elle ne suivait

(1) *Correspondance* de Madame, t. I.

(2) « Je vais à la chasse à cause de ma santé... J'ai, suivant mon usage, chassé la fièvre en y allant... Il m'est arrivé bien des fois de rester à la chasse depuis le matin jusqu'à 5 heures du soir, et en été jusqu'à 9 heures. Je rentrais rouge comme une écrevisse et la figure toute brûlée, c'est pourquoi j'ai la peau si rude et si brune. » (*Ibid.*)

(3) « Pour m'ôter de la tête ces tristes réflexions, je chasse tant que je peux; mais bientôt mes pauvres chevaux ne pourront plus aller, car Monsieur ne m'en a jamais acheté de nouveaux, et à coup sûr il ne m'en achètera pas. Jusqu'ici le Roi me les a donnés, mais maintenant les temps sont durs. » 7 mars 1696. (*Lettres nouvelles et inédites de la princesse Palatine*, publiées par M. A. Rolland. 1863.)

(4) Dangeau, t. VII.

plus les chasses qu'en calèche, mais son assiduité y resta la même.

En 1714, un cerf effraya des ecclésiastiques dont la voiture suivait la sienne. « J'ai vu prendre plus de mille cerfs, s'écria-t-elle avec orgueil; nous autres vieux chasseurs, nous n'avons pas ainsi peur d'un cerf (1). »

Madame chassait encore à l'âge de 63 ans (1715). Cependant elle avoue qu'à cette époque l'âge a bien amorti la vivacité de sa passion. « Autrefois c'eût été pour moi une grande peine que de perdre une belle chasse, maintenant je n'en ai aucun souci (2).

La duchesse de Berry.

La petite fille de Madame, la duchesse de Berry, à laquelle son goût effréné pour tous les plaisirs a fait une si fâcheuse renommée, allait à la chasse presque tous les jours, mais son aïeule suspectait les véritables motifs de cette grande ardeur. « Je taquine souvent Mme de Berry, dit-elle, et je lui dis qu'elle se figure

(1) « Jeudi dernier on chassa un cerf qui étoit un peu méchant. Un gentilhomme se glissa sur un rocher derrière lui et le blessa à l'épaule, de sorte que le cerf ne pouvoit plus donner de coup de tête et n'étoit plus dangereux. Il y avoit derrière ma calèche une autre voiture où étoient trois ecclésiastiques, l'archevêque de Lyon et deux abbés. Craignant d'être attaqués par le cerf, deux d'entre eux sortirent hors de la calèche et se couchèrent par terre à plat ventre. Je regrette de n'avoir pas vu cette scène qui m'eût fait rire. » (*Correspondance* de Madame, 20 octobre 1714.)

(2) *Ibidem*, 1er septembre 1714. — Cette même année, une des chasses de la vieille princesse fut marquée par un incident ridicule qu'elle raconte avec la crudité de termes qu'on lui connaît. Comme elle venait de passer derrière une haie pour raison urgente, *le diable* y envoie le cerf suivi de tous les chasseurs. Elle veut fuir, s'accroche à une racine, tombe sur le nez et se voit forcée d'appeler à l'aide. On la relève, on la fait remonter en voiture, et elle est obligée d'attendre deux heures pour retrouver l'occasion perdue. — 11 novembre 1714.

qu'elle aime la chasse, mais qu'au fond elle aime seulement à changer de place. Elle ne se soucie que de la fin de la chasse, et elle aime mieux celle du sanglier que celle du cerf, parce qu'elle y trouve l'occasion de manger de bons boudins et des saucisses (1). »

Quoi qu'en veuille bien dire Madame, qui, elle-même, ne méprisait pas les saucisses, la duchesse de Berry paraît avoir eu une passion plus désintéressée pour la vénerie. Elle suivait à cheval toutes les chasses de cerf et courait le loup les autres jours, lorsqu'elle ne chassait pas le sanglier avec le duc de Berry. Elle rentrait parfois *mouillée à faire pitié*, avec ses dames en aussi déplorable état (2). Le 5 octobre 1713, son cheval s'étant cabré, la princesse fut désarçonnée; elle remonta sur-le-champ, suivit la chasse comme si de rien n'était et ne voulut pas se laisser saigner au retour (3).

Mademoiselle de Chartres.

Melle de Chartres, sœur de la duchesse de Berry, se fit religieuse à Chelles en 1718, au grand étonnement de Madame. « Je ne puis croire qu'elle ait la vocation, écrit l'aïeule, car elle a tous les goûts d'un garçon. Elle aime les chiens, les chevaux, la chasse, les coups de fusil, elle ne craint rien au monde, et ne se soucie nullement de ce qu'aiment les femmes (4). »

Sous Louis XV, on vit assidûment, aux chasses

---

(1) *Correspondance* de Madame, t. I.

(2) Le 3 septembre 1712, « la marquise de Saint-Germain, étant à la chasse à cheval avec Mme la duchesse de Berry, tomba et ne s'est point blessée. » (Dangeau, t. XIV.)

(3) Dangeau, t. XIV et XV.

(4) *Correspondance* de Madame.

royales, Mme *la Duchesse* (1), et ses belles-sœurs, Mlles de Charolais et de Clermont (2) ; la princesse de Conti (3) et Melle de la Roche-sur-Yon, sa tante (4).

En 1738, c'étaient Mme la Duchesse et *Mademoiselle* (de Charolais) qui nommaient parmi les dames de la cour celles auxquelles était accordé l'honneur envié de monter dans les deux calèches du Roi. Ces deux calèches étaient à quatre places seulement, et des relais étaient préparés pour leur service. Les nobles invitées ne portaient point de paniers, et pour cause (5).

Louis XV, veneur très-sérieux, n'aimait pas toujours à voir beaucoup de dames à ses chasses. Un beau soir qu'il avait cru remarquer qu'elles se disposaient à le suivre en foule le lendemain, il fit donner l'ordre à ses gardes de ne laisser sortir aucune femme du château, le matin de la chasse (6).

---

(1) Caroline de Hesse-Rheinfels, femme de Louis-Henri, duc de Bourbon, dit *M. le Duc*.

(2) Filles de Louis III, prince de Condé. — Melle de Sens, leur sœur, avait, en 1760, un capitaine des chasses, M. de Roquette. (*Histoire d'un braconnier*, publiée par M. J. Pichon.)

(3) Louise Diane d'Orléans, fille du régent, femme de Louis-François de Bourbon, prince de Conti.

(4) Louise-Adélaïde de Bourbon, fille de François-Louis de Bourbon, prince de Conti.

(5) *Mémoires du duc de Luynes sur la cour de Louis XV*, publiés sous le patronage de M. le duc de Luynes, par MM. Dussieux et E. Soulié. — Les dames qui sont le plus souvent nommées comme ayant suivi les chasses de 1737 à 1741 sont : Mmes de Chalais, de Rochechouart, d'Épernon, de Beuvron, d'Aumont, de Ségur, de Luynes, de Montauban, de Boufflers, de Fleury, de la Vauguyon, de Ruffec, de Sassenage, de Chevreuse, de Bouzols, de Maillebois, de Sourches, de Vintimille, la maréchale d'Estrées et Melle de Nesle.

(6) *Ibidem*.

La Reine Marie Leczinska.

La Reine Marie Leczinska fit son début dans les chasses royales à Fontainebleau, dès le surlendemain de son mariage (7 septembre 1725) (1). Délaissée par le Roi quelques années après, on la voyait, de temps à autre, apparaître tristement à ces chasses où triomphaient ses rivales. Une fois, elle voulut y aller en habit de vénerie, ce qui déplut à Mme de Mailly, dit M. d'Argenson (2).

La Dauphine Marie-Thérèse.

Lorsque arriva à la cour de Louis XV l'infante Marie-Thérèse, épouse du Dauphin son fils, le Roi voulut lui montrer une chasse, qu'il s'occupa d'arranger huit jours à l'avance.

Le 30 mars 1745, le Roi, le Dauphin et la Dauphine partirent en *gondole*. *Mesdames*, filles du Roi, étaient sur le devant en habit de chasse, Mmes de Modène et de Tallard aux portières, Mmes de Brancas et de Lauraguais avaient place aussi dans cette voiture monumentale. La Dauphine était en robe de chasse avec un chapeau ; elle parut s'amuser assez et refusa de s'arrêter pendant la chasse pour faire collation.

C'était la première chasse à courre que voyait la jeune princesse, ces chasses étant inconnues en Espagne. Dans son pays elle était dans l'usage de tirer, et elle avait apporté ses fusils en France. Mais, quoiqu'elle tirât assez bien, elle n'y prenait pas grand plaisir (3).

La Dauphine Marie-Josephe.

La Dauphine Marie-Thérèse mourut après un an de

(1) *État des cerfs*, etc.
(2) *Mémoires* du marquis d'Argenson.
(3) *Mémoires* du duc de Luynes, t. VI.

mariage (1746). Le Dauphin épousa, l'année suivante, Marie-Josephe de Saxe. A son arrivée à la cour de France, cette princesse marqua un assez grand désir d'aller à la chasse du Roi. « Elle connoît la chasse à tirer, dit le duc de Luynes (1), mais elle ne connoît pas celle à courre. » La Dauphine assista pour la première fois à une de ces chasses royales, dont elle avait entendu faire de si magnifiques récits, le 18 février 1747, dans la forêt de Saint-Germain. Au mois de septembre de la même année, le Dauphin et la Dauphine allaient chasser le daim à Verrières avec Mesdames de France (2); la chasse tourna fort mal, et le duc de Luynes fait observer, à ce sujet, « que le Dauphin n'a jamais aimé la chasse et que la Dauphine, qui l'aimait d'abord, ne l'aime plus. » Cependant elle continua à chasser fréquemment, soit avec le Roi, soit avec Mesdames, ses filles.

Un accident qui faillit avoir des suites graves, marqua une des chasses royales auxquelles assistait la Dauphine. Le 4 novembre 1747, cette princesse était en calèche avec Mmes de Turenne, de Rochechouart de Livry et de Rubempré dans la forêt de Fontainebleau. Le cerf aux abois chargea furieusement l'attelage de sa voiture, le postillon s'enfuit épouvanté, et les dames eussent été fort exposées sans le courage

(1) *Mémoires*, t. VIII.

(2) « Toutes les dames étoient en habits de chasse. Je comprends dans cet habillement les habits qui ne sont pas de véritables habits de chasse, mais qui sont pour la chasse. » *Mémoires* du duc de Luynes, t. VIII.

d'un piqueur de la petite Écurie qui tua d'un coup d'épée le cerf dont les andouillers s'étaient embarrassés dans les guides (1).

Mesdames de France.

Mesdames, filles de Louis XV (2), aimaient beaucoup la chasse, et leur père les avait emmenées avec lui dès l'âge le plus tendre (3). Plus tard, il leur fit présent de son équipage de daim, dit des *chiens verts*, à cause de la couleur de l'habit (4). Ces princesses suivaient les chasses en amazones; elles montaient à cheval de très-bonne grâce, surtout Mme Adélaïde, l'aînée des quatre sœurs. Leurs chasses de daim avaient lieu d'habitude à Verrières. Elles y invitaient quelquefois le Dauphin et la Dauphine. Ces chasses durèrent longtemps sous la direction du marquis de Dampierre, qui commandait l'équipage *à la satisfaction de ces grandes, bonnes et dignes princesses* (5).

Princesses de Condé.

On voit, dans le *Journal des chasses du prince de Condé depuis l'année* 1748 *jusqu'en* 1778 (6), que la

(1) *Mémoires* du duc de Luynes. — On lit dans l'*État des cerfs pris par la meute du Roi*, sous cette date : « Le cerf fut pris à Bouron, *dans les chevaux de la calèche de suitte de madame la Dauphine.* »

(2) Mme Adélaïde, née en 1732.
Mme Victoire, née en 1733.
Mme Sophie, née en 1734.
Mme Louise, née en 1735.
On sait que le Roi leur donnait les noms plus que familiers de *Loque*, *Coche*, *Graille* et *Chiffe*. (*Mémoires* de Mme Campan, t. I.)

(3) Dès 1745, la plus âgée des princesses avait alors 13 ans.

(4) *Mémoires* du duc de Luynes, t. VI. — Leverrier de la Conterie.

(5) *Venerie normande*, 2e édition. — Leverrier de la Conterie suivit ces chasses de daim dans l'intervalle de sa première à sa deuxième édition (1763-1778).

(6) Ms. de la bibliothèque de monseigneur le duc d'Aumale, cité précédemment.

princesse, femme du prince Louis-Joseph (1), ainsi que sa belle-fille, la duchesse de Bourbon (2), et les dames de leur suite, assistaient fréquemment aux chasses de Chantilly, à cheval, en voiture, en traîneau e tmême en chaise à porteurs (3).

En juin 1777, il y eut grande fête pour l'arrivée de Melle de Condé (4). La princesse suivit une grande chasse de cerf et assista à la curée chaude. Le 31 juillet, elle courut la chasse en calèche et vit prendre deux cerfs.

A ces chasses brillantes on vit souvent Mmes de Laval et de Canillac en habit d'amazone ainsi que la princesse de Monaco (5).

La comtesse de Mailly.

La première favorite de Louis XV, la comtesse de Mailly, aimait à se montrer aux chasses de son royal amant tantôt à cheval, revêtue de l'élégant habit de la vénerie, tantôt dans une calèche ou dans un *soufflet* du Roi (6).

Elle ne se bornait pas toujours au rôle de simple spectatrice. Le 4 octobre 1741, la belle comtesse laissa courre elle-même un cerf dix cors dans la forêt de Besne (7). Précédemment elle avait présenté le pied du cerf à Sa Majesté, un jour que, tout le monde

---

(1) Charlotte-Godefride-Elisabeth-Élisabeth de Rohan Soubise, morte en 1760.

(2) Louise-Marie-Thérèse d'Orléans, née en 1750, morte en 1822.

(3) Voir les Pièces justificatives.

(4) Louise-Adélaïde de Bourbon, née en 1757, morte en 1824.

(5) *Journal* de Toudouze.

(6) *Mémoires* de Luynes.

(7) *État des cerfs*, etc. — Les bois de Besne ou Beyne tenaient à la forêt de Rambouillet.

ayant perdu la chasse, l'animal de meute était venu passer près des calèches des dames. Celles-ci le dénoncèrent sans pitié aux veneurs, qui le prirent non loin de là (2 août 1739) (1).

L'année suivante, son goût pour la chasse faillit coûter la vie à Mme de Mailly; elle était en calèche, dans la forêt de Fontainebleau, avec Mme de Vintimille, sa sœur. Leur attelage se jeta dans un précipice au *Long Rocher*. Un bloc de grès arrêta fort à propos les roues de la voiture, et l'un des chevaux de volée resta suspendu par ses traits (2).

Madame de Béthisy.

Mme de Béthisy, chanoinesse de Poussay, âgée de 25 ans et fort jolie, aimait à se servir d'un fusil et allait à la chasse. Étant en 1742 à Poussay, elle s'amusait à tirer au blanc et portait constamment son arme chargée. Un jour elle tomba, son fusil partit et la blessa mortellement (3).

Madame de Pompadour.

Les chasses royales fournirent à Mme Lenormand d'Étioles, qui, sous le nom de marquise de Pompadour, succéda dans la faveur de Louis XV à Mme de Mailly et à ses sœurs, une occasion soigneusement exploitée d'attirer sur elle les regards du galant monarque. On la voyait, en 1744, se présenter à toutes les chasses de Sénart, étalant dans une voiture légère les costumes les plus propres à faire valoir ses charmes. Pendant les longues années que dura sa faveur, elle suivit

(1) *Mémoires* de Luynes.
(2) *Ibidem.*
(3) *Ibidem*, t. IV.

constamment les chasses du Roi avec l'habit de vénerie.

Marie-Antoinette, en arrivant à la cour de France, avait manifesté pour l'équitation et la chasse une passion qui avait inquiété la sévère Marie-Thérèse. Dans une lettre du 15 décembre 1772, la jeune Dauphine, *soupçonnant qu'on en a dit plus qu'il n'y en a sur ses cavalcades*, cherche à se disculper près de sa mère. Le Roi et le Dauphin, dit-elle, ont plaisir à la voir à cheval et ont été enchantés de lui voir l'habit d'équipage pendant le voyage de Compiègne. La Dauphine avoue *qu'elle n'a pas eu de peine à se conformer à leur goût*, mais elle assure qu'elle ne s'est jamais laissé emporter à la poursuite de la chasse. « J'espère, ajoute-t-elle, que, malgré mon étourderie, je me laisserai toujours arrêter par des gens sensés qui m'accompagnent et ne me fourreroient jamais dans la bagarre (1). »

La vicomtesse de Beauharnais.

Celle qu'un jeu étrange de la destinée devait faire asseoir, quelques années plus tard, sur le trône de l'infortunée Marie-Antoinette, Joséphine Tascher de la Pagerie, alors la brillante vicomtesse de Beauharnais, s'amusait franchement aux chasses royales, auxquelles elle prit part, en 1787, à Fontainebleau. « La vicomtesse court les champs en ce moment, écrivait son

(1) *Maria Theresia und Marie-Antoinette*, bey Alfred, ritter von Arneth. Lettre XXVIe. — Un tableau de Brown, exposé à l'hôtel des ventes en mars 1863, représentait la Reine chassant avec le comte d'Artois, vêtue d'un habit de cheval de velours bleu et coiffée d'un large chapeau de paille à plumes blanches.

oncle, le marquis de Beauharnais; ce soir le Roi et vingt-cinq chasseurs arrivent..... La vicomtesse a été, il y a trois jours, à la chasse au sanglier; elle en a vu un. Elle a été mouillée jusqu'à la peau; elle ne s'en est pas vantée; elle a fait bonne contenance, après avoir changé de tout et mangé un morceau (1).

Noblesse de robe

La *noblesse de robe*, qui comprenait, outre la magistrature, ce que nous appelons aujourd'hui la *haute administration*, imitait de son mieux la noblesse d'épée dans son amour pour la chasse, malgré la gravité de mœurs dont elle se piquait. Il en était de même du barreau.

Jacques-Auguste de Thou.

Le docte et vertueux Jacques-Auguste de Thou, l'éminent auteur de l'*Histoire universelle de son temps*, président à mortier, puis premier président du parlement de Paris (2), se plaît dans ses mémoires, à raconter les chasses qu'il faisait avec ses collègues et amis. Il s'amusa, dans ses moments de loisir, à écrire un poëme latin sur la fauconnerie (3), qu'il dédia à Michel-Hurault de l'Hôpital, petit-fils du chancelier, et passionné lui-même pour cet exercice. De Thou fut encouragé à mettre au jour cet ouvrage par le célèbre avocat Pibrac (4), qui avait également *un goût très-vif pour toute espèce de chasse* (5).

---

(1) *Histoire de l'Impératrice Joséphine*, par M. J. Aubenas, t. I.

(2) Né en 1553, mort en 1617.

(3) *Hieracosophion, sive de Re accipitrariâ libri III. Lutet., ap. Patissonium*, 1587.

(4) Auteur des *Quatrains*. Né en 1529, mort en 1584. — Il était en 1582, chancelier de la Reine de Navarre.

(5) *Mémoires* de J. A. de Thou.

Jacques Dennet.

L'avocat Jacques Dennet, ami du président de Thou (1) « aimait en gentilhomme les armes et la chasse. Comme sa profession ne lui permettait pas de suivre les armes, il eut toujours une meute de chiens courants (2). »

Michel de Montaigne.

L'illustre auteur des *Essais*, Michel de Montaigne, ami de Pibrac et de de Thou, qui exerça longtemps la charge de conseiller au parlement de Bordeaux, raconte avec une vanité naïve, dans une de ses lettres, que, ayant eu l'honneur en 1584 de recevoir le Roi de Navarre dans son château de Montaigne, il lui fit *eslancer en sa forest* un cerf qui le *promena deux jours* (3). Il avait des chiens de chasse, malgré son horreur pour le sang qui lui faisait ouïr *impatiemment gémir un lièvre sous la dent* de sa meute (4).

Abel Servien.

Abel Servien, comte de Sablé (5), conseiller d'État à 24 ans, intendant de Guienne, premier président du parlement de Bordeaux, puis secrétaire d'État, mort en 1659 surintendant des finances, avait été disgracié par Louis XIII et exilé à Angers en 1636. « Il y chassoit et coquetoit, dit Tallemant des Réaux. Tout borgne qu'il est, il ne laissoit point d'aller à la chasse, mais, dès qu'il craignoit quelque branche, il mettoit la main devant son bon œil, et quelquefois on le trouvoit à dix pas de son cheval, car, ne voyant

(1) Mort en 1587.

(2) *Mémoires* de de Thou.

(3) *Documents inédits sur Montaigne*, publiés par M. Payen. Paris. 1855.

(4) *Essais* de Michel de Montaigne.

(5) Né en 1593.

goutte, la première chose le mettoit à bas (1). »

Quoique Meudon fût en plein pays de capitainerie, il avait obtenu l'autorisation d'y entourer de murs un vaste parc. Salnove, dont le livre parut quatre ans avant la mort de ce haut fonctionnaire, lui fait l'honneur de citer son nom parmi ceux des meilleurs chasseurs du temps.

Perrot de Malmaison.

Perrot de Malmaison, conseiller au parlement en 1632, prévôt des marchands en 1641, est qualifié de magistrat *aimant la chasse et soubs ce titre fort attaché à M. de Metz* (2) dans les notes adressées, en 1661, à Fouquet sur les membres du parlement (3).

Le président Pompone de Bellièvre.

Le poëme latin de Jacques Savary sur la chasse du lièvre est dédié à Pompone de Bellièvre, mort en 1657 premier président du parlement de Paris, après avoir montré une haute capacité diplomatique dans plusieurs ambassades (4). Savary loue ce vénérable magistrat de son goût pour toute espèce de chasse, surtout celle du lièvre, et de son savoir profond dans l'art cynégétique ; il le dépeint courant le lièvre dans la plaine de Caen pendant les vacances, « lorsque la moisson est enlevée, que Pomone fait succéder aux

(1) *Historiette* CCXXXIX. — A propos d'une aventure scandaleuse arrivée en 1658 dans les environs de Corbeil, Tallemant nous apprend que Jérôme de Nouveau, surintendant des postes, et Jean Flécelles, sieur de Brégis, président à la cour des comptes, y donnaient des parties de chasse sur leurs terres.

(2) Henri de France, évêque de Metz, voir ci-dessous.

(3) Tallemant des Réaux, t. III, édit. P. Pâris.

(4) *Album Dianæ leporicidæ sive venationis leporinæ leges ad illustrissimum Pomponium de Believre, supremi Galliarum senatus principem, auct. Jac. Savary, Cadomæo. — Cadomi* MDCLV.

travaux des champs ses joyeux travaux et que la blonde vendange écume à pleines coupes. »

Molé de Champlâtreux.

Jean Molé, sieur de Champlâtreux, étant en 1648 intendant de la province de Champagne, entretenait 100 chiens et 50 coureurs (1).

Louvois.

On ne s'attend guère à voir figurer ici le dur Louvois, si constamment absorbé par les immenses travaux de son ministère et par les soucis de son ambition. Cependant il avait été chasseur dans sa jeunesse. En 1665, âgé de 24 ans et déjà secrétaire d'État de la guerre, il écrivait à l'un de ses meilleurs amis, le marquis de la Vallière, qui commandait alors les chevau-légers dauphins : « Si votre subsistance dépend de votre fusil, MM. les Dauphins feront fort mauvaise chère à votre table. Ils seront réduits au plus au bœuf et au mouton. La plaine Saint-Denys est toujours fort remplie de gibier. Mes occupations, qui ont triplé, m'ont ôté le temps d'aller à la chasse. Les lièvres et les perdreaux attendent les gens avec effronterie (2). »

Quelques années après, il trouvait cependant encore quelques instants à donner à ce divertissement, il empruntait des chiens courants à son ami Le Peletier et s'occupait d'acheter une meute (3). Pendant les négo-

---

(1) Tallemant des Réaux. *Hist.* CCCXXXVII.

(2) *Histoire de Louvois*, par M. Camille Rousset, t. I et IV. — Louvois avait apparemment quelque charge dans les capitaineries qui lui permettait de chasser sur le sol sacré des *Plaisirs du Roi*.

(3) *Ibidem*, t. IV. — Lettre de Louvois, du 26 octobre 1678. — On trouve dans l'œuvre de Van der Meulen, une gravure dédiée à M. le marquis de Louvois, qui doit représenter une chasse au cerf de ce ministre. Louvois était, de plus, grand amateur de chevaux et en faisait venir d'Angleterre.

ciations qui suivirent le traité de Nimègue, il échangeait des lettres avec M. de Woerden, un des commissaires français, au sujet d'œufs de faisans et de poules faisanes vivantes qu'il se faisait envoyer de Hollande à Meudon (1).

Le Peletier.

Le Peletier, qui devint plus tard ministre d'État, n'apportait pas le même scrupule que Louvois à faire passer ses plaisirs avant les affaires. Ces mêmes chiens qu'il avait prêtés à Louvois, et que celui-ci déclarait avoir vus chasser *mieux qu'il n'avait de sa vie vu chasser chiens*, l'entraînaient parfois un peu trop loin de son ministère. Un jour le maréchal de Villeroy envoie quérir Le Peletier pour affaires urgentes. On lui répond que le ministre est allé courre le lièvre. « Par Dieu, dit le maréchal en colère, nous avons vu M. Colbert qui n'en couroit pas tant et qui en prenoit davantage (2) ! » Sur ses vieux jours Le Peletier se retira dans son beau château de Villeneuve-le-Roi et put occuper ses loisirs à pourchasser les lièvres d'un vaste parc, sans avoir à craindre les rebuffades de M. de Villeroy.

Le président Le Coigneux.

Le président Le Coigneux (3) avait été accusé, dans sa jeunesse, de dépenser l'argent de son père, *qui en avoit très-grand besoin*, à des chiens et des équipages de chasse (4). On croit que c'est ce personnage dont

---

(1) Ces lettres sont insérées dans le *Magasin pittoresque*, XXIVe année. — Louvois venait de se faire construire un château à Meudon. Le Roi y vint tirer le 26 août 1680 et y trouva beaucoup de perdrix rouges. (*Histoire* de Louvois, t. II.)

(2) Saint-Simon, t. II.

(3) Mort en 1686.

(4) *Mémoires* de Conrart, édit. Petitot.

La Bruyère ridiculise les goûts cynégétiques dans ses *Caractères*. « Un autre, avec quelques mauvais chiens, auroit envie de dire *ma meute*. Il sait un rendez-vous de chasse, il s'y trouve, il est au laisser-courre, il entre dans le fort, se mêle aux piqueurs, il a un cor; il ne dit pas comme Ménalippe : *Ai-je du plaisir?* il croit en avoir, il oublie lois et procédures : c'est un Hippolyte. Ménandre, qui le vit hier sur un procès qui est en ses mains, ne reconnoîtroit pas aujourd'hui son rapporteur. Le voyez-vous le lendemain à sa chambre, où l'on va juger une cause grave et capitale? Il se fait entourer de ses confrères, il leur raconte comme il n'a point perdu le cerf de meute, qu'il s'est étouffé de crier après les chiens qui étoient en défaut ou après ceux des chasseurs qui prenoient le change, qu'il a vu donner les six chiens : l'heure presse, il achève de leur parler des abois et de la curée, et il court s'asseoir avec les autres pour juger (1). »

Le passage qui précède celui-ci est consacré aux *Sannions*, robins glorieux dans lesquels on veut reconnaître la famille des Leclerc de Lesseville, qui s'étaient distingués sous Louis XIII, dans la magistrature. « L'un d'eux, qui s'est couché tard à la campagne et qui voudroit dormir, se lève matin, chausse des guêtres, endosse un habit de toile, passe un cordon où pend le *fourniment* (2), renoue ses cheveux, prend un fusil : le voilà chasseur s'il tiroit bien. Il

(1) *Les Caractères* de La Bruyère, ch. *de la Ville*.

(2) La poire à poudre. — Ce passage est curieux en ce qu'il donne le costume d'un chasseur à tir en 1687.

revient de nuit, mouillé et recru, sans avoir tué; il retourne à la chasse le lendemain, et il passe tout le jour à manquer des grives ou des perdrix (1).

L'abbé de Sainte-Croix.

En 1712, mourut, à l'âge de 90 ans, François Molé, fils du célèbre président, qu'on appelait l'abbé de Sainte-Croix, parce qu'il tenait cette abbaye en commande avec cinq autres et un prieuré, sans avoir reçu les ordres sacrés. « Il n'avait jamais été que maître des requêtes, dit Saint-Simon, ni songé qu'à chasser et à se divertir de toutes les façons. L'abbé de Sainte-Croix était en 1684 lieutenant de la meute des chiens du Roi pour le chevreuil, dont il devint plus tard commandant (2). »

Le chancelier Pontchartrain et l'avocat général Le Haquais.

Le chancelier Pontchartrain, et son ami, l'avocat général Le Haquais, *galants et chasseurs* tous deux, eurent mêmes goûts et mêmes sentiments toute leur vie (3).

Le chancelier d'Aguesseau et autres magistrats.

Le grave chancelier d'Aguesseau, ce modèle des magistrats (4), chassait à sa terre de Fresnes. Fleuriau d'Armenonville qui reçut les sceaux lors de la seconde disgrâce de l'illustre chancelier (1722), était capitaine des chasses du bois de Boulogne, où il a laissé son nom à un pavillon bien connu. Le fameux louvetier d'Enneval (ou d'Esneval) était président à mortier au parlement de Normandie.

---

(1) La Bruyère, *ubi sup.*

(2) Saint-Simon, t. X. — Comptes de la Vénerie, aux Pièces justificatives.

(3) Saint-Simon, t. VI. — Pontchartrain mourut en 1727 à l'âge de 85 ans.

(4) Né en 1668, mort en 1751.

Magistrats pourvus d'offices de vénerie.

Les offices de vénerie étaient fort recherchés par les magistrats, presque tous propriétaires de fiefs dans les environs de Paris. Le président Charton est reçu capitaine des chasses d'Orléans en 1657. En mai 1659, le Roi donne au président de Maisons et à son fils la capitainerie des chasses de leur terre et marquisat de Maisons, outre celle des *chasses et plaisirs du Roi* en la châtellenie de Pontoise (1). L'un des commissaires des Grands Jours d'Auvergne (1665), Charles de Vassan, conseiller au Parlement de Paris, est désigné comme chasseur et ayant une charge de chasse dans les notes secrètes sur les membres du parlement (2). Il avait, en effet, été capitaine des chasses d'Orléans, puis de Montlhéry. Nicolas de Lamoignon-Courson, alors simple avocat, depuis intendant de la province de Languedoc, sous le nom de Bâville, était, en 1669, capitaine des chasses de Limours (3).

Nous verrons plus loin Claude Fors, conseiller au parlement de Metz, accepter la charge de capitaine des chasses de l'abbaye de Saint-Arnould (1679). Les maîtres des requêtes Armand de Gourgues et Feydeau de Brou, celles de garde-marteau à la maîtrise de Paris et de lieutenant de la capitainerie de Livry (1679-1698).

Ce dernier avait pour collègues le maître des requêtes Anne Hervart, Michel Chamillart, alors con-

(1) *Nouvelle Jurisprudence des chasses.*

(2) *Grands Jours d'Auvergne.* Appendice.

(3) C'est le fameux persécuteur des huguenots des Cévennes. Il était fils de Guillaume de Lamoignon, premier président du parlement de Paris.

seiller d'État, et Achille de Harlay, également conseiller d'État (1).

René de Moges, sieur de Préaux, conseiller au grand conseil, était lieutenant des chasses de Saint-Calais en 1684, et le marquis de la Londe, président en la chambre des comptes de Rouen, possédait la charge de capitaine des chasses dans la maîtrise d'Arques (1688) (2).

Au XVIIIe siècle nous trouvons encore M. d'Armenonville déjà cité ; Claude Gluc, conseiller au parlement, inspecteur général des chasses et des bois à Saint-Germain (3). Ce magistrat chasseur avait, dans le vestibule de son château de Virginie, deux beaux tableaux de Desportes qui ont été gravés par Joullain.

La bourgeoisie.

Au point de vue de la chasse, la bourgeoisie jouissait de moins de liberté à l'époque dont nous faisons en ce moment l'histoire que pendant le moyen âge. Les ordonnances de François Ier, de Henri IV et celle de 1669 interdirent, en effet, la chasse de la manière la plus formelle à tous roturiers, autres que les possesseurs de fiefs, assez nombreux à la vérité, surtout près des grandes villes. Les coutumes qui conservaient le droit de chasse à la bourgeoisie de certaines localités tombèrent presque partout en désuétude ou furent formellement abolies (4). Quelques villes gar-

---

(1) *État de la France*, 1698.
(2) *Nouvelle Jurisprudence des chasses.*
(3) *État de la France*, 1736.
(4) Voir notre livre II.

dèrent seules par exception, le droit de faire, à certains jours, de grandes chasses de cérémonie, vain souvenir de leurs antiques libertés. Telles étaient les *chasses aux cygnes* dans plusieurs villes de Flandre et de Picardie, et la grande chasse de saint Hubert à Auxerre.

Chasses aux cygnes.

Dans la plupart des grandes communes du nord de la France, se trouvaient des canaux, des étangs et des fossés pleins d'eau où les habitants se plaisaient à nourrir des cygnes. Les principaux corps de ces villes en adoptaient un certain nombre auxquels ils imprimaient sur le bec une marque particulière. Tous les ans, au mois de juillet ou d'août, lorsque les jeunes cygnes n'étaient pas encore en état de voler, toute la ville se rendait en bateau à l'endroit où se tenaient les couvées, et chaque corporation commençait à poursuivre ceux qui lui appartenaient, les ecclésiastiques en tête. Comme les petits suivaient leurs pères et mères, qui portaient déjà leur marque, il était facile à chacun de reconnaître les siens. Il fallait s'en emparer sans les blesser pour les marquer et leur rendre ensuite la liberté. Défense expresse était faite d'en tirer aucun, ni de leur faire aucun mal, et si quelque chasseur avait la maladresse d'en tuer un, il était condamné, conformément à la loi inscrite sur les registres de la ville, à couvrir entièrement de blé l'oiseau suspendu par le bec, et ce au profit de la commune. « On ne peut croire, dit Sélincourt, combien il falloit de blé pour satisfaire à l'amende. »

Cette chasse durait tout le jour et quelquefois davantage, et pendant ce temps ce n'étaient que festins sur l'eau, canonnades et réjouissances (1).

A la fin du XVIIe siècle, cette coutume existait encore en quelques lieux, quoique la guerre l'eût fait abolir *quasi partout*. Elle fut conservée à Amiens jusqu'en 1789. Dans les derniers temps, ce n'était plus qu'une promenade agréable que les gens riches allaient faire dans des bateaux couverts, sur les divers canaux de la Somme (2).

Grande chasse de la Saint-Hubert à Auxerre.

La chasse d'Auxerre était un privilége dont les habitants jouissaient de temps immémorial sur les terres seigneuriales des environs et que les comtés d'Auxerre avaient inutilement essayé à plusieurs reprises d'abolir. Elle avait lieu le 3 novembre, jour de saint Hubert, en présence d'une foule d'étrangers attirés par ce curieux spectacle. Les chasseurs, au nombre de deux ou trois mille, sortaient de la ville, musique en tête, en habits de cérémonie et sans autre arme qu'un bâton. Ils étaient divisés en compagnies à pied et à cheval et entouraient un vaste espace de terrain. Les lièvres enfermés dans ce cercle essayaient de franchir la ligne au milieu d'une grêle de bâtons lancés sur eux qui en étendait morts des centaines. Les perdrix elles-mêmes, fatiguées par les bandes de chasseurs qui se relayaient, finissaient par se laisser

(1) Sélincourt. — Une fête nautique toute semblable a encore lieu sur la Tamise, le lord Maire de Londres et ses aldermen y président dans leurs *barges* dorées.

(2) Cette chasse avait lieu à Amiens le 1er mardi d'août. Elle était seigneuriale et appartenait à l'évêque, au chapitre, à l'abbé de Corbie, au vidame, au seigneur de Rivery et à celui de Blangy-sur-Somme. (Legrand d'Aussy, t. II.)

prendre à la main. Ce n'était pas tout d'abattre un lièvre, la grande affaire consistait à l'emporter. Le lièvre appartenait de droit au premier qui pouvait le saisir, et le lever au-dessus de sa tête en prononçant, sans hésiter, ces paroles sacramentelles : *A l'autre, à l'autre, celui-là est bien levé !* Souvent plusieurs chasseurs, se disputant le lièvre, le mettaient en pièces. Cet incident s'appelait un *déchiris*.

A midi, toutes les compagnies faisaient halte pour dîner autour de grands feux et sous des tentes. Les dames de la ville venaient en brillantes toilettes prendre part au festin. Si, pendant cette halte, un lièvre était signalé dans la plaine, l'alarme était donnée, tout le monde s'élançait à sa poursuite et chacun de rire. On dit que souvent des chasseurs facétieux apportaient des lièvres vivants sous leurs manteaux, pour les lâcher au moment où les dîneurs étaient le plus occupés (1).

Le *Mercure galant* du mois de novembre 1680 consacre plusieurs pages au récit d'une de ces chasses « auxquelles, dit-il, il n'y a personne qui ne prenne part, depuis les plus simples habitants jusqu'aux plus considérables ; chascun selon son génie ou son pouvoir se prépare à faire les choses agréablement, longtemps avant que ce jour arrive. »

On y voit que la *bourgeoisie même* se mettait ce jour-là *dans une propreté admirable*. Au moment de la

(1) *Mercure de France*, janvier 1725, cité par Blaze, *chasseur au chien courant*, t. I.

halte, 12 demoiselles *des plus belles et des plus aimables de la ville* montèrent à cheval en habit de chasseresses, accompagnées de 12 jeunes chasseurs, et cette compagnie se fit remarquer par son éclat au milieu de plus de 300 autres, *toutes fort lestes.*

Elle était précédée de 6 trompettes, 6 tambours, 6 fifres et 6 hautbois, tous vêtus de taffetas gris de lin. Les 24 *aimables chasseurs de l'un et l'autre sexe* marchaient, deux à deux, montés sur de très-beaux chevaux, tous ornés de rubans gris de lin. Au milieu d'eux s'avançait un char traîné par 4 petits chevaux blancs, tout chamarrés de nœuds gris de lin et conduits par deux Mores vêtus de blanc. Le char était *une manière de piédestal à cinq façades* sur lequel s'élevait un trophée composé des dards des chasseresses et des massues des chasseurs. Un petit Amour, occupé à garnir de rubans une perdrix qu'il avait entre les mains, était couché au pied du trophée.

La fête se termina par une superbe collation, servie par 12 jeunes garçons en habits blancs, bordés de galons gris de lin. Au milieu d'une *profusion surprenante de confitures sèches et liquides*, on admira un bassin *fort singulier* où figuraient deux lièvres gîtés sous une mousse de soie au pied d'un oranger en fleurs (1).

Les paysans.

Quant aux paysans, quoique la chasse leur fût formellement interdite par toutes les ordonnances (2), il

(1) Blaze. — *Mercure de France.*

(2) « Les jurisconsultes veulent que la chasse soit deffendue aux païsans, afin que par cet exercice ils ne laissent vaquer la terre qui

leur restait au XVIe siècle quelques menus passe-temps que toléraient leurs seigneurs, par bonhomie ou par dédain. Dans Claude Gauchet, le *bonhomme des champs* tire des renards à l'*appât* avec son arbalète, prend des oisillons à la pipée, à l'abreuvoir, *à la retz saillante*, il chasse le blaireau la nuit *avec ses chiens vantés*. Le fermier convie même son seigneur à venir avec lui chasser aux lévriers :

> Le lendemain matin le fermier de Beauval
> Comme il avoit promis, s'en vint tout à cheval
> Pour nous accompagner, et mener à la chasse
> Du lièvre, qui se rid du chien qui le pourchasse.

A partir du XVIIe siècle, les lois, devenues plus sévères, sont plus rigoureusement appliquées ; les seigneurs et les officiers royaux ne permettent plus que des chasses pénibles et peu attrayantes. Les montagnards des Alpes et des Pyrénées conservent la liberté de chasser l'ours et le chamois (1) dans leurs rochers inaccessibles au chasseur de la plaine. De même les seigneurs de Normandie et de Picardie octroient volontiers à leurs vassaux, à titre gratuit ou moyennant redevance, l'autorisation de passer dans les marais ou sur les bords de la mer, de longues et glaciales nuits d'hiver pour prendre au filet ou tirer avec la canar-

---

redonde au bien public, et en nostre France on ne deffénd pas la chasse seulement aux bourgeois et ignobles, mais mesme aux paysans qui ont besoin d'exercer un autre estat à eux plus profitable que la chasse. » *La sage Folie*, par Louis Garon. Lyon, 1628.

(1) Cette sorte de chasse, dit Wilson de la Colombière dans sa *Science héroïque* (Paris, 1644), n'est propre qu'aux païsans qu'on appelle *griffons de montagne*.

dière les oiseaux de passage; chasses destructives, plus profitables qu'amusantes et dont l'unique but est d'approvisionner les marchés de sauvagine (1). On laisse encore les paysans poursuivre les blaireaux avec leurs mâtins, défoncer les terriers à coups de pioche et les saisir avec des fourches et des crochets pour s'emparer de leur peau et de leur graisse dont ils sont fort curieux (2). Hors ces cas exceptionnels, nul paysan n'a le droit de chasser dans le royaume (3).

Savants et littérateurs.

Ce n'est guère qu'à partir de la grande renaissance du XVIe siècle qu'on voit les savants et les littérateurs former une classe à part dans la nation et y occuper une position considérable. Dès son origine, cette classe compta dans ses rangs des détracteurs et des amis de la chasse.

Érasme.

Le docte Erasme, dans son *Éloge de la folie* (4), se moque des veneurs de son temps et de l'importance qu'ils attachaient aux moindres détails de leur art.

Thomas Morus.

Son ami Thomas Morus veut qu'on laisse aux bouchers de sa république imaginaire d'*Utopie* le soin de pourvoir la ville de gibier (5) :

« Estant en ce pays-là, il ouït un grand bruit de cors et de trompes, et voïant passer devant son logis une grande foule de gens de cheval, une meute de

(1) Magné de Marolles. — Labruyerre.

(2) Sélincourt.

(3) Nous verrons plus loin que, dans le comtat Venaissin, la chasse était permise à tous les habitants.

(4) *Moriæ Encomium, Argentorati*, 1511.

(5) *Thomæ Mori de optimo reipublicæ statu deque nová insulá Utopiá, lib. II. — Lugdun.-Batav.*, 1516.

chiens, des limiers, des aboïeurs, des chiens pour le fauve, chiens pour le noir, levriers de compagnon et d'attache, et puis force oiseaux de leurre et de poing, trois charrettes de cordes, autant de toiles, il demanda qui estoient ces seigneurs ; on lui respondit qu'ils estoient seigneurs vraiement, que c'estoient les bouchers de la ville auxquels seuls la chasse estoit permise en ce pays-là (1). »

La sage Folie.

Nous avons vu de quelle façon d'Aubigné raillait les hobereaux chasseurs de son temps, tout gentilhomme qu'il était lui-même. La diatribe la plus violente contre le noble exercice qui ait paru à cette époque, se trouve dans un livre traduit de l'italien de Spelte par Louis Garon, et intitulé : *La sage Folie, fontaine d'allégresse, mère des plaisirs, reyne des belles humeurs* (2).

Le traducteur, qui renchérit encore sur l'original, y maltraite fort ces pauvres chasseurs qui se lèvent avant le jour pour aller courir *deçà, delà, or à pied, or à cheval, soufflant et sonnant le cor*, par la chaleur, par le vent, par le froid ; ces fols qui ne peuvent imaginer musique plus délicieuse que la voix rauque du cor, l'*abayement* des chiens et les hurlements des animaux, qui préfèrent ces bruits discordants à la *douce musique de la sainte Chapelle* et aiment mieux sentir *l'infecte puanteur des chiens* que *la plus agréable*

(1) Cette traduction ou plutôt cette paraphrase a été insérée par d'Aubigné dans son *Baron de Fæneste*.
(2) Lyon, 1628. — Rouen, 1635. — La première édition de l'original, la *saggia Pazzia*, est de 1606.

civette du monde. « Ils ont de plus une sottise si grande que, lorsqu'ils s'en reviennent à la ville avec leur meute de chiens, faisans voir leurs prises, portans les lièvres à l'arçon de la selle ou les faisans porter en parade sur les espaules d'un valet, c'est un extrême plaisir en vérité de les voir passer parmy les rües, faisans plus de bruit avec les cors et chevaux que ne faisoit Arrighetto lorsqu'il conduisoit les galiots à Gênes....

« De là vient l'intermission des estudes, la négligence des affaires, le mespris des loix et ordonnances des princes, qui, par un digne respect, ne veulent pas permettre la chasse à toutes sortes de personnes....... J'adjouste encore que ces chasseurs, practiquans ainsi avec les bestes, traictans avec les bestes, parlans avec les bestes et tuans les bestes, deviennent à la fin bestiaux eux-mesmes, et négligeans leurs affaires plus importantes pour un travail si inutile. »

Notre grand Molière n'aimait guère les chasseurs et les range impitoyablement au nombre des *fâcheux.* Il faut dire cependant que l'excellente scène où il raille le chasseur Dorante lui a été, en quelque sorte, dictée par Louis XIV, qui fit, dit-on, malicieusement *poser* devant Molière le grand veneur Soyecourt, chargé par le Roi de communiquer au poëte les expressions techniques. Molière.

Par contre, la chasse trouve des défenseurs parmi ceux même que leurs goûts et leurs habitudes ne semblaient pas devoir disposer en sa faveur.

L'illustre Blaise Pascal, envisageant la chasse du point de vue le plus philosophique et le plus élevé, la considère comme une pâture nécessaire donnée à ce Blaise Pasca besoin de distraction et de mouvement qu'éprouve l'homme et sans lequel il ne pourrait échapper à la tristesse de sa destinée.

« Le lièvre qu'on court, dit ce grand moraliste, on n'en voudroit s'il étoit offert..... Ceux qui croient que le monde est bien peu raisonnable de passer tout le jour à courir après un lièvre, qu'ils ne voudroient pas avoir acheté, ne connaissent guère notre nature. Ce lièvre ne nous garantiroit pas de la vue de la mort et des misères, mais la chasse nous en garantit..... D'où vient que cet homme, qui a perdu depuis peu de mois son fils unique et qui, accablé de procès et de querelles, étoit ce matin si troublé, n'y pense plus maintenant? Ne vous en étonnez pas, il est tout occupé de voir par où passera ce sanglier que les chiens poursuivent avec tant d'ardeur depuis six heures : il n'en faut pas davantage. »

Jean-Jacques Rousseau.

Rousseau lui-même, malgré ses passions anti-aristocratiques, malgré son horreur pour le sang et la nourriture animale, tout en fulminant contre les capitaineries et les chasses princières, ne peut s'empêcher de conseiller la chasse à son élève imaginaire comme un plaisir innocent et salubre. « Il faut à Émile une occupation nouvelle qui l'intéresse par sa nouveauté, qui le tienne en haleine, qui lui plaise, qui l'applique, qui l'exerce, une occupation dont il se passionne et à laquelle il soit tout entier. Or la seule qui me paraît réunir toutes ces conditions est la chasse (1). »

---

(1) Émile, t. II.

Outre ces défenseurs platoniques, la chasse a trouvé, parmi les écrivains qui ont le plus honoré la France, bon nombre d'admirateurs pratiques et fervents.

D'abord, il en est plusieurs qui étaient ou se disaient gentilshommes, et, comme tels, tenaient à honneur de chasser. Nous nommerons en première ligne parmi ceux-ci : Budé, Montaigne, Ronsard, Baïf, Jodelle, Racan, la Fontaine, Chaulieu, le comte de Buffon et M. Arouet de Voltaire, seigneur de Ferney.

Guillaume Budé.

Guillaume Budé, seigneur d'Yerre, de Villiers-sur-Marne, Marly et autres lieux, issu d'une des plus anciennes familles de l'Ile-de-France (1), avant de devenir l'un des plus doctes philologues de la Renaissance, s'était adonné avec passion à la pêche, à l'équitation, à la chasse (2). Vers 1530, il introduisit, dans son traité latin *de Philologiâ*, une théorie complète de la vénerie. Sous forme de dialogue avec le Roi François Ier, il s'efforce de prouver que le latin peut rivaliser avec le français pour l'abondance et la propriété des termes consacrés à cet art. Il y déclare avoir assisté maintes fois à des chasses dans les toiles, *n'estant seulement du nombre des veneurs, mais conducteur de la vénerie privée en laquelle il exerçoit*. Il ajoute que plus tard il a souvent suivi les chasses du Roi avec *la bande désarmée*, et que, *estant à cheval*, il *environnoit*

(1) Budé, conseiller du Roi François Ier, maître des requêtes ordinaires de son hôtel et maître de sa librairie, naquit en 1467 et mourut en 1540.

(2) *Traitté de la Venerie par feu M. Budé, traduict du latin en françois par Loys le Roy, dict Regius*, publié pour la première fois par M. H. Chevreul. Paris, 1861.

les toiles et pouvait voir par-dessus, sans danger, les exploits de son royal interlocuteur. Son livre a du reste assez de mérite intrinsèque au point de vue cynégétique, pour que Louis Leroy l'ait traduit en français une vingtaine d'années après, *suyvant le commandement* qui lui en fut fait, à Blois, par le Roi Charles IX, bon connaisseur s'il en fut (1).

Ronsard. Le seigneur de Montaigne s'est déjà trouvé sur notre route. Pierre de Ronsard, qui était très-fier de sa noblesse, vivait en gentilhomme à Saint-Cosme ou à Borgueil (2), « à cause du desduit de la chasse auquel il s'exerçoit volontiers, et où, pour cest exercice, il faisoit nourrir des chiens que le feu Roy Charles luy avoit donnez, ensemble un faucon et un tiercelet d'autour (3). »

Baïf. Jean-Antoine de Baïf, disciple de Ronsard et bon gentilhomme comme lui, a chanté les exploits de Charles IX à la chasse en homme capable de les apprécier (4). Jodelle. Étienne de Jodelle, seigneur du Lymodin en Brie, paraît aussi avoir été chasseur, comme l'invitaient à l'être les forêts giboyeuses au milieu desquelles était situé son manoir (5). Il composa une ode sur la chasse, dédiée au Roi Henri II.

---

(1) *Traillé de la Venerie*, etc.

(2) « Comme aussi à Croix-Val, recherchant la solitude de la forest de Gastine. » — Ronsard, né en 1524, mourut en 1585.

(3) *Vie de Ronsard*, par Claude Binet. 1586.

(4) Né en 1532, mort en 1589. — Voir plus haut ses vers sur Charles IX.

(5) Né en 1532, mort en 1573. — Le fief du Lymodin et la ferme de la Jodelle étaient situés dans les environs de la forêt de Crécy et des bois de Champrose, non loin de la forêt d'Armainvilliers, dans un pays qui devait alors être encore plus boisé.

En octobre 1663, périt d'une chute de cheval Gautier de Coste, sieur de la Calprenède, gentilhomme de la chambre du Roi. Ce poëte, fort oublié aujourd'hui, n'étaient quelques vers où Boileau a daigné se moquer de son *humeur gasconne*, avait été défiguré, quelques mois auparavant, par l'explosion de son fusil, comme il chassait sur les terres de Moufflaines, non loin de sa seigneurie de Vatimesnil. La Calprenède.

La Calprenède avait quelques faucons, à propos desquels son ostentation méridionale trouvait occasion de se déployer au grand jour. Une fois, étant chez Scudéry, il affectait de faire rendre à sa pochette des sons métalliques. Voyant qu'on ne lui demandait point ce que c'était, il tira son mouchoir et fit tomber quelques vervelles de faucon en argent. Scudéry en ramasse une et lit autour : « Je suis à Calprenède. » « Ce sont, dit celui-ci, quatre douzaines de vervelles pour mes oiseaux. » Celles des oiseaux du Roi sont en cuivre, ajoute Tallemant des Réaux (1).

Honoré de Beuil, marquis de Racan (2), aimait aussi la chasse. Il y allait souvent, tout en composant ses idylles et en portant des habits couleur *céladon*. Un jour qu'il voulait mener à la chasse aux perdreaux son ami le prieur de la Ronde, celui-ci s'excusait en disant : « Il faut que je die vêpres, et je n'ai personne pour m'aider. » Je vous aiderai, répond Racan. Ce disant, le poëte, qui était fort distrait, suit le prieur à Racan.

(1) *Historiettes*, t. VI.
(2) 1589-1670.

l'autel, son fusil sur l'épaule, et, sans quitter son arme, *dit le Magnificat tout du long.*

Tout *rêveur* qu'il était, il se moquait de la *rêverie* du duc de Guise.

Étant à Tours, ce prince emmène à la chasse Racan, qui ne le quitte pas de la journée. Le lendemain, M. de Guise dit à son compagnon de la veille : « Vous avez bien fait de n'y point venir, nos chiens n'ont rien fait qui vaille. » Racan, voyant cela, se crotta une autre fois tout exprès et fit semblant d'avoir été chasser avec le duc : « Ah ! vous avez bien fait, dit celui-ci, nous avons eu aujourd'hui bien du plaisir (1). »

La Fontaine. Un autre *rêveur* bien plus célèbre, Jean de la Fontaine, qui était fils d'un maître des eaux et forêts et se disait gentilhomme (2), a certainement dû à ses chasses cette observation exquise des mœurs animales qui fait le charme de ses apologues. Dans la ravissante fable des *Lapins*, il s'est peint en *nouveau Jupiter*, foudroyant du haut d'un chêne cette gent curieuse et craintive. Les fables du *Chat* et du *Renard*, du *Lièvre et la Perdrix*, du *Jardinier et son Seigneur*, du *Renard anglais*, du *Cerf se mirant dans l'eau*, les épisodes charmants du cerf qui donne le change aux chiens et de la perdrix qui *contrefait la boiteuse* pour sauver ses petits *en danger et n'ayant qu'une plume nouvelle*, tous

(1) Tallemant des Réaux.

(2) Il fut lui-même revêtu de cette charge qu'il n'exerça guère, et eut à soutenir un procès, à la suite duquel il fut déclaré avoir pris à tort la qualité d'*écuyer* et condamné par défaut à 2,000 livres d'amende.

ces chefs-d'œuvre n'ont pu être écrits que par un chasseur.

L'auteur du *Joueur* et du *Légataire*, Regnard (1), habitait, pendant la belle saison, sa terre de Grillon, près Dourdan. Pour se livrer avec plus de facilité au plaisir de la chasse, dont il était grand amateur, il avait acquis les charges de lieutenant des eaux et forêts et de lieutenant des chasses de la forêt de Dourdan. Regnard.

Il mourut à Grillon, en 1709, d'une indigestion à la suite de laquelle, ayant pris une médecine des plus énergiques, il eut l'imprudence d'aller le jour même à la chasse.

Dans les bois giboyeux qui dépendaient de son domaine de Montbard, le comte de Buffon poursuivait lui-même ces chevreuils qui avaient *une si grande réputation* (2), et il a dû quelquefois frapper de sa main celui qu'il offrait chaque année au Roi (3). Buffon.

Buffon doit aussi à ses chasses quelques remarques

---

(1) Né en 1655.

(2) *Histoire naturelle*, art. *Chevreuil*. — « *J'ai été témoin* d'un coup de fusil dont la balle coupa net l'un des côtés du refait de la tête qui commençait à pousser; le chevreuil fut si fort étourdi du coup, qu'il tomba comme mort.....; enfin, ayant été achevé d'un coup de couteau, *nous vîmes* qu'il n'avoit eu d'autre blessure que le refait coupé par la balle. »

(3) Le Roi adressait en revanche à M. de Buffon, un courrier porteur d'un superbe pâté. (Sonnini, note de l'*Hist. nat. du chevreuil.*) Une fois, le Roi fit demander à l'improviste son chevreuil annuel. Buffon, pris au dépourvu, ne put en envoyer que la moitié, avec force excuses. Le Roi lui expédia un demi-pâté, à la confection duquel il avait travaillé de ses mains avec le duc d'Aumont. De cette manière, disait Louis XV, M. de Buffon ne regardera plus à m'envoyer une moitié de chevreuil. (*Correspondance* de Buffon.)

curieuses (1); aussi s'en montre-t-il reconnaissant en consacrant quelques-unes de ses plus belles pages à l'éloge de ce *goût naturel à tous les hommes*. « Quel exercice plus sain pour le corps, quel repos plus agréable pour l'esprit?..... L'habitude au mouvement, à la fatigue, l'adresse, la légèreté du corps, si nécessaires pour soutenir et même pour seconder le courage, se prennent à la chasse et se portent à la guerre; c'est l'école agréable d'un art nécessaire ; c'est encore le seul amusement qui fasse diversion entière aux affaires, le seul délassement sans mollesse, le seul qui donne un plaisir vif, sans langueur, sans mélange et sans satiété (2)..... »

Voltaire.

Voltaire, dans sa première jeunesse, avait eu pour maîtres et pour modèles une bande de poëtes et de philosophes épicuriens, les Chaulieu, les Chapelle, les Manicamp :

> Ces voluptueux et ces sages
> Qui rimants, *chassants*, disputants
> Sur les bords heureux de la Loire
> Passaient l'automne et le printemps
> Moins à philosopher qu'à boire.

Lui-même, toujours porté à affecter des allures aristocratiques, longtemps même avant d'être devenu gentilhomme de la chambre du Roi et seigneur de Ferney, voulut, pendant sa retraite au château de

---

(1) « J'ai souvent passé des jours entiers dans les forêts où l'on est obligé de s'appeler de loin et d'écouter avec attention pour entendre le son du cor et la voix des chiens et des hommes, etc. » — *Discours sur les oiseaux*.

(2) Buffon, *Histoire naturelle*. — *Du cerf*.

Cirey (1736-1749), poursuivre les chevreuils des environs et se montrer en chasseur élégant aux yeux de la *belle Émilie*. « J'ai besoin de grands exercices, écrivait-il à l'abbé Moussinot, son *factotum;* je vous prie de me faire acheter un bon fusil, une jolie gibecière avec appartenances, marteaux d'armes, tire-bourres, etc. (1). »

En 1758, ayant acquis du président de Brosses l'usufruit de la seigneurie de Tourney, il voulait que le président le fît nommer lieutenant des chasses du pays de Gex.

Le philosophe Helvétius, qui trouvait moyen de concilier les doctrines les plus radicales avec les goûts d'un fermier général, scandalisait son ami Diderot en tyrannisant les paysans de sa terre de Voré pour ses chasses, à la conservation desquelles veillaient vingt-quatre gardes ornés de bandoulières à sa livrée (2).

D'autres auteurs de renom ont également consacré à la chasse quelques-uns de leurs loisirs, sans y être entraînés par leur position sociale et le milieu dans lequel ils vivaient. Le sérieux Boileau, homme de plume et de cabinet s'il en fut, se permettait parfois, *d'un plomb qui suit l'œil et part avec l'éclair, d'aller faire la guerre aux habitants de l'air* (3). Boileau.

Jean-Baptiste Rousseau accompagnait à la chasse la spirituelle marquise d'Ussé, fille du maréchal de Vau-

(1) *Voltaire à Cirey, Revue de Paris,* janvier 1855.
(2) *Voyage de Diderot à Bourbonne.*
(3) *Épître VI, à Lamoignon.* — Boileau écrivoit cette épître à Hautile, près la Roche-Guyon, propriété de Dongois, son neveu.

ban, à laquelle il adressait, à cette occasion, des versiculets fort galants (1).

L'abbé Barthélemy.

L'abbé Barthélemy, auteur de ce *Voyage d'Anacharsis* qui eut une si grande vogue au siècle dernier, s'était épris d'un vif enthousiasme pour la chasse pendant son séjour chez le duc de Choiseul, au château de Chanteloup.

Il s'est dépeint lui-même assez gaiement, suivant le capitaine des chasses, Perceval, sur un cheval si petit *que ses jambes traînoient à terre et se confondoient avec celles du cheval, excepté qu'elles n'étoient pas si jolies.* Le peu de hauteur de sa monture ne l'empêcha pas un jour de tomber à la chasse et de se casser la clavicule pour avoir voulu faire *le joli cœur* et *passer sa jambe sur l'arçon de sa selle à la manière des femmes*(2).

Les comédiens.

Il n'est pas jusqu'aux comédiens bouffons et sérieux qui n'aient joué leur rôle dans les annales de l'art théreutique. Le fameux bateleur Tabarin, après avoir égayé pendant quelques années les badauds du Pont-Neuf, avait amassé une fortune assez ronde pour acheter une terre près de Paris et se faire gentilhomme de campagne et chasseur (1630). Mal en prit au pauvre bouffon. Les hobereaux des environs ne purent endurer qu'un *Pantalon*, un *embabouineur de badauds* les traitât de pair à compagnon et vînt s'as-

(1) *Mélanges de la Société des Bibliophiles français* (1867).
(2) *Correspondance de la marquise du Deffand*, t. II.

socier à leurs nobles exercices; ils l'assassinèrent pendant une chasse (1).

Plus heureux que Tabarin, le fameux acteur Larive put se livrer sans encombre à ses penchants cynégétiques, même sur le terrain dangereux des capitaineries (2). Tout le monde sait l'histoire de ce garde du prince de Condé, qu'il déconcerta si bien en lui apprenant qu'il chassait sur les terres de son maître :

Du droit qu'un esprit vaste et ferme en ses desseins
A sur l'esprit grossier des vulgaires humains.

Il ne nous reste plus qu'à raconter les chasses auxquelles une partie du clergé continue de se livrer pendant les trois siècles que nous venons de parcourir, malgré les canons de l'Église et les défenses des autorités ecclésiastiques et civiles.

Chasses du clergé.

Lorsque François Ier conclut avec le pape Léon X ce fameux concordat dont une des conséquences devait être la réforme de beaucoup d'abus (1517), la passion regrettable du clergé séculier et régulier pour la chasse était arrivée au plus haut degré d'intensité, et le Roi avait été obligé d'introduire, dans son édit rendu à Lyon en mars 1515 (vieux style), un article spécial contre les prêtres et moines qui se permettraient d'usurper le droit de chasse dans les forêts royales (3).

---

(1) *Parlement nouveau ou centurie interlinaire de devis facétieusement sérieux et sérieusement facétieux*, par Daniel Martin, 1637. Cité par M. Maurice Sand. *Masques et Bouffons*, t. II.

(2) Larive avait dès lors une maison de campagne à Monlignon, près Montmorency. Il y mourut en 1827 à l'âge de 82 ans.

(3) Ils seront bannis à 4 lieues des forêts royales, et, s'ils sont *coutumiers* du fait, à 20 lieues. — Voyez le *Code des chasses*, t. I.

Avant le concordat.

Selon le médisant Brantôme, les évêques, avant le concordat, étaient plus assidus en leurs diocèses qu'ils ne le furent depuis : « Mais quoi, c'estoit pour mener une vie toute dissolue après chiens, oiseaux, festes, bancquets, confrairies, nopces, etc., etc. »

Les moines, ajoute le cynique chroniqueur, choisissaient pour abbé ou prieur le meilleur *compaignon* qui aimoit le plus les chiens, les oiseaux (1) et autres divertissements plus que profanes.

L'exemple du souverain pontife lui-même n'était pas de nature à faire disparaître ces habitudes peu canoniques. « Le pape Léon aimait la chasse, dit son biographe anonyme, et il s'y adonnait assidûment, contre l'usage de ses compatriotes, qui s'attachent plus à leurs intérêts pécuniaires qu'à ces exercices frivoles (2). »

Le pape Léon X.

Le saint-père, qui avait la vue basse, chassait avec des besicles (3) et dans une tenue qui scandalisait quelque peu les dévots romains : « Le mardi, x[e] de janvier, après son dîner, le pape partit de Rome pour Toscanello et lieux circonvoisins. Il était en

---

(1) *Vies des grands capitaines françois et estrangers*, t. 1.

En 1514, un procès pour fait de chasse fut intenté aux sieurs de Montreuil-Bonnin et du Fouilloux, par les moines de l'abbaye de Fontaine-le-Comte en Poitou, qui prétendaient au droit exclusif *de chasse et de guerre à cor et à cry à toutes manières de bestes à poil et à plume, et au droit de povoir suyvre les bestes par eulx et leurs hommes et subjects levées*. *Notice sur du Fouilloux*, par M. de P.

(2) *Vita Leonis X, pont. max, auct. anonym. conscripta*, ap. Roscoe, *Vie de Léon X*, t. IV.

(3) *Admoto autem crystallo concavo oculorum aciem in venationibus et aucupiis extendere solitus. — Pauli Jovii vita Leon. X. (Ibidem.)*

étole, mais ce qui était bien pis, sans rochet, et ce qui était le pire de tout, chaussé d'*estivaux* ou bottes (1). »

Le concordat ne paraît pas avoir apporté grande amélioration à l'état des choses. Dans les *colloques* d'Erasme, traduits en vers par Clément Marot (2), l'abbé, pressé par *Ysabeau*, qui lui demande « ce qui le garde d'*entendre à estre prudent et saige*, » lui répond :

Après le concordat.

Tout plein de soings qu'il me faut prendre
Pour ma maison, faire la court,
Mon service qui n'est pas court,
Chevaulx, chiens, oiseaulx, choses telles.

Un évêque d'Auxerre, François d'Inteville (mort en 1530), fit pendre un de ses gardes pour avoir vendu des oiseaux de chasse (3).

F. d'Inteville, évêque d'Auxerre.

Le grand cardinal Charles de Lorraine fut à la vérité loué par ses contemporains, pour avoir exclu de sa demeure les chiens et les oiseaux de chasse, mais son frère, le cardinal Louis de Guise, ce *bonhomme* qu'on appelait le *cardinal des bouteilles* (4) ne sut pas résister à un penchant héréditaire dans sa maison. Il écrit en 1571 qu'il a été *aux champs à Esclerron avec les toilles où il i avoit force beste noire* (5).

Le cardinal de Guise.

(1) *Et fuit cum stolâ, sed pejus, sine rochetto, et quod pessimum, cum stivalibus, sive ocreis in pedes munitus.* — *Diarium ineditum.* (*Vita Leonis X.*)

(2) *Les colloques d'Érasme* furent imprimés en 1522.

(3) Sainte-Palaye.

(4) *Journal de l'Estoille*, t. I. — (Né en 1527, mort en 1578.)

(5) *Histoire des ducs de Guise*, t. II.

Le troisième cardinal de Guise, Louis III, fils du balafré, prélat guerrier et de mœurs peu édifiantes, fut renommé pour l'excellence de sa meute (1).

La conduite des hauts dignitaires de l'Eglise eut nécessairement une fâcheuse influence sur celle des ecclésiastiques et des moines; aussi leur préoccupation intempestive de tout ce qui se rapporte à la chasse ne put échapper aux traits malins de l'irrévérencieux Rabelais. Lorsqu'il trace, sous les traits du *frère Jehan des Entommeures,* la caricature des moines de son temps, il n'oublie pas de placer les propos suivants dans la bouche de ce grotesque personnage :

Frère Jehan des Entommeures.

« Vous ne veistes onc tant de lièvres comme il y en ha ceste année ; je n'ay peu recouvrer autour ny tiercelet de bien du monde. Monsieur de la Bellonière m'avoyt promis ung lanier, mais il m'escripvit naguères qu'il estoit devenu pantays (2). Les perdrix nous mangeront les aureilles *mésouan* (3). Je ne prends point de plaisir à la tonnelle, car je m'y morfonds. Si je ne cours, si je ne tracasse, je ne suys point à mon aise. Vrai est que saultant les hayes et buissons, mon froc y laisse du poil. J'ai recouvert (recouvré) ung gentil lévrier, je donne au diable si luy eschappe

(1) Ligniville. — Ce prélat naquit en 1575 et mourut en 1621.
« Le cardinal de Guyse qui estoit à la chasse à son abbaye de Chailly, s'en alla de là à Soissons trouver ses frères (1616). » *Mémoires* de Fontenay Mareuil, t. I.

(2) *Pantays* ou *pantois* se dit des oiseaux de chasse que des palpitations rendent inhabiles à la volerie.

(3) *Mezzo anno*, à la moitié de l'année.

lièvre. Ung lacquais le menoyt à M. de Maulevrier (1), je le destroussay, feis-je mal?.... »

Le joyeux moine se vante un peu plus loin de n'être jamais oisif. « Car, dit-il, en depeschant nos matines et anniversaires au cueur (chœur) ensemble je foys des chordes d'arbaleste, je polys des matras et gnarrotz (2), je foys des retz à prendre les connins... (3). »

Pierre de Quiqueran, évêque de Senez.

Pierre de Quiqueran de Beaujeu, évêque de Senez (4), auteur d'un livre sur les louanges de la Provence, qui a souvent été mis à contribution par Legrand d'Aussy (5), y fait l'éloge de la chasse et du chien. Il énumère et décrit les différentes variétés de la race canine et les services qu'on en peut retirer et montre des connaissances pratiques qui indiquent un chasseur accompli, ce qu'il était en effet (6).

Dans sa comédie d'Eugène, qui fut jouée vers l'année 1552, le poëte Jodelle reproche aux prêtres séculiers et réguliers leurs habitudes mondaines. Il les accuse :

D'estre curez, prieurs, chanoines
Abbez, sans avoir tant de moines
Comme on a de chiens et d'oyseaulx (7).

---

(1) Louis de Brézé, comte de Maulevrier, mari de Diane de Poitiers.
(2) Traits d'arbalète.
(3) *Gargantua*, liv. I. — La première édition de ce livre est de 1533.
(4) Né en 1536, mort en 1550.
(5) *De laudibus Provinciæ libri tres*. Paris, 1551.
(6) *Dictionnaire* de Bayle.
(7) *Eugène* ou la *rencontre*, comédie en 5 actes, imprimée seulement en 1574.

Claude Gauchet.

Nous avons déjà cité Claude Gauchet et son aimable livre du *Plaisir des champs*. Le digne aumônier y raconte, sans le moindre embarras, les chasses de toutes sortes où il figure en personne, le cor à la bouche ou l'arquebuse au poing.

Jean du Bec, abbé de Mortemer.

L'exemple de Claude Gauchet fut suivi par Jean du Bec, abbé de Mortemer, qui donna en 1593 au public les préceptes de la chasse du lièvre, qu'il mettait lui-même en pratique avec une meute de chiens parfaitement créancés. Il est juste de dire qu'il recommande à celui qui voudra prendre tel plaisir, « de commencer par ouïr à six heures la sainte messe et y faire ses dévotions accoustumées, sans en rien que son plaisir luy interrompe la contemplation de Dieu, son créateur, pour l'admirer et le recognoistre (1). »

L'ordonnance de janvier 1600 sur le fait des chasses porte, en son article XXIe, que « plusieurs religieux, prêtres et autres ecclésiastiques, contre la défense de leur profession et au lieu de vacquer au service divin, s'adonnent au fait de la chasse. » Le Roi veut qu'ils soient punis des mêmes peines et amendes que les laïques et séculiers, sans qu'ils puissent se prévaloir de leurs tonsures et priviléges (2).

Louis Gruau, curé de Sauges.

A l'exemple de Quiqueran de Beaujeu, de Claude Gauchet et de Jean du Bec, Louis Gruau, curé de Sauges (diocèse du Mans), voulut prendre place

---

(1) *Discours de l'antagonie du chien et du lièvre*, composé par messire Jehan du Bec, abbé de Mortemer, M. D. XCIII.

(2) *Code des Chasses*, t. I.

parmi les théreuticographes. Mais comme il enseigne dans son livre à prendre les loups aux piéges, il prétend ne point aller à l'encontre des canons, qui permettent aux clercs de poser des lacs sans panneaux, sans cris, sans chiens et sans bruit, parce que c'est une espèce de pêche plutôt que de chasse (1). Ces précautions prises, il avoue aimer beaucoup la chasse, dont il chante les louanges. « Non-seulement par elle, dit-il, on évite oysiveté, mère de tous vices, mais les corps engourdis et esprits par trop fatiguez et atténuez sont, par la chasse, comme renouvellez et réveillez et leur vault une médecine (2). »

Moines de Villeloin.

Le docte Michel de Marolles, abbé de Villeloin, voulant en 1616 réformer les abus qui s'étaient introduits dans sa communauté, reproche au prieur claustral de ne point s'inquiéter des débauches des jeunes moines, « non plus que de la chasse où aucuns se divertissent souvent, entretenant chiens et oyseaulx pour cest effet (3). »

Gaspard du Lude, évêque d'Alby.

Issu d'une famille de chasseurs illustres, Gaspard de Daillon du Lude, évêque d'Alby, fut, comme eux,

---

(1) *Ponere laqueum sine rete, sine clamore, canibus et strepitu, licet clericis, etiam monacho, quia est genus piscationis potius quam venationis.* — Le P. Binet, prédicateur du Roi, dans son *Essay des merveilles de nature* (1626), donne les préceptes de l'art de la chasse, dont il fait un grand éloge, mais rien n'indique qu'il ait chassé lui-même.

(2) *Nouvelle invention de chasse pour prendre et ôter les loups de la France*, par M. Louis Gruau, prêtre, curé de Sauge, diocèse du Mans. Paris, 1613.

(3) *Manuscrits françois de la bibliothèque du Roi*, par M. Paulin Paris, t. IV.

grand amateur de chevaux et de chiens. Il chassait souvent à Milly, chez le maréchal de Brézé.

« Pour ne miner pas ma santé, par la trop grande oisiveté, écrivait ce prélat en décembre 1648, je vas deux fois la sepmaine voir voller trois faucons que j'ay qui sont admirables, et qui me font advouer que cette chasse a des moments qui n'en doivent rien aux plus agréables du monde (1). »

L'abbé de Gondi.

Par le motif seul qu'elle était un plaisir défendu par les canons de l'Eglise, la chasse avait droit aux prédilections du turbulent abbé de Gondi, si célèbre depuis, sous le nom de cardinal de Retz. Il venait, vers 1640, de courre le cerf à Fontainebleau avec la meute de M. de Souvré, lorsqu'en prenant la poste à Juvisy pour retourner à Paris il engagea avec Coustenan, capitaine des chevau-légers du Roi, une querelle suivie d'un duel, où il prouva une fois de plus que sa soutane et son petit collet ne l'embarrassaient guère (2).

Le cardinal de Mazarin.

Le grand ennemi du cardinal de Retz, Mazarin, qui, du reste, n'avait reçu que les ordres mineurs, prenait part, de temps en temps, aux chasses royales. Nous l'avons vu présidant aux débuts du jeune Louis XIV, dans les jardins du Palais-Royal. Un jour, dans la forêt de Fontainebleau, il fut chargé par un sanglier furieux qu'il tua bravement d'un coup d'épée (3).

---

(1) *Le maréchal de Brézé*, par M. Huillard Bréholles. — *Revue contemporaine*, t. XXXIV.

(2) *Mémoires* du cardinal de Retz, t. I.

(3) Joanne, *Environs de Paris*.

Henri de France, évêque de Metz.

On citait parmi les plus illustres veneurs de cette époque, Henri de France, abbé de Saint-Germain, puis évêque de Metz (1). Sa meute était une des meilleures du temps. En 1649, le pamphlet intitulé : *Les Contre-véritez*, annonce qu'on a vu M. de Metz *n'aimer plus la peinture ni la chasse et se défaire de tous ses tableaux et de tous ses chiens* (2).

L'abbé de Rancé.

L'abbé de Rancé, si célèbre par sa conversion et la réforme de son abbaye de la Trappe (3), avait eu une jeunesse fort dissipée. « La chasse étoit un de ses divertissements favoris, dit son biographe, dom Gervaise. On l'a vu plus d'une fois, après avoir chassé trois ou quatre heures le matin, venir le même jour, en poste, de 12 ou 15 lieues, *soutenir* en Sorbonne (4) ou prêcher avec autant de tranquillité d'esprit que s'il fût sorti de son cabinet. »

Champvallon l'ayant rencontré dans les rues, lui demanda où il allait : « Ce matin, répondit-il, prêcher comme un ange, et ce soir chasser comme un diable. »

A la campagne ou à la chasse « il avoit, dit encore D. Gervaise, l'épée au côté, deux pistolets à l'arçon de sa selle, un habit couleur de biche, une cravate de taffetas noir où pendoit une broderie d'or. »

---

(1) Fils de Henri IV et de la marquise de Verneuil. Il quitta l'Église pour prendre le titre de duc de Verneuil, et mourut en 1682. — Sur ses meutes, voir Salnove et Sélincourt.

(2) Le *Qu'as-tu veû de la Cour* ou les *Contre-véritez*. Paris 1649. Cité par M. Paulin Paris, dans son commentaire sur Tallemant des Réaux, t. IV.

(3) Né en 1626, mort en 1700. — Sa conversion, due, dit-on, à la mort de la duchesse de Monthazon qu'il aimait, eut lieu en 1657.

(4) Soutenir une thèse.

C'est dans cet équipage que celui dont les austérités devaient plus tard remplir d'admiration le duc de Saint-Simon et toute la cour de Louis XIV allait souvent chasser avec le duc de Beaufort (1).

On pouvait même l'apercevoir se livrant à cette passion mondaine sans sortir de l'enceinte de Paris; un jour, à la pointe de la Cité, derrière Notre-Dame, il guettait des oiseaux de rivière, d'autres chasseurs, embusqués au bord opposé, tirèrent dans sa direction. Le plomb le frappa, et il ne dut la vie qu'à la garniture d'acier de sa gibecière. « Que serais-je devenu, dit-il, si Dieu m'eût appelé à lui en ce moment (2)? »

Sous la forte administration de Louis XIV, le clergé respecta généralement les convenances, et la chasse ne conserva guère d'adeptes que parmi quelques prélats de haute naissance et parmi un petit nombre de curés de village résidant le plus souvent dans des provinces éloignées.

M. de Villeroy, archevêque de Lyon.

L'archevêque de Lyon, frère du maréchal de Villeroy, avait un grand équipage de chasse, commandé par son écuyer La Chaise (3). Devenu aveugle sur la fin de ses jours, il allait encore à la chasse à cheval, entre deux écuyers (4).

L'abbé de Watteville.

Cet étrange Dom Jean de Watteville, moine défro-

(1) Saint-Simon, t. II.

(2) Châteaubriant, *Vie de l'abbé de Rancé*.

(3) Frère du P. La Chaise, et, depuis, capitaine de la Porte du Roi. Saint-Simon, t. II.

(4) Dangeau, t. IV. — L'archevêque mourut en 1693.

qué, duelliste, renégat, qui, après avoir abjuré le mahométisme, mais non ses habitudes de pacha, mourut en 1702, abbé de Baume-les-Messieurs en Franche-Comté, « avoit partout beaucoup d'équipages, grande chère, une belle meute, grande table et bonne compagnie (1). »

Fléchier, dans ses *Lettres sur les Grands Jours d'Auvergne*, parle d'un curé du diocèse de Clermont qui s'occupait plus de la chasse que du service divin et avait *plus de soin de faire mourir des lièvres que d'assister ses paroissiens*. « Il étoit tombé dans un tel déréglement, que, portant le saint sacrement dans une ferme assez éloignée de son presbytère, il faisoit porter un fusil par son clerc, et, s'il découvroit quelque gibier par la campagne, il quittoit le saint sacrement et, prenant ses armes en main, il poursuivoit sa proie jusqu'à ce qu'il l'eût prise ou qu'il l'eût manquée (2). »

L'ordonnance de 1669 confirme les dispositions prises par l'édit de 1515 contre les prêtres et moines qui chasseraient dans les forêts royales ou troubleraient les officiers des chasses dans l'exercice de leurs fonctions. L'exil, en cas de récidive, est seulement réduit à dix ans.

Quelques délits de chasse, commis par des clercs

---

(1) Saint-Simon, t. III.

L'abbé de la Rochefoucauld, oncle du grand veneur, mort en 1708, *était passionné pour la chasse et n'en manquait jamais; cela l'avait fait appeler l'abbé Tayaut*. (Saint-Simon, t. VI.) Il faut dire qu'il avait force abbayes, mais sans avoir reçu les ordres (*ibidem*).

(2) *Lettres de Fléchier sur les Grands Jours d'Auvergne* (1665), publiées pour la première fois par M. Cheruel. Paris, 1844.

séculiers ou réguliers pendant les règnes de Louis XIV et de Louis XV sont encore rapportés dans les traités de jurisprudence (1), mais ces faits deviennent de plus en plus rares et Arthur Young, très-ennemi du clergé français, comme protestant et chaud partisan des idées nouvelles, avoue qu'à l'époque où commença la révolution, on ne voyait guère en France les curés scandaliser leurs ouailles par cet amour effréné de la chasse, si fréquent parmi les pasteurs anglicans (2). »

Évêques de Laon et de Beauvais.

Quelques membres du haut clergé continuent leurs chasses, sans s'émouvoir beaucoup des censures. Nous venons de voir les évêques de Laon et de Beauvais assistant aux parties de chasse de l'Isle-Adam (3). Monseigneur de Foudras-Châteauthiers, évêque de Poitiers, ancien capitaine de dragons et veneur enthousiaste, avait à sa maison de Dissay un chenil des

---

(1) En 1669, Thuret, prêtre bénéficier de Saint-Quentin, est poursuivi pour faits de chasse.

En 1676, René du Rousteau, curé, est condamné pour avoir chassé avec des lévriers.

En 1679, Antoine Mossant, prieur de Mathelon, et Jean Cellier, prieur de Primaugour, sont condamnés en 200 livres d'amende, 10 livres de restitution et aux dépens, pour avoir chassé sur les terres du duc de Montausier et battu son garde. — En 1682, Jean Boiste, chapelain de Boissy, est condamné en 50 livres d'amende et 20 livres de dommages-intérêts envers le marquis de Trainel pour faits de chasse.

En 1702, un arrêt du grand conseil renvoie, pour faits de chasse, devant la Table de Marbre et l'Official, conjointement, plusieurs ecclésiastiques de Bordeaux.

En 1743, l'abbé Foucher, prêtre, bachelier en théologie, est condamné à la contrainte par corps, faute de payer une amende encourue pour fait de chasse.

(2) Arthur Young, t. II. — L'abbé Rouset, curé d'Arson en Béarn, est cité par Magné de Marolles comme excellent chasseur aux palombes.

(3) 1723.

mieux tenus, d'où sortit la fameuse race des chiens bleus, dits *foudras* (1).

L'abbé de Bernis.

L'abbé, depuis cardinal de Bernis, étant à Versailles (2), et ayant envie de chasser, sortit un matin avec trois ou quatre de ses gens et s'en fut intrépidement dans le petit Parc, endroit réservé, où le Dauphin n'osait pas aller sans en demander au Roi l'autorisation. Les gardes étant accourus au bruit, demandèrent à l'audacieux chasseur sa permission. Voyant qu'il n'en avait point, ils le prièrent de cesser, et coururent à l'instant rendre compte de ce qui se passait au comte de Noailles, capitaine des chasses de Versailles. M. de Noailles se hâta d'en prévenir Mme de Pompadour, qui réussit, non sans peine, à arranger l'affaire. Le Roi s'en montra très-choqué, et toutes les fois qu'il chassait, il ne manquait pas de dire : « Ce sont ici les plaisirs de M. l'abbé (3) ! »

L'abbé de Pradt.

Le fameux abbé de Pradt (4) que la révolution trouva grand vicaire du cardinal de la Rochefoucauld, archevêque de Rouen, aimait dans sa vieillesse à rappeler ses succès de chasseur et d'écuyer. Ses hauts faits en ce genre étaient, disait-il, si connus dans toute la province, qu'en entendant raconter quelque prouesse extraordinaire, chacun s'écriait immédiate-

(1) *Journal des Chasseurs.*

(2) Ce fait dut se passer pendant que l'abbé de Bernis était ministre (1757-1758).

(3) *Mémoires* de Mme du Hausset, femme de chambre de la marquise de Pompadour.

(4) Né en 1759, mort en 1837.

ment : C'est lui ! sans qu'il fût besoin de le désigner autrement.

M. de Boisgelin, abbé de Mortemer.

M. de Boisgelin (1), dernier abbé de Mortemer, fut aussi un grand chasseur, dont les hauts faits vivent encore dans les traditions du Vexin.

L'abbé de Voisenon.

L'abbé de Voisenon (2), « prêtre de son métier, libertin par habitude et croyant par peur, » retiré près de Melun dans le château dont il portait le nom, y passait sa vie *à mourir d'un asthme,* à jouer au trictrac et à chasser. Un jour, il eut une crise terrible, on le crut mourant et l'on se hâta d'aller chercher le curé pour l'administrer. Cependant, le malade s'étant tout d'un coup ranimé, était sorti par une porte dérobée pour courir à la chasse. Comme il s'acheminait, le fusil sur l'épaule, il rencontra le prêtre qui lui apportait le viatique en procession. Il se met à genoux en bon chrétien, sans qu'il vienne à l'idée de personne de le reconnaître, laisse le pieux cortége continuer sa route et poursuit sa chasse de son côté comme si de rien n'était (3).

Le cardinal de Rohan.

Le dernier des prélats chasseurs fut le fastueux cardinal de Rohan (4). On le voyait souvent se revêtir d'habits de toutes couleurs et paraître en public avec les uniformes de chasse des différents seigneurs chez lesquels il allait se livrer à cet exercice. Envoyé

(1) Massacré à Paris en septembre 1792.

(2) Né en 1708, mort en 1775.

(3) *Biographie universelle* de Michaud. — *Galerie du XVIIIe siècle*, par M. Arsène Houssaye.

(4) Louis-René-Édouard, prince de Rohan, évêque de Strasbourg grand aumônier de France ; né en 1734, mort en 1803.

comme ambassadeur à Vienne en 1772, il scandalisa souvent la rigide Marie-Thérèse par ses allures cavalières ; un jour de Fête-Dieu, lui et toute sa légation, en habits verts galonnés d'or, coupèrent une procession qui les gênait, pour se rendre à une partie de chasse chez le prince de Paar (1).

Lorsqu'il résidait dans son diocèse de Strasbourg, il menait un vrai train de prince dans ses châteaux de Saverne et de Manuzic, où il offrait à ses joyeux hôtes des chasses d'une magnificence inouïe.

Six cents paysans, conduits par des gardes nombreux, formaient une chaîne d'une lieue de longueur battant bois et buissons avec des gaules. Les chasseurs, postés au bas des coteaux, voyaient défiler sous leur fusil des bandes de gibier de toute espèce. On faisait trois battues dans la matinée ; à 1 heure le signal de la halte était donné, on s'arrêtait au bord d'un ruisseau, sous une tente somptueuse, et un dîner exquis était offert aux chasseurs et aux dames qui les accompagnaient, pendant que les traqueurs, réunis en rond autour de tables creusées dans le gazon, recevaient par tête une livre de viande, deux livres de pain et une demi-bouteille de vin.

La grande chaleur passée, on recommençait les battues. « On choisissoit son terrain pour se mettre à l'affût, dit le marquis de Valfons, et, de crainte que les femmes n'eussent peur étant seules, on leur laissoit toujours l'homme qu'elles haïssoient le moins

(1) *Mémoires* de Mme Campan.

pour les rassurer. Il étoit extrêmement recommandé de ne quitter son poste qu'à un certain signal, afin d'éviter les accidents de coups de fusil ; tout étoit prévu, car, avec cet ordre, il devenoit impossible d'être surpris. Il m'a paru que les femmes à qui j'avois le plus entendu fronder le goût de la chasse, aimoient beaucoup celle-là. La journée finie, on payoit bien chaque paysan, qui ne demandoit qu'à recommencer, ainsi que les dames (1). »

On sait par quelle suite de fautes et de scandales le faible et vaniteux cardinal se vit déchu du faîte de ses splendeurs et quel triste rôle il joua dans l'affaire du collier. Cette déplorable affaire, grossie outre mesure par la calomnie et l'esprit de parti, fut un des avant-coureurs de la révolution qui arrivait à grands pas.

La révolution.

Pendant le XVIIIe siècle la dureté des lois sur la chasse et le régime oppressif des capitaineries avaient soulevé dans les populations rurales des ressentiments exploités avec empressement par ceux qui appelaient de leurs vœux le renversement de toutes les institutions existantes. Ces novateurs ne manquèrent pas d'exciter les rancunes populaires, pour s'en faire une arme contre les classes privilégiées et réussirent facilement à exciter une haine furieuse contre tout ce qui avait rapport à la chasse; ils furent secondés par une secte d'économistes et d'agronomes qui s'est propagée jusqu'à nos jours et qui voit un ennemi des

---

(1) *Souvenirs* du marquis de Valfons.

récoltes dans tout chasseur, et la première condition d'une bonne agriculture dans la destruction totale du gibier (1).

Dès les premiers mouvements révolutionnaires, on passa de la théorie à la pratique. Le 27 juillet 1789, la garde nationale parisienne, à peine organisée, est appelée du côté de Montmorency par le tocsin qui sonne de toutes parts et par des rumeurs annonçant l'approche de 4,000 brigands, prêts à tout dévaster. Elle ne trouve sur son passage aucune trace de ces terribles bandes et se dispose à rentrer en ville, lorsqu'un lièvre imprudent qui passe est salué d'un coup de fusil. A l'instant, toute la colonne rompt les rangs, s'éparpille dans la plaine et se met à chasser le gibier de ces cantons si rigoureusement réservés naguère. Le bruit de la fusillade réveille au loin les alarmes, le tocsin se remet à sonner dans soixante paroisses, la cavalerie parisienne passe la nuit à galoper sur les routes, et la panique ne cesse que le lendemain matin (2).

Dans la fameuse nuit du 4 août, l'assemblée nationale prononça l'abolition des capitaineries en même temps que celle des droits féodaux et, en particulier, des droits exclusifs de chasse, de colombier et de garenne. Aussitôt les campagnes furent inondées de chasseurs qui procédaient au massacre en masse du gibier, sans respecter les moissons sur pied. Les propriétés closes furent elles-mêmes envahies, les ca-

(1) Arthur Young. — Voir le liv. II.
(2) *L'Armée et la Garde nationale*, par M. le baron Poisson, t. I.

pitaineries royales et princières saccagées à main armée. Le bruit de la fusillade qui annonçait la dévastation des parcs réservés venait blesser les oreilles du Roi jusqu'au fond de ses appartements de Versailles. Les terres de Chantilly et de l'Isle-Adam furent ravagées avec de tels désordres, que la milice parisienne dut être expédiée pour mettre fin à ces attentats. Partout dans les provinces, les paysans, sous prétexte de chasse, dévastent les forêts, enlèvent les bois et démolissent les murs des parcs (1).

L'heure fatale avait sonné. Il ne nous appartient pas d'apprécier ici le mouvement gigantesque qui mit en poussière la vieille société et changea la face du monde. Qu'il nous soit seulement permis de donner un regret à nos antiques et nobles chasses françaises, dont les traditions vont tous les jours se perdant malgré quelques efforts généreux, à ces chasses qui ont servi de modèles à l'Europe pendant tant de siècles, tandis qu'on nous voit aujourd'hui aller chercher des leçons outre mer, parmi ceux qui furent si longtemps nos humbles imitateurs.

---

(1) *L'Armée et la Garde nationale*, t. I.
Ces pillages sont restés dans les traditions démagogiques, et on les a vus se renouveler à chacune de nos trop nombreuses révolutions.

NOTES.

AVERTISSEMENT.

Nous avons placé dans les *Notes* hors texte les renseignements extraits d'ouvrages imprimés. Les *Pièces justificatives* sont des documents inédits, à l'exception des Comptes de Saint-Louis et de ses fils qui en composent les premières pages et que nous n'avons pas voulu séparer des autres comptes de Vénerie, quoiqu'ils aient été déjà imprimés dans le recueil intitulé : *Reliquiæ manuscriptorum omnis ævi diplomatum ac monumentorum ineditorum ex Museo* J. P. Ludewig, *Francof. et Lips.*, 1720-1740.

Ce classement n'étant pas terminé lorsque le livre Ier a été livré à l'impression, quelques erreurs se sont glissées dans les renvois qui y sont indiqués.

Ainsi la note 3, page 199 renvoie, pour l'état des équipages de chasse de Gaston d'Orléans, aux *Pièces justificatives*. Ce document, extrait de l'*État de la France* de 1657, se trouve à la note C.

De même pour les renvois aux *Pièces justificatives*, indiqués par les notes 4, p. 218, et 4, p. 240, *lisez* : Voir le détail à la note F.

Par contre, les notes 4, p. 243, 1, p. 244, et 3, p. 306, renvoient aux notes G et N pour des extraits du journal inédit de Toudouze qu'on trouvera aux *Pièces justificatives*.

NOTES.

NOTE A.

Grands officiers de la couronne. (Extraits de l'*Histoire des grands officiers de la couronne de France*, par le Père Anselme.)

1° MAISTRES VENEURS ET GRANDS VENEURS.

MAISTRES VENEURS.

1. Geofroy, maistre veneur du Roy, en 1231.
2. Jean le veneur, *id.*, en 1289. — Mort en 1302.
3. Robert le veneur, en 1313.
4. Jean le veneur, IIe, frère de Robert, en 1312. — Mort en 1334.
5. Henri de Meudon, *maistre de la vennerie du Roy*, 1321.
6. Renault de Géry, *maistre veneur du Roy*, 1350 et 51. — Mort en 1355.
7. Jean de Meudon, fils de Henri, 1355, 1365, 1376.
8. Jean de Corguilleroy (ou Courguilleroy), *maistre veneur* du duc de Normandie, régent, en 1355. — *Maistre des déduicts*, en 1362. — *Maistre enquesteur des eaux et forests du Roy*, en 1365.
9. Jean de Thubeauville, dit *Tyrant*, *maistre veneur*,

garde et chastelain de la forest de Crécy, et *maistre enquesteur des eaux et forests du Roy*, 1372, 1377, 1379.

10. Philippe de Courguilleroy, *maistre de la Venerie du Roy* en 1377, *maistre forestier de la forest de Bière* en 1385, *maistre enquesteur des eaux et forests de France*, en 1394.

11. Robert de Franconville, *maistre et gouverneur de la Venerie du Roy*, 1399.

12. Guillaume de Gamaches, *maistre veneur et gouverneur de la Venerie du Roy*, 1410.

GRANDS VENEURS.

13. Louis d'Orgessin, premier *grand veneur du Roy*, 1413.

14. Jean de Berghes, Sr de Cohen et de Marquillies, *grand veneur de France*, 1418.

15. Guillaume Bellier, *id.*, 1428.

16. Jean Soreau, *grand veneur du Roy*, 1452 et 1458.

17. Roland de Lescouët, grand veneur de France, 1457. — Mort en 1467.

18. Guillaume de Calat ou de Callac, grand veneur de France, 1467 et 1471.

19. Yves du Fou, 1471, 1473, 1480, 1483, 1485.

19 *bis*. Georges de Chateaubriand, Sr des Roches-Baritaut, *capitaine et maistre de la Venerie du Roy* du vivant d'Yves du Fou, en 1483.

20. Louis, Sr de Rouville, 1488, 1514. — Mort en 1526.

21. Louis de Brézé, comte de Maulevrier, 1497.

22. Jacques de Dinteville, Sr de Dommartin, 1498. — Mort en 1506.

23. Louis de Vendôme, prince de Chabanois, vidame de Chartres. — Mort en 1526.

24. Claude de Lorraine, duc de Guise. — Mort en 1550.

25. François de Lorraine, duc de Guise, fils du précédent, grand veneur en 1549. — Mort en 1563.

26. Claude de Lorraine, duc d'Aumale, frère du précédent. — Mort en 1573.

27. Charles de Lorraine, duc d'Aumale, second fils du précédent. — Mort en 1618.

28. Charles de Lorraine, duc d'Elbeuf. — Mort en 1605.

29. Hercule de Rohan, duc de Montbazon, grand veneur en 1602. — Mort en 1654.

30. Louis de Rohan, duc de Montbazon, fils du précédent. — Mort en 1667.

31. Louis de Rohan, fils du précédent, dit le chevalier de Rohan, grand veneur de France en survivance de son père, en 1656. — Démissionnaire en 1669.

32. Charles-Maximilien-Antoine de Bellefourière, marquis de Soyecourt, 1669. — Mort en 1679.

33. François, VIIe du nom, duc de la Rochefoucauld, 1679. — Mort en 1689.

34. François VIII, duc de la Rochefoucauld, fils du précédent, 1679. — Mort en 1728.

35. Louis-Alexandre de Bourbon, comte de Toulouse, 1714. — Mort en 1737.

36. Louis-Jean-Marie de Bourbon, duc de Penthièvre, fils du précédent, dernier grand veneur de France. — Mort en 1793.

2° MAISTRES FAUCONNIERS DU ROI ET GRANDS FAUCONNIERS DE FRANCE.

MAISTRES FAUCONNIERS.

1. Jean de Baune, *fauconnier du Roy*, à 3 sols de gages par jour, de 1250 à 1258.

2. Estienne Granche, *maistre fauconnier* en 1274.

3. Simon de Champdivers. — Mort en 1316.

4. Pierre de Montguignard ou Montguyard, *maistre fauconnier* à 5 sols de gages par jour, 1313 et 1321.

5. Pierre de Neuvy, 1325.

6. Jean, dit Camp d'Avennes ou Camp d'Avaine, 1317 et 1337.

7. Philippe Dauvin, Sr *de Sarriquier* (Saint-Riquier?) en la prévosté de Monstreuil-sur-Mer, 1338, 1344, 1350 et 1353.

8. Jean de Pisseleu, 1343 et 1354.

9. Eustache de Cechy ou Sissy, 1354, 1367, 1371.

10. Nicolas Thomas, 1371.

11. André de Humières, Sr de Vaux, dit Drieu, 1372-1373-1378.

12. Enguerrand Dargies ou d'Argies, Sr de Laigny d'Ouche; 1380 et 1393 (1).

13. Jean de Sorvillier, 1393 et années suivantes, jusqu'en 1404.

GRANDS FAUCONNIERS.

14. Eustache de Gaucourt, Sr de Viry, dit Raffin, *grand fauconnier du Roy* en 1406, 1410 et 1412.

15. Jean Malet, Sr de Graville et de Montagu, établi grand fauconnier en 1415. — Démissionnaire l'année suivante.

16. Nicolas de Bruneval, remplaça le sire de Montagu en vertu de Lettres du Roi en date du 12 août 1416.

17. Guillaume des Prez, 1418 et 1419.

18. Philippe de la Chastre, Sr de Brillebault et de Fontancor, grand fauconnier de France à 500 livres de gages, de 1429 à 1452.

19. Georges de la Chastre, fils du précédent, grand fauconnier de France en 1452, 1455 et 1459 à 800 livres de gages.

20. Olivier Salat ou Salart, Sr de Bonnel en Gastinois, *maistre de la fauconnerie* du comte de Charolais, suivit Louis XI qui le nomma grand fauconnier de France avant 1464, à 1200 livres de gages.

---

(1) Ce *maistre fauconnier* suivit le Roi Jean en Angleterre en 1386.

21. Jacques Odard, Sr de Cursay en Loudunois, 1480.

22. Raoul Vernon, Sr de Montreuil Bonin, 1514. — Mort en 1516.

23. René de Cossé, Sr de Brissac, 1521.

24. Charles de Cossé, maréchal de France, comte de Brissac, 1553.

25. Timoléon de Cossé, comte de Brissac, fils du précédent, tué en 1569, au siége de la Rochelle.

26. Charles de Cossé, IIe du nom, duc de Brissac, frère du précédent. — Mort en 1621.

27. Robert, marquis de la Vieuville, 1596.

28. Charles, duc de la Vieuville, fils du précédent. – Mort en 1653.

29. André de Vivonne, Sr de la Beraudière, 1612-1616.

30. Charles d'Albert, duc de Luynes, 1616. — Mort en 1621.

31. Claude de Lorraine, duc de Chevreuse. — Mort en 1657.

32. Louis-Charles d'Albert, duc de Luynes, grand fauconnier de France en 1643, démissionnaire en 1650.

33. Nicolas Dauvet, comte des Marests, grand fauconnier en 1650.

34. Alexis François Dauvet, comte des Marests, fils du précédent, 1672. — Mort en 1688.

35. François Dauvet, comte des Marests, fils du précédent. Mort en 1718.

36. François-Louis Dauvet, comte des Marests, fils du précédent. — Mort en 1748.

37. Louis-César de la Beaume-le-Blanc, duc de la Vallière, 1748.

38. Joseph-François de Paule Rigaud, comte de Vaudreuil, dernier grand fauconnier de France, nommé en 1780. — Émigré en 1789, mort en 1817.

3° LOUVETIERS DU ROI ET GRANDS LOUVETIERS DE FRANCE.

LOUVETIERS DU ROI.

1. Gilles le Rougeau, *louvetier du Roy*, 1308.
2. Pierre de Besu, *id.*, 1323.
3. Oillet d'Oisy, 1323-1333.
4. Robert Trouart, 1333.

GRANDS LOUVETIERS.

5. Pierre Hannequeau, *grand louvetier*, 1467.

6. Antoine de Crevecœur, Sr de Thois, 1479.

7. François de la Boissière, grand louvetier dès 1464, possédait encore cette charge en 1492 et 1495.

8. Jean de la Boissière, IIe du nom, Sr de Montigny-sur-Loing, fils du précédent, 1515. — Mort en 1533.

9. Jacques de Mornay, S^r d'Ambleville, d'Omerville et de Villarceaux, grand louvetier *selon quelques-uns* en 1542, 1543, 1549 et 1550.

10. Antoine de Hallwyn, Sr de Piennes. — Mort en 1553.

11. Jean de la Boissière, IIIe du nom, Sr de Chailly, fils de Jean II de la Boissière, était grand louvetier de France en 1554, à 400 livres de gages. — Mort en 1575.

12. François de Villiers, Sr de Chailly, Livry et Montigny-sur-Loing, neveu du précédent, 1575-1581.

13. Jacques Le Roy, Sr de la Grange et de Grisy, 1582-1601.

14. Claude de l'Isle, S^r d'Andresy, de Puisieux, de Boisemont et de Courdemanche, 1601.

15. Charles de Joyeuse, S^r d'Espaux, 1606.

16. Robert de Harlay, baron de Montglat, 1612.

17. François de Silly, duc de la Rocheguyon. — Mort en 1628.

18. Claude de Rouvray, duc de Saint-Simon.

19. Charles de Bailleul, Sr du Peray.

20. François Gaspard de Montmorin, marquis de Saint-Hérem, 1655.

21. Michel Sublet, marquis d'Heudicourt, 1674.

22. Philippe Anthonis, Sr de Roquemont, 1628-1636.

23. Charles de Bailleul, Sr du Peray, 1636-1651.

24. Nicolas de Bailleul, Sr du Peray, fils du précédent, 1651-1655.

25. François-Gaspard de Montmorin, marquis de Saint-Hérem, 1655-1674.

26. Michel Sublet, marquis d'Heudicourt, 1674-1718.

27. Pons-Auguste Sublet, marquis d'Heudicourt, fils du précédent, grand louvetier en 1718. — Mort en 1742.

28. Marquis de Flamarens, 1741.

29. Comte d'Haussonville, 1780-1789.

NOTE B.

Extrait des comptes de Louis XI. (*Archives curieuses de l'Histoire de France* par Cimber et Danjou, t. I. — Monteil, *Histoire des Français des divers États*, t. IV.)

Pour colliers à lévriers et alans de cuir de Lombardie, avec et sans clous, lesses de soye de cheval et chaisnes doubles et simples. . . . . 38 liv. 19 sols 6 den. tournois.

Pour IX douzaines de sonnettes pour les oiseaux de la chambre. . . . . 60 s. t.

Pour VI douzaines d'aneletz de léton dorés de fin or pour mettre aux longes des oiseaulx ; plusieurs parties d'oignemens, lavemens, emplastres, poudres, baillées pour habiller et médiciner des chiens et lévriers qui estoient bléciés et malades. . . . . 14 l. 7 s.

Pour avoir faict mener et conduire à une charrette à deux chevaulx un des lévriers dudit seigneur des Forges à Rochefort et le ramener. . . . . 6 l. 19 s.

Pour avoir amené en la garenne de Chinon plusieurs bestes noires et pour avoir faict mener en une lictière et par eau, depuis les Forges jusque à Tours ung chien courant qui estoit malade. . . . . 66 s. t.

Pour raiz de cordes à prendre des corneilles et des choëttes. . . . . 54 s. t.

Pour donner à une femme qui ramena audict seigneur ung chien qu'il avoit baillé en garde, lequel elle avoit nourri par longtemps. . . . . 6 escuz.

Pour ung lict de plumes garny de trois tayes pour mettre et coucher l'un des lévriers de la chambre. . 110 sols tournois.

Pour une seringue de cuyvre pour laver les lévriers de la chambre. . . . . 7 s. 6 den. tourn.

NOTE C.

Équipages de chasse de Gaston, duc d'Orléans, frère de Louis XIII.
(État de la France, 1657.)

Unze Gardes des plaisirs et chasses.

Un premier Faulconnier, qui est le sieur des Aulnois.

Un Capitaine de Chasses, qui est le sieur de Patris.

Un Lieutenant.

Un Maistre Fauconnier pour le vol de corneilles et sept autres Officiers sous sa charge.

Un Chirurgien desdits officiers.

Un Maistre Fauconnier pour pies, deux Piqueurs et un garçon.

VOL POUR LES CHAMPS.

Un Chef des Oyseaux, le sieur de Pradines.

Un Maistre Fauconnier.

Un Piqueur et un Garçon.

Un Chef des Oyseaux du cabinet, qui est le sieur de la Rivière-Veillon.

VÉNERIE POUR LE CERF.

Un Chef de ladite Vénerie qui est le sieur Marquis de Villandry.

Quatre Lieutenans servans par quartier.

Trois Gentilshommes ordinaires.

Deux autres Gentilshommes.

Trois Picqueurs ordinaires.

Un premier Valet de chiens à cheval ordinaire, le sieur de Lespine et son valet.

Six grands Valets de chiens.

Deux petits Valets couchans avec les chiens.

Trois Valets de lévriez.

Quatre Fouriers.

Un Chirurgien ordinaire.

Trois Palefreniers ordinaires.

Un Mareschal ferrant.

Vénerie pour le chevreuil, avec pareil nombre d'officiers.

Un premier Louvetier, qui est le sieur de Montlons.

Un Lieutenant, le Sr de Belloy.

Un Capitaine des Thoilles, un Lieutenant et un Valet de chiens.

Un Capitaine de la Meutte pour le lièvre, le baron de Raray.

Un Capitaine des Levrettes et quatre Valets.

NOTE D.

Accidents arrivés à la chasse sous Louis XIV. (Extraits du *Journal* de Dangeau.)

On voit, dans les mémoires de Saint-Simon, que le Roi s'était cassé le bras en courant un cerf à Fontainebleau, aussitôt après la mort de la Reine (1683). Ce fut à la suite de cet accident qu'il ne voulut plus chasser qu'en voiture.

Le 1er octobre 1684, pendant une chasse au sanglier, M. de Liancourt tomba et se démit l'épaule. M. d'Ecquevilly tomba plus dangereusement et courut même danger de la vie.

Le 4 avril 1685, Blanchefort, second fils du maréchal de Créquy, tomba rudement à la chasse avec le Roi et se blessa assez considérablement.

Le 9 octobre 1685, à un relancer, le cerf blessa le prince de la Roche-sur-Yon d'un coup d'andouiller entre l'œil et la tempe et l'enleva fort haut de dessus son cheval. La blessure ne fut pas dangereuse, mais on fut obligé de recoudre la peau du visage et le prince en fut marqué toute sa vie.

Le 6 avril 1686, le duc d'Antin tomba de cheval en revenant de la chasse et se blessa considérablement.

Le 3 octobre 1687, M. de la Rochefoucauld fit une grande chute en courant le cerf et se cassa deux dents.

Le 21 octobre 1688, le cerf à un relancer perça la cuisse de M. de Boisseuil et tua son cheval de trois coups d'andouiller.

Le 27 septembre 1694, un cerf de change bondit et renversa M. de Saint-Hérem qui eut la cuisse cassée.

Le 29 décembre 1696, dans une chasse de loup de Monseigneur à Marly, M. d'Antin et M. de Mornay, venant par deux chemins différents sans se voir, se heurtèrent si fort, qu'eux et leurs chevaux furent renversés.

Le 30 octobre 1699, à Fontainebleau, le duc d'Albemarle.

fils naturel du Roi d'Angleterre, fit une grande chute à la chasse et perdit connaissance.

Le 13 août 1700, monseigneur le duc de Bourgogne tomba à la chasse assez rudement.

Le 14 juillet 1702, un peu après le *laissez-courre* (*sic*), une harde de cerfs fit peur au cheval de M. de la Rochefoucauld, qui emporta son maître sous un arbre où il fut blessé à la tête, mais légèrement. Ce qu'il y eut de fâcheux, c'est qu'il fut désarçonné et qu'il tomba sur le bras gauche qui fut rompu entre l'épaule et le coude.

Le 1er octobre 1714, à Fontainebleau, le comte de Saaros fit une cruelle chute sur la tête.

NOTE E.

Peuplement des forêts et des parcs sous Louis XIV. (Extraits du *Journal* de Dangeau.)

Le 20 juin 1684 *à Versailles*. Le Roi alla à deux de ses faisanderies voir 4,000 faisandeaux et 4,000 perdreaux qu'il a fait élever et qu'il fait lâcher dans son parc.

Le 5 novembre suivant, à Fontainebleau, le Roi alla se promener dans la forêt et marqua cinq endroits pour être enfermés de palis pour y élever des faisandeaux et des perdreaux.

Le 16 août 1685, *à Versailles*. « Le Roi entra dans une faisanderie d'où il fit partir 5,000 perdreaux et 2,000 faisans tout à la fois. »

Le 6 octobre suivant, *à Fontainebleau*. « Il y a beaucoup de faisanderies nouvelles dans la forêt, et jamais elle ne fut si peuplée de cerfs et de menu gibier. »

Le 19 octobre 1687, *à Fontainebleau.* Le Roi alla tirer, il fait venir des faisans de Versailles qu'on jette dans les parquets.

Le 19 février 1688. « Le Roi et Monseigneur allèrent à la forêt de Saint-Germain d'où ils firent sortir 200 cerfs qu'on avoit renfermés dans une petite enceinte. Il y en avoit trop dans la forêt. Le Roi prit assez de plaisir à cette manière de chasser. »

Le 3 mars 1688. « Le Roi partit de bonne heure et alla à Saint-Germain voir sortir de son parc quantité de cerfs et de daims qu'on en ôte. »

Le 3 décembre 1705. « Le Roi alla se promener dans le parc de Marly, d'où il fait ôter beaucoup de daims et de cerfs parce qu'il y en a trop. »

Le 5 décembre suivant, on fait une chasse aux toiles dans le même but. Les animaux sont transportés au bois de Boulogne.

Le 12 décembre suivant, le Roi voit prendre dans les panneaux 130 cerfs, biches et daims qu'on mène sur l'heure au bois de Boulogne. Il n'y en eut que cinq de tués.

La duchesse de Bourgogne assiste à cette chasse.

Le 13 novembre 1706. « Monseigneur fait ôter tous les cerfs et les biches *dans* le parc de Châville, et, quand cela sera fait, il fera abattre la muraille qui sépare les deux parcs. »

Le 15 novembre suivant. « Le Roi alla dans le parc de Châville voir prendre les cerfs qu'on veut ôter de ce parc. »

Le 12 avril 1709, le Roi courut le cerf à Marly. « Mais les cerfs, qui y sont en très-grande quantité, ont tellement souffert cet hiver, et les terres sont encore si molles, que les cerfs sont pris dans un moment. Les chiens portèrent même beaucoup par terre de cerfs et de biches, et on croit que le Roi ne courra plus de ce voyage. »

Le 5 septembre 1711. « On ne trouva point de cerf, chose fort extraordinaire dans la forêt de Fontainebleau. »

Le 20 octobre 1713. « Le Roi alla dans le parc de Marly, où il fit entrer 30 cerfs et beaucoup de biches qu'on avoit rassemblés dans la forêt. »

Le 4 avril 1714. Le Roi résolut d'augmenter son parc de Marly de 10,000 toises prises sur la forêt.

Les jours suivants, il s'amusa à étudier les plans du parc et de la forêt, et à examiner le terrain.

Le 27 avril, il alla voir entrer dans son parc des cerfs qu'on avait pris au bois de Boulogne pour repeupler ce parc qui allait être agrandi de moitié.

Le 28 février 1715. Le Roi étant allé courre le cerf à Marly, trouva qu'il n'y avait pas assez de vieux cerfs dans le parc et ordonna à l'équipage du Vautrait d'en aller prendre avec ses toiles dans la forêt de Monceaux.

NOTE F.

Équipages des ducs d'Orléans.

1° ÉQUIPAGE DE MONSIEUR, FRÈRE DE LOUIS XIV. (*État de la France*, 1698.)

VÉNERIE POUR LE CERF.

Le Sr marquis d'Effiat, Antoine Ruzé, aussi premier ecuïer de Monsieur.

Quatre Lieutenans. 800 l.

MM. Philippe du Gardin, Sr de Longpré.
Calixte Largentier, Sr du Corroy.
Dominique-Étienne de Barbery, Sr de Saint-Contest.
Louis Jacquenné de Saint-Louis.

Trois Gentilshomes ordinaires. . . . . 1,200 l.

MM. Nicolas Adam, Sr de la Poterie.
Claude Barel, Sr de Prolhat.
Joachim Raulet, Sr de Corberoudes.

Gentilshomes servans, par semestre. . . . . 400 l.

Le Sr de Belleville.

François Gauchet.

Le Sr de Ronday.

Henry Jahan.

Trois Piqueurs ordinaires. . . . . 273 l. 15 s.

Nicolas Hervy.

Jâque Fermin, Sr de la Vactière.

Charles de Lestourmy, Sr de Saint-Privat.

Valet de chiens à cheval. . . . . 547 l. 10 s.

Nicolas de Laune.

Six Grands Valets de chiens ordinaires. . . . . . 273 l. 15 s.

Charles Thiébaut.

Jean-Pierre Alexandre, Sr de Colambert.

Jâque Denys.

Augustin Laîne.

Philippe de Mauluny.

Jâque Stoux.

Deux petits Valets de chiens, couchans avec eux, servans, par semestre. . . . . 219 l.

Pierre Savigny.

Nicolas Charle.

Trois Valets de Limiers ordinaires. . . . . 273 l. 15 s.

Jean d'Arêne.

Étienne Michau.

Pierre Pesnon.

Quatre Fouriers. . . . . 150 l.

Nicolas Gaudin, Sr de la Monge.

Jean de Martisny, marquis du Chon.

Jean-François d'Apremont.

Antoine Jodenet, Sr de Langrenière.

Chirurgien ordinaire. . . . . 200 l.

Palefreniers ordinaires. . . . . 219 l.

Maréchal ferrant. . . . . 150 l.

VÉNERIE POUR LE CHEVREUIL.

Un premier Veneur. . . . . 1,000 l.
Le Sr Terat.
Lieutenans, par semestre. . . . . 800 l.
Jean Hescamp.
Le Sr Guillaume de l'Hôpital, Marquis de Sainte-Même.
Piqueurs ordinaires. . . . . 273 l. 15 s.
Louis Branlar.
Blaise Chirat, Sr de la Mothe Valentin.
Valet de chiens ordinaire à cheval. . . . . 547 l. 10 s.
Nicolas Postel, Sr de Bellanger.
Grands Valets de chiens ordinaires. . . . . . . 273 l. 15 s.
Thomas Darot.
Edme Billetou.
Paul Boucher.
Claude Prévôt.
Autres petits Valets de chiens couchans avec eux. . . 519 l.
Laurent Baril.
Louis Curet.
Valets de Limiers. . . . . 273 l. 15 s.
Charles Domey, Germain Bonnard.
Palefrenier ordinaire. . . . . 219 l.
Maréchal ferrant. 150 l.

VÉNERIE POUR LE RENARD.

Un premier Veneur. . . . . 1,000 l.
Le Sr Jérôme Egrot, Sr du Lude.

VÉNERIE POUR LE LOUP.

Un premier Louvetier. . . . . 1,000 liv.
Le S^r d'Authonvillo, Edmon Tristan.
Le Lieutenant. . . . . 600 liv.
Robert Watier.

Piqueur. . . . . 547 l. 10 s.

Edme Garnier, Sr des Chênes.

Valets de chiens. . . . . 219 l.

René Janson, Nicolas de Jardin.

Valets de chiens pour mener les trois lesses de Lévriers. . . . . 273 l. 15 s.

Michel Gobineau, dit Carillon.

Nicolas Morel de Gauville.

Jean Bâtiste du Maine.

Valets de Limiers. . . . . 273 l. 15 s.

Le Sr de Polignac de Chalançon.

Antoine Ferré.

Toiles.

Capitaine des Toiles, le Sr Pierre, Marquis de Lestang. 1,200 l.

Lieutenant. . . . . 400 l.

Le Sr Joseph Gabriel du Parc, Comte de Lœmaria (Locmaria).

Valet de chiens. . . . . 273 l. 15 s.

Edme Giloton.

MEUTTE POUR LE LIÈVRE.

Chef de la Meutte. 400 l.

Le Sr de Charmaison, Francois du Tillet.

Capitaine des Levrettes. . . . . 1,200 l.

Le Sr le Pelletier.

Valets de Levrettes. 60 l.

Adrien le Marchand.

Marguery le Berseur.

Jean Prévôt.

FAUCONNERIE.

Un premier Fauconnier. . . . . 1,000 l.

Le Sr Hugues des Nos.

Vol pour corneil (sic).

Un Maître Fauconnier. . . . . 250 l.
Antoine-Rousseau.

Piqueurs. . . . . 250 l.
Joseph Turcam, Sr de Belleveuve.
Jean Gorteau. Augustin Auxcousteaux.
Guillaume Martin.
François Maréchal.

Porte-Duc. . . . . 250 l.
François Lasné, Sr de Mignard.

Chirurgien de la Fauconnerie. . . . . 250 l.

Vol pour pie.

Maître Fauconnier. 300 l.
Michel Foussart, Sr de la Pinardière.

Piqueurs. . . . . 250 l.
Charles Granet, Sr de la Martinière.
Pierre Grasset, Sr de Sommeville.

Vol pour les champs.

Chef des Oiseaux. . . . . 1,000 l.
Le Sr Jâque de Trivol de Sainte-Foy.

Maître Fauconier. 300 l.
Denys Galien.

Piqueur. . . . . 300 l.
Louis le Maréchal.

Oiseaux du Cabinet.

Chef. . . . . 1,000 l.
Le Sr de Villefavreux, Jules de Loynes.

2° ÉQUIPAGE DE CHASSE DE PHILIPPE, DUC D'ORLÉANS, DEPUIS RÉGENT, EN 1702. (*État de la France de cette année.*)

VÉNERIE DU CERF.

Un premier Veneur. . . . . 1,000 l.
Le Marquis d'Effiat.

Deux Lieutenans. . . . . 800 l.
Baltazar de Lerette. — Babil.

Deux Gentilshommes. . . . . 1,200 l.
Joseph Duplouy. — Jean Tesson.

Un Capitaine des Levrettes. . . . . 1,200 l.
Jâque Sibours de Soleurs.

OISEAUX DU CABINET.

Un Chef. . . . . 1,000 l.
Le sieur de Villefavreux.

3° ÉQUIPAGE DE CHASSE DU DUC D'ORLÉANS (LOUIS, FILS DU RÉGENT), EN 1736. (*État de la France de cette année.*)

Trois Gentilshommes de la Vénerie :
MM. Louis de Karuel, Chevalier de Meré, Capitaine de Cavalerie, Chevalier de Saint-Lazare.
Jacques-François de Larue-Lannoy.
Guillaume de Braque.

Six Veneurs :
MM. Gilles Berson.
Jean-François du Prat de Barbançon.
Charles de Tiremont.
Pierre-Jacques le Roy.
Antoine Grumel de Montgalland.
Pierre-Claude Blanchet de Langeron . . . . 60 livres.

Trois Gentilshommes de la Fauconnerie :

MM. Henry Roussel de Tilly, le jeune, Capitaine de Carabiniers.

Aldebert Pineton de Chambrun.

René-Charles-François Guéront de la Gohire, Major d'Infanterie. . . . . 600 l.

Deux Fauconniers :

MM. Louis du Plessis de Châtillon.

Marin Chesneau de la Droürie. . . . . 60 l.

Un Cordonnier :

André Guillaume Droye. . . . . 60 l.

NOTE G.

Récapitulation des chasses de Louis XVI pendant l'année 1775. (Extraits du Journal du Roi, dans la *Revue rétrospective*, 1re série, t. V.)

CHASSES DU CERF.

Saint-Germain.	15
Versailles.	17
Grands-Environs	9
Les Alluerts (*sic*) et Besnet.	7
Rambouillet.	14
(J'y ai manqué 2 chasses.)	
Sainte-Geneviève.	1
Fontainebleau.	7
TOTAL.	70

CHASSES DU SANGLIER.

Saint-Germain	4
Les Alluerts	1
Compiègne	2
Fontainebleau	7
Total	14

CHASSES DU CHEVREUIL. 27

Chasses du vol, une, avec une chasse du cerf.

HOURAILLERIES.

2 à Compiègne, 2 à Fontainebleau, TOTAL. 4

TIRÉS.

Ordinaires, dont un double	58
Avec le chevreuil	23
Avec d'autres chasses	4
Total	85

8 dîners à la chasse.

Au magasin de la Chapelle, à la chasse du vol, à Nanterre, à la Muette, à la Vieille-Poste, à Créteil, à Villeneuve-le-Roi, à Saint-Ouen.

Saint Hubert.

Diners	13
Soupers	13

NOTE II.

Équipages de chasse des princes, frères de Louis XVI. (Extraits de l'*Almanach de Versailles pour l'année* 1776.)

MAISON DE MONSIEUR.

Vénerie pour cerf.

Premier Veneur : le comte de Montault.

Lieutenants : MM. Darboulin; de Kerny.

Gentilshommes ordinaires de la Vénerie : MM. de Ballias, Thévenot.

Porte-arquebuse : M. de Vinfrais.

Fauconnerie.

Premier Fauconnier et Chef des oiseaux du Cabinet : M. le baron de Cadignac.

Fauconniers : MM. d'Hardoncelle, Nomeuf.

Capitaine des Levrettes de la Chambre : M. le marquis de la Feuillée.

MAISON DU COMTE D'ARTOIS.

Vénerie.

Premier Veneur : M. le marquis du Halley (*sic*).

Lieutenants : MM. Manègre, de Fonblanche.

Gentilshommes ordinaires de la Vénerie : MM. de Vinfrais, Dujardin de Rusé.

Porte-arquebuse : M. de l'Épinois (M. Prioro a conservé les honneurs du service).

Premier Fauconnier et Chef des oiseaux du Cabinet : M. de Castelnau.

Capitaine des Levrettes : M. le vicomte de Martinel-Saint-Germain.

Capitaine des Chasses : M. le baron de Courville.

PIÈCES JUSTIFICATIVES.

PIÈCES JUSTIFICATIVES.

N° I. — *Extrait des comptes de saint Louis* (1).

Matricula officialium Galliæ regum et reginarum, etc.

Pallia militum et clericorum, etc., domini regis Ludovici ad terminum Pentecostes M.CC.XXXI.

Pallia.

Gaufredus Falconarius.

Herricus Falconarius.

Venatores et 5 valeti qui habent 4 l. pro roba et alius,	30 s.
Falconarii,	27 l. 10 s.
Piscatores de quibus unus habet, 4 l. et duo 7 l.	
Duo avicularii et duo furatores,	14 l.
5 valeti canum et Galterus de Pissiaco,	15 l.

N° II. — *Extrait des comptes d'Alfonse, comte de Poitiers.*

Mantelli militum et clericorum Alfonsi comitis pictaviensis ad terminum omnium sanctorum M.CC.LVIII.

Furarii et aucupes,	50 s.
Petrus de Herouvillâ,	50 s.
Robertus de Alverniâ,	62 s. 6 d.
Johannes de Cambis,	50 s.

(1) Ludewig. *Reliquiæ manuscriptorum*, t. XII.

N° III. — *C'est l'ordenance de l'hostel le saint Roy Loys, faite ou mois de aoust, l'an de grâce M.CC.LXI.*

Le fuironneur aura 18 den. de gaiges et quant il vendra à court (1), il et son valet y mengeront.

Le pescheur aura 2 s. par jour et quant il vendra a court, il et son valet y mengeront, et aura 40 s. pour robe par an et pour travaux 40 s. par an.

L'oiseleur aura 12 d. par jour, et quant il vendra à court, il et son valet y mengeront et aura 40 s. pour robe par an et pour filès et roseus (réseaux) 12 s.

N° IV. — *Officiers domestiques de l'hostel du Roy Philippes III, dit le Hardy. Année M.CC.LXXIV.*

Pallia militum.
Stephanus Granche Falconarius, 100 s.
Roba valetorum et aliorum.
Johannetus Falconarius.

N° V. — *Extrait des comtes de Robert, comte de Clermont (fils de saint Louis, chef de la maison de Bourbon).*

Guagia et robæ familiæ Roberti comitis Cleromontensis, filii Regis sancti Ludovici, ad terminum Ascensionis Domini M.CC.LXXXXV.
Guillotus Venator.
Pagius canum pro unâ tunicâ audaci (cotte hardie), 16 s. 3 d.

N° VI. — *Officiers domestiques de l'hostel du Roy Philippe le Bel, M.CC.LXXXVII.*

Perrotus Picardus furetarius, 18 d. per diem.
Pro robis pro toto anno, 60 s.
Johannes de Bosco, avicularius, 12 d. per diem.

---

(1) Quand il viendra à la cour.

Pro robis pro toto anno, 60 s.
Falconarii 8 cuique, 3 s. per diem et 50 s. pro robis.
Crementa falconarii 2.
Balduinus Banelli, 50 s.
Simon de Luparâ, 50 s.
Venatores 3, cuique 4 s. per diem et 50 s. pro robis.
Alii Venatores 2, cuique 4 s. per diem et 50 s. pro robis.
Guyotus de Franconville, 18 den. per diem.
Johannes Boutin, 2 d. per diem.
Valeti 5 ad canes, cuique 8 d. per diem et 20 s. pro robis, pro termino.

Arcuarii.

Fichoninus, 4 s. per diem.
Huetus Rougiau, 2 s. per diem.
Robinus Corneprise, 18 d. per diem.
Saintardus, *id.*
Et cuique, 50 s. pro robis pro termine.

N° VII. — *Philippe le Bel, in termino Nativitatis domini M.CC.LXXXVIII.*

Garinus Falconarius, pro robis pro toto anno, 60 s.

Furetarius.

Perrotus Picardus, 18 d. per diem.

Avicularius.

Johannes de Bosco, 12 d. per diem.

Falconarii, 3 d. per diem.

Vintardus.
Robinus de Bovines.
Radulfus de Baalliaco.
Johannes Andréas.
Perrotus de Tournehan.
Tassinus.

Venatores, 4 s. per diem.

Petrus.
Malgeneste (1).
Johannes de Villaris.
Guillelmus Guerrevilla.
Maciotus de Jamesiolo.
Johannes Boutin.
Guillelmus de Franconville.

(1) L'effigie de ce Malgeneste, telle qu'elle était sur son tombeau, se trouve conservée dans les portefeuilles de Gaignières.

Arcuarii, 3 d. per diem.

Fichoninus. Robinus Cornepresc.
Huetus Rougelli. Saintardus.

Valeti canum 5, 12 lib. equaliter.

Henricus de Canibus.
Perrotus Grisomonte.
Coqueletus.
Pomeletus.
Robinus de Franconville.

Valeti venatorum 6, 7 lib. 4 sol. equaliter.

N° VIII. — *Philippe le Bel.*

Expensa hospitii domini Regis pro termino Pentecostes a primâ die Januarii MCCCXII usque ad primam Julii MCCCXIII.

Johannes de Medonta, valetus falconum,		50 s.
Johannotus Andree,	*id.*,	*id.*
Gerardus de Belloforti,	*id.*,	*id.*
Guillelmus de Virmis,	*id.*,	*id.*
Hebertus de Forcene,	*id.*,	*id.*
Johannes Benel,	*id.*,	*id.*
Jondetus falconarius,		50 s.
Perrotus de Monteguignardi valetus falc.		*id.*
Robinus de Novo-vico,	*id.*,	*id.*
Tassinus le bave,	*id.*,	*id.*
Maquerellus furetarius,		18 s. per diem.
Johannes de Sancto Supleto, avicularius,		18 s. per diem.
Falconarii cuique,		3 s. per diem.
Giletus de Brunebec,		50 s.
Arnulfus de Bovignes,		*id.*
Surianus,		*id.*
Guillelmus le Turc,		*id.*
Perrotus de Rossilione,		*id.*
Johannes Fouillée, falconarius domini Philippi,		*id.*
Dn. Petrus de Monteguignardi, mag. falconarius,		*id.*

Venatores, cuique 3 s. per diem et pro robâ de termino.
Dn. Robertus Venator.
Johannes Venator.
Guillelmus de Franconvillâ.

Oudinetus Malgeneste.
Durandus.
Reginaldus de Franconvillâ.
Coqueletus.
Henricus de Meudone.
Guillelmus Malgeneste.
Robinetus, filius Guillelmi de Franconvillâ.
Perrinetus de Franconvillâ.
Valeti canum 10.
Cuique 8 den. per diem et 20 sol. pro robâ de termino.

Arcuarii.

Cuique, 3 s. per diem et 50 s. pro robâ de termino.

Fichio,	50 s.	Johannes Droconis,	50 s.
Simardus Pinellus,	*id.*	Guillotus Rougeau,	*id.*
Adenetus Butin,	*id.*	dictus Harenc,	*id.*

Stephanotus Arcuarius Regis Navarræ (1), 2 s. per diem.
Dictus Abbé, arcuarius domini Philippi (2), 2 s. per diem, 50 sol.

N° IX. *Quelques officiers domestiques de l'hostel du Roi Loys X, dit le Hutin, MCCCXV.*

(Extrait du compte de Pierre Remy, maistre de la chambre aux deniers, du 1er juillet 1315 au 1er janvier suivant) (3).

Valeti falconum.

Johannotus Andrea pro 184 diebus cum ave a 1° julii ad primum januarii, 3 s. per diem, 27 l. 12 s.
Guillotus de Virmes, *id.*
Girardus de Bello-forti pro 204 diebus, 3 s. per diem, 30 l. 12 s.
Tassinus de Novo-vico pro 55 diebus, 3 sol. per diem, 8 l. 5 s.

Furetarius.

Maquerellus pro dicto tempore, 18 d. per diem, 13 l. 16 s.

---

(1) Louis le Hutin, fils aîné de Philippe le Bel, qui devint Roi de France en 1314.

(2) Philippe, second fils du Roi, depuis Roi de France.

(3) Ce Pierre Remy, principal trésorier de Charles le Bel, après l'avoir été de Louis X, fut pendu pour malversation en 1328.

Item pro robis et filo ad o. s. (1), 4 l. 10 s.

Avicularius.

Johannes de Ste Suppleto pro eodem tempore, 18 d. per diem, 13 l. 16 s.

Item pro robâ et filo ad o. s., 3 l.

Falconarii.

Surianus. Johannes falconarius.
Arnulphus. Galiotus.
Robertus de Novo-vico. Tenotus de Lucto.
Perrotus de Roussilione. Giletus de Hellâ.
Oudetus de Villaribus.

Pro 184 diebus..... cuilibet, 4 s. per diem, cuilibet 27 lt. 12 s. equaliter 248 lt. 8 s.

Item, pro vadiis avium et leporariorum, 13 lt. 2 s. 10 d.

Venatores.

Johannes Venator. Henricus de Meudone.

Cuilibet, 4 s. per diem, 26 lt. 16 s.

Equaliter, 73 lt. 12 d.

Durandus. Guillotus Malgeneste.
Johannotus Venator. Toynardus.
Oudinetus Malgeneste. Robinus de Franconvillâ.

Cuilibet septem istorum (2), 3 s. per diem.

Cuilibet 27 lt. 12 s., equaliter 193 lt. 4 s.

Coqueletus, 3 s. per diem. Pro 164 diebus 4 lt. 12 s.

Perinetus Venator pro 180 diebus, 2 s. per diem........ 18 lt. 8 s.

Renaldinus de Geriaco pro eodem tempore, 18 d. per diem, 13 lt. 16 s.

6 valeti canum et unus valetus sejourni canum.

Cuilibet, 8 d. per diem pro 184 diebus, 6 lt. 2 s. 8 d., equaliter 42 lt. 18 s.

Item pro robis omnium sanctorum (3), 7 lt.

Venatores prædicti pro vadiis canum, 381 lt. 13 s. 4 d.

Arcuarii.

Fichonus, 3 s. per diem. — 27 lt. 12 s.

---

(1) Probablement *ad opus suum*.

(2) Il n'y en a que six.

(3) Robes distribuées le jour de la Toussaint.

Simardus Pinellus. Stephanus Pinelli.
Adam Butin, Johannes Droconis.
Guillelmus Harenc, Guillotus Rougeau.
Cuilibet, 2 s. per diem. — 18 lt. 8 s.
Equaliter, 128 lt. 16 s.
Item, pro robis omnium sanctorum, 8 lt.

N° X. — *C'est l'ordenance de l'Ostel le Roy Philippe, père monseigneur le Roy qui ore est, faite à Vicenes. Landemain de la saint Vincent en l'an M.CC.IIII.XXV.* (Arch. JJ 55.)

Premièrement :

Li *oisseleires* a 12 den. de gaiges hors et ens et 60 sols pour robe et pour roitz (rets), 12 s. et mengera à court quant il y venra.

Li *louviers* prendra tiex gaiges que il a par la lettre le Roy.

Fauconniers 6, chascuns aura 2 s. 6 den. de gaiges pour toutes choses et ne mengeront pas à court et auront pour *restor* (1) *de cheval* 14 liv. et chascun 100 s. pour robe.

Veneurs 3, et aura chascuns 3 s. de gaiges, hors et ens, et chascuns 100 s. pour robe et pour heuses, et pour haches 17 s., et pour restor de cheval 14 lt.

Le valet à ces veneurs 1, qui aura 18 den. de gaiges, hors et ens, et pour robe, 4 liv. et pour restor de chevaus, 8 liv.

Valès à chiens 6, et à chascuns 6 den. de gaiges, hors et ens, et mengeront à court.

Archiers, 2, et à chascuns 2 s. de gaiges, hors et ens, et 100 s. pour robe, et le maistre aura pour restor de cheval 14 liv., et l'autre 8 liv.

Brachès (2), 6, et auront par jour 6 den., et les 2 valès qui les gardent 16 den., ensemble hors et ens. — Item, 12 chiens pour faire la chace qui auront 12 den. de jour.

(1) Retour, remboursement.
(2) Brachets, espèce de chiens.

C'est l'ordenance de l'Ostel le Roy Philippe, père le Roy, qui ores est faites et accordées au bois de Vicenes, l'an mil CCXC, la semaine devant la Chandeleur.

Il est ordené que li Rois aura 6 coursiers, 6 palefrois, 3 grands chevaus pour son cors, 6 sommiers et 6 roncins pour suire la court et 18 chaceurs des quiex l'en enmerra chascun jour que li Rois ira en bois tant seulement.

Le Fuireteur. . Le Perdriseur. . Fauconniers. . . Veneurs. . . . . Archiers. . . . . Valès de chiens Brachès.	sont en tel estat comme il est escrip en la chambre aus deniers.

Il est ordoné que nus des serjans de la forest ou li Rois chacera ne autre personne estrange ne mengeront à court fors seulement 1 des serjans qui conduira le Roy par la forest.

C'est l'ordenance que li Roy Philippe, père, fist à Poissy.............
MCCCXIII.

Et pour veneurs, archiers et fauconniers, maçons, charpentiers, fuireteurs et oiseleurs, 3,600 l. qui montent par an......

C'est l'ordenance de Lostel le saint Roy Loys, faite en mois de aoust lan de grace MCCLXI.

Le *Fuironneur* aura 18 d. de gaiges et quant il vendra à court li et son valet y mengeront.

Le *Pescheur* aura 2 s. par jour, et quant il vendra à court, li et son valet y mengeront et aura 40 s. pour robe par an et pour travaux, 40 s. par an.

L'oiseleur aura 12 d. par jour et quant il vendra à court, li et son valet y mengeront et aura 40 s. pour robe par an et pour filès et roseus, 12 s.

N° XI. *C'est l'ordenance du restrait* (1) *de l'hostel mons. qui ores est Roys du temps qu'il estoit contes de Poitiers..... à Conflans, MCCCXV.*

(Les fauconniers et les veneurs qui viegnent comptent au nombre des 4 escuiers qui doivent être avec mons.). — Quant aux fauconniers ils auront 3 s. hors et ens se il ne sont en lor maisons et en seront creus par leurs fois.

Il aura 1 *vallet des chiens* courans mons. qui aura robes de mestier et mengera à court, et son vallet, quant il y sera, et quant il ne sera à court, il aura pour li et son vallet 12 d. de gages par jour en parisis parisis et au tournois tournois.

Cil qui garde les chiens de la chambre, et sert de l'yaue, mengeront à court et aura sert de l'yaue, 3 d. de gages (2).

Cil qui porte l'arbaleste le Roy mengera à court et aura 2 s. 6 d. de gages et ne prendera point avainne.

Il y aura 8 *veneurs* — c'est assavoir Jehan le veneur mestre et Guill^e de Franconville, qui auront chascun 4 s. de gages. Item, Oudenet Malegeneste et Jehennot Malegeneste, Durant, Renaut de Franconville et Coquelet qui auront chascun 3 s. de gages. Item, Robinet de Franconville, qui aura 2 s. de gages.

Et si y aura 6 *archiers*. — C'est assavoir Fichon, mestre, qui aura 3 s. de gages. Item, Symart Pynel, Adenet Butin, Jehan de Dreue, Guillot Rougeau et Harenc qui auront chascun 2 s. de gages, si mengeront tous à court durant le temps que li Roys yra en son déduit tant seulement et non plus se il ne sont mandez. Et ceus qui sont sous euz et sont au Roy des queux, il doivent bailler les nons par escript avant que il viegnent mengier à court, doivent estre monstrés au Roy. Et si seront les dis veneurs et archiers montez du Roy. Item, il y aura 10 vallès des chiens qui mengeront à court et auront 8 d. chascun de gages. Et si y aura 6 vallez pour les braschès qui mengeront à court et auront aussi bien 8 d. de gages.

La charrete qui va en boys aura 4 s. de gages et le charretier 10 d.

Mulet, ayde des veneurs, aura 20 liv. p. pour restor de son cheval.

Robert de Meudon sera monté du Roy, de palefroy et de coursier.

---

(1) Réduction.

(2) Sert de l'yaue, le *serdeau*, ancien officier de la maison du Roi.

Le *Louvier* aura 40 l. tournois de restor pour son cheval.

Il y aura 6 *fauconniers* qui mengeront a court durant le temps que li Roys yra en son déduit, et auront l'un 5 s. de gages et les autres chascun 3 s. et pour restor de lor chevaus, chascun 20 l.

Vallès de faucons tant comme il porteront les faucons le Roy, mengeront à court et auront chascun 3 s. de gages.

Maquereau le *fureteur* mengera à court et aura hors et ens 18 d. de gages et li doit on paier fuirès et fillé.

Le *perdrieur* mengera à court et aura hors et ens 18 d. de gages.

Les *brilleurs* auront chascun 10 d. par jour, de la Pentecouste jusques à la Chandeleur et mengeront à court.

L'ordenance de Lostel Philippe (le Long), au bois de Vincienes, **1316.**

.... Et le *fureteur* mengera à court et aura 18 d. de gages par jour hors et ens et non plus, et furès et fillés paiés en la chambre aux deniers.

Item, le *perdrieur* mengera à court et aura hors et ens, 18 d. par jour de gages et riens de plus.

Item, *veneurs*, *archiers* et de *brachès* à la volenté le Roy.

L'ordenance de Lostel le Roy Philippe (le Long), à Lorris, **1317,** **17** *novembre.*

Item, Jehan de Fontencour qui portera l'aubaleste le Roy, mengera à court et aura une prouvende d'avaine et 13 d. de gages pour toutes autres choses.

Item, le *fureteur* mengera à court et aura hors et ens, 18 d. de gages par jour ses furès et ses fillés paiés en la chambre aux deniers et riens plus.

Item, le *perdrieur* mengera à court et aura 18 d. de gages par jour hors et ens tant comme la saison durra et riens plus.

Item, 2 *brilleurs* mengens à court et aura chascun 10 d. de gages par jour pour toutes choses, tant comme la saison durra.

Item, *veneurs*, *archiers*, *vallès* de chiens, *fauconniers* et autres pour le déduit à la vollenté le Roy mengeans à court.

Ordenances commenciées à Pontoise le 18e j. de juillet MCCCXVIII et confermées à Longchamp-lez-Paris, X jors en juillet MCCCXIX.

Item, nul ne prendra doubles gages exceptés auscuns veneurs aux quiex nous avons baillié la garde de aucunes de nos forez.

N° XII. — *Compte de la despence de la Venerie du Roi, Ms. de l'année MCCCLXXXVIII (Archives de l'Empire).*

Le compte de Philippe de Courguilleroy, chevalier, maistre veneur du Roy nostre Sire et maistre de ses eaues et forests, fait à cause tant des gaiges et pencion que ledit cher doit avoir et prendre comme maistre desdites eaues et forests, comme pour les gages, robes et pencions, heuzes et haches de 6 veneneurs (*sic*) dudit segneur, de deux aides et le clerc de la dicte Venerie, des varlès et pages des chiens et des levriers dudit segneur pour le tiers d'un an, c'est assavoir pour le terme commençant à la Toussains qui fu premier jour de novembre CCCLXXXVIII et finant à la Chandeleur, 2e jour de fevrier ensuivant ou dit an, et aussi pour la despence des chiens courans, limiers, lévriers et mastins, tant pour le cerf comme pour le porc au séjour et aval le pays, du jour de la dicte Toussains jusques au jour de ladicte Chandeleur.

Recepte.

Des trésoriers du Roy nostre Sire à Paris, par la main de maistre Pierre de Sens, changeur du trésor dudit segneur par mandement du Roy nostre Sire et par mandement de messegneurs de la chambre des comptes reseu pour le tiers d'un an, c'est assavoir pour le terme commençant à la Toussains, premier jour de novembre CCCLXXXVIII et finant à la Chandeleur, 2e jour de février enssuivant ou dit an pour ce, par ma quittance faitte ou dit tresor, 9e jour de fevrier ou dit an, 1,066 frans deux tiers 16 s. p. pièce, 853 lt. 6 s. 8 d. p.

Despense de ce présent compte. — Gaiges d'officiers.

VENEURS.

Messire Philippe de Courguilleroy, chevalier, pour ses gages comme maistre veneur et maistre des dictes eaues et forests du Roy nostre Sire pour le tiers d'un an, c'est assavoir à 10 s. par. par jour, fait pour le tiers d'un an, 61 l. parisis.

Pour la pencion dudit messire Philippe, pour le tiers de 100 livres par an, fait pour ledit terme, 33 l. 6 s. 8 d. p.

Jehan Cochet veneur du Roy nostre Sire pour ses gages desservis en son dit office pour le tiers d'un an escheu au terme de la Chandeleur, 3 s. p. par jour, fait pour le tiers d'un an ad ce terme, 18 l. 6 s. parisis. — Pour le tiers de 100 s. p. par an, fait ad ce terme, 33 s. 4 d. p. — Pour pencion de 80 l. par an pour robe, fait ad ce terme 26 l. 13 s. 4 d. p., et pour 17 s. p. qu'il prent par an pour heuzes et haches, fait ad ce terme, 5 s. 8 d. par., lesquelles parties font 46 l. 18 s. 4 d. p. à lui payé pour salaire donnée 10e jour de fevrier, 46 l. 18 s. 4 d. p.

Guillaume Cochet, veneur du Roy nostre Sire pour ses gages, robe, pencion heuzes et haches desservis en son dit office pour le tiers d'un an, à lui paié, 46 l. 18 s. 4 d. p.

Philippe Niquet, veneur dudit segneur, pour ses gages, robe, pencion, heuzes et haches pour le tiers d'un an, 46 l. 18 s. 4 d.

Robert de Franconville, pour semblable chose, 46 l. 18 s. 4 d.

Mahieu de Franconville, veneur, pour autel chose, 46 l. 18 s. 4 d.

Jehan de Courguilleroy, veneur id. 46 l. 18 s. 4 d.

AIDES.

Richart Potier, aide de la venerie du Roy, pour ses gages pour le tiers d'un an, 2 s. par jour, fait pour le tiers d'un an, 12 l. 3 s. 4 d. pour robe de 100 s. p. par an, fait pour le tiers ad ce terme, 33 s. 4 d. p., et pour sa pencion de 40 l. p. par an, fait pour le tiers ad ce terme 13 l. 6 s. 8 d., lesquelles parties font 27 l. 4 s. à lui paié par sa quittance donnée 9e jour de fevrier, 27 l. 3 s. 4 d.

Gillet Brossart, aide de la dicte venerie pour ses gages, robe et pencion pour ledit terme, 27 l. 3 s. 4 d.

Philippe de la Chambre, clerc de ladite venerie, pour ses gages, robe et pencion, desservis en son dit office, pour ledit terme, 27 l. 3 s. 4 d.

VARLÈS DES CHIENS.

Pierre Biart dit Quetron, varlet des chiens du Roy nostre Sire, pour ses gages.... Pour le tiers d'un an echeu à la Chandeleur, a 8 d. p.

par jour fait pour le tiers d'un an, 4 l. 13 d. p., pour le tiers de 40 s. p. pour robe par an, fait pour le tiers, 13 s. 4 d. p. et pour le tiers de 16 l. p. pour sa pencion, fait 106 s. 8 d. p., lesquelles parties font 10 l. 13 d. p.

Robin Raffon, varlet des chiens du Roy, pour ses gages, robe et pencion, 10 l. 13 d. p.

Johannin Corneprise, varlet des dis chiens pour autel chose, 10 l. 13 d.

Guillemin Gloret, varlet des dis chiens pour semblable, 10 l. 13 d.

Philipot le Prouvencel pour autel chose, 10 l. 13 d.

Perrin le parquier pour semblable, id.

Jehannin de Bouchevillier pour autel chose, id.

Jehannin Billart pour autel chose, id.

Guillemin Mardargent, varlet des levriers du Roy, id.

Adam Raffon, varlet des levriers dudist segneur, id.

Odouart Stratton, varlet des dis levriers, pour autel chose, id.

PAGES DES CHIENS.

Gieffroy le Maçon, page des chiens du Roy, pour ses gages à 8 d. p. par jour, fait pour le tiers ad ce terme, 4 l. 12 d. p., et pour sa pencion de 8 l. p. par an, fait pour le tiers, 53 s. 4 d. p. qui sont en somme, 6 l. 14 s. 5 d.

Thevenin de la Dois, page des dis chiens, pour ses gages et pencion pour ledit terme, 6 l. 14 s. 5 d.

Regnault Bouchart, page des chiens du Roy, id.

Perrin de la Rue pour semblable chose, id.

Jehan le Comte, id. id.

Guillemin le Parquier, pour semblable, id.

Guillemin le Prouvencel, pour autel chose, id.

Jehannin Regnault, page des levriers du Roy, id.

Guillemin de la Bourne, page des levriers du Roy, id.

Jehannin Huclievre, page des dis levriers, id.

Autre despence faitte pour 92 chiens, 8 limiers et 30 levriers pour le cerf estans au sejour à Sermaize, dont la despence desdis chiens limiers et levriers en pain, est chargée sur le compte du terme escheu à la Toussains MCCCLXXXVIII derrenier passé avec la despence de plusieurs chiens courans, levriers et mastins, tant de ceulx du Roy comme d'autres chiens et varlès empruntés pour servir le Roy en ses porchoisons de ceste présente année comptez ou compte de S^e^ Philippe de Courguilleroy desus dit du terme commençant à la Toussains, etc.

Jehannin, le cordier de Herici, pour 60 toises de corde dont on a fait couples aux dis chiens limiers et levriers estans on dit sejour à Sermeze par l'espace de 32 jours, du premier jour de novembre, feste de Toussains MCCCLXXXVIII, jusques au 3e jour de décembre, pour ce, 10 s. p.

A lui pour 6 trais de poil de vache pour 6 des limiers du Roy nostre Sire estans on dit sejour, 8 s.

Adam Mangolet de Vry, pour 2 septiers de feves dont on a fait potage pour plusieurs chiens malades on dit sejour pour 32 jours, 16 s.

Alain, le boucher de Herici, pour 8 pintes de saing de porc dont on a affaittié ledit potage desdites feves, pour 32 jours, 10 s. 8 d.

Pour sel acheté on marché de Samois, dont on a salé le potage de feves pour les dis chiens pour le temps dessus dit, 4 s.

Pour 4 grans pos de terre ou on a cuist le potage de feves pour les dis chiens..... achettés on marché de Samois, 6 s. 4 d.

Jehannin le Maqueur de Fontainebliaut, pour 12 froissures de mouton dont on a donné à plusieurs chiens malades qui ne voulaient menger de pain et pour leur faire en ce des soupes, 12 s.

Pour 8 pingnes de bois dont on a pingné et nestoié les dis chiens..... achettés à Samois, 8e de novembre, 4 s.

Pour 8 livres de chandelle pour veoir à atirer les dis chiens de nuits...... achettées à Samois, 8e de novembre, 8 s.

Pour deux paire de solers nuefs pour deux varlès qui gisent de nuit avec les dis chiens et qui nont nuls gages, 8 s.

Pour deux paire de chauces nuefves pour les dis deux poures varlès...... achettées à Samois le 8e de novembre, 16 s.

Pour 6 pintes de oille de chenevuiz avec soufre achetté à Samois, dont on a fait oingnement pour les dis chiens, 12 s.

Pour 4 pintes de lait de vache pour nourrir 6 jeunes cheaux ou dit sejour pour 32 jours, 16 d. p.

Pour la poine de Jehan Maciquart et de ses chevaux pour avoir admene 6 charrettées de bois brisés et coppées en la forest de Bière, pour faire un palers clos ou dit séjour pour mettre les dis chiens au soleil hors du chiengnil, pour ce, 8 s.

Pour la poine d'un chastreur pour avoir chastré 4 lices sortans ou dit sejour, à lui paié, 18e jour de novembre, 8 s.

Perrin Cordelette, cordier de Moret, pour 90 toises de corde dont on a fait coupples aux dis chiens pour 69 jours du 4e jour de decembre, jusques au 2e jour de fevrier, feste de Chandeleur, 6 s.

Pour 18 livres de chandelle pour veoir à atirer les dis chiens ou dit séjour, pour 59 jours, 18 s.

Pour 4 paire de solers nuefs pour deux poures varlès qui gisent de nuits avec les dis chiens et qui nont nuls gages, achettés on marché de Samois, 16 s.

Pour 2 paire de chauces nuefves pour les dis 2 poures varlès, 20 s.

Pour 2 alnes de drap camelin dont on a fait une hopelande à chaperon pour un des dis poures varlès, 20 s.

Pour la façon de la dicte houpelande et chaperon pour ledit poure varlet à Jehannin le cousturier de Samois, 6 s.

Jehannin Huelivre, page des chiens, pour argent à lui baillé pour avoir requis deux des chiens du Roy adirés et eschappés dudit sejour pour ce paié, pour 6 jours, en ce faisant, 16 s.

Autre despence faitte pour 60 chiens courans, 8 limiers et 24 que lévriers, que mastins du Roy nostre Sire chaçans les pors en la forest de *Crive* et de Fresnes et es autres forests dudit segneur avau le pays; ceste despence faitte en pain pour les dis chiens, corde, sel à saler venoisons et plusieurs autres choses pour la neccessitte et gouvernement des dis chiens comptée on compte de moy Philippe de Courguilleroy du terme commençant à la Toussains, etc.

Jehan le Gastinois, boulenger, demourant à Valcresson, pour pain pour les chiens courans, limiers, levriers et mastins desus dis, chacans tous ensemble les pors pour le Roy nostre Sire en la ses forests de *Crive* (1) et de Fresnes et ou pais d'environ par lespace de 11 jours, du 1er jour de novembre... jusques au 12e jour dudit mois à lui paié 16 l. p.

Pour 40 toises de corde dont on a fait couples aux dis chiens limiers et lévriers estans esdictes forests par le temps desus dit, achettées à Saint-Germain-en-Laie, le 14e jour de novembre, 6 s. 8 d. p.

Pierre le Gastinois de Valcresson, pour un porc privé pour ycellui avoir été donné aux dis chiens limiers et levriers pour eulx affaittier pour chacer les pors, 20 s. p.

Pour 4 livres de chandelle pour veoir à atirer et appareiller les dis chiens de nuits par le temps desus dit, achettée à Saint-Cloud, 4 s.

Pour la peine d'une voiture à 3 chevaux pour mener et conduire le hernois du Roy pour le senglier par 3 chaces qui ont esté faittes en la dicte forest de Fresnes...... à Jehannin bonhomme de Mareil, 16 s. p.

Pour 6 serpes achettées a Paris, pour avoir fait les haies, pour chacer les pors pour le Roy es dictes forests, 12 s. parisis.

Pour 4 trais de poil pour 4 des limiers... estans es dictes forests achettés à Valcresson, 5 s. 4 d.

Pour sel dont on a salé trois bestes noires pour le Roy, prises en la forest de Cruie, achetté audit Saint-Germain-en-Laie, le 8e jour de novembre, 18 s. p.

Odouart Stratton, varlet des lévriers du Roy N. S. pour les despens de lui 2e, pour avoir esté querre des mastins ès forests d'Orléans, demouré tant en alant comme en retournant par 6 jours, pour ce a lui paié, 20 s. p.

Pour 8 coliers de cuir avec les serreures pour les lévriers du Roy N. S., achettés à Saint-Germain, le 8e jour de nov., 16 s.

Jehan Thierrel, boulenger de Bondis, pour pain pour les chiens courans, limiers, lévriers desus dis avec autres chiens empruntés estans tous ensemble en la dicte ville pour chacer les pors pour le Roy nostre dit segneur en la forest de Livry en Launoy (2), par 7 jours du 12e j. de nov. jusques au 19e j. dudit mois, 7 l. 8 s.

---

(1) Probablement de *Cruie* ou Marly. — Valcresson ou Vaucresson est situé près de Marly et non loin de Fresne, actuellement Ecquevilly, village du canton de Meulan.

(2) Livry en Launoy, près Bondy.

Jehan Daniel de Bondis, pour les despens de 6 varlès empruntés qui ont servi le Roy N. d. S. en ses déduis fais en la dicte forest de Livry pour porchoisons par ledit temps de 7 jours, 4 l. 16 s. 8 d.

Pour corde dont on a fait coupples aux dis chiens limiers et lévriers estans en la dicte ville par le temps desus dit, achettée à Paris, 12e de novembre, 8 s.

Pour 3 trais de poil de vache pour 3 des limiers du Roy achettés a Paris le 12e j. de nov., pour chascun trait 16 d. p. 4 s.

Pierre Daniel de Bondis, pour les despens des charretiers et chevaux qui par 3 journées ont servi le Roy a mener les rois et les las du d. segneur par 3 chaces faictes en la dicte forest de Livry par le temps desus dit. 16 s. p.

A lui pour autres despens fais en son hostel a Bondis pour 1 charrettier et 2 chevaux qui ont admené le hernois du Roy pour le sanglier de St.-Germain à Bondis le 12e j. de nov., pour ce 4 s.

Gillot le Sourt, boulenger, demourant à Saint-Germain-en-Laie, et Jehan le Gastinois de Valcresson, pour pain pour les chiens courans, limiers, lévriers et mastins du d. S[r] avec plusieurs autres chiens empruntes avec la despence des 6 varlès desus dis empruntés pour servir le Roy estans au dit Saint-Germain-en-Laie et a Valcresson, par 11 jours du 19e j. de nov. jusques au derrenier jour dudit mois, que les dis chiens limiers et lévriers partirent d'illec pour aller en la forest de Morenci, pour ce 16 l. 16 d.

Guillemin, le cordier de Saint-Germain-en-Laie, pour 40 toises de corde dont on a fait couples aux dis chiens lévriers et mastins estans au dit Saint-Germain. 7 s. 4 d.

Bertelin de Saint-Germain pour les despens des charretiers et chevaux qui ont mené le hernois du Roy pour le senglier par 2 chaces qui ont esté faictes ou buisson de Hanemont, 21e et 23e j. de novembre. 8 s. 8 d.

Pour autel chose pour les dis charrettiers et chevaux qui ont mené ledit hernois en une chace faicte pour le dit S[r] ou parc de Sainte-Gemme à Guillaume de la Chambre, d'Orgeval (1), pour ce 6 d.

Pierre le Gastinois de Valcresson pour un porc privé pour donner a tous les dis chiens courans qui pieça n'avoient point prins de sanglier, pour ce 20 s.

---

(1) Orgeval, village du canton de Poissy.

Pour sel dont on a salé un senglier pour le Roy à Sainte-Gemme, le 24e jour de nov., pour ce 8 s. 8 d.

Pour 4 livres de chandelle pour veoir à appareiller les dis chiens de nuits par le temps desus dit, pour livre, 16 d. 6 s. 4 d.

Pour 4 paire de solers nuefs pour 4 des varlès empruntés, achettées a Saint-Germain-en-Laie, le 24e de nov. 16 s.

Pour deux paires de chauces nuefves pour deux des dits varles empruntés, achettées au dit Saint-Germain. 20 s. p.

Pour autre sel dont on a salé 2 bestes pour le Roy à Sainte-Gemme le 26e de nov. 20 s. p.

Pour 6 serpes achettées au dit Saint-Germain, dont on a fait les haies pour chacer pour les pors pour ledit segneur ès dictes forests, le 26e j. de nov. 12 s. p.

Guillemin de la Bourne, page des lévriers du Roy N. S. pour ses despens a aller querre 8 mastins en la forest de Compiengne pour servir ledit segneur ès deduis fais ès dictes forests, et pour ce faire a demouré tant allant comme en retournant devers les chiens par 4 jours, pour ce 20 s.

Pour sel dont on a salé trois bestes pour le Roy a Orgeval, prises ou parc de Bethemont le 28e j. de nov., achetté a Poisy. 20 s.

Garnot le Pasticher, boulenger demourant a Taverny pour pain pour les chiens courans, limiers et mastins dudit Sr, avec plusieurs chiens empruntés du sire de Morency estans tous ensemble en la dicte ville pour chacer les pors pour le Roy N. d. Sr en ladicte forest par 16 jours du derrain jour de nov. jusques au 16e jour de dec., a lui paie 18 l. 16 s.

Thibaut de Marinnes, maire de Taverny (1), pour la despence de plusieurs varles empruntés, tant à cheval comme a pié, de monsr de Chastillon et du Sire de Morenci (2) qui ont servi le Roy N. d. Sr en ses déduis de porchoisons faictes en la dicte forest de Morenci, le Roy n. d. sr estant a Maubuisson (3) par le temps desus dit. 11 l. 6 s.

Pour 60 toises de corde dont on a fait couples par le temps dessus dit. 10 s.

---

(1) Taverny, village du canton de Montmorency.

(2) Montmorency.

(3) Maubuisson, abbaye de religieuses de l'ordre de Cîteaux, située aux portes de Pontoise.

Pour 4 paires de solers nuefs achettés a Pontoize pour 4 des varlès empruntés estans au dit Morenci par le temps desus dit qu'ils ont servi le Roy en ses déduis. 16 s.

Pour 2 paire de chauces nuefves pour 2 des dis varlès empruntés. 20 s.

Pour 6 livres de chandelle pour veoir a appareiller les dis chiens. 8 s.

Pour une paire de solers et unes paire de chauces nuefves pour un poure varlet qui gist de nuit avec les dis chiens et qui n'a nuls gages, achetées à Pontoise 6e j. de decembre. 14 s.

Jehannin le Cousturier de Taverny, pour les despens des charrettes et chevaux qui par plusieurs fois ont admené le hernois pour le senglier de la dicte forest au dit lieu de Taverni des chaces qui ont été faictes par le temps desus dit, pour ce 20 s.

Pour sel dont on a salé 2 bestes pour la garnison du Roy N. S. prinses en la dicte forest de Morenci 10e jour de dec., pour ce, 20 s.

Pour 2 paire de chauces pour 2 des dis varles empruntés estans en la dicte ville de Taverni......... achettés a Pontoise, 11e de déc., pour ce, 16 s.

Simon le mercier de Pontoize, pour 4 boiceaux de sel dont on a salé 3 bestes pour la garnison du Roy prinses en la dicte forest le 12e de dec., 20 s.

Pour le boucher de Taverni, pour un porc privé, lequel on a donné aux dis chiens pour leur croistre leur cuirie, afin de retenir la venoison pour le Roy (1), le 14e j. de déc., 20 s.

Pour 2 paire de solers pour 2 des dis varles empruntés, 8 s.

Pour 2 paire de chauces nuefves pour les dis 2 varles empruntés qui ont servi le Roy en ses déduis par le temps desus dit, achettées à Pontoise le 16e j. de decembre, 20 s. p.

Somme : 100 l. 7 s. 4 d.

---

(1) Ce porc avait servi *à accroître* la curée, la pâture des chiens, afin qu'on pût garder toute la venaison.

Autre despence faitte pour 24 chiens et 12 mastins envoiés du commendement du Roy N. S. en la forest de Bleu-lès-Gisors pour chacer illec par ses veneurs et autres gens de venerie pour prendre des venoisons pour la garnison dudit segneur. Ceste despence faitte en pain pour les dis chiens, corde, sel à saler venoisons et plusieurs autres choses comptées ou compté de S[e] Ph. de Courguilleroy desus dit, etc.

Guillebert le Prevost, boulenger, demourant à S.-Eloi-de-Besu, pour pain pour les chiens courans, limiers, lévriers et mastins, tous ensemble estans en la dicte ville pour chacer les pors en la forest de Bleu et pais d'environ par l'espace de 12 j. du 6e j. de déc. jusques au 18e j. dudit mois que les dis chiens partirent d'illec pour aller en la forest de Cuise (1), a lui paié, 8 l. p.

Pierre de la Rue, hostellier, demourant à St.-Eloy-de-Besu, pour les despens de 4 varlès empruntés qui ont servi le Roy en ses porchoisons en la d. forest de Bleu pour aidier à prendre des venoisons pour ledit segneur par 12 jours, 4 l. 6 d.

Ernest, le cordier de Gisors, pour 30 toises de corde dont on a faict couples, 6 s.

Pierre de la Rue dudit St.-Éloy, pour 2 livres de chandelle pour veoir à atirer les d. chiens, 2 s. 8 d.

Pour sel dont on a salé 3 bestes pour le Roy menées à Maubuisson le 8e j. de déc., 20 s.

Pour 2 paire de solers nuefs pour 2 varlès qui ont servi le Roy, 8 s.

Pour autre sel dont on a salé 2 bestes pour le Roy, menées audit lieu de Maubuisson, achetté à Gisors, 2e de déc., 16 s.

Pour 2 trais à deux des limiers du Roy, 2 s. 8 d.

Pour pain pour les chiens... partis de la dicte ville de Saint-Éloy pour aller à Maubuisson, le 18e jour de décembre, giste et disner à Chars (2). 12 s.

Pour autel chose pour les dis chiens, disner et giste à Pontoise, le 19e j. de déc. 12 s.

Pour les despens des varlès empruntés le 19e j. de déc. 8 s.

---

(1) Forêt de Cuise ou de Compiègne.

(2) Chars, village du canton de Marines.

Pour pain pour les chiens...... estans tous ensemble en la ville de Pierrefons (1) pour chacer les pors en la forest de Cuise et ou pais d'environ par 6 jours, du 19e jour de déc. jusques au 25e j. duditmois, à Jehan de Batigny, boulenger de Pierrefons, 6 frans d'or, 16 s. p. pour pièce, 4 l. 16 s.

Jehannin Noël de Verberie (2), pour pain pour les dis chiens courans, limiers, lévriers, pour le senglier estans tous ensemble à la Croix Saint-Oien (3), par le temps de 12 jours, du 25e j. de déc. jusques au 6e j. de janvier ensuivant que les dis chiens partirent de la dicte ville pour aller à Béthizi (4), 9 l. 80 s. 8 d.

Pour sel dont on a salé 3 bestes pour le Roy, prinses en la dicte forest de Cuize par le temps desus dit, achetté à Compiègne le 22e j. de déc., 20 s.

Pour corde dont on a fait couples pour les dis chiens estans à Pierrefons, 7 s. 8 d.

Pour 2 livres de chandelle pour veoir à atirer les dis chiens de nuiz en la d. ville, 2 s. 8 d.

Pour les despens des charrettes et chevaux qui ont mené par plusieurs fois le hernois pour le senglier, 20 s. d.

Pour pain pour les chiens...... estans à Pierrefons pour chasser les pors... par le temps de 8 jours du 6e j. de janvier jusques au 14e jour dudit mois que lesdis chiens partirent d'illec pour aller à Bétizi à Jehan Ferren, boulenger, 6 l. 6 s.

Jorren Quoquerel de Pierrefons, pour la despence des varlès empruntés yllec qui ont servi le Roy en ses porchoisons... par le temps desus d., 4 l. 12 s.

Florens Coquerel dudit Pierrefons, pour sel dont on a salé plusieurs venoisons pour le Roy prinses par le temps desus dit, 63 s. 4 d.

Jehan Roncel de Betizi, pour pain pour les chiens..... par l'espace de 6 jours du 14e j. de janvier jusques au 20e j. dudit mois, 4 l. 16 s.

Jehan Placart, boulenger de Choisi, pour pain pour les dis chiens...... pour 2 jours, 20e et 21e j. de janvier, 22 s.

Pour pain pour les dis chiens, tous ensemble estans en la ville de Crespi en Valois, pour 2 jours, 22e et 23e j. de janvier, 20 s.

---

(1) Près Compiègne.
(2) Verberie, sur la route de Paris à Compiègne.
(3) La Croix-Saint-Ouen, village du canton de Compiègne.
(4) Bethisy-Saint-Pierre, canton de Crespy.

Pour autel chose à Pierrefons, par l'espace de 2 jours, 24e et 25e j. de janvier, 16 s.

Pour sel dont on a salé 2 bestes pour le Roy, prises enprès Pierrefons, le 25e j. de j., 16 s.

Pour pain pour les chiens... estans à Verberie pour chacer illec par deux jours, 26e et 27e j. de janv. à Jehannin Noel de la dicte ville, pour ce 20 s.

Pour autel chose pour les dis chiens à Senlis, pour chacer ou buisson de Braseuse par deux jours, 28e et 29e j. de janv. à Simon Gruyerne, 20 s.

Pour sel dont on a salé 3 bestes pour le Roy, menées à Maubuisson 29e j. de janv. à Marie Denise de Senlis, 20 s.

Pour uns solers nuefs pour un poure varlet qui gist de nuis...... et qui n'a nuls gages, avec une paire de chauces nuefves, achettés à Senlis à Jehan Petit et à Jehan Trotin, le 29e j. de janv. 14 s.

Pour pain pour les chiens...... à Beaumont-sur-Oise par deux jours, 30e et derrain j. du dit mois à Jehan de Puifacon, boulenger illec, 20 s.

Pour autel chose, disner et giste à Maubuisson, le premier j. de fevrier, 12 s.

Jehannin le Parquier, varlet des roys et des las pour le senglier, ordonné pour iceulx garder et gouverner, tendre et destendre, mener et conduire par le forestz du Roy ès porchoisons de ceste presente année, lequel a servi ou dit office de varlet des roys par 115 jours, du 8e jour d'octobre jusques à premier jour de fevrier, à lui paié 11 l.

Robin Raffon, varlet des chiens du Roy, pour la despence de 28 chiens courans dud. segneur estans en son hostel à Pierrefons, demourés illec apres porchoisons pour chacer; item pour la despence de 4 varlès estans avec les dis chiens et aussi pour les despens davoir mené plusieurs venoisons salées à Paris pour le Roy, pour tout 76 s. p. a lui paié 13e jour de fevr. 76 s. p.

Jehannin Regnault, pour les despens de deux chevaux et d'un charretier pour avoir mené ledit hernois pour le senglier de Beaumont à Fontainebliaut après porchoisons faittes par 3 journées, 20 s. p.

A Gernesot de la Chambre pour les depens de lui 2e à aler devers les trésoriers et changeur par plusieurs fois pour pourchacer les deniers de ce présent compte et demouré tant en alant à Paris sejournant illec, comme en retournant devers messire Philippe par 18 jours, pour chascun 16 s. valent 14 l. 8 s.

A lui pour parchemin, papier et encre à doubler ce present compte en 3 parties c'est assavoir l'une en papier et les deux autres en parchemin et pour la poine d'un clerc ad ce faire, pour ce 91 l. 14 s. 6 d. par.

Expensa totalis prout jacet.

Le compte Philippe de Courguilleroy, ch^er^, maistre veneur du Roy......... pour le terme commençant à la Chandeleur, 2e jour de fevrier 388 et finant à l'ascencion N. Segneur qui fu 27e j. de may CCCLXXX et nuef.

Recepte comme dans le compte du terme précédent.

(Les gages des officiers, veneurs, aides, valets, pages comme dans le compte du terme précédent.)

Autre despence faitte pour 92 chiens courans, 8 limiers et 30 levriers pour le cerf estans au sejour à Sermeze dont la despence du pain pour les dis chiens est chargée sur le compte précédent escheu à la Toussains CCCLXXXVIII, cette despence comptée ou compte de moy Philippe de Courguilleroy du terme commençant à la Chandeleur.......

Pour 120 toises de corde dont on a fait couples aux dis chiens..... estans ou dit sejour par 44 jours achetté ou marché de Samois...... chascune toise 2 d. p. 20 s. p.

Pour 2 paire de chauces nuefves pour 2 poures varlès qui gisent de nuiz avec les d. ch. et qui n'ont nuls gages, 20 s.

Pour 2 paire de solers nuefs pour les dis poures varlès 8 d.

Robert de Cantelou, espicier, pour 4 pinttes d'oille d'olive avec soufre, vif argent et autres mistions dont on a fait ointture pour oindre et aisier les dis chiens oudit séjour, 16 s. 8 d.

Jehannin le Maqueur, boucher, pour 16 freissures de mouton dont on a donné à menger à plusieurs chiens descouragés et qui ne voloient menger de pain ou dit sejour par le temps desus dit, 16 s.

Pour 12 livres de chandelle pour veoir à atirer les dis chiens ou dit séjour, 14 s.

Pour 12 pingnes de bois dont on a pingné et nestoyé les dis chiens, chascun peigne, 4 d. p. 4 s.

Jehan Rest, boucher, pour 6 pintles de saing de porc dont on a afaitié le potage de fèves pour les d. chiens ou dit séjour qui ne vouloient menger de pain, pour chascune pinte, 2 s. p., 12 s.

Adam Margolet de Vry, pour une mine de fèves pour faire le potage des dis chiens ou dit séjour, 10 s. 8 d. p.

Pour sel dont on a salé le potage par le temps desus dit, 6 s. p.

Colin Quartier, de Samois, pour 16 pintles de lait de vache dont on a nourri et gouverné une chienne avec 8 chéaux oudit séjour, chascune pinte, 6 d. p. 8 s. p.

Pour 12 coliers à lévriers pour 12 des lévriers du Roy, 12 s.

Pour 4 trais à limiers, 6 s. 4 d.

Romy de Ver, drapier de Meleun, pour 2 aulnes de drap dont on a fait une houpelande et un chaperon pour un poure varlet qui gist de nuit et qui n'a nuls gages. 16 s.

Perrin le Breton, cousturier pour la façon de la dicte houpelande et chaperon pour le d. poure varlet, 4 s.

Robin Raffon, varlet des chiens du Roy N. S. pour argent à lui baillé pour mener les dis chiens à Saint-Mesmer pour doubte de mal de rage et pour faire yllec chanter une messe devant les dis chiens et pour faire offrendes de cire et dargent devant ledit saint pour ce 24e j. de fevrier, 20 s.

Pour pain pour les chiens... desus dit, estans en la dicte ville de Saint-Mesmer (aujourd'hui St-Mamer), le 24e j. de fev. pour ce 20 s.

Autre despence faitte pour 92 chiens, 8 limiers et 30 lévriers pour le cerf desus dis, depuis qu'ils partirent du dit séjour pour aler chacer le cerf avau les forests du Roy que cervoisons commencèrent, en pain, corde, sel et plusieurs autres necessittés pour les dis chiens comptée ou compte de Se Philippe, etc.

Adam le Noir, boulenger, demourant a Champengne-lès-Moret, pour pain pour les chiens desus dis, estans en dit Champengne pour chacer le cerf es bois de Tournenfuie et ou pais d'environ par 6 jours du 17e j. de mars que cervoisons commencèrent jusques au 23e j. dudit mois, a lui paié, 7 l. p.

Simon Chastenoy, boulenger de Sermeze, pour pain par lui baillé et livré pour les dis chiens..... estans en la dicte ville a une cuiriée d'un cerf prins le 23ᵉ j. de mars enprès la dicte ville pour ce, 20 s.

Pour corde dont on a fait couples aux dis chiens estans en la dicte ville de Chanpengne par le temps desus dit, 8 s. 8 d.

Pour 4 trais de poil pour 4 des limiers du Roy...... a Jehannin Cordellette, cordier de Moret, 6 s. 4 d.

Pour 2 paire de solers nuefs pour varlès qui gisent de nuis, etc. 8 s.

Pour 2 paire de chauces pour les dis 2 poures varlès, 20 d.

Jehan le Masqueur, de Moret, pour 6 froissures de mouton pour donner a plusieurs chiens qui ne voloient menger de pain, 4 s.

Pour sel, vinaigre pour saucer les piés de plusieurs chiens esgravés et pour chandelle à veoir à atirer les dis chiens de nuis en la dicte ville par le temps desus dit a Thevenin de Lopion, de Moret, 6 s. 8 d.

Simonnet Peschet, boulenger, demourant à Moret, pour pain pour les chiens.... estans en la dicte ville de Champengne pour chacer ès bois de Tournenfuie et ou pais d'environ par 15 jours du 24ᵉ j. de mars jusques au 8ᵉ j. de avril ensuivant, à lui paié pour salaire donnée la veille de Pasques commeniaux CCCLXXXIX, 16 l. 17 s.

Pour corde achettée a Samois dont on a fait couples, 10 s. 8 d.

Jehannin le serrurier de Samois pour 12 serrures de coliers a lévriers pour 12 des lévriers du Roy, 12 s.

Jehannin le Masqueur, de Fontainebliaut, pour 8 froissures de mouton pour donner à plusieurs chiens descouragés qui ne voloient manger de pain, 8 s.

Thevenin Lopion de Moret, pour 4 livres de chandelle pour veoir à atirer les chiens de nuiz, 4 s.

Guillemin Lestournel, varlet de monsieur Domont qui a admené 4 chiens lesquelx ledit mons. Domont avoit presenté au Roy à Paris, pour ce à lui paié et avoir admenés les dis chiens de Paris à Champengne où estoient les chiens dudit Sgʳ, demouré par 3 jours 6ᵉ, 7ᵉ et 8ᵉ d'avril, pour ce, 20 s.

Jebannin le mercier de Moret, pour 12 pingnes de bois dont on a pingné les dis chiens en la d. ville de Champengne, 4 s.

Pour sel dont on a salpoudré un cerf prins es bois de Tournenfuie envoié devers le Roy à Paris, 6ᵉ j. d'avril pour ce, 8 s. 8 d.

Pour autel sel achetté a Samois, le 6ᵉ j. d'avril dont on a salé un autre cerf mené a Paris ledit jour pour ce, 8 s.

Pour unes chauces neufves pour un poure varlet qui gist de nuit, etc., 10 s.

Philippot Piquet, boulenger, demourant à Villenuefve-Saint-George, pour pain pour les chiens...... tous ensemble estans en la ville pour chacer le cerf en la forest de Scenart et ou pays d'environ par 26 jours du 8e j. d'avril jusques au 3e jour de may a lui paié, 34 l. 7 s. 8 d.

Guillemin le cordier de Villenuefve-Saint-George, pour 80 toises de corde dont on a fait couples aux dis chiens...... estans en la d. ville par 26 jours, 13 s. 4 d.

Pour sel achetté en la dicte Villenuefve, dont on a salé 2 cerfs pour le Roy menés à Meleun le 12e j. d'avril, 20 s.

Pour autre sel dont on a salé deux cerfs pour le Roy en la dicte Villenuefve le 16e j. davril, 8 s.

Pour 2 paire de solers nuefs pour 2 poures varles qui gisent de nuit, etc., 8 s.

Pour 2 livres de chandelle pour veoir à atirer les dis chiens de nuiz....... chacune livre 12 d. 2 s.

Pour sel achetté à la dicte Villenuefve dont on a salé un cerf prins pour le Roy en la forest de Scenart, 24e j. d'avril, 20 s.

Pour 4 pinttes de oille d'olive, demi quarteron vif argent, un quarteron coperose achetté à Paris dont on a fait oinstures a oindre plusieurs chiens enfondus.... pour ce, 20 s.

Pour 2 trais de poil pour 2 des limiers du Roy, chascun trait, 16 d., 2 s. 8 d.

Jehannin Thierree, boulenger, demourant à Bondis pour pain pour les chiens estans tous ensemble à Bondis pour chacer en la forest de Livry en Launoy et ou pais d'environ par 9 jours du 3e j. de may jusques au 12e du d. mois à lui paié, 12 l. 8 s.

Pour une piece de cuir de vache dont on a fait coliers à limiers pour quatre des limiers du Roy achetté à Paris, 8 s. 8 d.

Pour 4 trais de poil a 4 des limiers du Roy, 6 s. 4 d.

Pour sel achetté à Paris dont on a salé deux cerfs pour le Roy le 8e j. de may, 16 s.

Jehan Daniel de Bondis pour sel et vinaigre a saler les piés de plusieurs chiens esgravés estans en la d. ville de Bondis, 2 s. 8 d.

Pour autre sel dont on a salé deux cerfs pour le Roy, le 10e jour de may, 13 s. 4 d.

Jehannin le cordier de Chielle-Sainte-Baudour, pour 40 toises de corde dont on a fait couples pour les chiens... estans en lad. ville de Bondis, 6 s. 8 d.

Pour argent baillé à un varlet qui a admené en la vénerie chiens que Guillaume Cochet avoit donné au Roy venus de Choisi à Bondis par 3 jours, à lui paié 11e j. de may, 20 s.

Jehannin Pinart de Bondis, pour 7 froissures de mouton pour donner à plusieurs chiens descouragés qui ne vouloient menger de pain, 4 s.

Pour pain pour les chiens à une cuiriée qui a esté faitte pour le Roy à un cerf prins au desoubz de l'abbaie de Livry en la dicte forest, acheté à Chelle, 11e j. de may, 12 s.

Tacin de Chamble, boulenger demourant a Saint-Port, pour pain pour les chiens... estans tous ensemble en la dicte ville pour chasser en la forest de Biere, de Rougeau et ou pais d'environ par 15 jours, du 12e j. de may jusqu'au 27e j. du dit mois, qui fu feste d'Ascencion, 31 l. 18 s. p.

Perrin, le cordier de Meleun, pour 60 toises de corde dont on a fait couples aux chiens tous ensemble estans dans la d. ville, 10 s.

Jehannin le besgue, batelier de la dicte ville de Saint-Port, pour la poine de lui et d'un varlet qui ont passé et rapacé les gens de la vénerie, les chevaux et les chiens par la rivière de Saine, qui par plusieurs fois sont alés chacer ès bois de Biere, pource à lui paié 2e jour de juing, 20 s.

Pour la poine d'avoir admené un grant batel de Corbeul au dit lieu de Saint-Port pour passer et rapasser yceulx gens et chiens de la dicte venerie pour les chaces qu'ils ont faictes en la dicte forest, pour ce paié, 14 s. 8 d.

Pour sel achetté a Corbeul dont on a salé 2 cerfs a Saint-Port le 17e de may, 20 s.

Pour autre sel achetté a Meleun 23e j. de may, dont on a salé un cerf pour le Roy, pour ce 10 s.

Jehan de Saint-Port, pour 4 livres de chandelle pour veoir à atirer les dis chiens, 4 s.

Jaquet, de la viconté de Meleun, pour deux boiceaux de sel achettés de lui, dont on a salé un cerf pour le Roy le 25e j. de may, 8 s.

Pour 8 coliers a lévriers achettés a Meleun, 26e jour de may, pour les lévriers du Roy, chascun colier 2 s. p., 16 s.

Autre despence faitte pour 90 chiens pour le senglier et 12 chiens pour le cerf avec 8 mastins, lesquels ont este achestés ou pais de Picardie pour le Roy ceste presente année, estans tous ensemble au séjour a Sermeze par 173 jours du 18e j. de septembre CCCLXXXVIII jusques au 10e j. de may ensuivant ou dit an, comptée ou compte de Se Philippe de Courguilleroy du terme commençant à la dicte Chandeleur et finant à la dicte Ascension enssuivant.

Simon Chastenoy le viel, demourant à Sermeze, ponr pain pour les chiens courans et mastins pour le cerf et pour le porc, estans tous ensemble au séjour à Sermeze pour 173 jours du 18e j. de sept. MCCCLXXXVIII jusques au 10e jour de mars ensuivant ou dit an a lui paié......... 220 francs d'or, 16 s. p. pièce, 176 l. p.

Guillemin le cordier, de Moret, pour 80 toises de corde dont on a fait couples pour les dis chiens ou dit sejour par le temps desus d., 13 s. 4 d.

Pour deux paire de chauces nuefves pour un poure varlet qui gist de nuiz...... et qui n'a nuls gages, 16 s.

Pour deux paire de solers nuefs pour ledit varlet..... pour paire 4 s., 8 s.

Pour 8 livres de chandelle pour veoir à atirer les dis chiens par le temps déja dit pour ce, 8 s.

Pour 24 pingnes de bois dont on a pingné et nestoié les dis chiens ou dit séjour par le temps dit achettés à Samois, chascun pingne 4 d. p., 8 s.

Pour sel achetté à Moret dont on a salé le potage des dis chiens... par le temps desus dit à Thevenin de Lopion de ladicte ville, 6 s. 8 d.

Pour oille de chenevuiz, souffre, vif argent, dont on a fait oinguenures pour oindre et nestoier de rougne les dis chiens, 8 s.

Jean Tacon, boucher de Moret, pour 16 froissures de mouton achettées de lui pour donner à plusieurs chiens descouragé et qui ne vouloient menger de pain ou dit séjour par le temps desus dit, 16 s.

A Gervesot de la Chambre pour les despens de lui 2e à aler à Paris devers les trésoriers et changeur du trésor dudit segneur pour pourchacer les deniers de ce présent compte et yceulx porter devers messire Philippe de Courguilleroy, demouré ad ce faire tant alant sejournant à Paris comme retournant devers ledit messire Philippe par 16 jours, pour chascun jour 16 s. p., 12 l. 16 d.

A lui pour parchemin, papier et encre à doubler ce présent compte en 3 parties, c'est assavoir l'une en papier et les deux autres en parchemin et pour la poine d'un clerc ad ce faire pour ce...........

N° XIII.— *Extraits des comptes de dépenses de François Ier*. (Archives de l'Empire, KK-93 et 100.)

4 janvier 1528. — A Perot de Ruthic, escuier d'escurie, 20 l. 10 sols t. baillés à ung homme de pied que ledit Seigneur (le Roi) a envoyé devers Monsieur Dubigiez (?) luy mener une chienne pour mectre avec les autres qu'il a en garde.

22 janvier 1528. — A Anthoine Bonneton, l'un des venneurs, la somme de 41 lt. pour subvenir à ses nécessitez et affaires et mesmement convertir en l'achapt d'un courtault.

24 janvier 1528. — A Federic Corac, Grec, marchant d'oyseaulx, la somme de 75 liv. 17 sols tournois pour son payement de deux sacres et ung sacret qu'il a venduz.

16 fevrier 1528. — A Jehan Leblanc, varlet de lymier, la somme de 6 liv. 3 s. tournois pour convertir en la despence d'un lymier dont il a charge.

27 fevrier 1528. — A Germain le Veneur, la somme de 61 l. 10 s. tournois pour ses peines et sallaire d'avoir conduit et amené du lieu de Saint-Hubert à Paris certains chiens courans dont il a faict présent audict seigneur de la part de l'abbé dudict Sainct Hubert.

10 mars 1528. — A Alexandre Destergo et Théodore de Bragdymene, marchans d'oyseaulx, 211 l. 3 s. tourn......... pour leur payement de 5 sacres et 4 sacrets à 15 escus solleil le sacre et 4 escus d'or solleil le sacret.

11 décembre 1528. — A Jehan Le Blanc, varlet de lymier du dit segneur la somme de 12 l. 6 s. tourn. à lui donnée et ordonnée par ledit Sr tant pour convertir en l'achapt d'une trompe que pour subvenir à la despence d'un limier dont il a charge.

16 décembre 1528. — A Jehan Bresseau, gentilhomme de la Vénerie...... la somme de 41 liv. tourn...... pour convertir en l'achapt d'un courtault.

17 décembre 1528. — A Robert Dumesnil, dict le Normant, maistre arbalestrier, demourant à Paris, la somme de 205 liv. l. t......... pour son payement de huit arbalestres garnies et montées de leurs bandaiges et chesnettes marquées de feuillaiges anticques.

27 décembre 1528. — A Paul Vandebdre, Allemand, marchant d'oyseaulx, la somme de 61 liv. 10 sols tournois pour deux tiercelets et ung gerfault.

28 décembre 1528. — Adrien Donquart, Allemand, marchant de sacres, la somme de 28 liv. 14 sols tournois pour un faulcon et ung lanyer...... (vendus au Roi) pour son plaisir et passe-temps, et depuys d'iceulx faict don, assavoir dudict faulcon à monseigneur de Bourges et du lanyer à monseigneur de la Tour Renyer.

28 décembre 1528. — A Martin Pointel, varlet de lymiers du viconte Maulny, la somme de 24 liv. 12 s. tournois pour son sallaire et récompense d'avoir nourry depuis trois mois en ça troys grans levriers appartenans audict S[r] (le Roi) lesquels il a depuys rendus et livrés par commdt. dudit S[r] au grant seneschal de Normandie.

29 décembre 1528. — A Symon de Feltre, Vénissien, marchant d'oyseaulx, la somme de 750 l. 6 s......... pour son payement de 19 sacres à 14 escus solleil pièce.

29 décembre 1528. — A Jehan de la Mothe, varlet de chambre, sept vingts treize livres quinze sols tournois..... payés de ses deniers à Simon de Feltre, marchant de sacres, pour son payement de 3 gerfaulx à 18 escus d'or soleil pièce et de 3 faulcons à 7 escus solleil pièce.

5 janvier 1529. — A Féderic Couronne, Grec, marchant d'oyseaulx, 190 lt. 13 s.

8 sacrets à 15 lt. 7 s. 6 d. chaque.

1 gros sacre, 30 lt. 15 s.

3 autres sacres à 12 lt. 6 s. pièce.

2 chevaux pour suivre le train de la faulconnerie, 82 lt.

28 mars 1529. — A Hugues Fère, faulconnier, 82 lt. pour 6 faulcons mis ès mains de Messieurs les Grant Maístre de Genli, Grant Faulconnier, de Boiscullier et Barreneufve pour les faire et dresser.

Avril 1529. — 12 faulcons à 16 lt. 12 s. pièce.

1 tiercelet à 8 lt. 6 s.

10 avril 1529. — A Jean Biteil, fourrier des toilles, 12 l. t. 6 s. pour achapt de paulx à tenir les toilles.

16 avril 1529. — 10 lt. 5 sols pour la despence d'une lévrière.

1er mai 1529. — Le Roi paye 153 lt. 16 s. pour 5 sacres.

2 mai 1529. A Pierre Loret, l'un des Venneurs, 61 l. 10 s. tourn. ...... pour l'achapt d'un courtault pour le servir ou faict de ladicte Vennerie.

3 mai 1529. — A Geoffroy Couldroy, boucher, demourant à Amboyse, la somme de 12 l. 6 s. t. pour son payement d'un thoreau qu'il a baillé et amené de l'ordonnance dudict Sr ès cages des lyons qui sont audict Amboyse pour faire combattre ledict thoreau avec lesdits lyons pour le desduict et passe-temps dudit seigneur.

26 mai 1529. — A Aubin de Lorge, varlet de chiens de la Vennerie, 41 lt. pour conduire, gouverner, séjourner certains jeunes chiens de la Vennerie.

A Loys Dubois, gentilhomme de la Vennerie, 82 lt. pour l'achapt d'un courtault.

1529. — 1 courtault de Vennerie, 61 lt. 10 s.

8 juin 1529. — A Marquet Pinon, charretier, 7 lt. 10 s......... pour avoir amené de Blois à Fontainebleau certaines cornes de cerf qui estoient audict château de Blois pour les mettre dedans celui de Fontainebleau.

12 juillet 1529. — A Jehan Le Blanc, pour la despence d'un lymier, 20 lt. 10 s.

1529. — 1 courtault, 41 lt.

A un chastreux qui a sané un des chiens dudit Sr (le Roi) 1 escu solleil = 2 lt.

A Jehan de Venus, maistre cirurgien de la bande de monseigneur le mareschal de la Marche, 4 lt. 2 s. pour son sallaire d'avoir pensé ung des chiens dudit Sr nommé Brunchault.

18 juillet 1529. — A Esme de Gan, lieutenant de la vennerie soubs la charge de monseigneur de Guise, la somme de 41 lt. pour icelle bailler par forme de don à icellui des gentilshommes de ladicte vennerie qu'il advisera debvoir appartenir pour le droict du *frever* du cerf durant l'année.

1529. — A Alexandre, Grec, marchant d'oyseaulx,

Pour 2 sacrets, 28 lt. 14 s.

Pour 1 sacre, 30 lt. 15 s.

A Alexandre Desselergo, Grec, et Marc de Symon, de Venise, marchants d'oyseaux, pour 3 sacres et 11 sacrets, 243 lt. 18 s.

A Petro de Lorosco, l'un des paiges de l'escuirie, 41 s. t. pour subvenir à la despence d'un lymier dont il a charge.

3 aoust 1529. — A Hengravert Corbeil, garde des chiens des toilles, la somme de 102 lt. 10 s.

13 septembre 1529. — A Jehan de Coqueborne, archer de la garde, 41 lt. pour une blessure à luy survenue à la chasse, à Escouan.

A Jehan de Nere 10 lt. 6 s. pour estre aller chercher au Plessis-lès-Tours une lévrière et l'avoir amenée à Paris.

27 septembre 1529. — A Pierre Bourgeois, garannier de monseig[r] le Grand Seneschal de Normandie, 12 lt. 6 s. pour la nourriture durant 14 moys d'un des lymiers du dit seigneur (le Roi) nommé Brunehault.

7 octobre 1529. — A Jehan de Vitel, fourrier des toilles pour faire rabiller les toilles ès endroicts où elles sont rompües, 41 lt.

16 novembre 1529. — A Nicolas Hennequin, marchant, demourant à Paris, la somme de 38 lt. 14 s., pour son payement de la taincture d'une robbe de chasse faicte de feutre audict seigneur (le Roi) appartenant.

12 décembre 1529. — A Jehan de la Serpe et Jehan Rose, charretiers, 6 lt. 12 s., pour avoir amené en bateau par la rivière de Seyne du chasteau du Louvre à Paris au port de Ballevin (Valvins) près Fontainebleau et par charroi au dict Fontainebleau certaines testes et pieds de cerf.

15 décembre 1529. — A Gabriel de Casteix, porte manteau dudit seigneur (le Roi), 61 lt. 10 s. pour un courtault pour suivre ledit seigneur allant à la chasse.

15 décembre 1529. — A Jean de la Haye, varlet des toilles, 20 lt. 10 s. pour la despence et entretenement de certains dogues et lévriers.

1 faulcon, 114 lt. 10 s.

1 autour, 6 lt. 3 s.

Mai 1530. — 20 lt. 15 s. à ung pauvre homme qui a rapporté audit seigneur ung faulcon qui prins naguères, avoit esté égaré.

1533. — Deux estuys de cuyr de vache pour les 2 flascons que le Roy faict porter à la chasse, doublés de cuyr blanc, 40 s. t.

Ung estuy de maroquin doublé et garny de passans et courrois pour la couppe que le dit seigneur faict porter à la chasse, 20 s.

A Oudart Grimault, 56 s. 8 d. pour ung tiers veloux noir au feur de 7 lt. l'aulne pour recouvrir la ferrière que le Roy faict porter après luy à la chasse.

1534. — Ung petit flascon de chasse rompu pour reffaire neuf, poisant 8 mars 6 onces d'argent.

2 flascons de la chasse poisant 22 marcs 2 onces 4 gros.

Une petite sallière de la chasse à laquelle il a esté refaict un couvercle.

4 octobre 1534. — Une gueysne garnye de six cousteaulx à manche d'acier pour porter à la chasse, 35 s.

Une autre gaisne garnie de 6 cousteaulx à manches d'acier pour servir pour les collations et porter à la chasse, 35 s.

Nº XIV. — *Extrait des comptes de dépenses de Henri II. — MDLIII.* (*Archives de l'Empire.*)

ÉTAT des gages, états et pensions que le Roi notre sire a ordonné aux Grand Veneur, Grand Fauconnier, Capitaine des toiles et aux autres gentilshommes, officiers et gens de sa vennerie, toiles et fauconnerie durant une année entière commencée le 1er de janvier MDLIII et finissant le dernier jour de décembre, lesquels Sa Majesté veut être payés par maistre Guillaume de Villemontée, trésorier de ladicte vennerie, toiles, etc., ainsi qu'il en suit.

Premièrement :

A messire François de Lorraine, duc de Guise, marquis du Mayne, baron de Joinville, pair, Grand Chambellan et Grand Veneur de France, pour ses gages, ordres et entretenement. 1200 l.

Pour la nourriture et dépence des chiens de la grande Vennerie et pour l'entretenement des valets ordonnés sous la garde d'iceux, 1200 l.

Pour la nourriture et dépense des chiens de sa vennerie de Chambre et pour l'entretenement de leurs valets, 1200 l.

GENTILSHOMMES ET AIDES EN LADITE VENNERIE.

A Girard de Gand, lieutenant, 500 l.

Gabriel de Limoges, lieutenant, 500 l.

Christade de Conflans, vicomte d'Auchy, 400

Henri de Gand,	280 l.	Jean de Gand de Chalvasson,	184 l.
René du Bucher,	250	Julien Rousières,	180
Toussaint Mansel,	240	Jaques le Bigot, dit *le Pin*,	180
Nicolas le Begas,	240	Hubert le Large,	180
François de Montaultre,	240	Nicolas Miraut,	180
Louis de Villemontée,	240	Denis Cluzeau, appointé nouvellement,	180
Louis Doucet,	224	Julien de Bellangé,	180
Jean de Gaillardbois,	224	Jean le Lièvre de Bilbon,	160
Nicolas le barge d'Aubin,	224	Étienne de Guyart,	160
Charles Quatrebarbe de Serise,	220	Pierre de Gand, le jeune,	160
Réné de Grand-Pré,	214	Jean de Bien, dit *le Buand*,	160
Étienne de Gand de Mortières,	210	Jean de Bucher, par pension,	160
Jacques de Gand,	210	Jacques de Hardancourt,	150
Bastien Misere,	210	Maurice Gallet,	140
François de Houtteville,	210	Simon Guignard,	140
Jean le Begas,	210	François de Sert,	120
Louis de Trassy,	200	François de la Chaussée,	50
Noël Maréchal,	200	Charles de Feuillet, par pension,	50
Pierre de Gand, l'aîné,	200	Jean Paquier, par pension,	80
François Vuyart,	200	Imbert de Sert, par pension,	60
Jacques du Haubois,	200		
Antoine de Rosban de Hautin,	200		
Charles de Fourcoin,	200		
Jean de Bellesince ?	220		

Fourrier :

A Jacques de la Mothe par pension,	60 l.
4 valets de limiers	
1 à	80 l.
2 à 75 l.	150 l.
1 à	60 l.
Boulanger des chiens.	30 l.
7 valets de chiens à 60 l.	420 l.
Gardes de la forêt de Saint-Germain-en-Laye :	
6 à 60 l.	360 l.
1 à	120 l.

Gardes des portes du parc, des bois et garenne de Boulogne et Rouvroy :

4 à 60 l. 120 l.

Gardes des lièvres de Boulogne, bois de la Trayson, Coulombes et autres lieux près et alentour de la ville de Paris :

2 à 40 l. 80 l.

ÉTAT des états, gages, pensions que le Roi notre sire a ordonné à autres gentilshommes et officiers de la d. Vennerie pour la bande qu'il a ordonné être et demeurer en sa chambre sous la charge de monseigneur de Guise durant l'année de ce présent état.

Premièrement :

A Jean de Faverolles, lieutenant, 900 l.

A François de Marconnay, autre lieutenant, 900 l.

A Charles des Hayes, 300 l.

A François de Lorme, 300 l.

Alban Rollas de la Coste, 250 l.

Soixante-cinq autres gentilshommes depuis 90 jusqu'à 240 l.

1 fourrier à 60 l.

1 valet de limiers à 90 l.

4 autres à 40 l. et 80 l.

1 boulanger de chiens, 30 l.

1 valet de chiens, 80 l.

5 autres à 60 l., 300 l.

AUTRE ÉTAT des gages et états que le Roi notre sire a ordonné a autres gentilshommes et officiers de ladite Vennerie pour la bande de ses petits chiens nommés les Régens, durant cette dite année.

Premièrement :

A maistre Philippes de La Loe, capitaine de ladite bande, pour la garde, nourriture et entretenement desdits chiens. 200 l.

A Antoine de la Vergne, 500 l.

A Charles de Saint-Aubin, 240 l.

14 autres gentils hommes, de 150 à 240 l.

1 valet de limier à 100 l.
3 autres, de 80 à 90 l.
1 valet de chiens à 80l.
3 autres, de 20 à 80 l.

ÉTAT POUR LES TOILES.

A messire Jean d'Annebaut, chevalier, gentilhomme de la Chambre, capitaine des toiles, pour ses gages et entretennement, 600 l.
A Pierre de Maleterre, lieutenant, 374 l.
A Pierre Corbet, garde de 24 chiens courans, pour ses gages et la nourriture des chiens, 12 deniers par chien et 6 s. t. pour lui, 529 l. 5 s.

VENEURS.

A Esniot Gouverneur, 180 l.
A Philippe de la Platrière, 180 l.
A François de Beauvais, 177 l. 10 s.
A Georges Simon, 120 l.
Au conducteur des chevaux et chariots et ses valets, 3,504 l.
53 archers à 90 l., 4,770 l.
Rhabillage et entretennement des toiles, 90 l.
2 gardes des lévriers à 84 l. chacun. 168 l.

FAUCONNERIE.

A M. Charles de Cossé, Maréchal et Grand Fauconnier de France pour ses gages et entrettenement, 1,200 l.
A Jean de Saint-Morin, 440 l.
54 autres particuliers depuis 50 jusqu'à 400 l.
Autres fauconniers ordonnés pour les oiseaux de la Chambre sous la charge de monseigneur de Guise :
A Jean Londerieau, 500 l.
A Louis d'Estampes, 300 l.
28 autres particuliers depuis 40 jusqu'a 250 l.
A Guillaume de Villemontée, trésorier de la Vennerie et Fauconnerie, 2,400 l.

Somme totale pour la d^e venerie, état des toiles et fauconnerie, 64,775 l. 11 s. 8 d. tournois.

Nº XV.—*Extraits des comptes de dépenses de Charles IX.—MDLXIV.* (*Archives de l'Empire.*)

VENNERIE ET FAUCONNERIE.

Au duc d'Aumale, Claude de Lorraine, Grand Veneur, 1,200 l.
Pour les chiens et les valets ordonnés pour la garde, etc., 3,200 l.

GENTILSHOMMES ET AIDES.

A Gérard de Gand, sous-lieutenant,	400 l.
A René du Buchet, sous-lieutenant,	400 l.
A Henry de Gand,	300 l.
A François de Montaultre,	300 l.
A 23 autres depuis 64 l. jusqu'à 135 l.	
1 fourrier,	60 l.
1 valet de limiers,	52 l.
5 autres de 40 à 50.	
7 valets de chiens à 40,	280 l.

PENSIONNAIRES.

A Eustache de Conflans,	460 l.
24 autres à 460 l.,	11,040 l.

Gardes de la forest de Saint-Germain-en-Laye :

5 à 30 l.,	150 l.

Gardes des portes du parc du bois et garenne de Boulogne et Rouvroi :

1 à 60 l. — 4 autres à 30 l.,	180 l.

Gardes des lièvres de Boulogne, bois de la Traison, Colombes et autres lieux près et alentour de la ville de Paris :

2 à 30 l.,	60 l.

Gardes des bois et forêts de Saint-Dizier et des bailliages de Chaumont et Vitry :

A Louis de Vitry, capitaine desdits bois, 60 l.

8 autres à 30 l., 240 l.

Autre état...... pour la bande qu'il a ordonné être et demeurer dans sa Chambre sous la charge du duc d'Aumalle.

Premièrement :

A François de Marconnay, lieutenant, 500 l.

A François de Racine, aussi lieutenant, 500 l.

22 autres gentilshommes, de 80 à 200 l.

4 valets de limiers à 60 l., 240 l.

2 boulangers à 15 l., 30 l.

4 valets de chiens à 60 l., 240 l.

PENSIONNAIRES.

A Nicolas de Faverolles, 60 l

40 autres pensionnaires à 60 l., 2,400 l.

ÉTAT POUR LES TOILES.

A Antoine de Cossé, grand pannetier de France, pour ses gages, 600 l.

Gilles de Faverolles, sous-lieutenant, 400 l.

A Pierre Corbeil, garde des chiens, pour lui et 24 chiens courans, 5 s. pour lui, 15 d. pour les chiens (par jour), 638 l. 15 s.

A Lorin de Houteville, veneur, 215 l.

8 autres de 89 l. à 200 l.

Pour le conducteur des chariots, les chevaux, les valets. 3,504 l.

2 fourriers, 1 à 220 } 1 à 180 } 400 l.

42 archers à 100 l. 4,200 l.

2 rabilleurs des toiles à 45 l., 90 l.

2 gardes des limiers, 1 à 112 l.

FAUCONNERIE.

Thimoléon de Cossé, Grand Fauconnier, 1,200 l.
Hardouin de Villiers, 300 l.
23 autres particuliers, depuis 120 jusqu'à 250 l.

AUTRES FAUCONNIERS sous la charge de M. le Connétable (1).

A Bastien du Cormier, 215 l.
13 autres fauconniers, depuis 50 l. jusqu'à 215 l.

AUTRES FAUCONNIERS pour les oiseaux de la Chambre du Roi, sous la charge de M. d'Aumalle.

Premièrement :
A Louis Prévôt, seigneur de Sansac, 500 l.
A Georges de Haincardel, 350 l.
27 autres fauconniers, de 40 l. à 250 l.

PENSIONNAIRES.

A Charles de Maulle, dit *la Loire*, 455 l.
33 autres pensionnaires, depuis 400 l. jusqu'à 455 l. de gages chacun.
A Guillaume de Villemontée, trésorier de ladite vénerie et fauconnerie, 3,000 l.
Somme totale pour ladite vénerie, état des toiles et fauconnerie, 41,000 l.

---

(1) Anne de Montmorency. Connétable de France depuis 1537. Tué à la bataille de Saint-Denys en 1567.

N° XVI. — *Extraits des comptes de dépenses de Henri IV. — MDLXXXXVI.* (*Archives de l'Empire.*)

État du paiement que le Roi a ordonné être fait par Nicolas Trouvé au Grand Veneur.

A Mr le duc d'Elbeuf, Grand Veneur, pour ses gages, 600 écus.
Au boulanger, pour la nourriture de 70 chiens, 1,490 écus 15 s.

LIEUTENANS, GENTILSHOMMES ET AIDES.

	Écus.	
A François de la Bertaudière, Sr de Rouet, lieutenant,	400	
Louis de l'Hopital, Sr de Vitry, lieutenant,	400	
Antoine de Frontenac, lieutenant,	400	
J. de Pastoureau, Sr de la Rochette, lieutenant,	333	1/3
François de Raguier, Sr de Migennes, lieutenant,	333	1/3
J. le Faure dit *la Combe*, sous-lieutenant,	200	
Antoine du Joussieur, Sr de Saint-Bon, sous-lieutenant,	200	
Hiérome du Monstier, sous-lieutenant,	200	
Guillaume le Carron, Sr du Plan,	116	2/3
N. . . Sr de la Neuville,	116	2/3
Guillaume du Sable (1),	116	2/3
J. Brevillon, Sr des Combes,	116	2/3
Charles Chevalleau,	100	
Jacques Pelleville,	100	
Louis Collas dit *Milan*,	100	
Pierre Dichard dit *Perrot*,	100	
Jacques Darré,	100	
Michel le Normand,	100	
Jacques de Pombréant, Sr de Vaubrun,	100	
Jaques Jorre, Sr de la Motte,	116	2/3
Antoine de Longereuil,	116	2/3

(1) C'est ce Guillaume du Sable qui fit imprimer à ses frais, en 1611, le livre rare intitulé *la Muse chasseresse* (voir ci-dessus, p. 296); il nous y apprend qu'il avait servi comme Veneur sept de nos rois : Louis XIII, Henri IV, Henri III, Charles IX, François II, Henri II et François Ier.

	Écus.	
A J. Jourdain dit *la Caille*,	116	2/3
Martin Charmois,	116	2/3
Jean Chaalons, Sr du Bien,	100	
N. . . . Sr de Monflers,	100	
Jaques du Moutier le jeune,	100	
Martin Simoneau, Sr de Martreot,	100	
Noel de la Haye,	100	
N. . . . Tortillé,	100	
N. . . . Saint-Amant,	100	
François Chantonin dit *la Motte*,	116	2/3
Jaques de Cantel, Sr d'Archambault,	116	2/3
Henry de Garges, Sr de Garges,	116	2/3
Louis de Beauvais, Sr de Vincievienes,	116	2/3
Jérôme Dupont dit *Compiègne*,	100	
Jean Leclerc, dit *le Ménil Jourdain*,	100	
J. Dollée dit *d'Achères*,	100	
Henry de May,	100	
Barthélemy de Clerboyer,	100	
N. . . . Darble dit *Lespart*,	100	
Jaques de Monnoury, Sr de la Motte-Sorric,	100	
Charles Mazouret, Sr d'Imbleville,	200	
J. de Levemont, Sr de Montflers,	133	1/3
Gilles de Lestang dit *Laby*,	133	1/3
Georges Collas, Sr de Sirpay,	133	1/3
J. Messeau de la Veaux,	133	1/3
Pierre Lefaure dit *la Combe l'aîné*,	133	1/3
Christophe Béguin,	100	
André de Champagne, Sr dudit lieu,	100	
François de Seneton dit *de la Faye*,	100	
J. Lefaure, Sr de Vautour,	100	
Pierre de Vieux-Pont, Sr de la Falonnelle,	66	2/3
Girard Landry dit *Berlin*,	66	2/3
Charles Duvivier,	100	
J. Maussier dit *Pierre Aubin*,	120	
Christophe du Moulin,	120	
J. le Meres,	120	
J. Boutin, Sr de Jouy,	120	
George du Regrand,	120	
Girard de Poix,	120	

	Écus.
Michel Lucas,	100
Antoine Trouvé, Sr de Vauboulon,	100
François Doucet, Sr de Bois-Béranger,	120
Étienne Dugrand, Sr de Villemorien,	100
Claude Dugrand, Sr de Blacy,	60
Nicolas Poseheux, Sr du Coudray,	100
Antoine de Herbauviller dit *le Menil Jourdain* (1),	66 2/3
J. de Sainct dit *Faucanbergé*,	100
Charles Dollet, Sr de la Tour,	60
Claude Feullet,	100
Tristra du Moulinet dit *Arpenty*,	100
Laurent du Thuillier dit *Menaville*,	120
J. de la Salle,	100
Darblay,	100
N. . . . Balloré,	100
Gilbert Aubertas dit *Maugras*,	100
J. du Coissé,	100
Nicolas de Tourny,	120
François Aulay,	80
Mathieu de Razillis, dit *Fontaines*,	66 2/3
Claude Michelon,	60
Louis de Crèvecœur,	60
François du Rames, Sr de Villacomblay,	86 2/3
Nicolas Dupiquet,	120
J. Champion dit *Mouchault*,	30
René Bonnier, Sr de Lisle Bratin,	100
Henry de la Vergne,	66 2/3
Pierre Gasselin, Sr de Montabisard,	100
J. Forestier, Sr de Luzarche,	100
Pierre Jolly dit *Verbillère*,	30
Claude Dubuisson,	60
N. . . . Piquet,	100
Antoine Fourgonneau,	100
Jaques le Roy,	100

(1) Nous venons de voir qu'un de ses collègues, Jean Leclerc, portait le même surnom.

	Ecus.
Louis Gilbert, S[r] d'Achene,	106 2/3
Étienne Héraudot,	33 2/3
Jacques de la Croix,	66 2/3
Nicolas Dujardin,	33 2/3
Adrien le Page,	21
Philippe Foucart,	21
Augustin du Bois,	21
André de Sapincourt,	21
Martin de la Chesnaye,	21
Louis de Sapigny,	21
André de Pellerin,	66 2/3
André Paillette,	21
Philippe Boucher,	21
J. Deshoin, Sr de Theville,	33 2/3
Henry de Lon,	21
François Rousselet,	100
Dieudonné L'huillier,	100
Nicolas de Moléry, Sr de Brécourt,	100
J. de Sacy,	33 2/3
Charles Gabbé,	21
Guillaume Ragois,	21
Et[e] Guérin,	21
Louis Joly,	33 2/3
Louis Jouques,	21
Isaac l'Arcange,	66 2/3
Nicolas Davaugarde,	66 2/3
Philippe Foucart dit *Larrabe*,	66 2/3
François Brochant dit *le Bourg*,	66 2/3
N...... maître des eaux et forêts de Crécy,	100
François Gallois,	26
Jacob de Maronne, Sr du Ménil,	100
Nicolas le Feurier, Sr du Bois,	100
Louis Rousseau, Sr de la Roullière,	100
N...... André dit *Bigot*,	25
Eloy Chenart,	25
Jaques Méchinot,	50
François Rathier,	25
François Rousseau, Sr du Chatellier,	50

24 valets de limiers :	65
13 à 50 écus,	360
9 à	40
1 à écus	66 2/3
1 à	25
7 valets de chiens à cheval :	
1 à 100 écus.	
6 à 66 écus 2/3,	398 2/3
Valets de chiens ordinaires :	
1 à	50
9 à 33 écus 2/3,	303
Valets de chiens ordinaires couchans avec les chiens :	
4 à 33 écus 2/3,	134 2/3
1 à	21 2/3
2 à 10 écus,	20

PAGES.

A Geoffroy de Guisâc,	180 écus.
N......... la Morlière,	180 écus.

FOURRIERS.

3 à 50 écus,	150 écus.
Boulanger des chiens,	66 écus 2/3.
Chirurgien,	100 écus.
Apotiquaire,	50 écus.
Maréchal,	50 écus.
Me châtreur de chiens,	40 écus.

POUR LA CHASSE AUX LIÈVRES.

A Charles de la Porte, Sr de Chevroches, 1er Maître d'hôtel ordinaire du Roy, Lieutenant de ses toiles de chasse, pour la nourriture et entretenement des lévriers à lièvres amenés de Champagne, 300 écus.

Garçons servant à mener les lévriers :

2 à 40 écus,	80 écus.

GRAND LOUVETIER DE FRANCE.

Au Sr de la Grange, pour son état et entretenement, 400 écus.
20 chiens courants, nourriture et entretenement, 3 sols, 365 écus.
Sr de Fréville, lieutenant, 133 écus 2/3.
J. Dumonchet, lieutenant, 100 écus.
Valets de limiers :
4 à 66 écus 2/3, 266 écus 2/3.
Valets de chiens courans :
2 à 50 écus, 100 écus.
Garçons servans aux dits chiens :
2, à 33 écus 2/3, 67 écus 1/3.
Gardes des grands lévriers :
2 à 50 écus, 100 écus.
4 grands lévriers pour la chasse aux loups, nourriture et entretenement, à 5 s. par jour, 121 écus 2/3.
Garçons pour lesdits lévriers :
2 à 33 écus 1/3, 66 écus.
Gardes des dogues :
2 à 50 écus, 100 écus.
4 grands dogues, dépense et nourriture, à 5 s. par jour, 121 écus 2/3.
Garçons servans aux dits dogues :
2 à 33 écus 1/3, 66 écus 2/3.

CHARROIS.

4 chevaux pour conduire un charriot pour porter les paux (1), pents, un coffre et les jaques de grands levriers, collerons des dogues, à 10 s. par cheval, y compris 1 valet, 243 écus 1/3.
Au maître et conducteur, ses gages, 66 écus 2/3.

GRAND VAUTRAYEUR DE FRANCE.

A Louis de Lhopital, Sr de Vitry, ses gages, 400 écus.
40 mâtins à 3 sols par jour chaque, 733 écus.

(1) *Paux*, pieux : *pents*, pans de rets, panneaux.

VENEURS.

Étienne de Chevrier, lieutenant, 133 écus 1/3.
J. Boulanger, 100 écus.
J. Beguin, 100 écus.
Philippes Suet, 66 écus 2/3.
N. . . . dit *le Baron*, 66 écus 2/3.

Valets de limiers :
2 à 66 écus 2/3, 532 écus 1/3.

Valets de chiens :
6 à 50 écus, 300 écus.

Gardes des grands lévriers :
2 à 50 écus, 100 écus.
4 grands lévriers, nourriture et entretenement, à 6 sols chaque par jour, 121 écus 2/3.

CAPITAINES ET GARDES DES FORÊTS.

Saint-Germain-en-Laye :
6 gardes à 20 écus, 120 écus.

Autres gardes des portes du parc et garenne de Boulogne, de Rouvray et de la garenne du Louvre :
Nicolas Moreau, S[r] d'Auteul, capitaine, 516 écus 2/3.
16 à 20 écus, y compris 1 procureur et 1 lieutenant, 320 écus.

Autres gardes des lièvres de Boulogne, bois de la Traison, Coulombes, etc. :
2 à 20 écus, 40 écus.

Forêt d'Evreux :
2 gardes à 20 écus, 40 écus.

Forêt de Dreux :
Jean Besnard, capitaine, 133 écus 1/3.
4 gardes à 20 écus, 80 écus.

Forêt de Passy :
Louis de Carnel, capitaine, 40 écus.
3 gardes à 20 écus, 60 écus.

Bois de Malicorne, Barbeaux, Saint-Jean-de-la-Croix, garenne de Viaut près la forêt de Bierre, etc. :
A Toussaint de Mornay, capitaine de la garenne de Viaut, 40 écus.
6 gardes à 20 écus.

Forêt de Senart, plaines et varennes du pont de Charenton, Maison-sur-Seine, Creteil, Sucy, Chenevières, Boissy, Valenton, Brevanne, Villeneuve-Saint-Georges, etc., le long de la rivière d'Yerre jusqu'à Brie-Comte-Robert, et allant à Tournan jusqu'à Lagny et descendant le long de la Marne jusqu'à Sussy :

De Villeroy, capitaine, 300 écus.
François Dunoyer, lieutenant en la forêt de Senart, 100 écus.
1 lieutenant en justice à 20 écus, 1 procureur à 20 écus, 40 écus.
11 gardes à 20 écus, 220 écus.
Charles Duvivier, lieutenant des plaines et garennes du pont de Charenton, 66 écus 2/3.
1 procureur à 8 écus 1/3.
3 gardes à 8 écus 1/3, 25 écus.
A Nicolas le François, Sr de Vaudoyer, lieutenant du Sr de Villeroy...... du circuit le long de la Jerre...... jusqu'à Sussy, 100 écus.
1 procureur à 20 écus.
7 gardes à 20 écus, 140 écus.

Bois, buissons, etc., de Saint-Maur-des-Fosses :

Nicolas François, Sr de Vaudoyer, capitaine, 100 écus.
1 procureur à 20 écus, — 2 gardes à 20 écus, 60 écus.

Forêt de Sequigny :

N...... de la Fosse, capitaine, 66 écus 2/3.
Claude de Lavoisier, lieutenant, 20 écus.
1 procur. à 20 écus.
5 gardes à 20 écus, 100 écus.

Forêt de Bièvre et Fontainebleau :

Au Sr de Vitry, capitaine, 266 2/3.
1 lieutenant de robe courte, 66 écus.
12 gardes à 20 écus, 240 écus.

Forêt de Brie :

1 capitaine à 100 écus.
3 gardes à 20 écus, 60 écus.

Forêt de Jouy :

J. de Meaux, Sr de Coeffy, 100 écus.
6 gardes à 20 écus, 120 écus.

Forêt de Guise (Cuise) et Compiègne :

Antoine du Gautel, Sr de Biron, capitaine, 40 écus.
9 gardes à 20 écus, 180 écus.

Forêt de Crécy en Brie, Becoisean et du Vivier :
1 capitaine, 40 écus.
3 gardes à 20 écus, 60 écus.
Forêt de Montfort :
Au Sr de Lussan, capitaine, 80 écus.
1 lieutenant, Louis de Besançon, 20 écus.
12 gardes à 20 écus, 240 écus.
Forêt de Lyons en Normandie :
A Barthélemy de Limoges, capitaine, 80 écus.
12 gardes à 20 écus, 240 écus.
Forêt de Villers-Cotterets :
A Charles de Longueuil.
7 gardes à 20 écus, 140 écus.
Forêt de Livry et Bondy :
Au S[r] d'Aunay, capitaine, 40 écus.
5 gardes à 20 écus, 100 écus.
Forêt d'Amboise et Montrichard :
Claude Forget de la Quantinière, capitaine, 66 écus 2/3.
1 lieutenant, 33 écus 1/3.
8 gardes à 20 écus, 160 écus.
Vitry, Saint-Dizier, bailliage de Chaumont et Vitry :
Hugues de Champagne, Sr de Saint-Marc, capitaine, 40 écus.
8 gardes à 20 écus, 160 écus.
Bois et chasses de la montagne de Reims :
Edme Marchand, capitaine, 100 écus.
4 gardes à 20 écus, 80 écus.
La garenne de Trilport et Monceaux :
2 gardes à 8 écus 1/3, 16 écus 2/3.
Nogent, Pont-sur-Seine, Buissons de Pompées et des Brosses.
De Miraumont, capitaine, 133 écus 1/3.
4 gardes à 33 écus 1/3, 133 écus 1/3.
Bailliage de Sezanne :
Legrand, Sr de Monsecours, capitaine, 40 écus.
4 gardes à 20 écus, 80 écus.

ÉTAT POUR LES TOILES DE CHASSE.

A M. de Beauvais Nangis, Charles de Brichanteau, capitaine, pour son état, 400 écus.

Charles de la Porte, Sr de Chevroche, lieutenant, 333 écus 1/3.

Veneurs :

J. de Jouau, Sr de Jomuliers (?), sous-lieutenant,	20 écus.
Jacques Gaillardbois, Sr de Drouval,	600 écus.
A	100 écus.
A	100 écus.
A Antoine Selly,	100 écus.
J. Chevalier, le jeune,	100 écus.
Antoine Fernet,	100 écus.
Antoine Tuppe, Sr de Cussy,	100 écus.
J. le Postel dit *le Menil*,	100 écus.
2 fouriers à 73 écus 2/3,	147 écus 1/3.
3 valets de limiers à 66 écus 2/3,	200 écus 1/3
1 page pour lui et son cheval, 12 sols 6 d.,	152 écus 15 s.
2 valets de chiens courans à 24 écus,	48 écus.
36 chiens courans à 3 sols,	658 écus 2/3.
6 gardes des levriers à 50 écus,	300 écus.
12 grands levriers à 6 sols par jour,	366 écus.
2 gardes de dogues à 33 écus 1/3,	66 écus 2/3.
4 grands dogues à 5 sols,	122 écus.
	266 2/3.

8 garçons servans, 6 aux limiers, deux aux dogues, à 33 écus 1/3.

Joseph Chamin, capitaine, m[e] du charroi des toiles pour 39 chevaux et les valets, 4 chevaux pour charriot pour porter cent pièces de toiles et les pains, 3 à la charrette pour porter les jaques des grands lévriers, les collerons des dogues, etc., à 10 sols, 2,379 écus.

A lui pour ses gages,	66 écus 2/3.
100 archers à 33 écus 1/3,	3,333 écus 1/3.
3 commissaires et rabilleurs des toiles à 33 écus 1/3,	100 écus.
1 maréchal à	33 écus 1/3.

FAUCONNERIE.

Le comte de Brissac, Charles de Cossé, Grand Fauconnier, 400 é.

Louis de L'hopital, Sr de Vitry qui a la charge du vol pour milan, 200 écus.

5 piqueurs à 66 écus 2/3,	333 écus 1/3.
5 oiseaux, nourriture à 3 sols par jour,	66 écus 2/3.

Vol pour héron.

N....... qui aura la charge du vol,	166 2/3.
2 piqueurs à 66 écus 2/3,	133 écus 1/3.
6 oiseaux à 3 sols,	109 écus 30 s.

Vol pour rivière.

A N...... Sr de Charonneau de Villars,	166 écus 2/3.
2 piqueurs à 66 2/3,	133 écus 1/3.
6 oiseaux,	109 écus 30 s.

Autre vol pour rivière.

A N..... Sr de la Férouillère,	166 écus 2/3.
3 piqueurs à 66 2/3,	200 écus.
6 oiseaux,	109 écus 30 s.

Vol pour corneille.

A N...... Sr de Villars,	166 écus 2/3.
2 piqueurs à 66 2/3,	133 écus 1/3.
3 oiseaux,	54 écus 45 s.

Autre vol pour corneille.

Au Sr de Petiman,	166 écus 2/3.
2 piqueurs à 66 écus 2/3,	133 écus 1/3.
3 oiseaux,	54 écus 45 s.

Vol pour pie.

Au Sr du Fay,	166 écus 2/3.
2 piqueurs à 66 écus 2/3,	133 écus 1/3.
3 oiseaux,	54 écus 45 s.

Autre vol pour pie.

A Adrien de Franfeuvre, Sr dudit lieu,	166 écus 2/3.

2 piqueurs à 66 écus 2/3,	133 écus 1/3.
3 oiseaux,	54 écus 45 s.

Vol pour les champs.

A Louis Vesian, écuyer, Sr de la Chapelle,	166 écus 2/3.
2 piqueurs à 66 écus 2/3,	135 écus 13.
4 oiseaux,	63 écus.
18 épagneux, nourriture à 3 sols (par jour),	328 écus 30 s.
2 valets d'épagneux à 15 sols id.,	182 écus 30 s.
Les souliers de 2 valets,	24 écus.

Autre vol pour les champs.

A N. . . . écuyer, S^r des Artieules,	166 écus 2/3.
2 piqueurs à 66 écus 2/3.	
18 épagneux à 3 s.,	328 écus 30 s.
2 valets d'épagneux à 15 sols,	182 écus 30 s.
Les souliers de 2 valets,	24 écus.

GENTILSHOMMES DE LA FAUCONNERIE.

Charles de la Montagne, écuyer, Sr de Cranille,	30 écus.
J. Daraduc, Sr de la Rade,	id.
N. . . . Sr de Millières,	id.
Charles Gode, écuyer,	id.
Charles d'Andigny, écuyer, Sr de Champjust,	id.
N. . Tiraqueau, écuyer, Sr de Bellebas,	id.
N. . . . . écuyer, Sr de Beaumont,	id.
René d'Andigny, écuyer,	26 écus.
N. . . . écuyer, Sr de la Fontenelle,	id.
Joseph Brigard, écuyer, S^r des Boutteaux,	id.
Charles le Bel, écuyer, Sr de Malassis,	id.
J. Hillenin, écuyer, Sr de la Jartadière,	id.
N. . . . écuyer, Sr de Chamerye,	id.
N. . Lasne, écuyer, Sr de Ners,	id.
N. . . . écuyer, Sr de la Voice,	id.
N. . . . écuyer, Sr du Plessis,	id.
A . . . écuyer, Sr de Vaumartin,	id.
N. . . . écuyer, Sr du Breuil,	id.

J. Durasseau, Sr du dit lieu,	26 écus.
J. Aubert, écuyer, Sr du Boisvert,	id.
N. . . . écuyer, Sr du Richer,	id.
N. . . . écuyer, Sr de la Touche,	id.
A N...... écuyer, Sr de la Motte,	id.
A N................	id.
Louis Ducrocq, écuyer, Sr de Chenevières,	id.
Louis de l'Ecluse, Sr de Torin,	id.
N...... Sr de Sainte-Croix,	id.
Pierre Girard, écuyer,	id.
N...... Sr d'Ormal,	id.
N...... Sr du Laere,	id.
Pierre de Milly, écuyer, Sr de Vidoux,	id.
J. de Saint-Martin, écuyer, Sr de Logerie,	id.
N...... de Marcosme, Sr de Bouceny,	id.
N...... Olivier, Sr de	id.
J. de Lochon, Sr dudit lieu,	id.
Guillaume Racher, Sr dudit lieu,	id.
Louis du Hanguest, Sr dudit lieu,	id.
N...... de la Bel, Sr de Luthereau,	id.
Hillereau, Sr de Saint-Martin,	id.
N...... Sr de la Noe,	id.
Charles Dumont, Sr de Vausonce,	id.
N...... Sr du Roullaire,	id.
J. Monnereau, Sr de la Touche,	id.
J. Gorrou, Sr de Domes,	id.
J. Villenault, Sr de Châteaugaillard,	id.
Dominique Marie, Sr de ......,	id.
Philippe Gaillard,	id.
Charles Deschamps, Sr de la Vermienne,	id.
Guy d'Andigny, Sr du Mas,	id.
J. Potretot, Sr de Trellot,	id.
N...... le comte, écuyer, Sr de la Chasse,	id.
René Héron, Sr de la Croix,	id.
Jaques Féron, Sr de Solone,	id.
Julien Bernard, écuyer, Sr de ......,	id.

FAUCONNERIE.

Leureux d'oiseaux (1) :	500 ecus.
15 à 33 écus 1/3.	
Officiers de la Fauconnerie :	26 écus 2/3.
1 fourrier,	66 écus 2/3.
1 sonnetier,	23 écus 1/3.
2 fauconniers à 23 écus 1/3,	46 écus 2/3.
Oiseaux de la Chambre sous la charge de M. d'Elbeuf, Grand Veneur de France :	
A J. de Saussac, 1er gentilhomme et lieutenant,	166 écus 2/3.
A N.	166 écus 2/3.

Vol pour champs.

Pierre de Beauvolier, écuyer, Sr de Bonamy,	100 écus.
1 aide,	66 écus 2/3.
1 garçon d'épagneux à 15 s.,	91 écus 15 s.
4 oiseaux à 2 s. 6 d., qui est 10 s. pour les 4, p. j.	60 écus 50 s.
12 épagneux à 3 s. 6 d.,	255 écus 15 s.

Vol pour rivière.

N. . . . Sr de Chaverzay,	100 écus.
1 piqueur,	66 écus 2/3.
4 oiseaux à 2 s. 6 d.,	60 écus 50 s.

Vol pour pie.

N. . . . Sr de la Mottebureau,	100 écus.
1 piqueur,	66 écus 2/3.
4 oiseaux,	60 écus 50 s.

Vol pour milan.

Christophe Blachet,	200 écus.

(1) Gens pour *leurrer* les oiseaux.

Nicolas Manics,	80 écus.
4 piqueurs à 66 écus 2/3,	266 2/3.
1 à	20 écus.

Autre vol pour milan.

Martin Béranger,	200 écus.
5 piqueurs à 66 écus 2/3,	333 écus 1/3.

Vol pour corneille.

A Dominique de Vic, Sr de Sarrod (1),	200 écus.
3 piqueurs à 100 écus,	300 écus.

Vol pour pie.

A Louis Carnet, Sr de Meray,	166 écus 2/3.
2 piqueurs à 66 écus 2/3,	133 écus 1/3.

Vol pour corly.

François des Essarts, Sr de Meigneux,	166 écus 2/3.
3 piqueurs à 66 écus 2/3,	200 écus.

Vol pour rivière.

A N............,	153 écus 1/3.
3 piqueurs à 66 écus 2/3,	200 écus.

Vol pour les champs.

Pierre du Sablé, Sr de Sorroy,	153 écus 1/3.
2 piqueurs à 60 écus,	120 écus.

Vol pour rivière.

Joseph Duspremier, Sr de Lussien,	146 écus 2/3.

---

(1) Voir ci-dessus, p. 191.

1 à	83 écus 1/3.
2 à 46 écus 2/3,	93 écus 1/3.
1 à	60 écus.

Vol pour héron.

Louis d'Estamel, Sr du Hamel,	200 écus.
5 piqueurs à 66 écus 2/3,	333 écus 1/3.
1 à	100 écus.
1 à	40 écus.

Vol pour rivière.

J. Martin, Sr de Betancourt,	100 écus.
4 piqueurs à 21 écus,	84 écus.
8 tendeurs aux oiseaux de passage :	
2 à 26 écus,	52 écus.
6 à 21 écus,	93 écus.

AIDES EN LADITE FAUCONNERIE.

19 { 8 à 100 écus,	800 écus.
5 à 66 écus 2/3,	333 écus 1/3.
6 à 23 écus 1/3,	140 écus.
Fourriers :	
2 à 46 écus 2/3,	93 écus 1/3.
Nicolas Trouvé et Alphonse Bourlon, trésoriers,	1,133 écus 1/3.
Total du contenu au présent état général,	54,946 écus 54 s.

MDCVIII.

OISEAUX DE LA CHAMBRE.

1 vol pour les champs.
1 vol pour pie.
11 oiseaux.
18 épagneux.

Total,	5.184 l. 5 s.

MDCX.

CHAMBRE DU ROY.

Oiseaux, chiens à lièvres et levrettes sous le Sr de Roquelaure, maître de la Garde-robe de Sa Majesté.

Au Sr de Biron pour ses gages,	1,000 l.	
18 oiseaux pour héron, corneille, pie à 3 s., p. j.	1,987 l.	10 s.
3 fauconniers à 300 l.,	900	
9 piqueurs et 1 porte-duc à 250 l.,	2,500	
1 garde-perche à 15 s., p. j.	273	15 s.
Pour les souliers,	36	
2 levrettes pour le vol du héron à 4 s., p. j.	704	
1 garde des levrettes à 15 s., p. j.	273	15 s.
Ses souliers,	36	
	6,151 l.	

Chiens à lièvre.

24 chiens à 4 s. par jour,	1,756 l.
1 piqueur et son cheval,	450
2 valets des chiens à 15 s.,	547
Leurs souliers,	72
	2,775 l.

Levrettes.

9 levrettes et lévriers à 4 s.,	657 l.
3 valets à 150 l. chacun,	450
Leurs souliers,	108
Leurs 2 habits, l'un d'été, l'autre d'hiver, à 60 l. par habit,	360 l.
Les gages d'Esterves Habert (1) qui a les levrettes sous sa charge,	900
	2,475 l.
Somme totale,	11,401 l.

(1) Il se pourrait que ce Habert fût l'auteur du petit poëme de *la*

N° XVII. — Extrait des comptes de dépenses de Louis XIII. — MDCXXXIV. (Archives de l'Empire.)

ÉTAT DES OFFICIERS DE LA VENNERIE DU ROY. — PAR QUARTIER.

1 Grand Veneur,		1,200 l.
4 lieutenants à 1,000 l.,		4,000 l.
4 sous-lieutenants à 500 l.,		2,000 l.
40 gentilshommes	1 à 350 l.	
	39 à 300 l.,	11,700 l.
4 valets de chiens à cheval à 200 l.,		800 l.
18 valets de limiers	14 à 150 l.,	2,100 l.
	4 à 100 l.,	400 l.
17 valets de chiens,	14 à 100 l.,	1,400 l.
	2 à 60 l.,	120 l.
	1 à 50 l.	
4 fourriers à 150 l.		600 l.
4 valets couchans avec les chiens,	1 à 100 l.	
	3 à 60 l.	180 l.
2 pages à 600 l.,		1,200 l.
2 maréchaux ferrants à 75 l.,		150 l.
1 chirurgien,		150 l.
1 châtreur de chiens et guérisseur de rage,		75 l.
1 trésorier,		5,100 l.
2 controlleurs,		2,250 l.

Chiens d'Écosse pour le lièvre.

1 lieutenant,	1,000 l.
1 boulanger,	1,314 l.
1 piqueur,	547 l. 10 s.

Chasse aux lièvres avecques les lévriers, dédié *au Roy de France et de Navarre,* M.D.XCIX, ordinairement attribué à Pierre Habert, écuyer, S[r] d'Orgemont, médecin ordinaire de Monsieur, duc d'Orléans (Gaston). Cet opuscule rarissime a été réimprimé en 1849.

1 valet de chiens,	216 l.
1 page,	150 l.

Chiens pour le chevreuil.

1 lieutenant,	1,000 l.
1 boulanger,	4,925 l.
2 piqueurs,	1,025 l.
2 valets de limiers,	300 l.
2 valets de chiens,	414 l.
1 page,	300 l.

LOUVETERIE DU ROY.

1 Grand Louvetier,	1,200 l.
1 lieutenant du Roi,	1,000 l.
1 lieutenant du Grand Louvetier,	600 l.
1 sous-lieutenant,	500 l.
1 veneur à	450 l.
1 id. à	400 l.
2 valets de limiers à 150 l.,	300 l.
2 valets de chiens courans à 120 l.,	240 l.
1 garçon nourrissant et dressant les jeunes limiers,	90 l.
1 id. dressant les jeunes lévriers,	90 l.
1 id. dressant les jeunes chiens courants,	90 l.
8 gardes des grands lévriers à 160 l.	1,280 l.
2 sergents louvetiers à 60 l.	120 l.
1 boulanger pour le pain des chiens à	160 l.
1 maître et conducteur de charroi,	735 l.

Toilles de chasse. — (MDCXL.)

1 Capitaine Général,	1,200 l.
2 lieutenants à	900 l.
2 sous-lieutenants à 600 l.,	1,200 l.
14 veneurs { 2 à 360 l.,	720 l.
14 veneurs { 12 à 300 l.,	3,600 l.
6 valets de limiers à 200 l.,	1,200 l.
8 gardes de grands lévriers à 100 l.	800 l.

4 valets de chiens à 62 l.,	248 l.
2 commissaires des toiles à 100 l.,	200 l.
2 id. rabilleurs des toiles à 100 l.,	200 l.
6 garçons pour la garde des grands lévriers à 100 l.,	600 l.
2 fourriers à 100 l.,	200 l.
1 maréchal ferrant,	100 l.
1 capitaine et maître du charroi des toiles,	2,562 l.
24 archers à 100 l.,	2,400 l.
1 Grand Fauconnier de France,	1,200 l.
Pour son état et appointement,	3,000 l.

Vol pour milan.

1 chef,	700 l.	10 oiseaux, y compris le duc, à 3 s. p. j.,	547 l. 10 s.
1 aide,	300 l.	1 garde-perche,	273 l. 15 s.
1 maître fauconnier,	300 l.	Ses souliers,	36 l.
5 piqueurs à 250,	1,250 l.		
1 porte-duc,	250 l.		

Autre vol pour milan comme le précédent.

Vol pour héron.

1 chef,	700 l.
1 aide,	300 l.
2 mes fauconniers à 300 l.,	600 l.
8 piqueurs à 250 l.,	2,000 l.
12 oiseaux à 3 s. p. j.,	657 l.
4 levrettes à 4 s.,	292 l.
1 garçon de fauconnerie,	273 l. 15 s.
Ses souliers,	36 l.
1 garde-perche,	273 l. 15 s.
Ses souliers,	36 l.
2 gardes-levrettes à 273 l. 15 s.,	547 l. 10 s.
Leurs souliers,	72 l.
3 gentilshommes à 90 l.,	270 l.

Vol pour corneille.

1 chef,	700 l.
1 aide,	300 l.

1 maître fauconnier,	300 l.
14 piqueurs à 250 l.	3,500 l.
30 oiseaux à 3 s.,	1,642 l. 10 s.
3 garçons de fauconnerie à 273 l. 15 s.,	621 l. 5 s.
Leurs souliers,	108 l.
4 gardes-perches à 273 l. 15 s.,	1,095 l.
3 gentilshommes à 300 l.	900 l.

Autre vol pour corneille.

1 chef,	700 l.
A lui pour récompense,	1,000 l.
1 aide,	300 l.
5 piqueurs à 250 l.,	1,250 l.
2 autres officiers à 250 l.,	500 l.
1 porte-duc......,	250 l.
10 oiseaux à 3 s., p. j.	547 l. 10 s.
1 garde-perche,	273 l. 15 s.

Vol pour les champs.

1 chef,	700 l.
1 maître fauconnier,	300 l.
1 piqueur,	250 l.
2 officiers à 250 l.,	500 l.
8 oiseaux à 3 s., p. j.	438 l.
18 épagneux à 3 s.,	1,314 l.
1 valet d'épagneux,	273 l. 15 s.
1 garçon de fauconnerie,	à 273 l. 15 s.
Leurs souliers,	72 l.

Vol pour rivière.

1 chef,	500 l.
1 aide,	300 l.
3 piqueurs à 250 l.	750 l.
6 oiseaux à 3 s., p. j.	328 l. 10 s.
1 garde-perche,	136 l. 17 s. 6 d.

Vol pour pie.

1 chef,	500 l.
2 piqueurs à 250 l.,	500 l.
3 oiseaux à 3 s., p. j.	164 l. 5 s.
4 pages à 1,000 l.,	4,000 l.
Au Grand Fauconnier pour la caisse ou fourniture de gibecière, leurres, gands, chaperons, sonnettes, vervelles et armures d'oiseaux,	3,000 l.
A lui pour 3 *bouises* d'argent (1),	300 l.
A lui pour achat et fournitures d'oiseaux,	6,000 l.
Au trésorier,	3,000 l.
1 maréchal des logis,	400 l.
1 courrier à	400 l.
1 id. à	300 l.

CABINET DU ROY.

Vol pour corneille.

1 chef,	700 l.
1 aide,	300 l.
2 maîtres fauconniers à 300 l.,	600 l.
9 piqueurs à 250 l.,	2,250 l.
1 porte-duc à	250 l.
16 oiseaux à 3 s.,	876 l.
2 gardes-perches à 273 l. 15 s.,	548 l. 10 s.
Leurs souliers,	72 l.

Vol pour émerillon.

1 chef,	700 l.
1 aide,	307 l.
1 piqueur,	250 l.
8 oiseaux à 3 s., p. j.	438 l.

(1) *Bouises* ou *bonises*. Je ne sais ce que ce peut être; une *bouisse* est un outil de cordonnier et de tailleur, mais je ne vois pas comment il aurait pu servir dans la fauconnerie.

Gages de vieux officiers.

3 maîtres fauconniers à 300 l.,	900 l.
4 piqueurs à 250 l.,	1,000 l.

Levrettes de la chambre.

1 chef,	900 l.
3 valets à 150 l.,	450 l.

Valets de lévriers et de limiers.

4 valets des grands lévriers,	912 l.
3 valets des limiers,	540 l.

N° XVIII. — *Extrait des comptes de dépenses de Louis XIV. — MDCLXXXIV.*

État général du paiement que le Roi a ordonné être fait par son conseiller et trésorier de ses venneries, toilles de chasses et fauconnerie, Me Jean Martial de Fenis, au Grand Veneur, Grand Fauconnier, Grand Louvetier, Capitaine des toiles de chasse, Capitaines et Gardes des bois, forêts, plaines, varennes; Gentilshommes et autres officiers des dites venneries, toiles de chasses et fauconnerie et louveterie employés en ce présent état général durant l'année mil six cent quatre-vingt-quatre, lesquels officiers cydessus Sa dite Majesté veut et entend qu'ils jouissent des mêmes priviléges et exemptions dont jouissent les autres officiers, domestiques et commensaux de sa maison.

Premièrement :

GRAND VENEUR.

A François duc de la Rochefoucauld, prince de Marcillac, pair et Grand Veneur de France, pour ses gages ordinaires durant la dite année *mil six cens quatre-vingt-quatre*, 1,200 l.

Au dit sieur duc pour son état et appointement, la somme de 10,000 l.

Au dit seigneur Grand Veneur, pour la nourriture et dépense de *soixante et dix chiens* et pour l'entretenement d'iceux pendant ladite année, à raison de *cinq sols* par jour pour chacun chien, la somme de six mille trois cent quatre-vingt-sept l. dix sols, cy 6,387 l. 10 s.

LIEUTENANT ORDINAIRE.

Au sieur chevalier de Soyecourt, lieutenant ordinaire de la dite vennerie, la somme de mille livres pour ses appointements pendant la dite année, cy 1,000 l.

LIEUTENANTS.

A Jean de Vaux, baron de Levare, la somme de mille livres, cy 1,000 l.

A Antoine de l'Éperonière la Rochebardon, la somme de mille livres, cy 1,000 l.

A Jaques de la Motte du Fossé (*id.*), 1,000 l.

A Alexandre Passard, sieur de Villeneuve (*id.*), 1,000 l.

SOUS-LIEUTENANTS.

A Georges du Croisier, écuyer, sieur de Beaumont et des Bordes, la somme de cinq cens livres, cy 500 l.

A Louis Langlois, sieur de Jinville (*id.*), 500 l.

A Barthélemy Hallé, sieur de Fretevillc, 500 l.

A Louis de Ramé, sieur de Vernouillet, 500 l.

GENTILSHOMMES PAR QUARTIER.

A François Thibaut, sieur de Jussey, la somme de 300 l.

A Georges de Villemenont, la somme de 300 l.

A Charles Bouland, sieur de Maison-Blanche, 300 l.

A François le Vassor, 300 l.

A Nicolas Dupuy, sieur de Saint-Fermans, 300 l.

A César Thomas d'Herbinot, écuyer, sieur de Lucey, la somme de 300 l.

A Robert Gonault, Sr de Truville, 300 l.

A Étienne Duvivier, Sr de la Chaussée, 300 l.

A Robert de la Chenaye, Sr de la Pannière, 300 l.

A François Michenaux, S[r] des Combes, 300 l.
A Charles de Faucillon, Sr de Vaubreuil, id.
A Pierre Bosquet, écuyer, Sr du Bourdin, id.
A Charles de Miniac, Sr de Villenonceaux, id.
A Raoul du Soussoy, id.
A Nicolas Testu, sieur de Bellemont, id.
A Thomas Simon, sieur d'Espaynes, id.
A Denis Oaslin, sieur des Mottes, id.
A François Cabaille, id.
A Pierre Gueroult, id.
A Élie Materre, id.
A Daniel Vincenot, Sr de la Pardullière, id.
A Eustache Després, id.
A Bernabé Montmorillon, Sr du Chemin, id.
A Jean Maillard, Sr Dollincourt, id.
Le sieur Cornellius Döisy, id.
A François Beaudouin, seigneur de la Rivière, id.
A Gabriel Boucher, id.
A Thomas Maillard, id.
A Adrien le Villain, id.
A Esmard François Tillet, id.
A Claude de Laubépine, marquis de Châteauneuf, id.
A Julien de Rouvray, id.
A Louis du Corroy, id.
A Antoine de Laubespine, id.
A Gaspard Rousseau, id.
A Jean Martial de Fenis, id.
A Jacques Larcher, id.
A Claude Bellard, id.
A François Pinchelle, id.
A Martineau Vendosme, id.
A Poupart du Touçay, id.
A Colin de Villemarre, id.
A Eslie Bossu, id.
A Bonnavanture Saint-Aubin, id.
A Robert de Ervet, marquis de Coquenval, id.
A François Fremin du Menillet, id.

VALET DE CHIENS ORDINAIRE A CHEVAL.

A Jean Deschamps la s^e de	400 l.

VALETS DE CHIENS A CHEVAL, PAR QUARTIER.

A Henry Levacher, la somme de	200 l.
A Denis de Lisle,	id.
A Jacques Lefebvre,	id.
A Charles Forestre,	id.

18 VALETS DE LIMIERS A 150 LIVRES.

A Jean de Louvigny.
Étienne Jourdain.
Charles des Monceaux.
François Chopin.
François de Brye.
Louis de Reccard.
Louis Menard.
Guillaume de la Rue.
Jacques Grivelle.
A Nicolas Moreau.
Philippes Couchet.
Jacques Lefebvre.
Jean Dumont.
Simon Charpentier.
Vincent Brizard.
Pierre Bouchet.
Gilles Godeffroy.
Antoine le Boult.

17 valets de chiens par quartier :

14 à 100 l.	1,400 l.
2 à 60 l.	120 l.
1 à	50 l.

FOURRIERS.

A Nicolas Henry,	150 l.
A Guillaume le Marié,	id.
A Étienne Troyer,	id.
A Jacques Nitot,	id.

4 petits valets de chiens ordinaires couchans avec les chiens :

2 à 80 l.	160 l.
2 à 60 l.	120 l.

PAGES.

A Louis de Boisfrand, 600 l.
A François Raymond, Sr de Villcoignon, 600 l.

MARÉCHAUX FERRANTS.

A Nicolas Février, 75 l.
A Joseph Muguet, 75 l.

CHIRURGIEN.

A Jaques Dumoulin, 150 l.

CHATREUR DE CHIENS ET GUÉRISSEUR DE RAGE.

A Jaques de la Cour, 75 l.

TRÉSORIERS DE LA VENNERIE.

A Me Jean-Martial de Fenis, conseiller du Roy, trésorier général de la vennerie, et à Me Jacques Larcher, et Claude Bellard, aussi conseillers de Sa Majesté et trésoriers généraux de la dite vennerie, pour leurs gages ordinaires, 5,850 l.

Au dit Me Jean-Martial de Fenis, tant pour ses frais de voyage et recouvrement des assignations, voitures de deniers, etc., 2,700 l.

Aux dits trois trésoriers généraux, pour augmentation de gages et au lieu de leurs premiers et principaux commis. 750 l.

CONTROLEURS DE LADITE VENNERIE.

A Me François Le Couturier et François Planque, pour leurs gages, 5,250 l.

MEUTE DE CHIENS D'ÉCOSSE CHASSANT LE LIÈVRE.

Au sieur Claude de Laubespine, chevalier, marquis de Verderonne, lieutenant de la ditte meute pour son état et entretennement durant la dite année, la somme de 1,000 l.

A Nicolas Paris, boulanger de la dite meute, pour la nourriture de vingt-quatre chiens d'Ecosse chasseurs pour le lièvre à raison de 3 sols par jour par chacun chien revenant par an à la somme de 1,314 l.

A Denis de Corbye pour ses gages, 547 l.

A lui, pour ses habillemens, 70 l.

A Felil de la Baye, valet des dits chiens, 246 l.

Au dit sieur Laubespine, pour un page entretenu en la ditte meute, 150 l.

MEUTE DE CHIENS CHASSANS POUR LE CHEVREUIL.

Aux sieurs Gaston Jean-Baptiste de Lancy, marquis de Rarey, etc., et François Molé, conseiller du Roy en ses conseils, maître des requêtes ordinaires de son hôtel, lieutenant de la dite meute, servant conjointement pour leur état et appointement durant la dite année, la somme de 1,000 l.

A Thomas Hachette, boulanger de la dite meute, pour cinquante chiens chassans le chevreuil, y compris quatre limiers à raison de 5 sols par jour pour chacun chien, 4,925 l.

A Antoine des Hotels . . . .
A Gilles Loches. . . . . . . } 3 piqueurs, 2,050 l.
A Pierre Doullier. . . . . .

A 3 valets de pied, 600 l.

Valets de chiens pour la ditte meute, tant pour leur nourriture que pour leur habillement, 828 l.

Aux dits sieurs pour la nourriture et entretennement d'un page entretenu en la dite meute, 600 l.

CAPITAINES ET GARDES des forêts, bois, buissons, plaines et varennes du Roi,

VARENNE DU LOUVRE.

A Théophile de Catelan, bailly et capitaine, 1,550 l.

A Hubert Gamard, lieutenant général, 600 l.

A Alphonse de Buillon, marquis de Fervacques, sous-lieutenant, 700 l.

A Claude de Mirey, procureur du roy,	500 l.
A Jean Tranchard, greffier,	150 l.
6 gardes à cheval à 300,	1,800 l.
12 gardes à pied à 60,	720 l.

Officiers et gardes qui jouissent des gages seulement :

A Nicolas Fayet, lieutenant,	800 l.
1 exempt,	400 l.
2 gardes à cheval à 300 l.,	600 l.

CAPITAINES ET GARDES DU BOIS DE BOULOGNE.

A Louis de Beauvais, chevalier baron de Gentilly, etc.,	1,550 l.
A Nicolas Gaillard, lieutenant,	600 l.
A Nicolas Bertrand, seigneur de La Fontaine, sous lieutenant,	600 l.
A René Serjolet, seigneur de Lavré, procureur du Roy,	450 l.
1 greffier,	60 l.
5 gardes des portes à 120,	600 l.
6 sergens gardes à cheval à 300,	1,800 l.
6 gardes à pied à 60,	360 l.
1 portier qui jouira des gages seulement,	120 l.

SAINT-GERMAIN-EN-LAYE.

A M. Henri de Daillon, duc du Lude, capitaine,	3,600 l.
Au sieur Briçonnet, marquis d'Oissonville, lieutenant,	1,800 l.
A Charles Feydeau, écuyer, Sr de Saint-Remy, sous-lieutenant,	600 l.
A Georges le Grand, S^r des Allenais, procureur du Roy,	200 l.
1 greffier,	150 l.
2 rachasseurs à 300,	600 l.
10 gardes à cheval à 300,	3,000 l.
28 gardes à pied à 60,	1,680 l.
1 garde du parc,	60 l.

Autres officiers qui jouissent des gages seulement sans priviléges :

A Étienne de Berthelot, second sous-lieutenant,	600 l.
10 gardes à cheval à 300 fr.,	3,000 l.

CAPITAINES ET GARDES DES CHASSES des plaisirs du Roy, des plaisirs du Longboyau, Longjumeau, Thiais, Choisi, Orly, Villeneuve le Roi, Monts, Athis, Juvisy, *Soulsparay*, *Unis* sous Rungis, Chevilli, La Saussaye et autres lieux de la ditte Varenne (1).

A Antoine de Rusé, marquis d'Effiat, capitaine. . . .
A Réné de Bourlon de Plailly, lieutenant de robe longue, 300 l.
A N.........., lieutenant de la justice, id.
A N.........., procureur du Roi, id.
A N.........., greffier, id.
A NN.........., gardes à cheval, id.
7 gardes à pied à 60, 420 l.

AUTRES CAPITAINE ET GARDES DES CHASSES de la forêt de Sequigni, Gruerie de Montlhéri, bois et buissons qui en dépendent :

A messire Anne Julles, duc de Nouailles, pair de France, premier capitaine des gardes du corps du Roi, lieutenant général des armées de Sa Majesté et capitaine des chasses, 900 l.
A César-Gaspard Bedé des Fougerais, lieutenant de robbe courte, 600 l.
A Louis Brochant, seigneur d'Orengy, lieutenant de justice, 120 l.
A Nicolas Lefebvre, procureur du Roi, 60 l.
A N...... greffier, 60 l.
3 gardes à cheval à 300, 900 l.
6 gardes à pied à 60, 360 l.
2 gardes à cheval des bois et buissons de Marcoussis à 300, 600 l.

AUTRES CAPITAINE ET GARDES de la forêt de Sénart, bois et buissons de Notre-Dame-de-Brie, des plaines et varennes de Charenton, Maison, Creteil, Bois de Jussy, Chenevière, Valenton, Brevanne, Villeneuve-Saint-Georges, et le long de la rivière d'Yerre jusqu'à Brie-Comte-Robert, allant de Rouvray jusqu'à Lagny, descendant le long de la rivierre de Marne jusqu'à Sussy :

A Nicolas Neuville, duc de Villeroi, capitaine, 1,200 l.

---

(1) Je ne retrouve ni Soulsparey, ni Unis dans les villages des environs de Rungis et de Juvisy. Il y a seulement deux communes assez voisines qui portent les noms de *Vissous* et de *Parey*. Serait-ce la

A Pierre de Launay, lieutenant de robbe courte, 300 l.
A Jean-Baptiste Guinaud, lieutenant de robbe longue, 60 l.
Procureur du Roy, 50 l.
Greffier, 60 l.
4 gardes à cheval à 300 l., 1,200 l.
7 gardes à pied à 60 l., 420 l.
A Jacques de Ligny, lieutenant des bois de Notre-Dame-de-Brie. 300 l.
2 gardes à cheval à 300 l., 600 l.
6 gardes à pied à 60 l., 360 l.

AUTRES CAPITAINE ET GARDES de la forêt de Livri et Bondis :

A messire Louis Sanguin, chevalier, Sr de Livry, capitaine, 600 l.
A Nicolas-Louis de Bourbon, lieutenant de robbe courte, 100 l.
A Dominique Ferray, seigneur de Gagny, lieutenant de robbe longue, 90 l.
1 procureur du Roy, 60 l.
1 greffier, 60 l.
1 rachasseur, 60 l.
3 gardes à cheval à 300 l., 900 l.
9 gardes à pied à 60 l., 540 l.
2 gardes renardiers à 300 l., 600 l.

AUTRES CAPITAINE ET GARDES de la forêt de Guise et Compiègne :

A messire Louis de Crevant, maréchal d'Humières, capitaine, 3,000 l.
A Philippe de Courson, Sr Doudeville, lieutenant, 800 l.
A Pierre Cauvel, son lieutenant, 300 l.
1 procureur du Roy, 60 l.
1 greffier, 60 l.
1 rachasseur, 180 l.
4 gardes à cheval à 390 l., 1,200 l.
7 gardes à pied à 60 l., 420 l.

---

réunion de la seconde syllabe de Vissous et du nom de Parey qui formerait le mot du texte ?

AUTRES CAPITAINE ET GARDES de la forêt de Carnelle, bois des Agueux (1) et lieux circonvoisins :

A messire Antoine Nicolay, capitaine,	600 l.
A Isaac Cornisart, lieutenant de robe courte,	300 l.
A Henry de Longue-Épée, lieutenant,	100 l.
1 procureur du Roy,	60 l.
1 greffier,	60 l.
1 rachasseur,	100 l.
4 gardes à cheval à 300 l.,	1,200 l.
4 gardes à pied à 60 l.,	240 l.

AUTRES CAPITAINE ET GARDES de la forêt de Montfort-Lamaury :

A N........, capitaine,	250 l.
A N........,	60 l.
2 gardes à cheval à 300 l.,	600 l.
7 gardes à pied à 60 l.,	420 l.

AUTRES CAPITAINE ET GARDES du bois du comté de Dourdan :

A Nicolas Boutron, capitaine,	600 l.
2 gardes à cheval à 300 l.,	600 l.
2 gardes à pied à 60 fr.,	120 l.

AUTRES CAPITAINE ET GARDES du parc de Nogent-sur-Seine, bois et buissons de Pompée, Mornay, des Brosses, plaines de Cravecy, Saint-Hilaire, Desparts de Menil et autres lieux circonvoisins.

A Claude Bouthillier, capitaine,	600 l.
A Jacques Pougerisse, lieutenant,	300 l.
4 gardes à pied à 60 l.,	240 l.

AUTRES CAPITAINE ET GARDES des forêts, plaines, garennes, varennes, isles et buissons de la baronnie d'Amboise, buissons de Suldans et hayes dudit lieu d'Amboise :

A Jean Dugat, Sr de Lussault, capitaine,	400 l.
A Claude Lambert, lieutenant,	120 l.
A François Louvetier, sous-lieutenant,	80 l.

(1) Les *Agueux* ou *Ageux*, bois voisins de Chantilly.

14 gardes à pied à 60 l., 840 l.
1 rachasseur, 60 l.

AUTRES CAPITAINE ET GARDES de la forêt de *la Haste* (1), haute et basse Pommeraye, plaines et varennes qui en dépendent et ressortissent de l'ancien bailliage de Senlis :

Au Sr de Saint-Simon, capitaine, 700 l.
A Joachim de Villiers, lieutenant, 300 l.
1 greffier, 60 l.
2 gardes à cheval à 300 l., 600 l.
8 gardes à pied à 60 l., 480 l.

AUTRES CAPITAINE ET GARDES du château, plaines et buissons, varennes et bois de Monceaux, Trilport et les Armentières, Saint-Jean-Boutigny, Saint-Fiacre, Nanteuil, Gabelines et ès environs :

A messire Léon Potier, duc de Gesvres, pair de France, premier gentilhomme de la chambre, etc., gouverneur du château et de la capitainerie royale de Monceaux, 3,600 l.
A Anne de Lépinay, lieutenant, 300 l.
A Pierre Croiset, Sr du Martray, sous-lieutenant, 300 l.
A Louis Bouchel, lieutenant de robbe longue, 150 l.
1 procureur, 60 l.
1 greffier, 60 l.
12 gardes à cheval à 300 l., 3,600 l.
6 gardes à pied à 150 l., 900 l.

AUTRES CAPITAINE ET GARDES des bois, buissons, plaines et varennes étant en dedans de Saint-Maur-des-Fossés :

1......., capitaine, 300 l.
4 gardes à pied à 60 l., 240 l.

AUTRE CAPITAINE de la garenne de *Moeun-sur-Jeure* (2), 900 l.
Forêt de Crécy en Brie, *Bercy* (3), Joui, du Vivier :

A Nicolas Jeannin, capitaine, 900 l.

---

(1) *La Haste* est probablement ici pour *Halaste*, ancien nom de la forêt d'Halatte. Au XVIIIe siècle les princes de Condé avaient la chasse d'Halatte et de la haute et basse Pommeraye. (*Voy. le journal* de Toudouze.)

(2) Probablement Meung-sur-Yèvre.

(3) *Bercy* ou *Beroy*, je ne connais aucune forêt de ce nom près de Crécy et du Vivier.

A Antoine Riboult, Sr de Bailly, lieutenant,	700 l.
A Jean de Barrois, Sr Duménil, sous-lieutenant,	300 l.
1 lieutenant de justice,	120 l.
1 procureur,	90 l.
1 greffier,	60 l.
A Antoine de Louville, rachasseur,	400 l.
4 gardes à cheval à 300 l.,	1,200 l.
7 gardes à pied à 60 l.,	420 l.

PROVINCE DE CHAMPAGNE.

N........, capitaine,

AUTRES CAPITAINE ET GARDES du comté de *Boijency* (1) :

A N......., capitaine,	2,200 l.
N........., lieutenant,	300 l.
N........., sous-lieutenant,	200 l.
Procureur,	50 l.
Greffier,	50 l.
14 gardes à 100 l.,	1,400 l.

AUTRES capitaine et gardes des varennes et buissons ès environs de Brie-Comte-Robert, dont l'étendue contient toute l'espace depuis le pont de la vallée de Grosbois, tirant droit à l'abbaye de *Gersy* (2), sur la rivière d'Yere jusques à Tournan, et du dit Tournan tirant droit par derrière de la forêt de la Leschelle droit derrière et le long du parc et du dit lieu derrière et le long de la maison et parc de Fourcilles au pont de l'abbaye d'Ivernau, le long du ruisseau jusqu'au susdit pont de la vallée de Grosbois.

Au Sr de Bounelle, capitaine,	400 l.

(1) Beaugency.

(2) *Jarcy*, abbaye de religieuses de l'ordre de Saint-Benoît, près du village de Varennes.

Forcille, maison près de Brie-Comte-Robert.

Ivernau ou *Yvernaux*, près de Lésigny, ancienne abbaye de l'ordre de Saint-Augustin.

A Germain du Bas, lieutenant,	300 l.
6 gardes à cheval à 300 l.,	1,800 l.
4 gardes à pied à 60 l.,	240 l.

AUTRES CAPITAINE ET GARDES de la varenne de Meaux et plaines adjacentes.

A messire Nicolas de Lhopital, capitaine,	600 l.
Au Sr François Duménil, lieutenant,	300 l.
5 gardes à 60 l.,	300 l.

FONTAINEBLEAU.

A messire François Gaspard de Montmorin, marquis de Saint-Héran, capitaine du dit Fontainebleau, pour ses gages pendant la dite année, 3,600 l.

Robert de Mezancourt de Carouge, lieutenant des chasses,	1,200 l.
A Jaques le Fevre de Villaroche, lieutenant en Brie,	200 l.
Claude de Bernard des Bergeries, rachasseur,	100 l.
1 procureur du Roy,	60 l.
1 greffier,	60 l.
16 gardes à cheval à 300 l.,	4,800 l.
10 gardes à pied à 60 l.,	600 l.

AUTRES officiers qui ne jouissent d'aucuns privilèges, mais seulement de leurs gages :

A Louis de Ricard de la Chevalleraye, sous-lieutenant,	400 l.
A Louis Chennot, rachasseur des hayes de Courtenay,	150 l.
1 greffier,	60 l.
21 autres gardes à pied à 60 l.,	1,260 l.

AUTRES CAPITAINE ET GARDES de la gruerie, *chartrets* (1), bois et buissons de Brie au bailliage de Meleun, dépendant de Fontainebleau :

A N......, lieutenant,	300 l.

---

(1) Ne s'agirait-il pas ici de *Chartrettes*, village voisin de Melun, situé sur les lisières de la forêt de Fontainebleau, où existait un château bâti par Henri IV ?

A Jean Bordier Gruyer,	60 l.
1 substitut du procureur du Roy,	60 l.
4 sergens à 60 l.,	240 l.
5 gardes à 60 l.,	300 l.

Autres capitaine et gardes de la montagne et garenne de Rains, bois de Molicerne et Bardaux :

A Michel Chevalier, capitaine de la garenne de Rains,	120 l.
A N......., capitaine des bois de Molicerne et Bardaux,	
6 gardes à 60,	360 l.

Autres capitaine et gardes de la plaine de Nemours :

A Pierre Guillien, capitaine,	100 l.
2 gardes à 60 l.,	120 l.

Autres capitaine et gardes des chasses du bailliage de Montargis, bois et buissons qui en dépendent :

A N......, capitaine,	600 l.
A N......, lieutenant,	200 l.
4 gardes à 60 l.,	240 l.

Autres capitaine et gardes de la forêt de Villers-Cotterets :

A Charles de Longueuil, capitaine,	60 l.
7 gardes à 60 l.,	420 l.

CAPITAINERIE DE BLOIS.

A messire Jean-Jacques Charon, chevalier, marquis de Ménards,	1,500 l.
A Charles de Remeon de Fougerolles, lieutenant de robbe courte,	560 l.
A N......, rachasseur,	400 l.
A Jean-Baptiste David, lieutenant de robbe longue,	800 l.
A Léonard Le Breton, procureur du Roy,	500 l.
A Jaques Mangot, sous-lieutenant,	400 l.
A Pierre Marchand, greffier,	400 l.
6 gardes à cheval à 300 l.,	1,800 l.
2 renardiers à 300 l.,	600 l.
1 louvetier,	300 l.

CAPITAINERIE ROYALE DE CHAMBORD.

A François Fontaine, faisandier, 1,200 l.
A Jean Pissonet, rachasseur, 400 l.
A Toussaint Chenais, canardier, 400 l.
2 renardiers à 400 et à 300 l., 700 l.
Valet de limiers, 400 l.
12 gardes à cheval à 300 l., 3,600 l.
— Dépense pour l'église du château de Chambord :
A 2 chapelains pour leurs gages, 300 l., 600 l.
Au curé de l'église paroissiale de Saint-Louis, pour la dépense de l'huile de la lampe de la dite église, 33 l.

GARDES de la forêt de Blois :

3 à 60 l., 180 l.

GARDES de la forêt de Russy :

3 à 60 l., 240 l.

AUTRES CAPITAINE ET GARDES de la forêt de Dreux :

A Guillaume Desroches, capitaine, 400 l.
Au Sr de Moyencourt, lieutenant, 120 l.
4 gardes à 60 l., 240 l.

AUTRES CAPITAINE ET GARDES de Joui-sous-Adain, buissons de Ferrières et dépendances :

A François de Lhôpital, capitaine, 600 l.
Au Sr Luicoreau, lieutenant, 150 l.
1 procureur du Roy, 100 l.
1 greffier, 80 l.
7 gardes à 60 l., 420 l.

AUTRES CAPITAINE ET GARDES de la forêt de Lions, en Normandie :

Au Sr de Limoges, capitaine, 240 l.
11 gardes à 60 l., 660 l.

AUTRES CAPITAINE ET GARDES du bois et forêt de Saint-Dizier, au bailliage de Chaumont et Vitry :

A Michel Le Bègue, capitaine, 120 l.
8 gardes à 60 l., 480 l.

AUTRES CAPITAINE ET GARDES des chasses du bailliage de Chaumont :
Au Sr de Boulogne, capitaine,
6 gardes à 60 l., 360 l.

AUTRES CAPITAINE ET GARDES des bois et buissons du bailliage de Sézanne :

A Antoine Legrand, capitaine, 120 l.
4 gardes à 60 l., 240 l.

AUTRES CAPITAINE ET GARDES des chasses de la province de Champagne, bailliage et comté de Bar-sur-Seine, et des forests dépendantes et ressortissantes du dit comté :

Au Sr marquis de Praslin, capitaine, 900 l.
16 gardes à 60 l., 960 l.

AUTRES CAPITAINE ET GARDES des forêts dépendantes du duché de Château-Thierry, prévôté de Châtillon :

A Claude Gauthier, capitaine,
4 gardes,

AUTRES CAPITAINE ET GARDES de la forêt d'Orléans :

A François de Lhôpital, baron du Hallier, capitaine. . . . .
A François Fougas, Sr Desaire, lieutenant. . . . .
Lieutenant de justice. . . . .
Procureur du Roy. . . . .
6 gardes. . . . .

Levrettes de la chambre.

Pierre et Charles Bourlon, en survivance, 900 l.
Entretennement et nourriture de 6 levrettes à 4 s., 432 l.
Gages et nourriture de 2 valets aux levrettes, à 150 l., 300 l.
Habits d'été et d'hiver des 2 valets, à 60 l. chacun habit, 240 l.

Les souliers des 2 garçons. 72 l.

A 1 autre valet, pour la nourriture et entretennement de 3 levriers à 4 s. par jour, 216 l.

Au dit valet, pour ses gages et nourriture, 150 l.

2 habits d'été et 1 d'hiver à 60 l., 120 l.

Ses souliers, 36 l.

Somme, 2,466 l.

AUTRES CAPITAINE ET GARDES des hautes et basses forêts de Chinon :

Au Sr de Rimarannes, capitaine,

7 gardes,

AUTRES CAPITAINE ET GARDES des forêts de Heudelais, Mornais, Genneries, de Parce-le-Parges, la Garde, Macon, Roux, Grand et Petit-Jardé, les buissons du pays d'Anjou :

A Jacques Pons, capitaine, 200 l.

6 gardes à 60 l., 360 l.

Toiles de chasse.

CAPITAINE.

Au Sr André Hennequin, marquis d'Ecqvilly, capitaine-général des toilles de chasse, tentes et pavillons de Sa Majesté, pour ses gages, 1,200 l.

A lui pour l'entretennement du charroi des dites toiles, 3,200 l.

A lui pour les habits de quinze petits officiers des dites tailles, à 100 l. chacun, 1,500 l.

A lui pour les casaques de 14 gardes, 1,400 l.

A lui pour la nourriture de 40 chiens courants, 2,196 l.

A lui pour l'entretennement de huit grands levriers ou dogues, 1,464 l.

LIEUTENANS.

A Dreux Hennequin, Sr de Montest, 900 l.

A Joseph Brisson, Sr de Plagny, 900 l.

SOUS-LIEUTENANS.

A Jacques Marchais, Sr des Closeaux,	600 l.
A Martin de La Court, Sr d'Aigremont,	600 l.

GENTILSHOMMES.

A Charles Legrand,	360 l.
A Jean-Baptiste Pingré,	360 l.
A Edme Macquin,	300 l.
A Antoine Mausse, Sr de Roquebrune,	300 l.
A Henry de Cornibert, Sr du Petit-Fort,	300 l.
A Hubert le Peuple, Sr d'Ecvilly,	300 l.
A Claude de Marseille,	300 l.
A Antoine Harlon, Sr de Paugemont,	300 l.
6 valets de limiers à 360 l.,	2,150 l.
3 gardes de levriers à 200 l.,	600 l.
2 valets de chiens à 200 l.,	400 l.
2 gardes des grands levriers à 300 l.,	600 l.
2 officiers pour la garde des grands levriers, à 200 l.,	400 l.

COMMISSAIRE DES TOILLES.

A François Rabasse, Sr des Marets,	300 l.

COMMISSAIRE RABILLEUR DES DITES TOILLES.

A Philippe Desmarets,	200 l.

FOURRIER DES DITES TOILLES.

A Nicolas Legras,	200 l.

CAPITAINE DU CHARROY DES DITES TOILLES.

A Michel Chevalier, Sr de la Croix Duguet,	200 l.
1 maréchal ferrant,	100 l.

ARCHERS DES TOILLES.

6 à 300 l., 1,800 l.
14 à 205 l. , 2,870 l.
Au dit Jean-Martial de Fenis, pour les frais et dépenses de recouvrement des assignations de la dite année, 600 l.

LOUVETERIE.

A messire marquis d'Heudicourt, Grand Louvetier de France, pour ses gages et entretennement durant la dite année.

A lui, pour la dépense et entretennement de 20 chiens pour la chasse aux loups, à raison de 3 sols par jour pour chacun chien.

A lui pour la nourriture et entretennement de 4 grands levriers et dogues ordonnés pour ladite chasse, à raison de 3 sols par jour.

VENEURS POUR LA DITE CHASSE.

3 lieutenans, 1 à	400 l.
1 id.	160 l.
1 id.	250 l.
4 valets de limiers à 200 l.,	800 l.
2 valets de chiens courants, à 150 l.,	300 l.
2 garçons servans aux dits chiens courants, à 100 l.,	200 l.
2 gardes à 150 l.,	300 l.
2 garçons servans aux dits levriers, à 100 l.,	200 l.
2 gardes-dogues, à 150 l.,	300 l.
2 garçons servans aux dogues, à 100 l.,	200 l.

CHARROI.

A M. N......, conducteur du charoy pour la dépense de quatre chevaux servans, pour porter les gants, un coffre et les sacs des grands levriers et coliers des dogues, à raison de 10 sols par jour chacun cheval, y compris un valet ordinaire à mener les chevaux et charrette, 770 l.

A lui pour ses gages, 200 l.

Pour les frais et recouvremens de l'assignation, port, voiture, facon et reddition de compte et épices des messieurs des comptes, la somme de 800 l.

LEVRIERS DE LA CHAMBRE.

4 valets de grands levriers, à 912 l., 3,648 l.

3 valets de limiers à 400 l., 1,200 l.

1 officier chargé de la volière neuve de Saint-Germain-en-Laye, 1,455 l.

1 officier chargé de la vieille volière, 1,455 l.

1 officier chargé de la volière du Louvre et des oiseaux de la Chambre et du Cabinet, 720 l.

1 officier chargé des animaux qui sont aux Thuileries, 1,095 l.

GRANDE FAUCONNERIE.

A messire Alexis-François Dauvet, marquis Desmarets, Grand Fauconnier de France, pour ses gages à cause de sa charge de Grand Fauconnier, 1,200 l.

A lui, pour son état et appointement à cause de sa dite charge, 3,000 l.

Vol pour milan.

A François de Vassan, seigneur de Piseux, lieutenant-général de la Grande Fauconnerie, chef du dit premier vol, pour ses gages, 700 l.

A Joachin de Vassan, seigneur de Bessy, aide du 1er vol., 300 l.

A Charles de la Hoche, Sr de la Motte, maître fauconnier, 300 l.

6 piqueurs à 250 l., 1,500 l.

Pour la nourriture de dix oiseaux, compris un duc, à raison de 3 sols par jour, 547 l. 10 s.

1 garde-perche à 15 sols par jour, 273 l. 10 s.

Pour les souliers du garde-perche, 36 l.

Autre vol pour milan.

A François de Vassan, seigneur de Piseux, lieutenant-général de la Grande Fauconnerie, capitaine en chef du second vol pour milan, 700 l.

A Alexandre de Costaing de Pusignan, chevalier, aide, 300 l.
A Pierre Couppon, maître fauconnier, 300 l.
6 piqueurs à 250 l., 1,500 l.
Pour la nourriture de dix oiseaux, compris un duc, 3 sols par jour, 547 l. 10 s.
1 garde-perche ayant soin des oiseaux qu'on n'emporte point aux champs, 273 l. 10 s.
Ses souliers, 36 l.

Vol pour héron.

A François Forget, Sr de Breuillevert, chef du vol, 700 l.
A François Griffon, Sr de Longuerue, aide, 300 l.
A Louis Dumoustier, maître fauconnier, 300 l.
A Éloy Prothais, autre maître fauconnier, 300 l.
8 piqueurs à 250 l., 2,000 l.
Au Sr de Breuillevert, pour la nourriture de dix oiseaux à 3 sols, 547 l. 10 s.
A lui pour la nourriture de 4 levrettes à 4 sols, 292 l.
1 garçon de fauconnerie, 15 sols, 273 l. 10 s.
Souliers du garçon, 36 l.
1 garde-perche à 15 sols, 273 l. 10 s.
2 gardes-levrettes à 15 sols, 547 l.
Pour les souliers des 2 gardes, 72 l.

Vol pour corneille.

A Messire Alexis Dauvet, chevalier, marquis Desmarets, Grand Fauconnier de France, ayant la charge du dit vol, 700 l.
A Nicolas Claude Plampin, aide, 300 l.
A Théophile Dumetz maître fauconnier, 300 l.
19 piqueurs à 250 l., 4,750 l.
Pour la nourriture de 30 oiseaux à 3 sols, 1,942 l. 10 s.
4 garçons à 15 sols, 1,095 l. 10 s.
Leurs souliers, 144 l.
6 gardes-perches à 15 sols, 1,642 l. 10 s.

GENTILSHOMMES.

A Barthelemy de Marolles, 300 l.
A Fr. Claude-Simon de Boyne, 300 l.

A N......,	300 l.
A N......,	300 l.
A Robert le Brun, Sr de Breuilly,	90 l.
A Jaques Chesneau, Sr de Fontaine-Beton,	id.
A N......,	id.
A Fr. de Megrigny, comte de Briel,	id.
A Louis Hocquet, Sr du Moulinet,	id.
A Pierre Retel, Sr du Grand Hôtel,	id.
A Jean-Baptiste de Rupaley,	id.
A N......,	id.
A Jean le Sueur Sr du Coudray,	id.
A Maurice Chamaillard, Sr de Corboussy,	id.
A Joseph Lombard,	id.
A N.......,	id.
A Jean Tujeon, Sr de la Tour,	id.
A Jean Degrieu, S[r] dudit lieu,	id.
A Gabriel Ursin, Sr de la Baudière,	id.
A N........,	id.
A Charles Hucone, S[r] de l'Orme,	id.
Jean de la Coude, Sr de Longchamps,	id.
A Claude Clignot,	id.
A Mathieu le Moine,	id.
A Nicolas Potard, Sr de la Ruelle,	id.

Autre vol pour corneilles.

A Jean Dreux de Crevilly, chef du vol, 700 l.

A lui à cause de la récompense faite au Sr Villée, chef d'un autre vol de corneille, 1,000 l.

A Georges Aubert, Sr du Petit Thouars, 300 l.

PIQUEURS.

A François Gravelle, S[r] des Parges, porte-duc,	250 l.
7 autres piqueurs à 250 l.,	1,750 l.
La nourriture de 10 oiseaux à 3 s.,	547 l. 10 s.
1 garde-perche à 15 s.,	273 l. 15 s.
Pour les souliers du garde-perche,	36 l.

Vol pour les champs.

Au Sr Pierre d'Hillerain, Sr du Buc, chef du vol,	700 l.
A Léon Bidard, m^e fauconnier,	300 l.
3 piqueurs à 250 l.,	750 l.
Pour la nourriture de 8 oiseaux à 3 s.,	438 l.
Pour la nourriture de 18 épagneux à 3 s.,	13,314 l.
1 valet pour les épagneux et 1 garçon de fauconnerie à 15 s.,	547 l.
Pour les souliers des deux,	72 l.

Vol pour rivière.

A J. Bapt. Vallot, marquis de Neuville, chef du vol,	500 l.
A Henry Biset, Sr de la Magdeleine, aide,	300 l.
3 piqueurs à 250 l.,	750 l.
Pour la nourriture de 6 oiseaux à 3 s.,	328 l.
1 garde-perche pendant 6 mois à 15 s.,	136 l.

Vol pour pie.

A Pierre Fromont, Sr de Mieussé, chef du vol,	500 l.
2 piqueurs à 250 l.,	500 l.

PAGES.

Au Sr Grand Fauconnier, pour la nourriture de 4 pages, pour leurs habillements et chevaux, 1,000 livres par an chacun, 4,000 l.

Pour la caisse et fourniture de gibecières, leurres, gants et sonnettes, chaperonnières, vervelles et armures d'oiseaux, 3,000 l.

Pour trois bourses de jettons d'argent, 300 l.

Audit Sr Grand Fauconnier pour l'achapt des oiseaux, 6,000 l.

Audit J. Martial de Fenis, pour les frais et épices, etc., 3,000 l.

Poulles.

Au S^r d'Argenis, chef des 2 vols pour milan. . . . .

A François Forget, Sr de Breuillevert, chef du vol pour héron.

A J. Dreux de Crevilly, chef du vol pour corneille. . . . .

A Pierre d'Hillerain, Sr du Buc, chef du vol pour les champs.

A J. Bapt. Vallot, marquis de Neuville, chef du vol pour rivière.

A P. Fromont, Sr de Mieussé, chef du vol pour pie.

Au Sr Forget de Breuillevert, Sr de la Picardière, chef du vol pour corneilles du Cabinet du Roy.

A N......... chef du vol pour pie du Cabinet du Roy.

A N......... chef du vol pour pie.

OFFICIERS.

1 maréchal des logis,	400 l.
2 fourriers à 300 l.,	600 l.
1 secrétaire,	400 l.
1 apotiquaire,	300 l.
1 chirurgien,	250 l.

Equipage du vol pour lièvre.

A J. Bapt. Vallot, marquis de Neuville, chef du vol,	700 l.
A Joseph de Laistre, lieutenant et aide,	300 l.
A Jaques du Serre, m[e] fauconnier,	300 l.
A J. le Maire, autre m[e] fauconnier,	300 l.
2 piqueurs à 250 l.,	500 l.
1 porte-cache (1) et garde-perche à 15 s.,	273 l.
Ses souliers,	36 l.
La nourriture de 4 chevaux pendant 6 mois à 35 d.,	900 l.
1 garçon pour mener les levriers et valet de levrier,	273 l.
Ses souliers,	36 l.
Pour l'achapt de 8 gerfaux,	720 l.
Leur nourriture,	439 l.
La nourriture de 3 levriers et les souliers du valet,	247 l.

(1) *Porte-cage*, aide-fauconnier chargé de porter la *cage* ou brancard sur laquelle sont perchés les oiseaux en chasse.

Autre dépense pour les oiseaux du Cabinet du Roi durant la présente année 1684 (1).

Vol pour corneille.

A Claude Forget, chevalier, baron de Breuillevert, capitaine en chef des 4 vols et oiseaux du Cabinet du Roy, pour ses gages, la somme de 700 livres, à cause de sa charge de capitaine en chef du vol pour corneille, 700 l.

Au Sr André Hallé de Clerbourg, S[r] des Fourneaux, lieutenant et aide, 300 l.

A Alex. Huart dit du Parc, m[e] fauconnier, 300 l.

7 piqueurs à 250 l., 1,750 l.

Pour la nourriture de 12 oiseaux à 3 s., 657 l.

1 garde-perche, 273 l. 15 s.

Ses souliers (2), 36 l.

Vol pour pie.

A Claude Forget, baron de Breuillevert, capitaine en chef du vol, 700 l.

A Jean Claude Forget, son fils aîné, lieutenant et aide, 300 l.

A Jean Bleys, m[e] fauconnier, 300 l.

3 piqueurs à 250 l., 750 l.

Pour la nourriture de 8 oiseaux et pour achapt, 838 l.

1 garde-perche à 15 s., 273 l. 15 s.

Ses souliers (3), 36 l.

Vol pour les champs.

Au dit Sr Forget, capitaine et chef du vol, 700 l.

A Claude-François Forget, son fils puisné, lieut. et aide, 300 l.

---

(1) Cette dépense des 4 vols comprend le Cabinet et la Chambre : la corneille et l'émerillon pour le Cabinet; les vols pour champs et pour pie de la Chambre.

(2) En 1688, ce vol coûtait 4,233 l., parce qu'il avait 4 oiseaux de plus.

(3) En 1688 même somme, 3,197 l. 15 s.

3 piqueurs à 250 l.,	750 l.
Pour la nourriture de 8 oiseaux et pour achapt,	838 l.
Pour la nourriture de 18 épagneux à 4 s.,	1,314 l.
1 valet d'épagneux à 15 s.,	273 l. 15 s.
Ses souliers,	36 l.
1 garde-perche,	273 l. 15 s.
Ses souliers (1),	36 l.

Vol pour émerillon.

Au dit Sr Forget, chef et capitaine du dit vol,	700 l.
Au Sr de Rominiac, lieutenant aide,	300 l.
A Pierre Verhazon, me fauconnier,	300 l.
2 piqueurs à 250 l.,	500 l.
Nourriture de 8 oiseaux,	438 l.
1 garde-perche,	273 l. 15 s.
Ses souliers (2),	36 l.
Au Sr J. Martial de Fenis en exercices pour les frais, épices, etc.	800 l. (3).

(1) En 1688 même somme, 4,521 l. 10 s.
(2) En 1688 même somme, 2,547 l. 15 s.
(3) En 1688, les 4 vols du cabinet (sans le comptable), 14,500 l.
En 1682.

La Grande Fauconnerie dépensait,		64,048 l. 17 s.
1 vol pour milan,	3,657 l. 5 s.	
2 id. id.,	id.	
1 vol pour héron,	5,788 l.	
1 vol pour corneilles,	10,824 l. 10 s.	
Les gentilshommes servans,	3,308 l.	
2 pour corneilles,	4,821 l. 5 s.	
1 vol pour les champs,	3,871 l. 10 s.	
1 pour rivière,	2,265 l. 7 s.	
1 vol pour pie,	1,144 l.	
En 1682. — Cabinet du Roi,		10,422 l. 15 s.
1 vol pour corneille,	4,747 l. 5 s.	
1 vol pour émerillon,	1,688 l.	
1 vol pour lièvre,	3,987 l. 10 s.	
En 1677. — Oiseaux de la chambre.		
1 vol pour les champs,	3,675 l. 10 s.	
1 vol pour pie,	2,004 l.	

N° XIX. — *Extrait des comptes de dépenses de Louis XV.* — *MDCCXLIII. (Archives de l'Empire.)*

Louveterie du Roy.

ÉTAT DES OFFICIERS.

Grand Louvetier, M. de Flamarens,	1,200 l.
Lieutenant,	228 l.
Sous-lieutenant,	228 l.
4 valets de limiers à 392 l.	1,568 l.
2 valets de chiens courans, { 1 à	350 l.
{ 1 à	290 l.
1 garçon de limiers,	383 l.
1 garçon de lévriers,	383 l.
1 id. de chiens courans,	340 l.
2 gardes-lesses des grands lévriers à 1,000 l.	2,000 l.
1 conducteur de charroi,	180 l.

Toiles de chasse. (MDCCXXX.)

CAPITAINE.

A Augustin Vincent Hennequin, chevalier, marquis d'Ecqvilly pour ses gages, 1,200 l.

A lui pour l'entretenement du charroi des toiles, 3,200 l.

A lui pour les casaques de 14 gardes des toiles, 1,400 l.

A lui pour les habits de 15 petits officiers, 1,500 l.

Pour la nourriture de 40 chiens courants, 2,196 l.

Pour l'entretenement de 8 grands lévriers ou dogues, 1,464 l.

Pour augmentation de dépense au dit équipage, suivant l'arrêt du 23 février 1706, 9,060 l.

Pour son état et appointement, 3,974 l. 12 s.

LIEUTENANTS.

Dominique Verdier, Sr de la Flachère, etc., 900 l.

Dreux Hennequin, écuyer, 900 l.

SOUS-LIEUTENANTS.

Martin de la Court, S[r] d'Aigremont,	600 l.
François Marchais, S[r] des Closeaux,	600 l.

GENTILSHOMMES.

Philippe-François Chauffour,	360 l.
Pierre du Maisniel, S[r] d'Aplaincourt,	360 l.
Pierre Bouchard,	300 l.
J. Bapt. Jacobé, Sr de Formont,	300 l.
J. Gilles Léger,	300 l.
Simon Barbuot, Sr de la Colombière,	300 l.
Claude Vincent,	300 l.
Louis Deschamps, Sr de Marmignoles,	300 l.
6 valets de limiers à 360 l.,	2,160 l.
3 gardes-lévriers à 200 l.,	600 l.
2 valets de chiens à 200 l.,	400 l.
2 gardes de grands lévriers à 200 l.,	400 l.
2 officiers pour les grands lévriers à 200 l.,	400 l.
1 commissaire des toiles,	300 l.
1 commissaire rhabilleur des toiles,	200 l.
1 fourrier,	200 l.
1 capitaine du charroi,	200 l.
1 maréchal-ferrant,	100 l.
6 archers à 300 l.,	1,800 l.
14 *id.* à 250 l.,	3,500 l.

69 sangliers pris. — 18 tués par le roi. — 46 chasses prises, 6 chasses manquées. — 56 chiens blessés, 4 tués, 2 perdus. (O. 1809.)

MDCCXXXIV.

VENNERIE DU ROY.

GRAND VENEUR.

Le comte de Toulouse,	1,200 l.
État et appointement,	10,000 l.

LIEUTENANT ORDINAIRE.

Nicolas-François de Velle, Sr de la Barre,	1,000 l.

LIEUTENANTS PAR QUARTIER.

René d'Arquistade de la Maillardière,	1,000 l.
Robert Antoine, comte de Vignacourt,	id.
Le marquis de Magny,	id.
Henry François Lambert, marquis de Saint-Brice,	id.

SOUS-LIEUTENANTS PAR QUARTIER.

Guillaume le Duc,	500 l.
Joseph de la Borde,	id.
J. Alex. Legrand du Quenelle,	id.
Georges Duval de Nampsy,	id.

GENTILSHOMMES.

Quartier de janvier.

Thomas le Monnier, écuyer,	300 l.
Jules le Brun, Sr de la Franquerie,	id.
Jacques Colombat,	id.
Louis de Saint-Georges de Boisset, écuyer,	id.
J. Guichet de la Villehus, écuyer,	id.
René Vincent de la Brimanière, écuyer,	id.
Luc Mason de la Balue, écuyer,	id.
Antoine-Marie Burlat, écuyer,	id.
J. Vivien de la Viconté, écuyer,	id.
François Paschal Gaudicher,	id.
François Gouïn, écuyer,	id.
La Quemerais,	id.

Quartier d'avril.

J. B. Mazurier,	300 l.
François-Joseph Guillauden-du-Plessis, écuyer,	id.

J. Alex. le Grand, écuyer,	300 l.
J. Guérin du Monceau, écuyer,	id.
Barthélemy Dareste, écuyer,	id.
J. Guilloton de Saint-Germain, écuyer,	id.
Ph. Clock, écuyer,	id.
Mathieu Bence,	id.
Nicolas Bertrand,	id.
J. P. Balané,	id.
Cl. Morey de Champsigny, marquis de Vianze,	id.

Quartier de juillet.

Emilien Laizon, écuyer,	300 l.
Henry Gayot, écuyer, Sr de la Rive,	id.
J. B. Vaysse d'Allonville,	id.
Claude Chazot, écuyer,	id.
André Donatien Pays Mellier, écuyer,	id.
Michel de Fleury de Lossulieu, écuyer,	id.
Ph. François Bonaventure de Blois de la Suze, écuyer,	id.
Michel Bauchereau, écuyer,	id.
Lefoin de Saint-Germain, écuyer,	id.
Alex. Larrar, écuyer,	id.
J. B. Huguet d'Etaulle, écuyer,	id.

Quartier d'octobre.

Georges Trublet de la Villejegu, écuyer,	300 l.
Claude Émery de Boismorin, écuyer,	id.
René Dugré de la Barbillonnière, écuyer,	id.
J. Tassart,	id.
Nicolas Grourt, écuyer, Sr de Beauvais,	id.
Léon Bretoux, écuyer,	id.
François Lévêque de Beaubriant, écuyer,	id.
Nicolas Magon, écuyer, Sr de la Villepoulet,	id.
J. Hussy, écuyer,	id.
P. Gaucher, écuyer, Sr de la Noé,	id.
Nicolas Bouret, écuyer,	id.

PAGES.

P. François Vairon de Beaurepaire,	600 l.
N. . . . . ,	id.
4 fourriers par quartier à 150 l.,	600 l.
1 maître valet de chiens ordinaire à cheval,	400 l.
4 maîtres valets de chiens à cheval par quartier à 200 l.,	800 l.
5 valets de limiers à 150 l., quartier de janvier,	750 l.
4 id. à id. d'avril,	600 l.
4 id. à id. juillet,	600 l.
5 id. à id. d'octobre,	750 l.
17 valets de chiens par quartier à 100 l.,	1,700 l.
4 valets de chiens ordinaires à 420 l.,	1,680 l.
1 boulanger à	75 l.
1 chirurgien,	150 l.
2 maréchaux ferrants à 75 l.,	150 l.
1 châtreur de chiens et guérisseur de rage,	100 l.
Argentier proviseur,	400 l.

Compagnie des gardes à cheval des plaisirs du Roy ès environs et à 10 lieues à la ronde de Paris et par tout le royaume sous le commandement de M. le Grand Veneur,

LIEUTENANT.

Nicolas Froissart, Sr de Préauval,	600 l.

SOUS-LIEUTENANT.

François de Paul Vairon,	300 l.
6 gardes à 150 l.	

Meute de chiens d'Ecosse chassant le lièvre.

LIEUTENANT.

Louis-Alexandre de l'Aubépine, marquis de Verderonne,	1,000 l.
1 page,	60 l.
1 piqueur,	647 l.
1 boulanger,	60 l.
1 valet de chiens.	216 l.

Meute de chiens chassant le chevreuil.

LIEUTENANT.

Le S[r] duc de Lorges,	1,000 l.
3 piqueurs à 683 l. 6 s.,	2,049 l.
3 valets de limiers à 275 l.,	825 l.
2 valets de chiens à 300 l.,	600 l.
1 page,	300 l.

TRÉSORIER.

Me Waymel de Launay,	3,300 l.
3 contrôleurs à 1,462 l.,	4,386 l.

GRANDE FAUCONNERIE.

GRAND FAUCONNIER.

Louis César de la Beaume le Blanc, duc de la Vallière,	4,200 l.

1er vol pour milan.

CAPITAINE CHEF DU VOL.

Louis-Guillaume Faure, Sr de Saint-Gengoust, ses gages,	700 l.

LIEUTENANT-AYDE.

L. Hyacinthe Cochet Deschanais, S[r] des Bruères,	300 l.
E. J. L. Bauquet, S[r] des Urville, Lt. maître fauconnier,	300 l.
5 piqueurs à 250 l.,	1,250 l.
1 porte-duc à	250 l.

2e vol pour milan.

L. Guillaume Faure, Sr de Saint-Gengoust, capitaine chef du vol,	700 l.
François de la Barre de Saint-Germain, lieutenant-aide,	300 l.
1 maître fauconnier,	300 l.

5 piqueurs à 250 l.,	250 l.
1 porte-duc,	250 l.

Vol pour héron.

Antoine Clerguet, capitaine chef,	700 l.
L. Charles Ytain de Beaurepaire, lieutenant-aide,	300 l.
François Enjobert, Sr de Marsillac, maître fauconnier,	300 l.
N. . . . ., *id.*,	300 l.
8 piqueurs à 250 l.,	2,000 l.

1er *vol pour corneille.*

L. César de la Beaume le Blanc, duc de la Vallière,	700 l.
Guillaume Eon, Sr de la Villauroux, lieutenant-aide,	300 l.
Benoist de Mauroy, maître fauconnier,	300 l.

GENTILSHOMMES SERVANS.

Thomas Bluget,	90 l.
Olivier Claude Malherbe,	90 l.

(20 piqueurs supprimés par un édit de mai 1748, et 23 gentilshommes servans dont les noms suivent.

GENTILSHOMMES SUPPRIMÉS.

Martial Limousin de Maléon, Sr de la Salmonie, etc.
Pierre Lucas, Sr de Fleury.
Paul Templereau de Beauchais.
Claude Bayard.
J. Dauty du Fayet.
Émery de Durfort, marquis de Civrac.
Victor-Anne Dumazel.
François Orré, Sr du Lizeaux.
J. J. P. le Mire.
J. Louis de Fourcy.
Élie Vivier.
Paul Vivier.
Martin-Joseph Goulard de Saint-Hubert.

J. J. Poignant, Sr de la Salinière.
P. Joseph Gauthier de la Touche.
Jacques-François Malet de Boucheville.
Blaise Jeandreau.
Jaques-François Marin.
François Chrétien de Boyne.
Michel le Cerf, Sr de la Tourelle.
Cl. Auvray.
Nicolas Gaillard.
Ant. Guy Bochet, Sr de Belleval et de Rozoy Gastebled.)

2e vol pour corneille.

Nicolas Weleat, S[r] d'Oriencourt, capitaine,	700 l.
Nicolas-Charles Duncourt, Sr de Bussy, lieutenant,	300 l.
7 piqueurs à 250 l.,	1,750 l.
1 porte-duc à	500 l.

Vol pour champs.

Ad. François Waymel, Sr de Launay, capitaine,	700 l.
1 maître fauconnier, P. Perret, Sr de la Chassagne,	300 l.
2 piqueurs à 250 l.,	500 l.

Vol pour rivière.

Charles-Philippe de Lasteyras, capitaine chef dudit vol,	500 l.
1 lieutenant,	300 l.
3 piqueurs à 250 l.,	750 l.

Vol pour pie.

J. B. Gabriel de Caumont de Gauville, capitaine,	500 l.
2 piqueurs à 250 l.,	500 l.

Vol pour lièvre.

L. Auguste Goullet, Sr de Crépy et Rugy, capitaine,	500 l.
Lieutenant-aide, Claude Desbatisse de Saint-Sormin,	300 l.

OFFICIERS.

1 secrétaire, 300 l.
1 maréchal-des-logis, 300 l.
2 fourriers à 300 l., 600 l.
(Officiers supprimés.)
1 apothicaire.
1 chirurgien.

N° XX. — *Extrait des comptes de dépenses de Louis XVI. — MDCCLXXVII.* (*Archives de l'Empire.*)

GRANDE VENNERIE.

Le duc de Penthièvre, Grand Veneur de France, ses gages, 1,200 l.
Ses appointements, 10,000 l.
Supplément d'appointements à cause de la suppression de partie des officiers de la vennerie, 14,000 l.
A lui pour dépense et nourriture de 70 chiens, 6,387 l. 10 s.
Id. id. de 95 chiens, compris 16 lévr. 8,550 l.
Id. nourriture et entretien de 40 chevaux, 16,000 l.
Id. id. de 2 pages, 511 l.
Id. id. de 40 chevaux, 10,000 l.
Id. id. de 3 chevaux servant l'équipage, 1,200 l.
Id. gages des piqueurs, habits des valets de chiens et palefreniers, 5,000 l.
Id. nourriture et gages de 2 lieutenants à 1,500 l., 3,000 l.
Id. 4 piqueurs à 800 l., 3,200 l.
Id. 4 valets de chiens à 366 l., 1,464 l.
Id. gages et nourriture de 8 palefreniers à 400 l., 3,200 l.
A 1 lieutenant ordinaire, 1,000 l.
A 4 lieutenants à 500 l., 2,000 l.
A l'argentier de la vennerie, ses gages, 400 l.
Son entretennement, 1,200 l.
Au S[r] le Duc, trésorier, ses gages, 4,950 l.
Pour ses livrées, 1,910 l.
Pour augmentation de gages, 400 l.
Id. 1,000 l.

Id.	500 l.
Id.	600 l.
Pour son cahier de frais de la présente année,	5,000 l.
A 3 contrôleurs pour leurs gages à 1,462 l. 10 s.,	4,387 l. 10 s.
Pour augmentation de gages à 200 l.,	600 l.
Id.	450 l.
Somme totale, 108,110 l.	

Lévriers de Champagne.

Au Sr de Vassan, capitaine des lévriers,	900 l.
Nourriture et entretennement de 6 lévriers à 5 s.,	547 l. 10 s.
4 valets de chiens servant 6 mois à 15 s.,	547 l. 10 s.
Leurs souliers,	72 l.
Pour les habits des susdits valets et des 3 de la chambre,	500 l.
Somme totale, 2,567 l.	

LOUVETERIE.

Comte de Flamarens, Grand Louvetier,	1,200 l.
Jean Rigail, lieutenant,	228 l.
Ch. P. de Jouy des Ormeaux, sous-lieutenant,	228 l.
4 valets de chiens à 392 l.,	1,568 l.
2 valets de chiens courans à 350 l.,	700 l.
1 garçon de limiers,	383 l.
1 id. de lévriers,	383 l.
1 id. de chiens courants,	340 l.
2 gardes-laisses de grands lévriers à 1,000 l.,	2,000 l.
1 conducteur des charroys,	180 l.

LOUVETERIE.

AUTRE ÉTAT DE 1778.

A 2 valets des grands lévriers de la chambre, pour eux, pour les lévriers et 2 aides, 1,824 l.

Pour les gages du Sr comte de Flamarens, Grand Louvetier, 1 sous-lieutenant, entretien d'un page et son cheval, entretennement de 4 laisses de lévriers pour le loup, des valets nécessaires aux dites laisses sous la charge du Sr de Flamarens, 14,824 l.

La louveterie du Roi, en 1777, a pris 32 loups, dont 19 louveteaux et 13 loups en 19 chasses. Il y a eu 41 chasses manquées. (O. 1848.)

GRANDE FAUCONNERIE.

Au duc de la Vallière, Grand Fauconnier, gages, 1,200 l.
Son état et appointement, 3,000 l.
Total, 4,200 l.

3 vols pour milan.

(Mêmes qu'en 1634.)
Plus pour achat d'oiseaux pour les 2 vols, 2,000 l.
Total pour les 2 vols, 9,314 l. 10 s.

Vol pour héron.

(Même qu'en 1634.)
Excepté les 3 gentilshommes à 90 l., 270 l.
Plus pour achat d'oiseaux, 1,350 l.
Total du vol, 7,138 l.

1er *vol pour corneille.*

1 capitaine, 700 l.
32 oiseaux, 4 garçons fauconniers et leurs souliers, 4 gardes-perches, 2,300 l.
Total, 3,000 fr.

2 vols pour corneille.

Au capitaine, 700 l.
Augmentation par remboursement, 1,000 l.
1 lieutenant, 300 l.
Au porte-duc, 250 l.
7 piqueurs à 250 l., 1,750 l.
10 oiseaux, 347 l. 10 s.
1 garde-perche, 273 l. 15 s.
Achapt d'oiseaux, 900 l.
Total, 5,521 l. 5 s.

Vol pour champs.

(Même qu'en 1634.)
Plus pour achat d'oiseaux, 360 l.
Total, 4,481 l. 10 s.

Vol pour rivière.

Au capitaine, 500 l.
Pour le lieutenant et autres dépenses du vol, 1,500 l.
Total, 2,000 l.

Vol pour pie.

Au capitaine, 500 l.
Pour achat d'oiseaux, 100 l.
Total, 600 l.

AUTRES DÉPENSES.

Au Grand Fauconnier pour nourriture et entretien de 4 pages, habillements et chevaux, 4,000 l.
Caisse et gibecières de fauconnerie, 2,000 l.
Achat d'oiseaux, 6,000 l.
Au maréchal des logis, 400 l.
Au fourrier, 300 l.
Total, 12,700 l.

Vol pour lièvre.

1 capitaine, 700 l.
1 lieutenant, 300 l.
Pour gages de piqueurs, nourriture de gardes-perches, souliers, nourriture de chevaux, etc., 2,987 l. 10 s.
Total, 3,987 l. 10 s.
Somme totale de la Grande Fauconnerie, 52,942 l. 15 s.

OISEAUX DU CABINET.

Le Sr Forget, capitaine.

Vol pour corneille.

Au Sr Forget, capitaine,	750 l.
1 lieutenant,	300 l.
1 maître fauconnier,	300 l.
6 piqueurs à 250 l.,	1,500 l.
1 porte-duc,	250 l.
16 oiseaux, nourriture,	1,776 l.
1 garde-perche,	273 l. 15 s.
Ses souliers,	36 l.
Total, 5,185 l. 15 s.	

Vol pour pie.

1 capitaine,	750 l.
1 lieutenant,	300 l.
1 fauconnier,	300 l.
3 piqueurs à 250 fr.,	750 l.
8 oiseaux, nourriture,	838 l.
1 garde-perche,	273 l. 15 s.
Souliers,	36 l.
Total, 3,247 l. 15 s.	

Vol pour champs.

1 capitaine,	750 l.
1 lieutenant,	300 l.
1 maître fauconnier,	300 l.
2 piqueurs à 250 l.,	500 l.
8 oiseaux, nourriture,	838 l.
8 épagneuls, nourriture,	1,314 l.
1 valet d'épagneuls,	273 l. 15 s.
Ses souliers,	36 l.
1 garde-perche,	273 l. 15 s.
Ses souliers,	36 l.
Total, 4,621 l. 10 s.	

Vol pour émerillons.

1 capitaine,	750 l.
1 lieutenant,	300 l.
1 maître fauconnier,	300 l.
2 piqueurs à 250 l.,	500 l.
8 oiseaux, nourriture,	835 l. 5 s.
1 garde-perche,	273 l. 15 s.
Ses souliers,	36 l.
Fourniture de caisses et garnitures,	810 l.
Total,	3,805 l.

Vol pour lièvre.

1 capitaine,	750 l.
1 maître fauconnier,	300 l.
Pour gages de piqueurs, nourriture de chevaux et autres dépenses,	2,950 l.
Total,	4,000 l.

Somme totale des oiseaux du cabinet, 20,860 l.

Toilles de chasse.

Au marquis d'Ecquevilly, capitaine, pour ses gages,	1,200 l.
Pour l'entretien d'un charroi,	3,200 l.
Pour les casaques de 14 gardes,	1,400 l.
Pour l'habit de 15 petits officiers,	1,500 l.
Pour la nourriture de 40 chiens courans,	2,196 l.
Id. de 8 grands lévriers et dogues,	1,464 l.
Pour le logement du dit équipage à portée de la forêt des Alluets.	3,000 l.
2 lieutenants,	1,800 l.
2 sous-lieutenants,	1,200 l.
2 gentilshommes servants,	720 l.
6 autres,	1,800 l.
6 valets de limiers,	2,160 l.
3 gardes-lévriers,	600 l.
2 valets de chiens,	400 l.
2 gardes de grands lévriers,	600 l.

2 officiers pour la garde de grands lévriers,	400 l.
Commissaire des toilles,	300 l.
Commissaire rabilleur des toilles,	200 l.
1 fourier des toilles,	200 l.
1 capitaine de charoy,	200 l.
1 maréchal-ferrant,	100 l.
6 archers des toilles à 300,	1,800 l.
14 autres à 250 l.,	3,500 l.

Au S[r] d'Ecquevilly, pour augmentation de dépenses pour les toiles, 9,060 l.

État des appointements et parfait payement des toilles, 3,979 l. 12 s.

Total des toilles de chasses, 42,979 l. 12 s.

L'équipage du roi pour le sanglier a pris 103 sangliers en 48 chasses. — Il y en a eu 1 manqué. — Le Roi en a tué 3. — 106 chiens blessés. — (O. 1837.)

CAPITAINERIES ROYALES.

VARENNE DU LOUVRE.

1 capitaine,	1,550 l.	Total, 7,820 l.
1 lieutenant,	600 l.	
1 lieutenant de robe courte,	800 l.	
1 sous-lieutenant,	700 l.	
Id.	300 l.	
1 procureur du Roi,	500 l.	
1 substitut,	300 l.	
1 greffier,	150 l.	
1 inspecteur,	300 l.	
1 exempt,	400 l.	
4 autres à 300,	1,200 l.	
3 autres à 60,	180 l.	
1 voyer,	300 l.	
1 receveur des amendes,	60 l.	
8 gardes à pied à 60 l.,	480 l.	

VARENNES DES THUILLERIES ET BOIS DE BOULOGNE.

1 capitaine,	1,550 l.
1 lieutenant,	600 l.
1 lieutenant de robe longue,	600 l.
1 sous-lieutenant,	600 l.
1 procureur du Roy,	450 l.
1 avocat de Sa Majesté,	60 l.
1 greffier,	60 l.
1 substitut,	300 l.
1 inspecteur général,	300 l.
4 exempts à 300 l.,	1,200 l.
4 autres à 60 l.,	240 l.
1 voyer,	60 l.
1 receveur des amendes,	60 l.
6 portiers du bois de Boulogne,	720 l.
1 id.	120 l.

Total, 6,920 l.

CAPITAINERIE DE SAINT-GERMAIN-EN-LAYE.

1 capitaine,	3,600 l.
Pour un faisandier, 4 renardiers.	
2 valets de limiers pour le loup,	3,600 l.
Pour les casaques des officiers, 1,953 l. 6 s. 8 d.	
Pour les justaucorps de livrée de 12 portiers,	324 l.
1 lieutenant,	1,000 l.
3 sous-lieutenants à 600 l.,	1,800 l.
1 procureur,	645 l.
1 greffier,	200 l.
2 inspecteurs généraux à 700 l.,	1,400 l.
6 exempts à 400 l.,	2,400 l.
1 rachasseur,	300 l.
10 gardes à cheval en titre, à 300 l.,	3,000 l.
28 gardes à pied en titre à 60 l.,	1,680 l.
1 garde du petit parc,	60 l.
12 portiers gardes à cheval, à 365 l.,	4,380 l.
9 gardes à cheval par commission à 300 l.,	2,700 l.
1 id. à	260 l.

Total, 29,302 l. 6 s. 8 d.

CAPITAINERIE DE CORBEIL.

1 capitaine,	1,200 l.	Total, 4,560 l.
1 lieutenant de robe courte,	300 l.	
1 lieutenant de robe longue,	60 l.	
1 procureur du Roi,	60 l.	
1 greffier,	60 l.	
4 gardes à cheval,	1,200 l.	
7 gardes à pied,	420 l.	
1 lieutenant au gouvernement de Brie,	300 l.	
2 gardes à cheval,	600 l.	
6 gardes à pied,	360 l.	

CAPITAINERIE DE COMPIÈGNE.

1 capitaine,	3,000 l.	Total, 17,520 l.
1 lieutenant,	800 l.	
1 sous-lieutenant,	300 l.	
1 procureur,	60 l.	
1 greffier,	60 l.	
1 rachasseur,	180 l.	
4 gardes à cheval,	1,200 l.	
7 id. à pied,	420 l.	
4 id. à cheval par commission,	1,600 l.	
6 id. à pied id.,	1,200 l.	
Au vicomte de Laval, pour l'entretien de la faisanderie,	3,600 l.	
1 inspecteur de la dite capitainerie,	1,500 l.	
1 sous-inspecteur,	1,200 l.	
6 gardes,	2,400 l.	

CAPITAINERIE D'HALATTE.

1 capitaine,	800 l.	Total, 4,140 l.
1 lieutenant de robe courte,	400 l.	
1 lieutenant de robe longue,	100 l.	
1 procureur,	80 l.	
1 greffier,	60 l.	
4 gardes à cheval,	1,200 l.	
13 gardes à pied,	780 l.	
2 renardiers,	600 l.	
2 rachasseurs,	120 l.	

CAPITAINERIE DE MONTCEAUX.

1 capitaine,	3,600 l.	Total, 8,970 l.
1 lieutenant de robe courte,	300 l.	
1 lieutenant de robe longue,	150 l.	
1 sous-lieutenant,	300 l.	
1 procureur,	60 l.	
1 greffier,	60 l.	
12 gardes à cheval,	3,600 l.	
6 gardes à pied,	900 l.	

CAPITAINERIE DE FONTAINEBLEAU.

1 capitaine,	3,600 l.	Tot. 12,490 l. (1).
1 lieutenant,	1,200 l.	
1 lieutenant en Brie,	200 l.	
1 sous-lieutenant,	300 l.	
1 rachasseur,	100 l.	
1 procureur,	60 l.	
1 greffier,	60 l.	
19 gardes à cheval,	5,700 l.	
6 gardes à pied,	360 l.	
1 autre sous-lieutenant,	400 l.	
1 rachasseur,	150 l.	
1 griffon en brie,	60 l.	
5 gardes à pied,	300 l.	
1 lieutenant-général de robe longue,	600 l.	

Au Sr marquis de Montmorin, capitaine, pour les faisandiers, renardiers et valets de limiers, 3,600 l.

A lui pour les casaques des officiers et gardes, 5,500 l.

(1) Il y a ici erreur, le total véritable est 13,090.

CAPITAINERIE DE MEUDON.

1 capitaine,	400 l.	Total, 1,200 l.
1 lieutenant de robe longue,	330 l.	
1 procureur,	220 l.	
1 greffier,	150 l.	
1 huissier,	100 l.	

CAPITAINERIE DE SENARS.

Au S[r] marquis de Montesquiou, capitaine en 2e,	1,200 l.	Total, 8,000 l.
1 lieutenant de robe courte,	650 l.	
1 lieutenant de robe longue,	650 l.	
1 lieutenant particulier,	120 l.	
1 avocat du Roy,	120 l.	
1 procureur,	420 l.	
1 greffier,	60 l.	
12 gardes à 60 l.,	720 l.	
Pour les casaques des officiers et gardes,	4,060 l.	

CAPITAINERIE DE BLOIS.

Supprimée par édit de 1739 en conservant les gages des officiers pendant leur vie seulement,

CAPITAINERIE DE CHAMBORD.

Supprimée en 1777.

Au rachasseur,	400 l.	Total, 6,700 l.
Au faisandier,	1,200 l.	
1 valet de limiers,	400 l.	
1 renardier,	400 l.	
1 canardier,	400 l.	
1 autre renardier,	300 l.	
12 gardes à cheval.	3,600 l.	

Au Sr de Saumery, capitaine, pour les casaques des officiers et gardes. 5,640 l.

Somme des capitaineries : 123,512 l. 6 s. 8 d.

AUTRES DÉPENSES.

Pour les épices, façons, vacations et reliage des comptes, 1,085 l. 13 s. 6 d.

11 bourses de jettons à 150 l., distribuées aux officiers de la Chambre des comptes.

Somme totale en 1777 : 352,657 l. 7 s. 2 d.

Somme totale en 1778 : 353,707 l. 7 s. 2 d.

N° XXI. — *Extrait du* Journal des chasses *de S. A. S. Monseigneur le prince de Condé à Chantilly et autres lieux circonvoisins, mêlé d'anecdotes et événements relatifs aux fêtes données à l'occasion des entrées, mariages, naissances, etc., des princes et princesses de la maison de la dite Altesse Sérénissime, depuis l'année* 1748 *jusques et y compris l'année* 1778.

Présenté à S. A. S. Monseigneur le prince de Condé par le sieur Toudouze, lieutenant de ses chasses à Chantilly, au mois de janvier 1780.

(Ms. de la bibliothèque de S. A. R. Monseigneur le duc d'Aumale à Twickenham.)

(Le capitaine des chasses du prince de Condé était alors M. de Belleval-Boisrobin. — Lieutenants avec M. Toudouze, MM. Martineau et Gapart.)

Tous les hivers les officiers de la vénerie font des battues aux loups.

Les chasses à tir sont très-fréquentes.

Les gardes s'occupent assidûment de la destruction des nids de corneilles et de pies.

A l'occasion de l'entrée de S. A. S. à Chantilly, le 3 septembre 1748, il y eut, le 4, chasse des sangliers aux toiles dans le parc, au bois du Lude. Les princes, la princesse de Conty et compagnie (*sic*) étoient dans des loges préparées, d'où ils jetoient des dards aux sangliers en passant; les cavaliers couroient les sangliers avec des lances. Il y eut 12 sangliers tués ou pris par les dogues dans *la cour* (l'accourre).

Le 5, chasse aux sangliers au même lieu; 37 sangliers furent tués, tant aux chiens courants qu'aux dogues, lances et pieux.

Le 9 septembre 1748, chasse aux sangliers dans le grand parc, avec chiens courants et dogues; 5 sangliers pris.

Le 12 du même mois, les princes vont au Bois-Coupé chasser aux lapins dans les petites toiles. « S. A. S. a tué 12 lapins, ensuite de quoi on a fait passer les lapins par une galerie dans un accourre préparé, et les princes ont berné les lapins en passant. »

Le 28 mars 1753, chasse de S. A. S. aux toiles, aux Ageux et buissons adjacents. 48 pièces de petites toiles et 6 de grandes. — 66 sangliers et 2 chevreuils pris.

Le 29 mars, chasse aux toiles et panneaux pour prendre des biches. — 25 biches tuées.

Le 22 juin, chasse au sanglier à Halatte. La princesse de Condé y assiste à cheval, conduite par le Sr Toudouze.

Les 19, 20 et 21 octobre, chasses aux toiles dans le grand parc. 240 pièces, savoir : 205 daims, 3 cerfs, 15 biches, 13 sangliers et 4 chevreuils.

Le 9 août 1755, chasse dans la forêt de Chantilly. — LL. AA. en cabriolet.

Les 15, 16, 18 et 19 juin 1756, grand panneautage de faons de biche en vie pour le Roi. — Ont été pris à Ermenonville et envoyés à Saint-Germain : 11 faons, 4 cerfs, 10 biches, 14 chevreuils, 1 chevrillard, 7 marcassins, 4 sangliers et 1 loup.

Le 10 juin 1759, arrivée à Chantilly de 35 chevaux anglais.

Le 8 septembre 1764. « S. A. S. est arrivée, vers les 11 heures du matin, à la Ménagerie pour faire lâcher un cerf blanc, une biche et un faon blanc (probablement à tête blanche) pour mettre dans le grand parc d'Apremont, ce qui fut fait au moyen d'une galerie de grande toille. »

Le jour de la Saint-Louis et toutes les fois que le Roi passait aux environs de Chantilly, le prince de Condé lui faisait offrir un bouquet de gibier.

Le 21 mars 1767. « S. A. S. a décidé le nouvel uniforme de Chantilly, ventre de biche avec des brandebourgs d'or, houpes d'or et boutons. »

Le 14 mars 1769, 1 sanglier et 3 marcassins tués à *ourailler* (*sic*).

Les 1er et 6 avril, sangliers ouraillés.

Le 9 juin. S. A. S. fait atteler les cerfs à sa voiture et les mene un instant. Elle va voir ses jeunes faisans de la Chine.

Le 30 septembre, on tue, à la Pisselotte, une louve qui n'avait que deux jambes.

Le 12 décembre, arrivée de 28 chiens anglais.

Le 11 février 1772. « Après dîner LL. AA. SS. Madame la duchesse de Bourbon et compagnie ont vu entrer par une galerie les cerfs et biches blanches de la ménagerie dans l'ancienne cour des taureaux sauvages, qui a été préparée pour les y mettre; ensuite on a pris à la faisanderie le cerf et la biche du Gange (Axis), qui ont été mis à la ménagerie dans la cour et logis vis-à-vis des cerfs blancs. »

Le 3 février, chasse du cerf. « Mme la duchesse est *venû* (*sic*) à la mort du cerf en chaise à porteurs et a vu faire curée près de la tête du grand canal. »

Le 12 février, arrivée des Lapons, Laponnes et rennes.

Le 7 octobre, Madame la duchesse et ses dames assistent à la prise de trois cerfs.

Le 30 octobre, Mme de Laval et Mme de Canillac ont chassé en habit d'*amazonne* (*sic*) pour la première fois.

Le 7 septembre 1775. « Il a été pris au bocquet de Vineuil, avec les panneaux, une biche à nez blanc qui a été mis (*sic*) avec le cerf fauve de la ménagerie, et le cerf blanc du bocquet a été lâché à la Basse-Pommeraye. »

Le 30 juin 1776, Mme la duchesse a couru la chasse à cheval.

Le 19 et le 20 septembre, tueries d'hirondelles. 29, puis 190 de ces oiseaux sont tués par M. le duc et compagnie.

Le 21 septembre, LL. AA. SS. et compagnie de chasseurs ont été au *Rhin* (lisez *rut*). Le rendez-vous au poteau d'Hérivaux, où LL. AA. ont *soupées* (*sic*) pour entendre le rut avant et après souper, et ont *couchées* sous la tente, ainsi que tous les veneurs.

Le 3 novembre, chasse de la Saint-Hubert. Mme la duchesse et Mme la princesse de Monaco à cheval.

Le 1er juin 1777, fêtes pour l'arrivée de Mademoiselle de Condé. Chasse de cerf avec toiles et laps pour empêcher le cerf d'aller à Ermenonville. — Curée chaude devant Mademoiselle. — Souper au dôme des écuries, musique en bas et cors en haut pour les fanfares. Petites lanternes de toutes couleurs suspendues aux têtes de cerfs.

31 juillet. « Mademoiselle a *couruë* (*sic*) la chasse en calèche et vu prendre deux cerfs. »

6 novembre, chasse de la Saint-Hubert. Déjeuner dans une rotonde ornée de 12 têtes de cerf et de trophées peints sur bois, et bien tapissée en dedans, ornée d'*automane* (*sic*) et fauteuil, la couverture de coutil peinte et ornée des armes de S. A. S. 14 croisées, 2 portes. En dehors, 4 petites tables attachées à la rotonde pour les gentilshommes.

Récapitulation générale de tout le gibier pris ou tué dans toute l'étendue des chasses de Chantilly et de la capitainerie d'Halatte, commencée en 1748 jusqu'au 1er janvier 1779. — Total général, 924,717.

FIN.

TABLE DES MATIÈRES.

LIVRE PREMIER.

CHRONIQUES.

CHAPITRE Ier.

CHAPITRE II.

PEUPLES GERMANIQUES.

CHAPITRE III.

ÉPOQUE FÉODALE, DU Xe AU XVe SIÈCLE.

Pages.

CHAPITRE IV.

LA CHASSE SOUS LOUIS XII, LES SECONDS VALOIS ET LES BOURBONS (1498-1792).

FIN DE LA TABLE DES MATIÈRES.

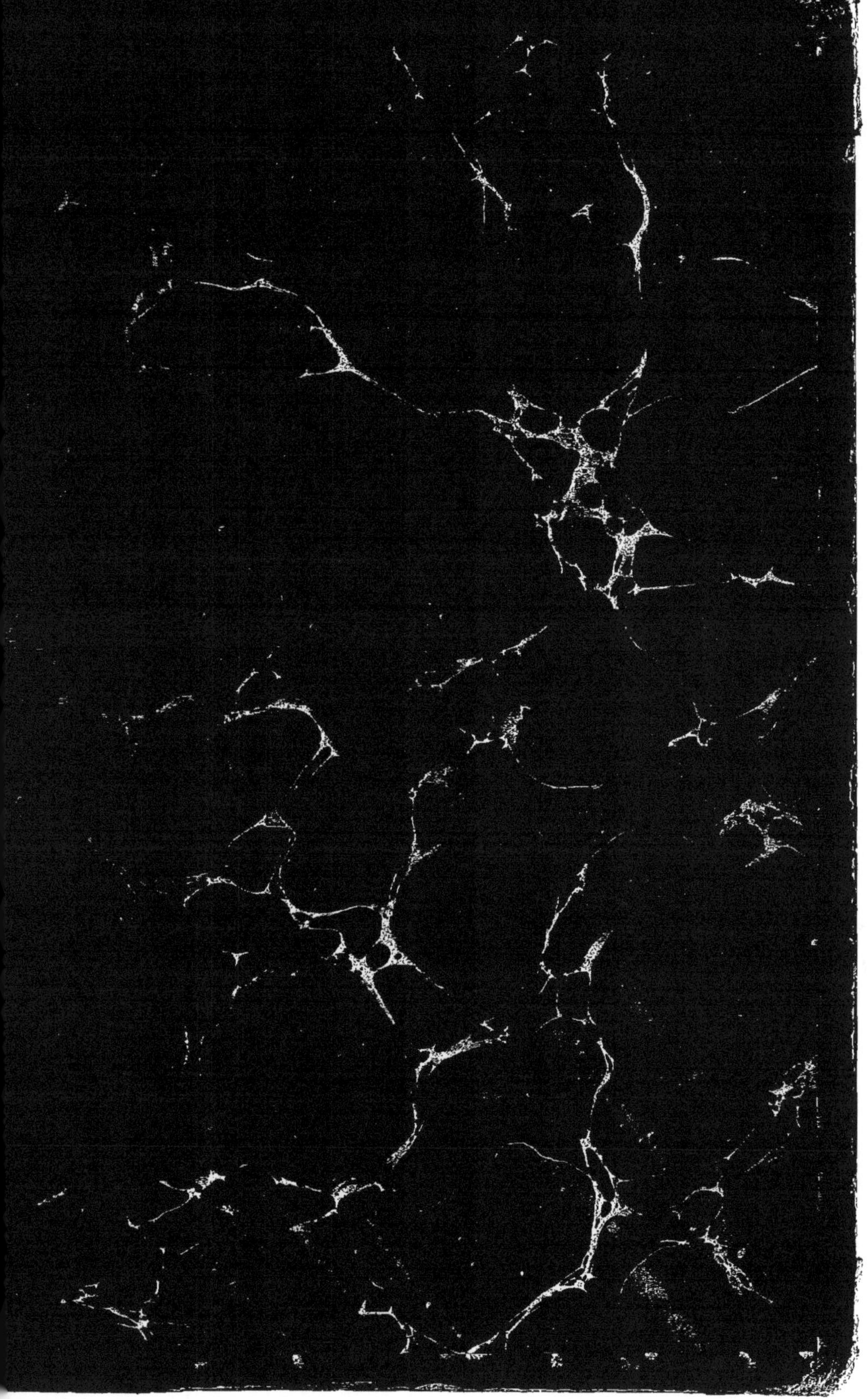

www.ingramcontent.com/pod-product-compliance
Ingram Content Group UK Ltd.
Pitfield, Milton Keynes, MK11 3LW, UK
UKHW022321190726
13856UKWH00001B/134